W0184421

PROJECTE
SABER
FER

Matemàtiques

SÈRIE **RESOL**

3 ESO

El llibre de **Matemàtiques**, per a tercer curs d'ESO, és una obra col·lectiva concebuda, dissenyada i creada al Departament d'Edicions Educatives de Grup Promotor / Santillana, dirigit per **Teresa Grence Ruiz** i **Pere Macià Arqué**.

En l'elaboració ha participat l'equip següent:
César de la Prida Almansa
Ana María Gaztelu Villoria
Augusto González García
Pedro Machín Polaina
Carlos Pérez Saavedra
Domingo Sánchez Figueroa
Carles Dorce Polo

EDICIÓ
César de la Prida Almansa
Laura Sánchez Fernández
Rosa Comabella Bernat

ASSESSORAMENT
Mercè Masllovet Martínez

EDICIÓ EXECUTIVA
Carlos Pérez Saavedra
M. Àngels Andrés Casamiquela

DIRECCIÓ DEL PROJECTE
Domingo Sánchez Figueroa

Les activitats d'aquest llibre no s'han de fer mai al llibre mateix.
Les taules, els esquemes i altres recursos que s'hi inclouen són models perquè l'alumnat els traslladi a la llibreta.

SANTILLANA
GRUP PROMOTOR

Índex

Els continguts indicats amb un asterisc (*) són els que diferencien les matemàtiques orientades als ensenyaments acadèmics dels aplicats. Aquests continguts s'han d'haver cursat en acabar l'etapa.

Esquema del llibre

L'estructura de les unitats didàctiques és regular i molt senzilla, ja que es tracta de facilitar la localització dels continguts fonamentals, dels exemples resolts i de les activitats proposades.

Introducció a la unitat: dos elements bàsics, una base sòlida i una motivació adequada.

Les **Claus per començar** et permetran recordar aquells continguts que et seran útils per a la unitat.

A **Saber** s'especifiquen els continguts i a **Saber fer**, els procediments de la unitat.

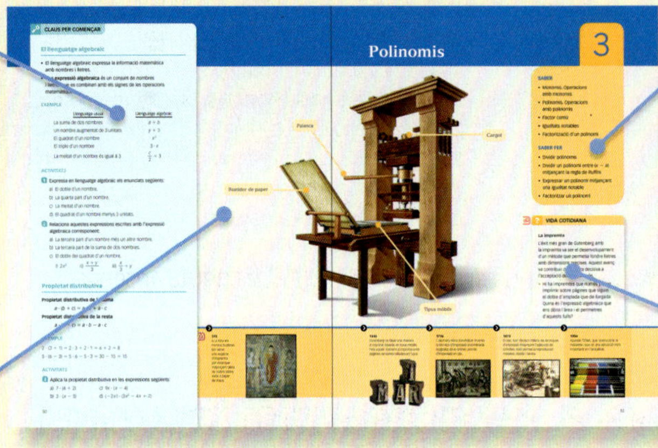

Comencem la unitat al voltant de la història, utilitats i curiositats d'algun invent.

Interpreta la imatge et proposa un exercici senzill, relacionat amb la imatge d'entrada.

Pàgines de contingut: Saber i Saber Fer com un tot integrat.

La proposta per **Saber** són uns textos clars i estructurats. Els **Exemples** t'ajudaran a consolidar aquests sabers

Tan important com saber és **Saber fer**. En aquesta secció aprendràs, pas a pas, els procediments necessaris per al teu desenvolupament matemàtic.

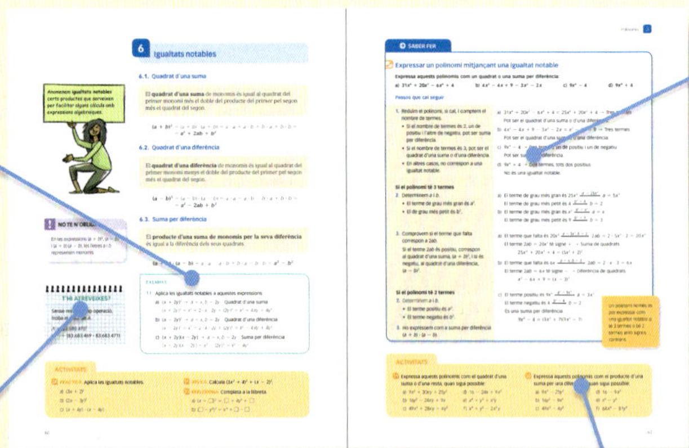

Al costat dels textos explicatius trobaràs **informacions complementàries**.
A més, a **T'hi atreveixes?** posarem a prova els teus coneixements, la teva intuïció i el teu raonament matemàtic.

Les **Activitats** de les pàgines teòriques t'ajudaran a **practicar** els coneixements adquirits, a **aplicar-los** de noves maneres i a **reflexionar-hi**. Les activitats que acompanyen **Saber fer** tenen com a objectiu consolidar i dominar aquests procediments.

Pàgines d'activitats finals: una forma pràctica d'aprendre a aprendre.

Les **Activitats finals** estan **seqüenciades** perquè aprofitis de la millor manera possible l'aplicació dels continguts estudiats.

Cada activitat t'ofereix la **dificultat** que té.

Els **Saber fer** t'ajudaran a seguir aprofundint en els procediments.

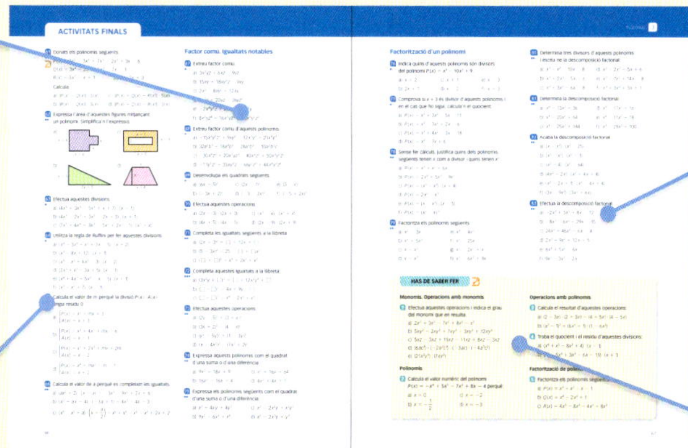

Les activitats finals acaben amb una gran quantitat de **Problemes** que et permetran adaptar els coneixements a contextos reals.

Per acabar, **Has de saber fer**. Aquesta autoavaluació bàsica et permetrà comprovar si has assolit els objectius mínims de la unitat.

Pàgines de competència matemàtica: un pas més en l'aplicació dels continguts apresos.

En la vida quotidiana és una activitat relacionada amb l'invent inicial on podràs treballar alguns continguts de la unitat.

Amb les **Formes de pensar** posarem a prova el teu **raonament matemàtic**.

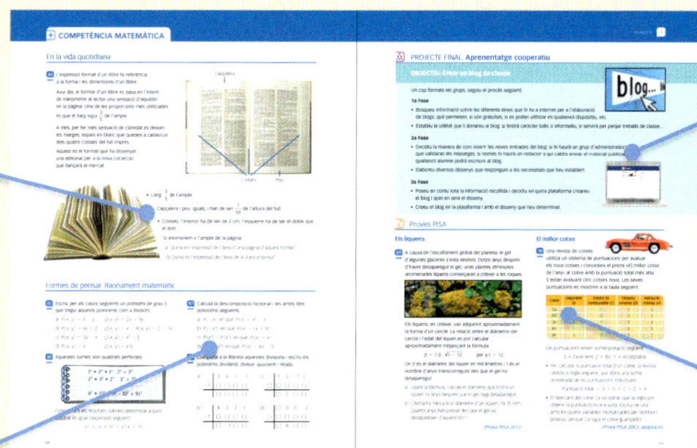

El **Projecte final** et planteja objectius que abans o després trobaràs en la teva vida diària. Hi milloraràs les teves competències per a l'**aprenentatge cooperatiu.**

La unitat finalitza amb les **Proves PISA**. Aquestes proves internacionals pretenen comprovar el teu aprenentatge competencial i convé que les coneguis.

Annex final d'Història i curiositats matemàtiques: permet conèixer l'evolució del raonament i pensament matemàtic així com del seu llenguatge al llarg de la història.

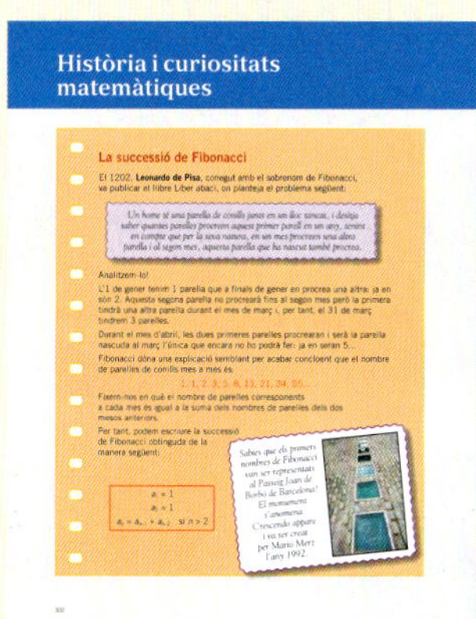

Competències

- Competència comunicativa, lingüística i audiovisual
- Competència artística i cultural
- Competència matemàtica
- Competència digital
- Competència en el coneixement i la interacció amb el món físic
- Competència d'aprendre a aprendre
- Competència social i ciutadana
- Competència d'autonomia, iniciativa personal i emprenedoria

CLAUS PER COMENÇAR

Descomposició d'un nombre en factors primers

Un nombre enter es pot expressar de manera única com a producte de diferents nombres primers elevats a potències. Aquesta expressió s'anomena **descomposició en factors primers del nombre**.

EXEMPLE

Descompon els nombres 20 i 63 en factors primers.

$$\begin{array}{r|l} & 20 & 2 \\ 20:2 \rightarrow & 10 & 2 \\ 10:2 \rightarrow & 5 & 5 \\ 5:5 \rightarrow & 1 & \end{array} \qquad \begin{array}{r|l} & 63 & 3 \\ 63:3 \rightarrow & 21 & 3 \\ 21:3 \rightarrow & 7 & 7 \\ 7:7 \rightarrow & 1 & \end{array}$$

$$20 = \underbrace{2 \cdot 2}_{2^2} \cdot 5 = 2^2 \cdot 5 \qquad 63 = \underbrace{3 \cdot 3}_{3^2} \cdot 7 = 3^2 \cdot 7$$

ACTIVITATS

1 Descompon aquests nombres en factors primers:

a) 210 b) 270 c) 66 d) 92

Càlcul del m.c.d i el m.c.m. de diversos nombres

- El **màxim comú divisor** de diversos nombres s'obté descomponent els nombres en factors primers i multiplicant els factors primers comuns elevats al seu exponent més petit.
- El **mínim comú múltiple** s'obté descomponent els nombres en factors primers i multiplicant els factors primers comuns i no comuns elevats al seu exponent més gran.

EXEMPLE

Calcula el màxim comú divisor i el mínim comú múltiple de 12 i 28.

$$\begin{array}{r|l} 12 & 2 \\ 6 & 2 \\ 3 & 3 \\ 1 & \end{array} \quad 12 = 2^2 \cdot 3 \qquad \begin{array}{r|l} 28 & 2 \\ 14 & 2 \\ 7 & 7 \\ 1 & \end{array} \quad 28 = 2^2 \cdot 7$$

$\text{m.c.d.}\ (12, 28) = 2^2 = 4$

$\text{m.c.m.}\ (12, 28) = 2^2 \cdot 3 \cdot 7 = 84$

ACTIVITATS

2 Descompon aquests nombres en factors primers i calcula'n el màxim comú divisor i el mínim comú múltiple:

a) 18 i 20 d) 18 i 32

b) 28 i 42 e) 48 i 32

c) 18 i 4 f) 21 i 28

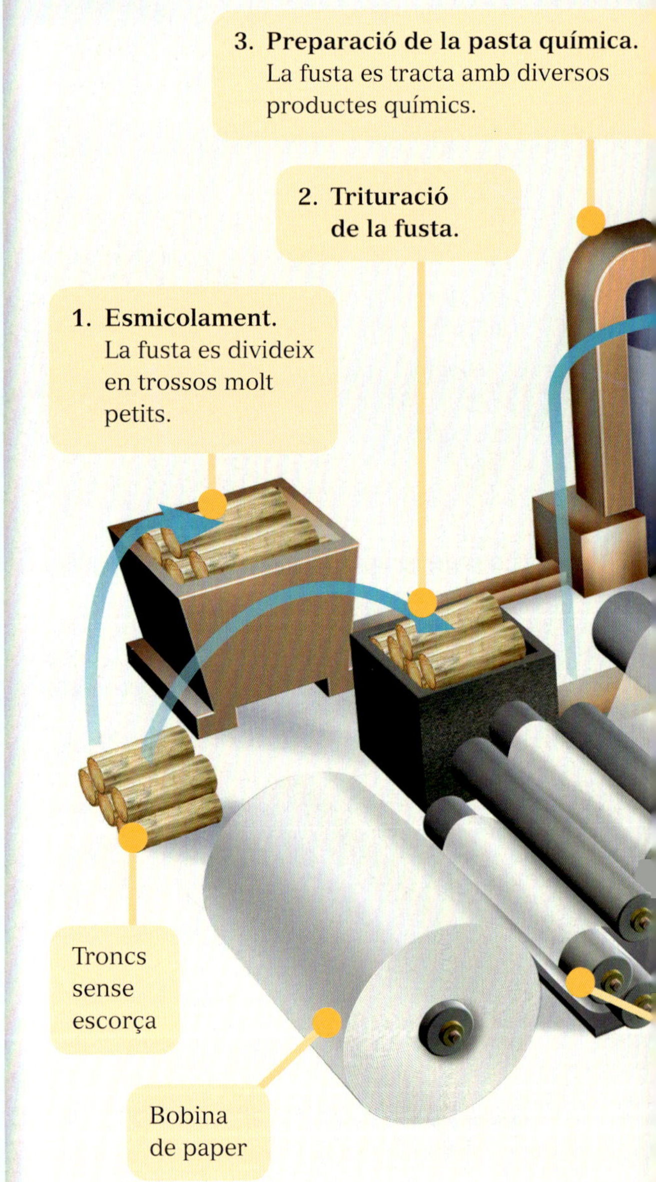

Egipte

A l'antic Egipte s'escrivia sobre papir, un vegetal molt abundant a les ribes del riu Nil.

Nombres racionals

1

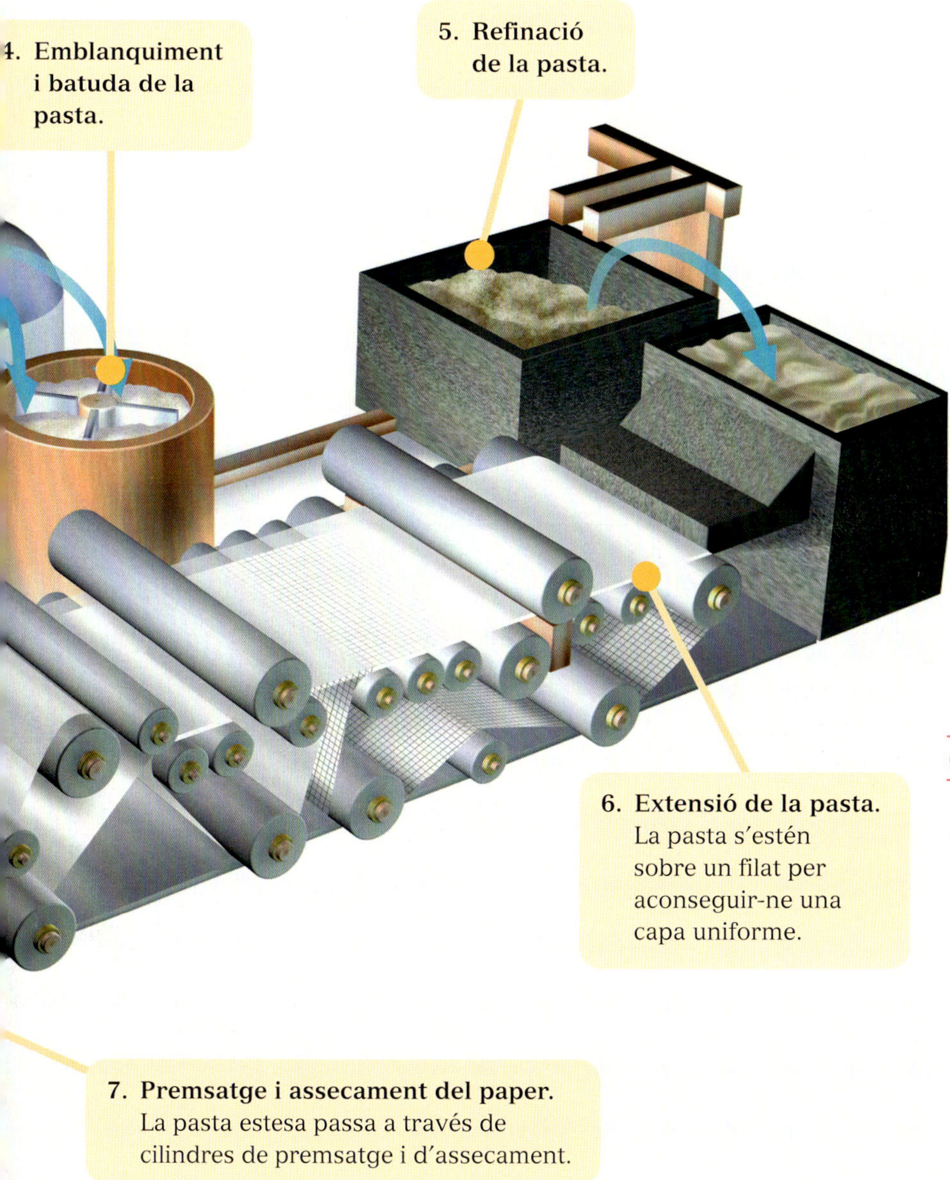

SABER

- Fraccions equivalents. Fracció irreductible
- Comparació i operacions amb fraccions
- Nombres decimals i racionals

SABER FER

- Calcular el terme desconegut d'una fracció equivalent a una altra
- Determinar la fracció irreductible
- Efectuar operacions combinades amb fraccions
- Expressar una fracció per mitjà d'un nombre decimal
- Expressar un nombre decimal exacte o periòdic mitjançant una fracció

? INTERPRETA LA IMATGE

El paper

Per aconseguir un paquet de paper es necessita un tronc d'uns 90 cm d'alt i 20 cm de diàmetre. Si el paper és reciclat es consumeixen $\frac{3}{5}$ de l'energia i $\frac{3}{7}$ de l'aigua que cal per produir paper nou.

- Per fabricar una tona de paper es necessiten 15 m^3 d'aigua dolça i 9.600 kWh d'electricitat. Quina quantitat d'aigua i d'electricitat s'estalviaria si el paper fos reciclat?

Àsia

A la Xina fabricaven paper a partir dels residus de la seda, de la palla de l'arròs i del cànem, i fins i tot del cotó.

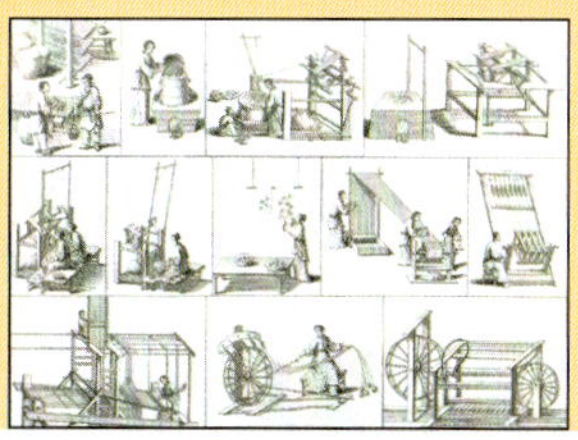

Europa

A Europa, durant l'edat mitjana, es va utilitzar el pergamí, que consistia en pells de cabra o d'ovella adobades i preparades per rebre la tinta.

Any 105

Un treballador de l'emperador xinès Ho Ti va fabricar per primera vegada un paper a partir de pasta vegetal de canya de bambú, morera i altres plantes, que va donar origen al paper que coneixem avui.

1840

Aquest any es va inventar la primera màquina que triturava fusta per fabricar polpa. Deu anys més tard es va descobrir el procés químic destinat a aquesta finalitat.

1 Fraccions

T'HI ATREVEIXES?

Quina fracció del quadrat està pintada?

Una **fracció** és una expressió $\frac{a}{b}$, amb a i b com a nombres enters i $b \neq 0$. El nombre a s'anomena **numerador** i el b, **denominador**.

EXEMPLE

1. Escriu exemples de fraccions amb aquestes característiques:

   a) Els dos termes positius: $\frac{2}{3}, \frac{4}{7}, \frac{11}{5}...$

   b) Un terme positiu i l'altre negatiu: $\frac{-3}{2}, \frac{6}{-7}, \frac{-9}{4}, \frac{8}{-3}...$

   c) Els dos termes negatius: $\frac{-5}{-3}, \frac{-2}{-6}, \frac{-12}{-7}, \frac{-18}{-13}...$

1.1. Fraccions equivalents

Qualsevol nombre enter es pot expressar en forma de fracció.

$3 = \frac{3}{1} = \frac{6}{2} = \frac{9}{3} = ...$

$-4 = \frac{-4}{1} = \frac{-8}{2} = \frac{-12}{3} = ...$

Dues **fraccions** $\frac{a}{b}$ i $\frac{c}{d}$ són **equivalents**, i ho escrivim $\frac{a}{b} = \frac{c}{d}$, si es compleix que $a \cdot d = b \cdot c$.

EXEMPLE

2. Comprova si les fraccions següents són equivalents:

   a) $\frac{-2}{3}$ i $\frac{8}{-12}$ $\begin{cases}(-2)\cdot(-12) = 24\\ 3\cdot 8 = 24\end{cases} \rightarrow \frac{-2}{3} = \frac{8}{-12}$ Són equivalents.

   b) $\frac{4}{-5}$ i $\frac{8}{10}$ $\begin{cases}4\cdot 10 = 40\\ (-5)\cdot 8 = -40\end{cases} \rightarrow \frac{4}{-5} \neq \frac{8}{10}$ No són equivalents.

ACTIVITATS

1 PRACTICA. Escriu la fracció que compleix aquestes característiques en cada cas:

a) El numerador és 3 i el denominador és 4 unitats més petit que el numerador.

b) El numerador és -5 i el denominador és 7 unitats més gran que el numerador.

2 PRACTICA. Determina si aquestes fraccions són equivalents:

a) $\frac{8}{7}$ i $\frac{4}{17}$ b) $\frac{-6}{5}$ i $\frac{-18}{15}$

3 APLICA. Forma grups de fraccions que siguin equivalents.

$\frac{1}{3}, \frac{2}{5}, \frac{3}{5}, \frac{6}{10}, \frac{-5}{15}, \frac{-3}{9}, \frac{6}{15}, \frac{4}{12}, \frac{-24}{-40}$

4 REFLEXIONA. Escriu quatre fraccions que siguin equivalents a aquestes:

a) $\frac{4}{3}$ b) $\frac{-4}{3}$ c) $\frac{4}{-3}$ d) $\frac{-4}{-3}$

SABER FER

Calcular el terme desconegut d'una fracció equivalent a una altra

Calcula el terme que falta en cada cas.

a) $\frac{3}{5} = \frac{x}{-20}$ b) $\frac{-8}{12} = \frac{16}{x}$

Passos que cal seguir

1. Apliquem la propietat que han de complir les fraccions equivalents.

a) $\frac{3}{5} = \frac{x}{-20}$

$3 \cdot (-20) = 5 \cdot x$

b) $\frac{-8}{12} = \frac{16}{x}$

$(-8) \cdot x = 12 \cdot 16$

2. Efectuem les operacions i aïllem el valor desconegut.

a) $-60 = 5 \cdot x$

$x = \frac{-60}{5} = -12$

La fracció equivalent a $\frac{3}{5}$ amb denominador -20 és $\frac{-12}{-20} = \frac{12}{20}$.

b) $(-8) \cdot x = 192$

$x = \frac{192}{-8} = -24$

La fracció equivalent a $\frac{-8}{12}$ amb numerador 16 és $\frac{16}{-24} = -\frac{16}{24}$.

Les fraccions del tipus $\frac{-a}{b}$ i $\frac{a}{-b}$ s'escriuen $-\frac{a}{b}$.

$\frac{-3}{4} = \frac{3}{-4} = -\frac{3}{4}$ s'anomenen **fraccions negatives**.

Les fraccions del tipus $\frac{-a}{-b}$ s'escriuen $\frac{a}{b}$.

$\frac{-7}{-8} = \frac{7}{8}$ s'anomenen **fraccions positives**.

ACTIVITATS

5 Calcula el valor desconegut.

a) $\frac{18}{11} = \frac{72}{x}$
b) $\frac{7}{15} = \frac{x}{60}$
c) $\frac{x}{5} = \frac{12}{15}$
d) $\frac{8}{x} = \frac{72}{9}$
e) $\frac{16}{2} = \frac{32}{x}$
f) $\frac{9}{x} = \frac{45}{25}$

6 Troba una fracció equivalent a $\frac{8}{16}$ que tingui:

a) Com a denominador 48
b) Com a numerador 32
c) Com a denominador 4
d) Com a numerador 2

7 Calcula el valor desconegut de cada igualtat i escriu-les a la llibreta.

a) $-2 = \frac{\square}{5}$
b) $6 = \frac{\square}{7}$
c) $-7 = \frac{\square}{10}$
d) $8 = \frac{48}{\square}$
e) $-11 = \frac{165}{\square}$
f) $-15 = \frac{225}{\square}$

8 Escriu cinc fraccions equivalents a 3 i cinc més d'equivalents a -4.

9 Determina el valor de x i y.

a) $\frac{x}{24} = \frac{5}{6} = \frac{y}{30}$
b) $\frac{9}{x} = \frac{-27}{6} = \frac{y}{10}$
c) $\frac{x}{4} = \frac{-21}{28} = \frac{6}{y}$
d) $\frac{40}{x} = \frac{8}{3} = \frac{32}{y}$

10 Calcula els valors desconeguts i completa-ho a la llibreta.

a) $\frac{5}{3} = \frac{15}{\square} = \frac{\square}{24} = \frac{-30}{\square} = \frac{\square}{12}$
b) $\frac{2}{11} = \frac{\square}{121} = \frac{-18}{\square} = \frac{30}{\square} = \frac{\square}{-77}$
c) $\frac{8}{\square} = \frac{\square}{12} = \frac{-4}{3} = \frac{40}{\square} = \frac{\square}{-45}$
d) $\frac{120}{\square} = \frac{-84}{\square} = \frac{\square}{26} = \frac{-6}{13} = \frac{\square}{78}$

11 Escriu una fracció equivalent a $\frac{2}{5}$ i una altra d'equivalent a $\frac{9}{4}$ de manera que tinguin el mateix:

a) Denominador
b) Numerador

2 Fracció irreductible

T'HI ATREVEIXES?

Si eliminem només una xifra de cadascuna d'aquestes fraccions, les podem convertir en irreductibles. Saps com?

$\frac{19}{95}$ $\frac{26}{65}$ $\frac{16}{64}$

2.1. Amplificació i simplificació de fraccions

Hi ha dos mètodes per obtenir fraccions equivalents a una fracció donada:

- **Amplificar** fraccions consisteix a multiplicar el numerador i el denominador de la fracció per un mateix nombre, diferent de zero. $\frac{a}{b} = \frac{a \cdot n}{b \cdot n}$
- **Simplificar** fraccions consisteix a dividir el numerador i el denominador de la fracció entre un divisor comú a tots dos, diferent de la unitat. $\frac{a}{b} = \frac{a : n}{b : n}$

EXEMPLE

3. Escriu fraccions equivalents a $\frac{12}{16}$ per amplificació i simplificació.

Amplificació: $\frac{12}{16} = \frac{12 \cdot 3}{16 \cdot 3} = \frac{36}{48}$

Simplificació: $\frac{12}{16} = \frac{12 : 4}{16 : 4} = \frac{3}{4}$

2.2. Fracció irreductible

La **fracció irreductible** d'una fracció donada és una fracció equivalent en la qual el numerador i el denominador no tenen divisors comuns diferents de la unitat.

EXEMPLE

4. Determina si aquestes fraccions són irreductibles:

a) $\frac{14}{27} \rightarrow \begin{cases} 14 = 2 \cdot 7 \\ 27 = 3^3 \end{cases}$ 27 i 14 no tenen divisors comuns. És irreductible.

b) $\frac{24}{10} \rightarrow \begin{cases} 24 = 2^3 \cdot 3 \\ 10 = 2 \cdot 5 \end{cases}$ 24 i 10 tenen un divisor comú, 2. No és irreductible.

ACTIVITATS

12 PRACTICA. Troba dues fraccions equivalents per amplificació i dues més per simplificació.

a) $\frac{42}{54}$ b) $\frac{-3}{7}$ c) $\frac{18}{6}$ d) $\frac{100}{-40}$

13 PRACTICA. Comprova si són irreductibles.

a) $\frac{34}{93}$ b) $\frac{-132}{48}$ c) $\frac{165}{87}$ d) $\frac{15}{83}$

14 APLICA. Troba fraccions equivalents a aquestes que tinguin un denominador més petit:

a) $\frac{-300}{750}$ b) $\frac{242}{726}$ c) $\frac{32}{80}$

15 REFLEXIONA. Si en una fracció un dels termes és un nombre primer, podem assegurar que és irreductible?

SABER FER

Calcular la fracció irreductible

Calcula la fracció irreductible de les fraccions següents:

a) $\frac{16}{40}$ **b)** $-\frac{28}{56}$

La fracció irreductible d'una fracció negativa sempre és negativa.

De la mateixa manera, la fracció irreductible d'una fracció positiva sempre és positiva.

Passos que cal seguir

1. Calculem el m.c.d. del numerador i del denominador de la fracció, sense tenir-ne en compte el signe.

a) $\left.\begin{array}{l}16 = 2^4\\ 40 = 2^3 \cdot 5\end{array}\right\}$ m.c.d. $(16, 40) = 2^3 = 8$

b) $\left.\begin{array}{l}28 = 2^2 \cdot 7\\ 56 = 2^3 \cdot 7\end{array}\right\}$ m.c.d. $(28, 56) = 2^2 \cdot 7 = 28$

2. Dividim el numerador i el denominador de la fracció entre el m.c.d. que hem calculat.

$\frac{16}{40} = \frac{16 : 8}{40 : 8} = \boxed{\frac{2}{5}}$ ← Fracció irreductible

$-\frac{28}{56} = -\frac{28 : 28}{56 : 28} = \boxed{-\frac{1}{2}}$ ← Fracció irreductible

ACTIVITATS

16 Calcula la fracció irreductible d'aquestes fraccions:

a) $\frac{50}{60}$ b) $\frac{-92}{18}$ c) $\frac{-50}{36}$ d) $\frac{28}{16}$ e) $\frac{-26}{13}$ f) $\frac{14}{98}$

17 Indica quines de les fraccions següents no són irreductibles i, en aquests casos, calcula'n la fracció irreductible:

a) $\frac{40}{6}$ b) $\frac{28}{15}$ c) $\frac{-9}{18}$ d) $\frac{7}{2}$ e) $\frac{-25}{16}$ f) $\frac{-50}{3}$

18 Simplifica tant com puguis aquestes fraccions:

$\frac{105}{126}$ $\frac{-120}{165}$ $\frac{90}{136}$ $\frac{-28}{160}$

19 Determina de quines de les fraccions següents $\frac{26}{17}$ és la fracció irreductible:

$\frac{140}{198}$ $\frac{260}{180}$ $\frac{130}{85}$ $\frac{270}{160}$ $\frac{78}{68}$ $\frac{182}{119}$

20 Troba tres fraccions que tinguin com a fracció irreductible cadascuna de les següents:

a) $\frac{2}{9}$ b) $\frac{-3}{8}$ c) $\frac{7}{6}$ d) $\frac{-9}{4}$ e) $\frac{8}{5}$ f) $\frac{-2}{3}$

21 Agrupa les fraccions que tinguin la mateixa fracció irreductible.

a) $\frac{50}{75}$ $\frac{12}{18}$ $\frac{15}{10}$ $\frac{18}{27}$ $\frac{36}{24}$ $\frac{30}{20}$ $\frac{10}{15}$ $\frac{45}{30}$

b) $-\frac{42}{24}$ $-\frac{56}{40}$ $-\frac{28}{20}$ $-\frac{45}{36}$ $-\frac{21}{12}$ $-\frac{15}{12}$ $-\frac{21}{15}$ $-\frac{10}{8}$

4.3. Multiplicació de fraccions

El **producte de dues o més fraccions** és una fracció que té de numerador el producte dels numeradors, i de denominador, el producte dels denominadors.

$$\frac{a}{b}\cdot\frac{c}{d}=\frac{a\cdot c}{b\cdot d}$$

Per operar amb fraccions del tipus $-\frac{a}{b}$ val més substituir-les per $\frac{-a}{b}$.

$$-\frac{5}{3}=\frac{-5}{3}$$

EXEMPLE

9. Calcula aquests productes:

a) $\frac{-2}{3}\cdot\frac{4}{5}\cdot\frac{6}{10}=\frac{(-2)\cdot 4\cdot 6}{3\cdot 5\cdot 10}=\frac{-48}{150}\overset{\text{Simplifiquem}}{=}\frac{-8}{25}=-\frac{8}{25}$

b) $\left(-\frac{5}{3}\right)\cdot\frac{4}{7}=\frac{-5}{3}\cdot\frac{4}{7}=\frac{(-5)\cdot 4}{3\cdot 7}=\frac{-20}{21}=-\frac{20}{21}$

4.4. Divisió de fraccions

Anomenem **fracció inversa** d'una fracció $\frac{a}{b}$ a la fracció $\frac{b}{a}$.

Per **dividir dues fraccions** multipliquem la primera fracció per la inversa de la segona.

$$\frac{a}{b}:\frac{c}{d}=\frac{a}{b}\cdot\frac{d}{c}=\frac{a\cdot d}{b\cdot c}$$

EXEMPLE

10. Resol les divisions següents:

a) $\left(-\frac{4}{5}\right):\frac{6}{3}=\frac{-4}{5}:\frac{6}{3}=\frac{-4}{5}\cdot\frac{3}{6}=\frac{(-4)\cdot 3}{5\cdot 6}=\frac{-12}{30}\overset{\text{Simplifiquem}}{=}\frac{-2}{5}=-\frac{2}{5}$

b) $\frac{7}{2}:3=\frac{7}{2}:\frac{3}{1}=\frac{7}{2}\cdot\frac{1}{3}=\frac{7\cdot 1}{2\cdot 3}=\frac{7}{6}$

T'HI ATREVEIXES?

Quina hora del dia és si les hores que queden del dia són $\frac{1}{3}$ de les hores que han passat?

ACTIVITATS

29 PRACTICA. Efectua aquestes operacions:

a) $\frac{-4}{5}\cdot\frac{20}{8}$

b) $\frac{9}{10}:\frac{8}{14}$

c) $\frac{-32}{9}\cdot\frac{18}{16}$

d) $\frac{15}{6}:\frac{2}{4}$

e) $\frac{8}{12}\cdot\left(-\frac{20}{38}\right)$

f) $\frac{6}{17}:\left(-\frac{6}{27}\right)$

g) $\left(-\frac{4}{80}\right):\left(-\frac{8}{46}\right)$

h) $\left(-\frac{7}{22}\right)\cdot\left(-\frac{33}{42}\right)$

30 APLICA. Calcula i simplifica el resultat.

a) $\frac{9}{12}\cdot\frac{4}{21}\cdot\frac{7}{33}$

b) $(-8):\left(-\frac{6}{28}\right)$

c) $(-5)\cdot\frac{26}{38}$

d) $\left(-\frac{2}{90}\right):(-26)$

31 REFLEXIONA. Completa a la llibreta.

a) $\frac{3}{10}\cdot\frac{\square}{\square}=1$

b) $\frac{\square}{10}:\frac{3}{\square}=1$

SABER FER

Resoldre operacions combinades amb fraccions

Efectua aquesta operació: $-\frac{1}{3}-\left[\frac{2}{5}+\left(-\frac{3}{10}\right)\right]:4+\frac{7}{12}$

Passos que cal seguir

1. Transformem les fraccions negatives en fraccions amb el numerador negatiu i afegim el denominador 1 als nombres enters.

$$-\frac{1}{3}-\left[\frac{2}{5}+\left(-\frac{3}{10}\right)\right]:4+\frac{7}{12}=$$

$$=\frac{-1}{3}-\left(\frac{2}{5}+\frac{-3}{10}\right):\frac{4}{1}+\frac{7}{12}=$$

m.c.m. (5, 10) = 10

2. Efectuem les operacions que hi ha entre parèntesis i claudàtors.

$$=\frac{-1}{3}-\left(\frac{4}{10}+\frac{-3}{10}\right):\frac{4}{1}+\frac{7}{12}=$$

$$=\frac{-1}{3}-\frac{1}{10}:\frac{4}{1}+\frac{7}{12}=$$

3. Calculem les multiplicacions i les divisions d'esquerra a dreta.

$$=\frac{-1}{3}-\frac{1\cdot 1}{10\cdot 4}+\frac{7}{12}=$$

$$=\frac{-1}{3}-\frac{1}{40}+\frac{7}{12}=$$

m.c.m. (3, 12, 40) = 120

4. Resolem les sumes i les restes, també d'esquerra a dreta.

$$=\frac{-40}{120}-\frac{3}{120}+\frac{70}{120}=\frac{-40-3+70}{120}=\frac{27}{120}=\frac{9}{40}$$

Recorda la regla dels signes:

$+\cdot+=+$	$+:+=+$
$-\cdot-=+$	$-:-=+$
$+\cdot-=-$	$+:-=-$
$-\cdot+=-$	$-:+=-$

ACTIVITATS

32 Efectua les operacions següents:

a) $\frac{3}{2}-\frac{4}{5}\cdot\frac{5}{6}$

b) $\left(\frac{3}{2}-\frac{4}{5}\right)\cdot\frac{5}{6}$

c) $\frac{7}{2}+\frac{1}{5}\cdot\frac{5}{6}$

d) $\left(\frac{7}{2}+\frac{1}{5}\right)\cdot\frac{5}{6}$

e) $\frac{5}{3}:\frac{1}{9}+\frac{1}{6}$

f) $\frac{5}{3}:\left(\frac{1}{9}+\frac{1}{6}\right)$

g) $\frac{2}{7}:\frac{1}{4}-\frac{3}{14}$

h) $\frac{2}{7}:\left(\frac{1}{4}-\frac{3}{14}\right)$

i) $-\frac{4}{7}+\frac{12}{5}-\frac{3}{4}\cdot\left(-\frac{5}{6}\right)$

j) $-\frac{4}{7}+\left(\frac{12}{5}-\frac{3}{4}\right)\cdot\left(-\frac{5}{6}\right)$

k) $\frac{4}{7}+\left(-\frac{12}{5}\right):\left(-\frac{3}{4}\right)$

l) $\left[\frac{4}{7}+\left(-\frac{12}{5}\right)\right]:\left(-\frac{3}{4}\right)$

m) $\frac{2}{7}:\left(-\frac{4}{5}\right)+\frac{8}{3}\cdot\left(-\frac{6}{4}\right)$

n) $\frac{2}{7}:\left[\left(-\frac{4}{5}\right)+\frac{8}{3}\right]\cdot\left(-\frac{6}{4}\right)$

o) $\frac{3}{5}-\frac{7}{2}-\frac{8}{5}:\left(-\frac{6}{4}\right)$

p) $\frac{3}{5}-\left(\frac{7}{2}-\frac{8}{5}\right):\left(-\frac{6}{4}\right)$

33 Sense fer les operacions, indica si el resultat de totes serà el mateix. Després, resol-les per comprovar-ho.

a) $2\cdot\frac{9}{5}-\frac{3}{2}:\left(\frac{7}{4}+\frac{5}{6}\right)$

b) $2\cdot\left(\frac{9}{5}-\frac{3}{2}\right):\frac{7}{4}+\frac{5}{6}$

c) $2\cdot\frac{9}{5}-\left(\frac{3}{2}:\frac{7}{4}+\frac{5}{6}\right)$

d) $\left(2\cdot\frac{9}{5}-\frac{3}{2}\right):\frac{7}{4}+\frac{5}{6}$

34 Calcula aquestes operacions:

a) $\frac{11}{6}-\left(\frac{1}{4}+\frac{1}{6}\right)\cdot 6$

b) $\left(\frac{3}{7}+\frac{1}{2}\right)\cdot\frac{6}{5}-2$

c) $\frac{4}{9}:\left(\frac{5}{3}-\frac{1}{6}\right)+\left(\frac{-1}{4}\right)$

d) $\left(2-\frac{1}{2}\right):\left(4+\frac{1}{3}\right)\cdot\left(\frac{-6}{5}\right)$

SABER FER

Calcular la fracció generatriu d'un nombre decimal exacte o periòdic

Expressa aquests nombres decimals per mitjà d'una fracció:

a) $-4{,}37$ **b)** $6{,}\widehat{1}$ **c)** $2{,}7\widehat{81}$

> La **fracció generatriu** d'un nombre decimal és la fracció irreductible tal que, quan dividim el numerador entre el denominador, el resultat és aquest nombre decimal.

Passos que cal seguir

1. Anomenem A el nombre decimal que volem expressar com una fracció.

a) $A = -4{,}37$ b) $A = 6{,}\widehat{1}$ c) $A = 2{,}7\widehat{81}$

2. Si és un **decimal exacte**, multipliquem la igualtat per la unitat seguida de tants zeros com xifres decimals té. Per obtenir la fracció que busquem, aïllem A.

a) $A = -4{,}37 \rightarrow 100 \cdot A = 100 \cdot (-4{,}37) \rightarrow 100A = -437 \rightarrow A = -\dfrac{437}{100}$

3. Si és **periòdic pur**, multipliquem la igualtat per la unitat seguida de tants zeros com xifres té el període. Després, restem aquesta expressió menys l'expressió inicial i aïllem A.

b) $A = 6{,}\widehat{1} \rightarrow 10 \cdot A = 10 \cdot 6{,}\widehat{1} \rightarrow 10A = 61{,}\widehat{1}$

$$\begin{array}{r} 10A = 61{,}\widehat{1} \\ -\quad A = 6{,}\widehat{1} \\ \hline 9A = 55 \end{array} \rightarrow A = \frac{55}{9}$$

4. Si és **periòdic mixt**, multipliquem la igualtat:
   - Per la unitat seguida de tants zeros com xifres té la part periòdica i no periòdica.
   - I per la unitat seguida de tants zeros com té l'anteperíode.

   Restem les expressions i aïllem A.

c) $A = 2{,}7\widehat{81} \rightarrow 1.000 \cdot A = 1.000 \cdot 2{,}7\widehat{81} \rightarrow 1.000A = 2.781{,}\widehat{81}$

$10 \cdot A = 10 \cdot 2{,}7\widehat{81} \rightarrow 10A = 27{,}\widehat{81}$

$$\begin{array}{r} 1.000A = 2.781{,}\widehat{81} \\ -\quad 10A = 27{,}\widehat{81} \\ \hline 990A = 2.754 \end{array} \rightarrow A = \frac{2.754}{990} \underset{\text{Simplifiquem}}{=} \frac{153}{55}$$

ACTIVITATS

42 Calcula la fracció generatriu que correspon a aquests nombres decimals:

a) $0{,}6$
b) $2{,}08$
c) $-12{,}5$
d) $42{,}06$
e) $28{,}542$
f) $5{,}94$
g) $652{,}5$
h) $0{,}148$
i) $-100{,}48$
j) $0{,}0008$

43 Els nombres decimals de cada grup tenen una característica comuna. Expressa'ls en forma de fracció i determina aquesta característica.

a) $\{0{,}\widehat{3};\ 0{,}\widehat{6}\}$

b) $\{0{,}\widehat{1};\ 0{,}\widehat{2};\ 0{,}\widehat{3};\ 0{,}\widehat{4};\ 0{,}\widehat{5};\ 0{,}\widehat{6};\ 0{,}\widehat{7};\ 0{,}\widehat{8}\}$

c) $\{0{,}0\widehat{1};\ 0{,}0\widehat{2};\ 0{,}0\widehat{3};\ 0{,}0\widehat{4};\ 0{,}0\widehat{5};\ \ldots\}$

d) $\{0{,}\widehat{01};\ 0{,}\widehat{02};\ 0{,}\widehat{03};\ 0{,}\widehat{04};\ 0{,}\widehat{05};\ \ldots\}$

44 Determina la fracció generatriu dels nombres decimals següents:

a) $3{,}4\widehat{5}$
b) $-0{,}\widehat{08}$
c) $24{,}\widehat{7}$
d) $0{,}00\widehat{7}$
e) $0{,}\widehat{008}$
f) $1{,}3\widehat{56}$
g) $-0{,}12\widehat{58}$
h) $4{,}\widehat{453}$
i) $-5{,}\widehat{6005}$
j) $0{,}667\widehat{2}$

45 Escriu, en cada cas, una fracció que compleixi aquests requisits:

a) Representa un nombre decimal exacte amb dues xifres decimals.

b) Representa un nombre decimal periòdic pur amb una xifra decimal de període.

c) Representa un nombre decimal periòdic mixt amb una xifra en l'anteperíode i dues xifres periòdiques.

6 Nombres racionals

El conjunt de tots els nombres que es poden expressar mitjançant fraccions s'anomena conjunt dels **nombres racionals** i es representa amb $\mathbb{Q}$.

Els nombres naturals $(\mathbb{N})$, els enters $(\mathbb{Z})$, els decimals exactes i els decimals periòdics es poden expressar mitjançant fraccions.

Nombres racionals
- Nombres enters
  - Nombres naturals: 1, 2, 3…
  - El nombre zero: 0
  - Enters negatius: −1, −2, −3…
- Nombres decimals
  - Decimals exactes: 1,35; 0,079…
  - Decimals periòdics: $9{,}\widehat{64}$; $8{,}1\widehat{23}$…

Els nombres decimals no exactes i no periòdics no es poden expressar per mitjà d'una fracció i, per tant, no són racionals. S'anomenen **nombres irracionals**.

EXEMPLE

12. Completa la taula amb aquests nombres. Has de tenir en compte que un nombre pot estar col·locat en més d'una casella.

$0{,}345\widehat{1}$ 34,02 −2 $-0{,}33\widehat{1}$ $0{,}\widehat{1234}$ 4 2,1020304050…

Nombre natural	Nombre enter	Nombre decimal exacte	Nombre decimal periòdic	Nombre decimal no exacte i no periòdic	Nombre racional
4	4 −2	34,02	$0{,}345\widehat{1}$ $-0{,}33\widehat{1}$ $0{,}\widehat{1234}$	2,1020304050…	4 −2 34,02 $0{,}345\widehat{1}$ $-0{,}33\widehat{1}$ $0{,}\widehat{1234}$

ACTIVITATS

46 PRACTICA. Classifica els nombres següents i indica tots els grups als quals pertanyen:

a) −4,562
b) $\frac{-4}{9}$
c) $24{,}09\widehat{23}$
d) 1,23223222322223…
e) $5{,}\widehat{875}$
f) $\frac{10}{5}$
g) −76,43333333…
h) $4{,}\widehat{9}$

47 APLICA. Escriu en cada cas tres nombres racionals que compleixin aquestes característiques.

a) Són més grans que −1 i més petits que 1.
b) La seva part entera és 1 i tenen període.
c) Són periòdics mixtos més petits que 0.

48 REFLEXIONA. Escriu tres nombres irracionals compresos entre 0 i 1.

ACTIVITATS FINALS

Fraccions

49 Expressa aquests enunciats com una fracció:

a) Vuit de cada quinze persones utilitzen cada dia el telèfon mòbil.

b) La Jana demana tres trossos d'una pizza de deu racions.

c) Dels trenta alumnes d'una classe, dinou saben tocar un instrument musical.

d) En Màrius ha encistellat tres tirs de cada cinc.

e) En Xavier no ha sabut resoldre dos problemes de set.

f) Dels nou bolígrafs que tinc, dos no tenen tinta.

50 Escriu la fracció que representa la part pintada d'aquestes figures.

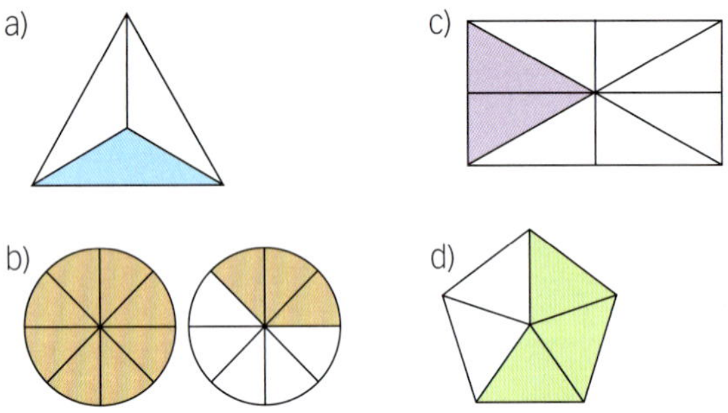

SABER FER

Representar una fracció en la recta numèrica

51 Representa les fraccions. a) $\frac{4}{5}$ b) $\frac{11}{6}$

- Si el numerador és més petit que el denominador.

PRIMER. Dividim el segment entre 0 i 1 en tantes parts com indiqui el denominador, 5.

SEGON. Prenem les parts que indiqui el numerador, 4.

a) 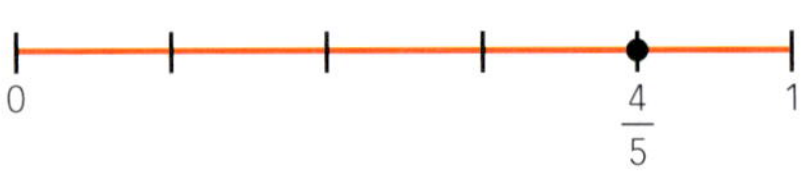

- Si el numerador és més gran que el denominador.

PRIMER. Expressem la fracció com la suma d'un nombre natural més una fracció pròpia.

$$11 \underline{|\ 6} \quad 5 \quad 1 \qquad \frac{11}{6} = 1 + \frac{5}{6}$$

SEGON. La fracció està inclosa entre el quocient i el seu nombre següent.

En aquest cas és entre 1 i 2. Representem en aquest tram la fracció que en resulta, $\frac{5}{6}$.

b) 

52 Representa en la recta numèrica aquestes fraccions:

a) $\frac{3}{5}$ d) $\frac{23}{7}$ g) $-\frac{11}{4}$

b) $\frac{5}{6}$ e) $-\frac{2}{7}$ h) $\frac{25}{6}$

c) $\frac{24}{3}$ f) $\frac{-16}{5}$ i) $\frac{-29}{9}$

53 Quina fracció representa cada lletra?

a) 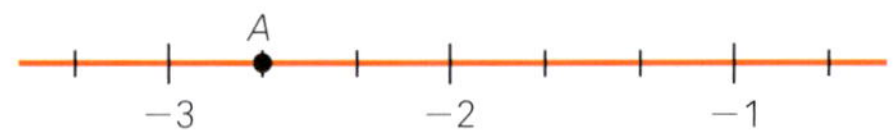

b) 

c) 

54 Indica la fracció que representa cada lletra.

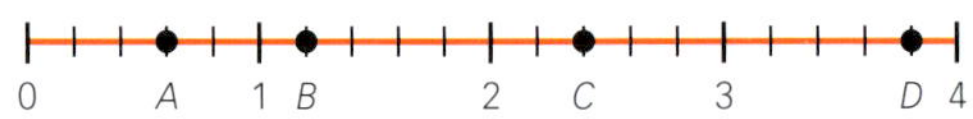

55 **CÀLCUL MENTAL.** Comprova si les fraccions següents són equivalents:

a) $\frac{3}{10}$ i $\frac{21}{70}$ e) $\frac{7}{10}$ i $\frac{21}{15}$

b) $\frac{3}{7}$ i $\frac{21}{70}$ f) $\frac{-7}{5}$ i $\frac{-28}{40}$

c) $\frac{3}{8}$ i $\frac{24}{64}$ g) $\frac{-4}{5}$ i $\frac{-20}{10}$

d) $\frac{6}{10}$ i $\frac{3}{5}$ h) $\frac{2}{5}$ i $\frac{8}{15}$

56 Calcula el valor de x perquè aquestes fraccions siguin equivalents:

a) $\frac{x}{12} = \frac{6}{9}$ e) $\frac{-4}{x} = \frac{32}{16}$

b) $\frac{9}{x} = \frac{6}{4}$ f) $\frac{-1}{7} = \frac{x}{98}$

c) $\frac{10}{3} = \frac{x}{15}$ g) $\frac{14}{x} = \frac{42}{9}$

d) $\frac{2}{5} = \frac{120}{x}$ h) $\frac{-6}{11} = \frac{90}{x}$

57 **CÀLCUL MENTAL.** Completa a la llibreta perquè es compleixi la igualtat.

a) $\frac{2}{5} = \frac{6}{\square} = \frac{\square}{40} = \frac{10}{\square} = \frac{\square}{100}$

b) $\frac{-5}{6} = \frac{-75}{\square} = \frac{\square}{42} = \frac{-25}{\square} = \frac{\square}{60}$

58 **CÀLCUL MENTAL.** Calcula per amplificació tres fraccions equivalents a cadascuna de les següents:

a) $\frac{5}{3}$ b) $\frac{6}{5}$ c) $\frac{-2}{9}$ d) $\frac{1}{8}$ e) $\frac{-3}{7}$

59 Calcula per simplificació tres fraccions equivalents a cadascuna d'aquestes:

a) $\frac{-16}{1.000}$ c) $\frac{750}{4.500}$ e) $\frac{1.400}{3.430}$

b) $\frac{540}{72}$ d) $\frac{-270}{900}$ f) $\frac{168}{1.008}$

60 Calcula fraccions equivalents a aquestes amb denominador un nombre inclòs entre 200 i 300:

a) $\frac{7}{8}$ b) $\frac{2}{11}$ c) $\frac{9}{5}$ d) $\frac{5}{9}$ e) $\frac{-7}{3}$

61 Determina la fracció irreductible.

a) $\frac{20}{8}$ b) $\frac{-4}{48}$ c) $\frac{32}{12}$ d) $\frac{-54}{92}$ e) $\frac{-27}{36}$

SABER FER

Simplificar una fracció factoritzant-ne el numerador i el denominador

62 Calcula la fracció irreductible de $\frac{180}{168}$.

PRIMER. Descomponem el numerador i el denominador en factors primers.

$$180 = 2^2 \cdot 3^2 \cdot 5 \qquad 168 = 2^3 \cdot 3 \cdot 7$$

SEGON. Simplifiquem els factors comuns.

$$\frac{180}{168} = \frac{2^2 \cdot 3^2 \cdot 5}{2^3 \cdot 3 \cdot 7} = \frac{3 \cdot 5}{2 \cdot 7} = \frac{15}{14} \leftarrow \text{Fracció irreductible}$$

63 Calcula la fracció irreductible descomponent numerador i denominador en factors primers.

a) $\frac{36}{60}$ b) $\frac{108}{48}$ c) $\frac{-225}{125}$ d) $\frac{252}{441}$

64 Indica quines d'aquestes simplificacions de fraccions estan mal fetes i explica per què:

a) $\frac{22}{13} = \frac{\cancel{11} + 11}{\cancel{11} + 2} = \frac{11}{2}$ c) $\frac{20}{18} = \frac{\cancel{15} + 5}{\cancel{15} + 3} = \frac{5}{3}$

b) $\frac{22}{14} = \frac{\cancel{2} \cdot 11}{\cancel{2} \cdot 7} = \frac{11}{7}$ d) $\frac{40}{80} = \frac{40 : \cancel{20}}{80 : \cancel{20}} = \frac{2}{4}$

65 Escriu una fracció equivalent a $\frac{1}{6}$ i una altra a $\frac{4}{7}$ que tinguin el mateix denominador.

66 Escriu una fracció equivalent a $\frac{-7}{3}$ i una altra a $\frac{-9}{5}$ que tinguin el mateix numerador.

67 Ordena aquestes fraccions de més petita a més gran:

a) $\frac{10}{3}, \frac{4}{3}, \frac{16}{3}, -\frac{5}{3}$ i $-\frac{2}{3}$

b) $\frac{5}{4}, -\frac{3}{4}, -\frac{9}{4}, \frac{7}{4}$ i $\frac{1}{4}$

c) $\frac{12}{5}, \frac{9}{5}, -\frac{8}{5}, -\frac{6}{5}$ i $\frac{7}{5}$

d) $-\frac{5}{6}, \frac{1}{6}, -\frac{1}{6}, \frac{7}{6}$ i $\frac{5}{6}$

68 Ordena aquestes fraccions de més gran a més petita:

a) $\frac{5}{9}, \frac{5}{4}, \frac{5}{3}, \frac{5}{7}$ i $\frac{5}{8}$

b) $\frac{7}{3}, \frac{7}{2}, \frac{7}{5}, \frac{7}{6}$ i $-\frac{7}{9}$

c) $-\frac{2}{9}, -\frac{2}{7}, -\frac{2}{3}, -\frac{2}{15}$ i $-\frac{2}{11}$

d) $-\frac{3}{16}, \frac{3}{4}, -\frac{3}{5}, \frac{3}{7}$ i $-\frac{3}{10}$

SABER FER

Determinar una fracció inclosa entre dues fraccions donades

69 Escriu una fracció inclosa entre les fraccions $\frac{1}{2}$ i $\frac{1}{3}$.

PRIMER. Sumem les dues fraccions.

$$\frac{1}{2} + \frac{1}{3} = \frac{3}{6} + \frac{2}{6} = \frac{5}{6}$$

SEGON. Dividim el resultat de la suma entre un nombre natural diferent d'1, com per exemple, el 2.

$$\frac{5}{6} : 2 = \frac{5}{12}$$

La fracció $\frac{5}{12}$ està inclosa entre $\frac{1}{2}$ i $\frac{1}{3}$.

70 Escriu una fracció inclosa entre aquestes dues:

a) $\frac{4}{5}$ i $\frac{7}{8}$ c) $\frac{7}{6}$ i $\frac{8}{6}$ e) $\frac{-1}{6}$ i $\frac{1}{5}$

b) $\frac{9}{7}$ i $\frac{11}{9}$ d) $-\frac{3}{7}$ i $-\frac{2}{5}$ f) $-\frac{5}{9}$ i $-\frac{6}{9}$

71 Completa a la llibreta.

a) $\frac{1}{2} < \frac{\square}{8} < \frac{3}{4}$ b) $\frac{3}{7} < \frac{3}{\square} < \frac{3}{4}$ c) $\frac{5}{6} < \frac{\square}{\square} < \frac{7}{8}$

Operacions amb fraccions

72 Efectua les operacions següents:

a) $\frac{3}{4}-\frac{1}{8}+\frac{5}{2}-1$

b) $\frac{9}{5}+\frac{3}{10}-\frac{7}{2}-2$

c) $3-\frac{8}{3}-\frac{1}{6}+\frac{2}{9}$

d) $5-\frac{5}{6}+\frac{5}{12}-\frac{5}{3}$

73 Calcula el resultat d'aquestes operacions:

a) $\left(1-\frac{1}{3}\right)-\left(4+\frac{2}{7}\right)$

b) $\frac{5}{2}+\frac{3}{4}-\left(\frac{1}{6}-\frac{1}{10}\right)$

c) $-\frac{3}{7}-\left(4+\frac{7}{8}-\frac{9}{4}\right)$

d) $\left(9+\frac{3}{5}\right)+\left(-\frac{1}{3}+\frac{4}{9}\right)$

74 Determina el resultat d'aquestes operacions:

a) $\frac{5}{9}-\left(\frac{7}{5}-\frac{4}{15}\right)+2$

b) $-\frac{4}{25}-\left(\frac{9}{2}+5\right)-3$

c) $-3-\left(-\frac{6}{5}\right)-\frac{5}{3}$

d) $\frac{11}{16}-\left(4-\frac{1}{6}\right)+\left(-\frac{1}{8}\right)$

75 Completa a la llibreta.

a) $\frac{1}{3}+\frac{\square}{\square}=\frac{1}{4}$

b) $\frac{3}{7}-\frac{\square}{\square}=-\frac{1}{21}$

c) $\frac{\square}{\square}+\frac{5}{6}=\frac{10}{3}$

d) $\frac{\square}{\square}-\frac{5}{12}=-\frac{2}{3}$

76 Resol aquestes operacions:

a) $6-\frac{1}{2}:\left(\frac{4}{5}-\frac{3}{10}\right)$

b) $\frac{6}{7}-2\cdot\left(-\frac{5}{4}\right)$

c) $\frac{4}{5}:\left(-\frac{2}{3}\right)+\frac{7}{20}$

d) $\frac{1}{4}+\left(-\frac{2}{3}-\frac{5}{9}\right):\frac{1}{6}$

e) $\left(-\frac{3}{5}+\frac{7}{6}\right)\cdot\left(3-\frac{2}{5}\right)$

f) $-\frac{3}{5}\cdot\left(\frac{4}{9}-\frac{1}{6}\right)$

77 Calcula les operacions següents:

a) $\frac{5}{4}-\left[\frac{3}{2}-\frac{1}{4}:\left(-\frac{3}{2}\right)\right]$

b) $\frac{7}{2}:\frac{3}{4}\cdot\left(\frac{9}{2}-\frac{1}{8}\right)-1$

c) $\left[-\frac{1}{5}+\frac{1}{8}\cdot\left(-\frac{3}{2}+4\right)\right]:\frac{2}{3}$

d) $\left[\frac{4}{5}-\left(-\frac{3}{10}\right)\right]:\left(\frac{2}{5}-3\right)$

78 Calcula el resultat d'aquestes operacions entre fraccions:

a) $\left(-\frac{10}{3}+3\right)\cdot(-3)+\frac{1}{4}$

b) $1-2:\left(\frac{5}{3}-\frac{7}{4}\right)\cdot\frac{1}{3}$

c) $\left(\frac{9}{2}-\frac{1}{6}\right):\left[8+\frac{1}{3}:\left(-\frac{1}{2}\right)\right]$

d) $\frac{6}{5}\cdot\left(\frac{2}{3}-\frac{1}{9}\right):\left(-\frac{3}{2}+\frac{11}{4}\right)$

79 Resol les operacions següents:

a) $\left(\frac{2}{5}\cdot\frac{10}{3}\right)-\left(\frac{1}{9}:\frac{4}{3}\right)$

b) $\left(1+\frac{5}{3}\right)-\left(\frac{2}{5}\cdot\frac{3}{5}\right)-2$

c) $\frac{7}{2}\cdot\left(\frac{1}{3}-\frac{2}{9}\right)+\left(-\frac{3}{4}\right)$

d) $-\frac{2}{7}-\left(-\frac{3}{10}\right)\cdot\left(\frac{4}{5}-2\right)$

80 **CÀLCUL MENTAL.** Completa les operacions a la llibreta.

a) $\frac{1}{3}\cdot\frac{\square}{\square}=\frac{1}{12}$

b) $\frac{4}{5}:\frac{\square}{\square}=\frac{-4}{100}$

c) $\frac{3}{7}\cdot\frac{\square}{\square}=\frac{-9}{77}$

d) $\frac{-1}{4}:\frac{\square}{\square}=\frac{1}{16}$

e) $(-5)\cdot\frac{\square}{\square}=-\frac{10}{3}$

f) $\frac{4}{5}:\frac{\square}{\square}=-4$

81 Efectua les operacions següents:

a) $-\frac{1}{6}+\frac{1}{4}:\left(\frac{5}{9}-3\right):\frac{3}{2}$

b) $\left(-\frac{1}{6}+\frac{1}{4}\right):\left(\frac{5}{9}-3\right):\frac{3}{2}$

c) $-\frac{1}{6}+\left(\frac{1}{4}:\frac{5}{9}-3\right):\frac{3}{2}$

d) $\left(-\frac{1}{6}+\frac{1}{4}:\frac{5}{9}\right)-3:\frac{3}{2}$

82 Calcula el resultat d'aquestes operacions amb fraccions:

a) $\left[\frac{5}{2}+\frac{3}{4}\cdot\left(-\frac{2}{9}\right)\right]:\left(4-\frac{2}{3}\right)$

b) $\left(\frac{5}{2}+\frac{3}{4}\right)\cdot\left(-\frac{2}{9}\right):4-\frac{2}{3}$

c) $\left[\frac{5}{2}+\frac{3}{4}\cdot\left(-\frac{2}{9}\right):4\right]-\frac{2}{3}$

d) $\frac{5}{2}+\frac{3}{4}\cdot\left[\left(-\frac{2}{9}\right):4-\frac{2}{3}\right]$

Nombres decimals

83 Indica la part entera i la part decimal d'aquests nombres. En el cas dels decimals periòdics, assenyala'n el període i l'anteperíode.

a) 1,25
b) −24,777…
c) 0,08999…
d) 19,353535…
e) −5,678678678
f) 4,8456767…
g) 1,010011000111…
h) −752,5

84 Justifica quin tipus de nombre (enter, decimal exacte o periòdic) expressen les fraccions següents:

a) $\frac{27}{36}$
b) $-\frac{44}{11}$
c) $\frac{4}{24}$
d) $\frac{51}{20}$
e) $\frac{-34}{30}$
f) $\frac{15}{21}$
g) $\frac{22}{-1}$
h) $\frac{21}{420}$
i) $\frac{19}{90}$

85 Classifica aquests nombres decimals en racionals i irracionals, i indica quin criteri utilitzes:

a) 4,565656…
b) −3,123456…
c) $\frac{5}{9}$
d) 0,040044000…
e) −1,285
f) $\frac{-6}{5}$
g) $\frac{53}{90}$
h) $\frac{13}{99}$

86 Expressa en forma decimal aquestes fraccions:

a) $\frac{1}{30}$
b) $\frac{-2}{9}$
c) $\frac{4}{5}$
d) $\frac{7}{12}$
e) $\frac{-3}{8}$
f) $\frac{25}{99}$
g) $\frac{377}{100}$
h) $\frac{-1}{990}$
i) $\frac{9}{50}$

87 Expressa la part pintada d'aquestes figures mitjançant una fracció i mitjançant un nombre decimal:

a)
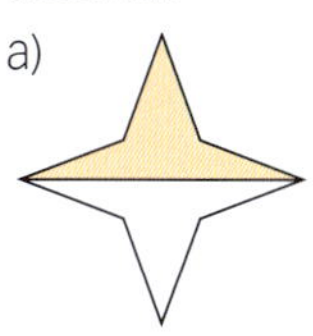

b)
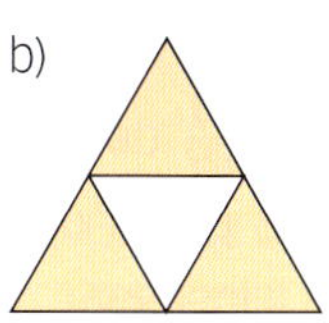

c)
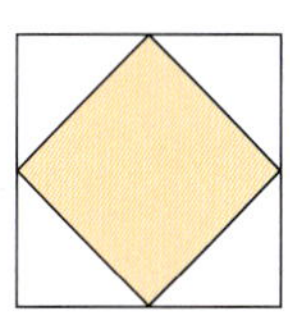

d)
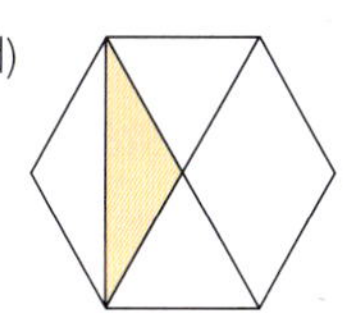

88 Expressa aquests nombres decimals exactes com una fracció irreductible:

a) 8,4 b) 76,53 c) −9,235 d) 13,0062

89 Ordena de més petit a més gran els nombres dels grups següents:

a) $\frac{4}{7}$; $0{,}\widehat{54}$; $\frac{5}{9}$; $\frac{1}{2}$; $0{,}5\widehat{54}$
b) $\frac{6}{5}$; $1{,}\widehat{24}$; $\frac{5}{6}$; $\frac{13}{9}$; $1{,}2\widehat{34}$

90 Escriu la fracció que correspon a aquests nombres decimals:

a) 2,777… b) 5,67878… c) 95,2525… d) 0,076444…

91 Expressa aquests nombres en forma de fracció:

a) −5
b) $8{,}\widehat{7}$
c) $5{,}6\widehat{34}$
d) 5,84
e) $0{,}45\widehat{6}$
f) −0,752
g) 74
h) $2{,}68\widehat{25}$
i) $0{,}\widehat{0125}$

SABER FER

Resoldre operacions amb nombres d'infinites xifres decimals

92 Calcula aquesta operació: $4{,}2 \cdot 3{,}\widehat{06} - 0{,}8\widehat{67}$

PRIMER. Transformem els nombres decimals en fraccions.

$$4{,}2 = \frac{42}{10} = \frac{21}{5} \qquad 3{,}\widehat{06} = \frac{303}{99} = \frac{101}{33} \qquad 0{,}8\widehat{67} = \frac{859}{990}$$

SEGON. Operem amb les fraccions.

$$4{,}2 \cdot 3{,}\widehat{06} - 0{,}8\widehat{67} = \frac{21}{5} \cdot \frac{101}{33} - \frac{859}{990} =$$
$$= \frac{2.121}{165} - \frac{859}{990} = \frac{11.867}{990}$$

93 Transforma aquests nombres decimals en fraccions i efectua les operacions:

a) 5,9 + 8,333…
b) 2,333… + 56,444…
c) 34,666… − 7,888…
d) 9,5777… + 3,75
e) 4,8999… + 2,565656…
f) 3,1818… + 0,0606…

94 Calcula el resultat en forma de fracció.

a) $4{,}\widehat{7} - 2{,}\widehat{83} \cdot 1{,}5$
b) $(5{,}7\widehat{24} + 1{,}\widehat{9}) : 0{,}\widehat{54}$
c) $12{,}6\widehat{4} + 4{,}\widehat{2} : 0{,}6$
d) $15{,}75 - (1{,}8\widehat{6} - 0{,}\widehat{2}) \cdot 3{,}8$

95 Digues quines de les afirmacions següents són certes o falses i justifica la resposta:

a) Qualsevol nombre decimal es pot expressar en forma de fracció.
b) Un nombre enter es pot expressar com una fracció.
c) En un nombre decimal periòdic, les xifres decimals es repeteixen indefinidament després de la coma.
d) Si un nombre decimal té com a període 0, és un nombre decimal exacte.

1 Potències d'exponent enter

1.1. Potències d'exponent enter positiu

CALCULADORA

Per trobar potències amb la calculadora utilitzem la tecla x^y.

Per exemple, per calcular $(1{,}2)^3$ teclegem:

1 [·] 2 [x^y] 3 [=] 1.728

Una **potència d'exponent un nombre enter positiu** és una manera abreujada d'expressar una multiplicació en la qual tots els factors són iguals.

$$a^n = \underbrace{a \cdot a \cdot a \dots \cdot a}_{n \text{ vegades}} \qquad \text{si } n > 0$$

EXEMPLE

1. Calcula el resultat d'aquestes potències:

a) $6^2 = \underbrace{6 \cdot 6}_{2 \text{ vegades}} = 36$

b) $\left(\frac{5}{3}\right)^4 = \underbrace{\frac{5}{3} \cdot \frac{5}{3} \cdot \frac{5}{3} \cdot \frac{5}{3}}_{4 \text{ vegades}} = \frac{625}{81}$

c) $(1{,}2)^3 = \underbrace{1{,}2 \cdot 1{,}2 \cdot 1{,}2}_{3 \text{ vegades}} = 1{,}728$

d) $\left(\frac{1}{2}\right)^2 = \underbrace{\left(\frac{1}{2}\right) \cdot \left(\frac{1}{2}\right)}_{2 \text{ vegades}} = \frac{1}{4}$

Has de tenir en compte que:

$(-2)^4 = (-2) \cdot (-2) \cdot (-2) \cdot (-2) = 16$

però:

$-2^4 = -(2 \cdot 2 \cdot 2 \cdot 2) = -16$

En una potència d'exponent enter positiu:

- Si la base és un nombre positiu, la potència sempre és positiva.
- Si la base és un nombre negatiu, la potència és positiva si l'exponent és parell, i negativa si l'exponent és senar.

EXEMPLE

2. Calcula les potències següents:

a) $\left(-\frac{2}{3}\right)^3 = \left(-\frac{2}{3}\right) \cdot \left(-\frac{2}{3}\right) \cdot \left(-\frac{2}{3}\right) = -\frac{8}{27}$ (Senar)

b) $\left(-\frac{2}{3}\right)^4 = \left(-\frac{2}{3}\right) \cdot \left(-\frac{2}{3}\right) \cdot \left(-\frac{2}{3}\right) \cdot \left(-\frac{2}{3}\right) = \frac{16}{81}$ (Parell)

ACTIVITATS

1 PRACTICA. Escriu en forma de potència aquestes multiplicacions i calcula'n el resultat:

a) $2 \cdot 2 \cdot 2 \cdot 2 \cdot 2 \cdot 2 \cdot 2 \cdot 2 \cdot 2$

b) $(-4) \cdot (-4) \cdot (-4) \cdot (-4) \cdot (-4)$

c) $\left(-\frac{2}{5}\right) \cdot \left(-\frac{2}{5}\right) \cdot \left(-\frac{2}{5}\right)$

2 APLICA. Corregeix els errors.

a) $5^4 = 5 + 5 + 5 + 5$

b) $(-5)^3 = (-5) \cdot 3$

c) $\left(\frac{1}{5}\right)^7 = \left(\frac{-1}{5}\right)^7$

d) $-5^2 = (-5) \cdot (-5)$

3 REFLEXIONA. Completa a la llibreta.

a) $(\square)^3 = \frac{-125}{8}$

b) $(\square)^8 = 4^{\square} = 256$

1.2. Potències d'exponent enter negatiu

Una **potència d'exponent un nombre enter negatiu** és igual al quocient entre la unitat i la mateixa potència amb l'exponent positiu.

$$a^{-n} = \frac{1}{a^n} \qquad \text{si } a \neq 0$$

EXEMPLE

3. Calcula aquestes potències d'exponent negatiu:

a) $4^{-3} = \frac{1}{4^3} = \frac{1}{64}$

b) $(-4)^{-3} = \frac{1}{(-4)^3} = \frac{1}{-64}$

c) $(0{,}4)^{-2} = \frac{1}{(0{,}4)^2} = \frac{1}{0{,}16} = 6{,}25$

d) $\left(\frac{2}{3}\right)^{-4} = \frac{1}{\left(\frac{2}{3}\right)^4} = \frac{1}{\frac{16}{81}} = 1 : \frac{16}{81} = \frac{81}{16}$

1.3. Potències d'exponent 1, −1 i 0

Per a qualsevol valor de *a* ($a \neq 0$) sempre es verifica que:

$$a^0 = 1 \qquad a^1 = a \qquad a^{-1} = \frac{1}{a}$$

EXEMPLE

4. Calcula les potències de nombres racionals següents:

a) $2^0 = 1$

b) $(-2)^0 = 1$

c) $\left(\frac{1}{2}\right)^0 = 1$

d) $2^1 = 2$

e) $(-2)^1 = -2$

f) $\left(\frac{1}{2}\right)^1 = \frac{1}{2}$

g) $2^{-1} = \frac{1}{2}$

h) $(-2)^{-1} = \frac{1}{-2} = -\frac{1}{2}$

i) $\left(\frac{1}{2}\right)^{-1} = \frac{1}{\frac{1}{2}} = 1 : \frac{1}{2} = 2$

CALCULADORA

Per calcular $(1{,}2)^{-3}$ teclegem:

1 [·] 2 [x^y] [−] 3 [=]

i a la pantalla surt:

0.5787037037

T'HI ATREVEIXES?

$12^2 = 144 \qquad 21^2 = 441$

$13^2 = 169 \qquad 31^2 = 961$

Troba un altre nombre de dues xifres que compleixi la mateixa propietat.

ACTIVITATS

4 PRACTICA. Calcula aquestes potències:

a) 3^4 b) $(-3)^{-4}$ c) $(-3)^4$

d) $(-3)^0$ e) $(-3)^1$ f) $(0{,}2)^{-3}$

g) $(0{,}2)^0$ h) $(0{,}2)^1$ i) $\left(\frac{2}{3}\right)^{-3}$

j) $\left(-\frac{1}{5}\right)^{-4}$ k) $\left(-\frac{7}{8}\right)^{-1}$ l) $\left(\frac{4}{3}\right)^2$

5 APLICA. Resol.

$$\left(-\frac{1}{2}\right)^{-1} + (-0{,}128)^0 + (-1)^2$$

6 REFLEXIONA. Escriu aquestes fraccions com a potència d'exponent enter negatiu:

a) $\frac{1}{49}$ b) $\frac{-27}{8}$ c) $\frac{-1}{243}$ d) $\frac{625}{16}$

2 Operacions amb potències

T'HI ATREVEIXES?

Troba un nombre que a l'elevar-lo al quadrat i sumar-li 2 es converteixi en un nombre al cub.

Les propietats

$$a^n \cdot a^m = a^{n+m}$$
$$a^n : a^m = a^{n-m}$$

només es poden aplicar quan les potències tenen la mateixa base.

Si a i b són dos nombres racionals, i m i n són dos nombres enters, es compleixen les propietats següents:

- **Producte i quocient de potències de la mateixa base**

  $a^n \cdot a^m = a^{n+m}$ $\qquad$ $a^n : a^m = \dfrac{a^n}{a^m} = a^{n-m}$

- **Potència d'un producte i potència d'un quocient**

  $(a \cdot b)^n = a^n \cdot b^n$ $\qquad$ $(a : b)^n = \left(\dfrac{a}{b}\right)^n = \dfrac{a^n}{b^n}$

- **Potència d'una potència**

  $(a^n)^m = a^{n \cdot m}$

EXEMPLE

5. Efectua les operacions següents amb potències:

a) $(-4)^2 \cdot (-4)^4 = (-4)^{2+4} = (-4)^6 = 4.096$

b) $3^4 \cdot 3^{-5} = 3^{4+(-5)} = 3^{4-5} = 3^{-1} = \dfrac{1}{3^1} = \dfrac{1}{3}$

c) $3^{-4} : 3^5 = 3^{-4-5} = 3^{-9} = \dfrac{1}{3^9} = \dfrac{1}{19.683}$

d) $3^2 : 3^{-3} = 3^{2-(-3)} = 3^{2+3} = 3^5 = 243$

e) $\left(\dfrac{2}{7}\right)^{-3} \cdot \left(\dfrac{2}{7}\right)^2 = \left(\dfrac{2}{7}\right)^{-3+2} = \left(\dfrac{2}{7}\right)^{-1} = \dfrac{1}{\dfrac{2}{7}} = \dfrac{7}{2}$

f) $\left(\dfrac{3}{5}\right)^{-3} : \left(\dfrac{3}{5}\right)^{-4} = \left(\dfrac{3}{5}\right)^{-3-(-4)} = \left(\dfrac{3}{5}\right)^{-3+4} = \left(\dfrac{3}{5}\right)^1 = \dfrac{3}{5}$

g) $\left[\left(\dfrac{1}{3}\right)^4\right]^{-2} = \left(\dfrac{1}{3}\right)^{4\cdot(-2)} = \left(\dfrac{1}{3}\right)^{-8} = \dfrac{1}{\left(\dfrac{1}{3}\right)^8} = \dfrac{3^8}{1^8} = 6.561$

ACTIVITATS

7 PRACTICA. Resol aquestes operacions entre potències:

a) $(-3)^4 \cdot (-3)^5$

b) $5^{-2} \cdot 5^3$

c) $\left(\dfrac{1}{2}\right)^{-1} \cdot \left(\dfrac{1}{2}\right)^{-3}$

d) $\left(\dfrac{3}{4}\right)^{-3} \cdot \left(\dfrac{3}{4}\right)^5$

e) $\left(\dfrac{7}{2}\right)^5 : \left(\dfrac{7}{2}\right)^{-2}$

f) $2^{-8} : 2^{-3}$

g) $5^0 : 5^4$

h) $\left(\dfrac{6}{5}\right)^{-1} : \left(\dfrac{6}{5}\right)^{-1}$

8 APLICA. Calcula el resultat.

a) $(-2)^{-3} : (-2)^{-1}$

b) $(-1)^{-2} \cdot (-1)^6$

c) $\left(-\dfrac{2}{3}\right)^3 : \left(-\dfrac{2}{3}\right)^{-1}$

d) $\left(-\dfrac{1}{4}\right)^{-4} \cdot \left(-\dfrac{1}{4}\right)^3$

9 REFLEXIONA. Indica quina desigualtat és certa.

a) $\left(\dfrac{1}{2}\right)^3 < \dfrac{1}{4}$

b) $[2 \cdot (-1)]^4 < \dfrac{1}{2}$

SABER FER

Calcular productes i quocients de potències

Expressa, si es pot, aquests productes i aquests quocients de potències amb una sola potència:

a) $5^3 \cdot 5^{-4}$ **b)** $5^3 : 5^{-4}$ **c)** $9^5 \cdot (-3)^5$ **d)** $9^5 : (-3)^5$ **e)** $4^3 \cdot 8^{-3}$ **f)** $4^3 : 8^{-3}$

Passos que cal seguir

1. Analitzem si les bases o els exponents de les potències són iguals.

a) $5^3 \cdot 5^{-4} \rightarrow$ Mateixa base

b) $5^3 : 5^{-4} \rightarrow$ Mateixa base

c) $9^5 \cdot (-3)^5 \rightarrow$ Diferent base i mateix exponent

d) $9^5 : (-3)^5 \rightarrow$ Diferent base i mateix exponent

e) $4^3 \cdot 8^{-3} \rightarrow$ Base i exponent diferents

f) $4^3 : 8^{-3} \rightarrow$ Base i exponent diferents

2. Si les bases són iguals, operem amb els exponents segons les propietats de les potències.

a) $5^3 \cdot 5^{-4} = 5^{3+(-4)} = 5^{3-4} = 5^{-1}$

b) $5^3 : 5^{-4} = 5^{3-(-4)} = 5^{3+4} = 5^7$

3. Si les bases són diferents però tenen el mateix exponent, operem amb les bases.

c) $9^5 \cdot (-3)^5 = (9 \cdot (-3))^5 = (-27)^5$

d) $9^5 : (-3)^5 = (9 : (-3))^5 = (-3)^5$

4. Si les bases i els exponents són diferents, descomponem les bases en factors primers i resolem la nova operació entre potències.

e) $4 = 2^2 \qquad 8 = 2^3$

$4^3 \cdot 8^{-3} = (2^2)^3 \cdot (2^3)^{-3} = 2^6 \cdot 2^{-9} = 2^{6+(-9)} = 2^{6-9} = 2^{-3} = \left(\frac{1}{2}\right)^3 = \frac{1}{2^3}$

f) $4 = 2^2 \qquad 8 = 2^3$

$4^3 : 8^{-3} = (2^2)^3 : (2^3)^{-3} = 2^6 : 2^{-9} = 2^{6-(-9)} = 2^{6+9} = 2^{15}$

Un producte o un quocient de potències només es pot expressar mitjançant una única potència si els factors tenen les mateixes bases o els mateixos exponents.

$3^2 \cdot 5^{-3} \rightarrow$ No es pot expressar com una sola potència.

$3^5 \cdot 6^{-3} = 3^5 \cdot (2 \cdot 3)^{-3} =$
$= 3^5 \cdot 2^{-3} \cdot 3^{-3} = 3^{5-3} \cdot 2^{-3} =$
$= 3^2 \cdot 2^{-3} \rightarrow$ No es pot expressar com una sola potència.

ACTIVITATS

10 Calcula el valor de les potències següents:

a) $2^5 \cdot 2^3$
b) $2^5 : 2^3$
c) $3^7 \cdot 3^2 \cdot 3^4$
d) $(-4)^9 \cdot (-4)^5 \cdot (-4)$
e) $(-4)^9 : (-4)^5 : (-4)$
f) $(7 \cdot 4)^0$

11 Simplifica aquestes expressions fins a expressar-les com una sola potència:

a) $7^4 \cdot 2^4$
b) $8^{-3} : 2^{-3}$
c) $(-5)^6 \cdot 3^6$
d) $8^5 : (-2)^5$
e) $(-3)^{-2} \cdot (-4)^{-2}$
f) $(-10)^{-4} : (-5)^{-4}$

12 Expressa com una sola potència.

a) $11^6 \cdot 11^4$
b) $25^4 \cdot 5^3$
c) $11^6 : 11^4$
d) $25^4 : 5^3$
e) $2^5 \cdot 14^5$
f) $8^7 \cdot 8^{-8}$
g) $14^5 : 2^5$
h) $8^7 : 8^{-8}$
i) $7^0 : 21^3$

13 Expressa el resultat com una sola potència.

a) $(3^3 \cdot 3^4 \cdot 3^8) : 3^9$
b) $(-2)^4 \cdot (-2)^6 \cdot (-2)^5$
c) $(-7)^8 : (-7)^4 \cdot (-7)^2$
d) $\left(\frac{5}{2}\right)^4 \cdot \left(\frac{5}{2}\right)^3 : \left(\frac{5}{2}\right)^6$
e) $\left[\left(-\frac{1}{9}\right)^2 \cdot \left(-\frac{1}{9}\right)^3\right] : \left[\left(\frac{-1}{9}\right)^4 : \left(\frac{-1}{9}\right)\right]$
f) $(-5)^8 : [(-5)^3 : (-5)^3]$

14 Simplifica aquests productes de potències:

a) $5^4 \cdot 25^3$
b) $8^4 \cdot 16^2$
c) $6^3 \cdot 12^5$
d) $4^7 \cdot 32$
e) $-12^3 \cdot 18^5$
f) $(-63)^5 \cdot 21^2$
g) $-72^3 \cdot (-4)^7$
h) $32^2 \cdot (-24)^3$
i) $54^2 \cdot (-18)^4$

3 Notació científica

3.1. Potències de base 10

- Una **potència de base 10 i exponent enter positiu** és igual a la unitat seguida de tants zeros com indiqui l'exponent.
- Una **potència de base 10 i exponent enter negatiu** és igual a la unitat dividida per la mateixa potència amb exponent positiu.

Una potència de base 10 amb exponent negatiu és igual a un nombre decimal.

$10^{-2} = 0{,}01$ (2 decimals)

$10^{-5} = 0{,}00001$ (5 decimals)

EXEMPLE

6. Escriu amb totes les xifres les potències de 10 següents:

a) $10^3 = 1.000$ c) $10^5 = 100.000$ e) $10^7 = 10.000.000$

b) $10^{-1} = \frac{1}{10} = 0{,}1$ d) $10^{-2} = \frac{1}{100} = 0{,}01$ f) $10^{-3} = \frac{1}{1.000} = 0{,}001$

! NO TE N'OBLIDIS

Les potències de 10 s'utilitzen per expressar nombres molt grans i nombres molt petits.

3.2. Expressió de nombres molt grans i molt petits

La **notació científica** és una manera d'expressar nombres per mitjà del producte d'un nombre més gran o igual que 1 i més petit que 10, multiplicat per una potència de 10.

L'exponent de la potència de 10 s'anomena **ordre de magnitud**.

EXEMPLE

7. Descriu aquestes situacions amb un nombre escrit en notació científica:

a) La distància de la Terra al Sol és de 149.000.000 km.

$149.000.000 = 1{,}49 \cdot 100.000.000 = 1{,}49 \cdot 10^8$

b) La mida del virus de la grip és de 0,00012 mm.

$0{,}00012 = \frac{1{,}2}{10.000} = 1{,}2 \cdot \frac{1}{10.000} = 1{,}2 \cdot 10^{-4}$

ACTIVITATS

15 PRACTICA. Calcula aquestes operacions i expressa el resultat com una potència de base 10:

a) $0{,}0001 \cdot 1.000$

b) $10.000.000 \cdot 0{,}000001$

c) $10 : 1.000.000$

d) $0{,}00000001 : 100.000$

16 APLICA. Indica quin d'aquests nombres no estan ben escrits en notació científica i corregeix-los:

a) $0{,}123 \cdot 10^{-7}$ b) $12{,}3 \cdot 10^7$ c) $3{,}01 \cdot 10^{-8}$

17 REFLEXIONA. Els actius financers d'una entitat bancària són, aproximadament, 10 bilions d'euros. Expressa aquesta quantitat en notació científica.

SABER FER

Expressar nombres en notació científica

Expressa els nombres següents en notació científica:

a) 71.800 b) −2.333,1 c) 0,000029 d) −0,00104

Passos que cal seguir

1. Calculem l'ordre de magnitud.
   - Si el nombre té part entera diferent de 0, l'ordre de magnitud és positiu i coincideix amb el nombre de dígits de la seva part entera menys 1.
   - Si la part entera del nombre és 0, l'ordre de magnitud és negatiu i coincideix amb el nombre de dígits que hi ha des de la coma fins al primer nombre diferent de 0.

a) $\underbrace{71.800}_{5\text{ dígits}}$ → Part entera ≠ 0 → Ordre de magnitud = 5 − 1 = 4

b) $-\underbrace{2.333}_{4\text{ dígits}},1$ → Part entera ≠ 0 → Ordre de magnitud = 4 − 1 = 3

c) $0,\underbrace{00002}_{5\text{ dígits}}9$ → Part entera = 0 → Ordre de magnitud = −5

d) $-0,\underbrace{001}_{3\text{ dígits}}04$ → Part entera = 0 → Ordre de magnitud = −3

2. Escrivim la quantitat amb una sola xifra entera diferent de 0, i la multipliquem per 10 elevat a l'ordre de magnitud que hem calculat.

a) $71.800 = 7,18 \cdot 10^4$

b) $-2.333,1 = -2,3331 \cdot 10^3$

c) $0,000029 = 2,9 \cdot 10^{-5}$

d) $-0,00104 = -1,04 \cdot 10^{-3}$

Per expressar un nombre en notació científica amb la calculadora s'utilitzen les tecles [× 10^x] i [−].

Per introduir el nombre $7,352 \cdot 10^9$ teclegem:

7 [·] 352 [× 10^x] 9

I per introduir $8,64 \cdot 10^{-3}$ teclegem:

8 [·] 64 [× 10^x] [−] 3

ACTIVITATS

18 Expressa aquests nombres en notació científica:

a) 650.000.000
b) 90.000.000.000
c) 44.400.000
d) 12.675.000.000.000
e) 393.000.000.000
f) 1.000.000.000.000

19 Escriu en notació científica.

a) 0,0025
b) 0,0000008
c) 0,000054
d) 0,00000000113
e) 0,000000752
f) 0,000000004

20 Expressa en notació científica aquestes quantitats expressades en metres:

a) 12.000 km
b) 3.820,06 dam
c) 0,0051 mm
d) 28.000.000.000 dm
e) 0,0000000079 hm
f) 31.008.462,5 cm

21 Corregeix els errors que hi ha en aquests nombres escrits en notació científica:

a) $375.000 = 375 \cdot 10^3$
b) $375.000.000 = 375 \cdot 10^8$
c) $3.750.000 = 3 \cdot 10^6$
d) $0,00375 = 375 \cdot 10^{-5}$
e) $0,00000375 = 3,75 \cdot 10^6$

22 Expressa aquests nombres en notació científica:

a) $2^7 \cdot 5^3$
b) $2^6 : 10^8$
c) $7^3 \cdot 10^{-6}$
d) $3^4 : 10^{-5}$
e) $2^{10} \cdot 5^8$
f) $6^6 \cdot 10^4 : 2^5$

23 Completa a la llibreta amb un nombre escrit en notació científica.

a) 10,5 milions d'euros = □ cèntims d'euro
b) 45.700 tones de tomàquets = □ quilos de tomàquets
c) 600.000 ous = □ dotzenes d'ous

4 Operacions en notació científica

4.1. Suma i resta en notació científica

Per **sumar** o **restar nombres en notació científica** cal que l'exponent de la potència de 10 sigui igual en tots els sumands. Quan sigui igual, sumem o restem els nombres i mantenim la mateixa potència de 10.

Si els exponents de les potències de 10 són diferents, n'hem de transformar algun perquè siguin iguals.

Si el resultat no es troba en notació científica, l'hem de transformar.

EXEMPLE

8. Calcula les operacions següents:

a) $1{,}04 \cdot 10^{-7} - 2{,}6 \cdot 10^{-7} = (1{,}04 - 2{,}6) \cdot 10^{-7} = -1{,}56 \cdot 10^{-7}$

b) $2{,}1 \cdot 10^{3} + 3{,}2 \cdot 10^{2}$ → Exponents diferents de la potencià de 10. Els igualem:

$3{,}2 \cdot 10^{2} = 0{,}32 \cdot 10^{3}$

$2{,}1 \cdot 10^{3} + 3{,}2 \cdot 10^{2} = 2{,}1 \cdot 10^{3} + 0{,}32 \cdot 10^{3}$

$= (2{,}1 + 0{,}32) \cdot 10^{3} = 2{,}42 \cdot 10^{3}$

4.2. Multiplicació i divisió en notació científica

Per **multiplicar** o **dividir** nombres en notació científica, multipliquem o dividim, d'una banda, les potències de 10 i, d'altra banda, els nombres que tenen al davant.

EXEMPLE

9. Resol les operacions següents:

a) $(3{,}2 \cdot 10^{-5}) \cdot 2 \cdot 10^{-3} = (3{,}2 \cdot 2) \cdot (10^{-5} \cdot 10^{-3}) = 6{,}4 \cdot 10^{-8}$

b) $(1{,}2 \cdot 10^{6}) : (2{,}4 \cdot 10^{8}) = (1{,}2 : 2{,}4) \cdot (10^{6} : 10^{8}) = 0{,}5 \cdot 10^{-2}$

El resultat no està expressat en notació científica i l'hem de transformar:

$0{,}5 \cdot 10^{-2} = 5 \cdot 10^{-3}$

ACTIVITATS

24 PRACTICA. Calcula el resultat d'aquestes operacions:

a) $7{,}524 \cdot 10^{-4} + 3{,}1 \cdot 10^{-4}$

b) $4{,}6 \cdot 10^{4} + 5{,}7 \cdot 10^{5}$

c) $3{,}9 \cdot 10^{-3} + 1{,}27 \cdot 10^{-2}$

d) $9{,}6 \cdot 10^{7} - 7{,}31 \cdot 10^{5}$

e) $4{,}85 \cdot 10^{10} - 9{,}58 \cdot 10^{7}$

f) $1{,}8 \cdot 10^{-3} - 4{,}27 \cdot 10^{-4}$

g) $(7{,}2 \cdot 10^{9}) \cdot (1{,}4 \cdot 10^{-5})$

h) $(5{,}08 \cdot 10^{6}) \cdot (2{,}7 \cdot 10^{4})$

i) $(3{,}25 \cdot 10^{-1}) \cdot (8{,}01 \cdot 10^{4})$

j) $(7{,}2 \cdot 10^{7}) : (2 \cdot 10^{5})$

k) $(2{,}1 \cdot 10^{-3}) : (8{,}4 \cdot 10^{-4})$

l) $(1{,}2 \cdot 10^{-2}) : (6 \cdot 10^{2})$

25 APLICA. Completa a la llibreta.

a) $6 \cdot 10^{3} + \square = 9 \cdot 10^{4}$

b) $3{,}4 \cdot 10^{6} - \square = 7{,}6 \cdot 10^{5}$

c) $6{,}42 \cdot 10^{-4} + \square = 9{,}256 \cdot 10^{-3}$

26 REFLEXIONA. Resol aquesta suma:

$7{,}8 \cdot 10^{99} + 5 \cdot 10^{99}$

Ara, efectua-la amb la calculadora. Explica què passa i digues per què et sembla que passa.

5 Arrels

5.1. Arrel quadrada d'un nombre racional

L'**arrel quadrada** d'un nombre racional a és un nombre b tal que si l'elevem al quadrat, obtenim el nombre a.

$$\sqrt{a} = b \quad \text{si} \quad b^2 = a$$

a és el **radicand**, $\sqrt{\ }$ és el símbol de l'arrel i b és l'**arrel**.

- L'arrel quadrada d'un nombre racional positiu té sempre dos resultats, un de positiu i un de negatiu.
- L'arrel quadrada d'un nombre racional negatiu no existeix.

EXEMPLE

10. Calcula. a) $\sqrt{49}$ b) $\sqrt{-4}$

a) $\left.\begin{array}{l}\sqrt{49} = 7 \text{ perquè } 7^2 = 49 \\ \sqrt{49} = -7 \text{ perquè } (-7)^2 = 49\end{array}\right\} \rightarrow$ Ho escrivim $\sqrt{49} = \pm 7$.

b) $\sqrt{-4}$ no existeix, perquè cap nombre elevat al quadrat és negatiu.

NO TE N'OBLIDIS

$x\sqrt{y}$ ← radicand

↑ coeficient

5.2. Operacions amb arrels

- Per **sumar** o **restar arrels** el radicand ha de ser el mateix. Sumem o restem els coeficients i deixem el mateix radicand.
- Per **multiplicar** o **dividir arrels** multipliquem o dividim els radicands per una banda i els coeficients per l'altra.

EXEMPLE

11. Efectua les operacions amb arrels següents:

a) $4\sqrt{3} - \sqrt{3} + \frac{1}{2}\sqrt{3} = \left(4 - 1 + \frac{1}{2}\right)\sqrt{3} = \frac{7}{2}\sqrt{3}$

b) $2\sqrt{6} \cdot 4\sqrt{5} = (2 \cdot 4)\sqrt{6 \cdot 5} = 8\sqrt{30}$

c) $(6\sqrt{2}) : (3\sqrt{4}) = (6:3)\frac{\sqrt{2}}{\sqrt{4}} = 2\sqrt{\frac{2}{4}} = 2\sqrt{\frac{1}{2}}$

L'arrel quadrada d'una fracció és el quocient de l'arrel del numerador entre l'arrel del denominador.

$$\sqrt{\frac{a}{b}} = \frac{\sqrt{a}}{\sqrt{b}} = \sqrt{a} : \sqrt{b}$$

ACTIVITATS

27 PRACTICA. Efectua aquestes operacions amb arrels:

a) $3\sqrt{12} - 4\sqrt{12} + 5\sqrt{12} - \sqrt{12}$

b) $-\sqrt{7} - 2\sqrt{7} + 3\sqrt{7} + \sqrt{7}$

c) $4\sqrt{10} \cdot \sqrt{2}$

d) $(-4\sqrt{14}) : (2\sqrt{2})$

28 APLICA. Fes les operacions següents:

a) $\sqrt{3} \cdot \sqrt{4} + \sqrt{25} \cdot \sqrt{3}$

b) $(\sqrt{3} \cdot \sqrt{2})^2$

29 REFLEXIONA. Respecta la jerarquia de les operacions i calcula: $(\sqrt{3} - \sqrt{2}) \cdot \sqrt{3} + 5\sqrt{6}$

SABER FER

Extreure factors d'una arrel

Extreu tots els factors possibles de les arrels següents:

a) $\sqrt{96}$ **b)** $\sqrt{360}$

Tots els exponents parells es poden escriure de la manera $2n$ per a un cert nombre n, i els senars, com a $2n+1$.

$\sqrt{5^6} = \sqrt{5^{2\cdot 3}} = \sqrt{(5^3)^2} = 5^3$

$\sqrt{5^7} = \sqrt{5^{2\cdot 3+1}} = \sqrt{5^{2\cdot 3}\cdot 5} =$
$= \sqrt{5^{2\cdot 3}}\cdot\sqrt{5} = 5^3\sqrt{5}$

Passos que cal seguir

1. Descomponem el radicand en factors primers.

a) $96 = 2^5 \cdot 3$

b) $360 = 2^3 \cdot 3^2 \cdot 5$

2. Escrivim els factors que tenen l'exponent senar com un nombre parell més 1.

a) $96 = 2^5 \cdot 3 = 2^{4+1} \cdot 3 = 2^4 \cdot 2 \cdot 3$

b) $360 = 2^3 \cdot 3^2 \cdot 5 = 2^{2+1} \cdot 3^2 \cdot 5 = 2^2 \cdot 2 \cdot 3^2 \cdot 5$

3. De cada factor elevat a un exponent parell extraiem fora de l'arrel el factor elevat a la meitat, i els factors que tenen exponent 1 els mantenim sota el signe de l'arrel.

a) $\sqrt{96} = \sqrt{2^4 \cdot 2 \cdot 3} = 2^2\sqrt{2 \cdot 3}$

b) $\sqrt{360} = \sqrt{2^2 \cdot 2 \cdot 3^2 \cdot 5} = 2 \cdot 3 \cdot \sqrt{2 \cdot 5}$

4. Efectuem els productes que hi ha dins i fora de l'arrel.

a) $\sqrt{96} = 2^2\sqrt{2 \cdot 3} = 4\sqrt{6}$

b) $\sqrt{360} = 2 \cdot 3 \cdot \sqrt{2 \cdot 5} = 6\sqrt{10}$

ACTIVITATS

30 Extreu els factors que sigui possible de les arrels següents:

a) $\sqrt{8}$
b) $\sqrt{18}$
c) $\sqrt{24}$
d) $\sqrt{48}$
e) $\sqrt{54}$
f) $\sqrt{72}$
g) $\sqrt{100}$
h) $\sqrt{216}$
i) $\sqrt{350}$
j) $\sqrt{484}$
k) $\sqrt{504}$
l) $\sqrt{540}$
m) $\sqrt{864}$
n) $\sqrt{1.800}$
o) $\sqrt{2.304}$
p) $\sqrt{2.450}$
q) $\sqrt{4.375}$
r) $\sqrt{9.065}$

31 Completa a la llibreta.

a) $\sqrt{5^{\square}} = 5$
b) $\sqrt{3^{\square}} = 3^2$
c) $\sqrt{5^{\square}} = 5^3$
d) $\sqrt{7^{\square}} = 7^4$
e) $\sqrt{2^{\square} \cdot 3^{\square}} = 2 \cdot 3^2$
f) $\sqrt{5^{\square} \cdot 7^{\square}} = 5^3 \cdot 7^2$
g) $\sqrt{11^{\square} \cdot 3^{\square}} = 11^5 \cdot 3$
h) $\sqrt{2^{\square} \cdot 7^{\square} \cdot 13^{\square}} = 2 \cdot 7^4 \cdot 13$

32 Completa a la llibreta.

a) $\sqrt{2^{\square}} = 2\sqrt{2}$
b) $\sqrt{3^{\square}} = 3^2\sqrt{3}$
c) $\sqrt{5^{\square}} = 5^3\sqrt{5}$
d) $\sqrt{7^{\square} \cdot 5^{\square}} = 7 \cdot 5\sqrt{5}$
e) $\sqrt{5^{\square} \cdot 3^{\square}} = 5^2 \cdot 3\sqrt{5}$
f) $\sqrt{3^{\square} \cdot 7^{\square} \cdot 11^{\square}} = 3^2 \cdot 7\sqrt{11}$
g) $\sqrt{2^{\square} \cdot 5^{\square} \cdot 13^{\square}} = 5\sqrt{2 \cdot 13}$

33 Extreu de l'arrel tots els factors que sigui possible, sense calcular les potències.

a) $\sqrt{25^2}$
b) $\sqrt{4^7}$
c) $\sqrt{16^3}$
d) $\sqrt{36^4}$
e) $\sqrt{7^5}$
f) $\sqrt{3^9}$
g) $\sqrt{5^7}$
h) $\sqrt{18^5}$

34 Resol aquestes operacions amb arrels extraient factors de les arrels:

a) $\sqrt{8} + \sqrt{32} - \sqrt{128}$
b) $2\sqrt{27} - 2\sqrt{243} + \sqrt{2.187}$
c) $5\sqrt{6} - 2\sqrt{12} + \sqrt{18} - 8\sqrt{24}$
d) $-\sqrt{125} - 3\sqrt{45} + 6\sqrt{20} - \sqrt{80}$

6 Nombres reals

6.1. Nombres irracionals

Els **nombres irracionals**, que es representen com a $\mathbb{I}$, són els nombres que no es poden expressar en forma de fracció. La seva expressió decimal té una quantitat il·limitada de xifres decimals no periòdiques.

Hi ha infinits nombres irracionals, com per exemple:

- Qualsevol arrel no exacta: $\sqrt{5}$, $-\sqrt{7}$, $\sqrt{24}$...
- Alguns nombres destacables: π, e, Φ...
- Determinats nombres obtinguts combinant les seves xifres decimals, com ara: 0,010010001...; 0,12345678910...

RECORDA

El nombre pi, π, el nombre e i el nombre auri, ϕ, són nombres irracionals.

$\pi = 3{,}141592653589793...$

$e = 2{,}718281828459045...$

$\phi = 1{,}618033988749894...$

EXEMPLE

12. Classifica els nombres següents en racionals o irracionals:

$\sqrt{10}$ 1,2020202020... 1,2020020002...

Són irracionals: $\sqrt{10} = 3{,}16227766...$ i 1,2020020002... perquè la seva expressió decimal té infinites xifres decimals no periòdiques.

És racional: $1{,}2020202020... = 1{,}\widehat{20}$ perquè és un nombre decimal periòdic i es pot expressar mitjançant una fracció.

T'HI ATREVEIXES?

Pots escriure només amb zeros i uns, un nombre irracional?

6.2. Nombres reals

Els **nombres reals** es representen com a $\mathbb{R}$, i són el conjunt format pels nombres racionals i els nombres irracionals.

Nombres reals $\mathbb{R}$

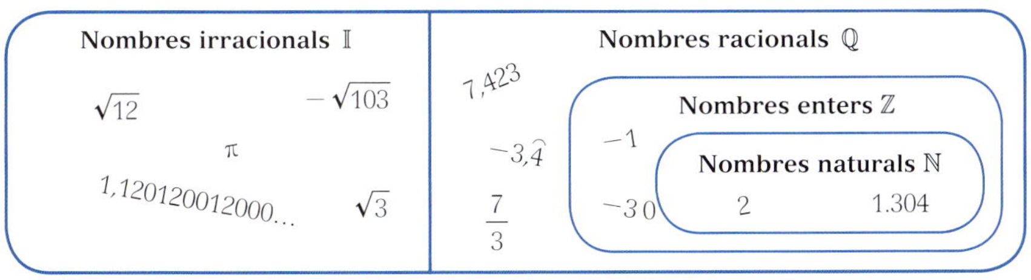

Els nombres decimals poden ser racionals o irracionals.

Tots els nombres decimals són reals.

ACTIVITATS

35 PRACTICA. Classifica en racionals o irracionals.

a) $\sqrt{4{,}2}$
b) $0{,}00\widehat{1234}$
c) $-3{,}67$
d) 0
e) $-\sqrt{4}$
f) $2\sqrt{9}$
g) $3\sqrt{7}$
h) $2\sqrt{3}$
i) $(\sqrt{3})^2$
j) $2+\sqrt{7}$
k) $\frac{1}{4}+\frac{1}{\sqrt{4}}$
l) $\sqrt{20}\cdot\sqrt{5}$

36 APLICA. Amb les xifres 1, 2 i 3, escriu un nombre:

a) Irracional
b) Decimal exacte
c) Decimal periòdic pur
d) Decimal periòdic mixt

Quins són nombres reals?

37 REFLEXIONA. Digues si hi ha nombres irracionals amb un nombre exacte de xifres decimals.

Potències

45 Escriu en forma de potència i calcula'n el resultat.

a) $3 \cdot 3 \cdot 3 \cdot 3 \cdot 3 \cdot 3 \cdot 3 \cdot 3$

b) $(-2) \cdot (-2) \cdot (-2)$

c) $0{,}7 \cdot 0{,}7 \cdot 0{,}7 \cdot 0{,}7 \cdot 0{,}7$

d) $\left(-\frac{1}{3}\right) \cdot \left(-\frac{1}{3}\right) \cdot \left(-\frac{1}{3}\right) \cdot \left(-\frac{1}{3}\right)$

e) $2{,}6 \cdot 2{,}6 \cdot 2{,}6 \cdot 2{,}6$

46 Escriu en forma de producte i calcula'n el resultat.

a) $(-5)^3$ d) $\left(\frac{1}{2}\right)^4$ g) 3^6

b) $\left(\frac{4}{3}\right)^2$ e) 2^7 h) $(-0{,}5)^4$

c) $(0{,}\widehat{2})^4$ f) $\left(-\frac{3}{4}\right)^3$ i) $0{,}16^2$

47 Escriu aquestes expressions en forma de potència, si és possible:

a) $9 \cdot 9 \cdot 9 \cdot 9 \cdot 9$

b) $3 + 3 + 3 + 3 + 3 + 3$

c) $4 \cdot 4 \cdot 4 + 4$

d) $2 \cdot 5 + 2 \cdot 5 + 2 \cdot 5$

e) $(-2) \cdot (-3) \cdot (-2) \cdot (-3) \cdot (-2) \cdot (-3)$

f) $(6 + 6 + 6 + 6) \cdot 6$

g) $23 + 23 + 23 + 23$

h) $5 + 5 \cdot 5 + 5 \cdot 5 \cdot 5 + 5 \cdot 5 \cdot 5 \cdot 5$

48 Expressa els nombres següents com a potència d'un nombre positiu:

a) $\frac{9}{16}$ d) $\frac{27}{64}$ g) 0,25

b) 64 e) $\frac{4}{9}$ h) 100.000

c) 81 f) $\frac{1}{125}$ i) 0,001

49 Expressa aquests nombres com a potència d'un nombre negatiu:

a) -32 d) $\frac{-1}{128}$ g) 0,49

b) 64 e) $\frac{-125}{8}$ h) $\frac{25}{16}$

c) -27 f) 10.000 i) $-\frac{27}{64}$

50 Calcula les potències següents:

a) -2^4 d) $-(-2)^4$ g) $(-2)^{-2}$

b) $(-2)^3$ e) $-(-2)^0$ h) $-(-2)^{-3}$

c) $-(-2)^2$ f) 2^{-2} i) -2^{-4}

51 Determina el valor de *a* en els casos següents:

a) $(-2)^a = 64$ d) $5^a = 625$

b) $3^{-a} = 9$ e) $a^4 = 16$

c) $(-3)^a = -243$ f) $(-a)^7 = -128$

52 Calcula aquestes potències:

a) $\left(\frac{1}{2}\right)^{-1}$ d) $\left(\frac{1}{3}\right)^{-2}$ g) $(1{,}\widehat{6})^0$

b) $\left(\frac{2}{5}\right)^{-1}$ e) $0{,}15^{-2}$ h) $(-1)^{-2}$

c) $\left(-\frac{2}{3}\right)^{-3}$ f) $(-0{,}1)^{-3}$ i) $\left(\frac{-4}{3}\right)^0$

53 Corregeix l'error que s'ha comès en cada cas.

a) $(-2^2) = (-2) \cdot (-2)$ d) $\left(\frac{-1}{4}\right)^{-1} = -\left(\frac{-1}{4}\right)$

b) $3^{-3} = (-3)^3$ e) $-(-2)^4 = 2^4$

c) $(-5)^3 = (-5) + (-5) + (-5)$ f) $\left(-\frac{3}{2}\right)^2 = \frac{4}{9}$

54 Efectua les operacions següents:

a) $\left(1 - \frac{1}{2}\right)^2$ d) $1 - \left(\frac{1}{2}\right)^{-1}$

b) $\left(1 + \frac{1}{2}\right)^{-1}$ e) $\left(1 - \frac{1}{2}\right)^{-1}$

c) $\left(1 + \frac{1}{2}\right)^3$ f) $1 - \left(\frac{1}{2}\right)^3$

55 Calcula el resultat d'aquestes operacions:

a) $\left(\frac{1}{4} - \frac{1}{2}\right)^2$ d) $\frac{1}{3} - \left(\frac{1}{2}\right)^{-1}$

b) $\left(\frac{1}{2} - \frac{1}{4}\right)^{-1}$ e) $\left(\frac{1}{3}\right)^{-2} + \frac{1}{2}$

c) $\left(\frac{1}{2}\right)^{-1} + \left(\frac{1}{4}\right)^{-1}$ f) $\left(\frac{1}{3}\right)^{-2} - \left(\frac{1}{2}\right)^{-2}$

56 Indica el signe del resultat en els casos següents:

a) $(-1{,}5)^{63}$ d) $-5{,}6^{26}$

b) $3{,}75^{-100}$ e) $(-0{,}3)^{-11}$

c) $(-4{,}222\ldots)^{-25}$ f) $-(-2{,}4)^5$

57 Determina si aquestes igualtats són certes o falses:

a) $(0{,}2)^3 = 5^{-3}$

b) $(0{,}\widehat{6})^2 = \frac{25}{81}$

c) $7^2 = 0{,}7 \cdot \left(\frac{1}{7}\right)^{-3}$

d) $(-4)^{-3} = (-64)^{-1}$

Operacions amb potències

58 Expressa el resultat amb una sola potència.

a) $2^4 \cdot 2^{-3} \cdot 2^8$

b) $5^{-2} : 5^{-7} : 5^0$

c) $(-3)^{14} : (-3)^8 \cdot (-3)^5$

d) $\left(\frac{1}{2}\right)^4 \cdot \left(\frac{1}{2}\right)^9 : \left(\frac{1}{2}\right)^{-3}$

e) $3^{-3} : 3^{-2} \cdot 3^{-6}$

f) $(-2)^{10} \cdot (-2)^3 \cdot (-2)^{-5}$

g) $\left(\frac{3}{5}\right)^{-1} : \left(\frac{3}{5}\right)^{-4} \cdot \left(\frac{3}{5}\right)^6$

h) $7^7 \cdot 7^{-2} \cdot 7^{-5}$

59 Resol les operacions següents:

a) $[(-2)^4 : (-2)^2] \cdot [(-2)^5]^3$

b) $(3^{-2} \cdot 3^{-8})^6$

c) $(-5)^7 \cdot [(-5)^{-2}]^{-2} \cdot (-5)^{-8}$

d) $\left[\left(\frac{1}{3}\right)^{-2} : \left(\frac{1}{3}\right)^4\right]^{-1}$

e) $\left[\left(\frac{-2}{5}\right)^3\right]^{-2} \cdot \left(\frac{-2}{5}\right)^{12} : \left(\frac{-2}{5}\right)^{-3}$

f) $\left(\frac{1}{4}\right)^5 \cdot \left(\frac{1}{4}\right)^{-6} \cdot \left(\frac{1}{4}\right)^2$

60 Efectua i dóna el resultat en forma de potència.

a) $4^3 \cdot (-5)^3$

b) $(-12)^7 : (-3)^7$

c) $\left(\frac{-1}{3}\right)^2 \cdot 7^2$

d) $\left(\frac{5}{4}\right)^4 : \left(\frac{-1}{4}\right)^4$

e) $(-3)^5 \cdot 2^5 \cdot 5^5$

f) $16^4 : (-4)^4 \cdot 3^4$

g) $2^6 \cdot (-8)^6 : 4^6$

h) $18^2 : 3^2 : 2^2$

61 **CÀLCUL MENTAL.** Completa a la llibreta.

a) $2^3 \cdot \square = 2^5$

b) $(-4)^5 \cdot \square = (-4)^{10}$

c) $\left(\frac{7}{2}\right)^6 \cdot \square = \left(\frac{7}{2}\right)^7$

d) $(-3)^{12} : \square = (-3)^6$

e) $\square : 5^6 = 5$

f) $\square : \left(-\frac{1}{3}\right)^0 = \left(-\frac{1}{3}\right)^3$

62 Completa aquestes igualtats a la llibreta:

a) $[(-5)^3]^{\square} : (-5)^7 = (-5)^5$

b) $(\square^2)^5 \cdot \square^4 = (-3)^{14}$

c) $(7^3)^5 : 7^{\square} = 1$

d) $11^9 \cdot (11^2)^3 = 11^{\square}$

63 Expressa aquestes operacions amb una sola potència:

a) $27^3 : 9^4$

b) $4^4 : 2^5$

c) $(-7)^3 : (49)^2$

d) $16^{-1} \cdot 8^{-2}$

e) $125^2 \cdot 25^{-2}$

f) $2^{-4} : 32^{-1}$

64 Expressa amb una sola potència.

a) $(4^2)^3 \cdot 2^4$

b) $(-3^2)^4 \cdot (-3)^2$

c) $(16^{-2})^4 \cdot 8^3$

d) $25^{-1} : (-5)^{-2}$

e) $(-3^2)^2 : (-3^3)^3$

f) $9^4 : 81^{-1}$

g) $(-16)^{-2} : (-4)^5$

h) $(-4^2)^3 : (-2^3)^3$

65 Resol les operacions següents:

a) $(5^{-1})^3 : 2^5$

b) $(4^{-2})^4 \cdot 8^2$

c) $81^{-2} \cdot 27^4$

d) $49^3 : \left(\frac{1}{7}\right)^5$

e) $\left(\frac{1}{2}\right)^3 \cdot 2^{-6}$

f) $\left(\frac{-1}{3}\right)^{-3} \cdot 3^6$

g) $\left(\frac{1}{4}\right)^2 : 4^{-3}$

h) $25^2 : \left(\frac{1}{5}\right)^{-2}$

66 Justifica si aquestes igualtats són certes o no:

a) $9^{-1} = -9$

b) $(-2)^{-4} = 2^4$

c) $(-3)^{-6} = 3^{-6}$

d) $(-3)^{-3} = (-3)^{-2} \cdot 3^{-1}$

e) $4^{-3} = (-4)^{-1} \cdot (-4)^4$

f) $(2^{-5})^{-1} = 2^{-6}$

67 Indica els errors que hi ha i corregeix-los.

a) $0{,}5^2 + 0{,}4^2 = (0{,}5 + 0{,}4)^2 = 0{,}9^2$

b) $(1 - 2)^2 = 1^2 - 2^2 = 1 - 4$

c) $3^2 + 2^2 + 1^2 = (3 + 2 + 1) \cdot (3 + 2 + 1)$

d) $1^{-1} + 2^{-1} = 3^{-2}$

SABER FER

Resoldre productes de potències amb bases oposades

68 Expressa com una sola potència: $(-3)^4 \cdot 3^2$

PRIMER. Descomponem la base negativa i, després, apliquem la propietat de potència d'un producte.

$$(-3)^4 \cdot 3^2 = (-1 \cdot 3)^4 \cdot 3^2 = (-1)^4 \cdot 3^4 \cdot 3^2$$

SEGON. Efectuem les operacions amb potències de la mateixa base i operem.

$$(-1)^4 \cdot 3^4 \cdot 3^2 = (-1)^4 \cdot 3^{4+2} = 1 \cdot 3^6 = 3^6$$

69 Expressa el resultat d'aquestes divisions com una sola potència:

a) $3^8 : (-3)^4$

b) $(-9)^{12} : (-9)^4$

c) $(-12)^{15} : 12^3 : 12^5$

d) $31^{40} : (-31)^4 : (-31)$

e) $(-0{,}5)^{30} : (-0{,}5)^5 : (-0{,}5)^3$

SABER FER

Resoldre operacions amb potències

70 Resol: $[(-6)^3 : 4^5]^{-2}$

PRIMER. Descomponem les bases de les potències en factors primers.

$$-6 = (-1) \cdot 2 \cdot 3 \qquad 4 = 2^2$$

SEGON. Substituïm les bases per la descomposició corresponent i operem amb les potències que en resulten.

$$[(-6)^3 : 4^5]^{-2} = [[(-1) \cdot 2 \cdot 3]^3 : (2^2)^5]^{-2} =$$
$$= [[(-1)^3 \cdot 2^3 \cdot 3^3] : 2^{10}]^{-2} =$$
$$= [(-1)^3 \cdot 2^{3-10} \cdot 3^3]^{-2} =$$
$$= [(-1)^3 \cdot 2^{-7} \cdot 3^3]^{-2} = (-1)^{-6} \cdot 2^{14} \cdot 3^{-6} =$$
$$= \frac{1}{(-1)^6} \cdot 2^{14} \cdot \frac{1}{3^6}$$

TERCER. Si hi ha alguna potència de -1, la substituïm per 1 si l'exponent és parell, i per -1 si l'exponent és imparell.

$$[(-6)^3 : 4^5]^{-2} = \frac{1}{(-1)^6} \cdot 2^{14} \cdot \frac{1}{3^6} = 2^{14} \cdot \frac{1}{3^6} = \frac{2^{14}}{3^6}$$

71 Resol les operacions següents:

a) $[(-12)^2 \cdot 6^{-2}]^3$
b) $[18^{-1} \cdot 3^2]^{-1}$
c) $[5^4 : 30^{-2}]^2$
d) $[(-3)^{-4} \cdot 6^3]^4$
e) $[10^{-5} : 2^{-3}]^{-3}$
f) $[14^3 : 7^{-2}]^4$
g) $[(-50)^{-3} \cdot 20^4]^{-1}$
h) $[(-42)^4 : 14^3]^{-2}$
i) $[15^{-4} : 45^{-2}]^{-3}$
j) $[(-1)^9 \cdot 10^{-3}]^5$
k) $[24^{-6} : 6^{-3}]^3$
l) $[16^3 : 4^{-1}]^5$

72 Resol aquestes operacions:

a) $(-2)^{-4} \cdot [(-2)^2]^3$
b) $3^4 \cdot [(-3)^2]^{-2}$
c) $(-8)^3 \cdot 2^{-4}$
d) $(-2)^{-3} \cdot 2^{-3}$
e) $-2^{-3} \cdot (-2^{-4})$
f) $(-2^6) \cdot (-2^{-6})$
g) $(-3)^4 \cdot (-3^4)$
h) $4^{-3} \cdot 2^{-2}$

73 Expressa com una sola potència.

a) $3^3 \cdot 9^4 : 27^{-1}$
b) $(2^{-5} \cdot 2^2)^4$
c) $25^{-3} : 5^5 \cdot 125$
d) $(5^{-1} : 5^3)^{-2}$

74 Expressa el resultat com una sola potència.

a) $(5^2 \cdot 25^2)^3$
b) $[9^2 : (-27)^4]^4$
c) $[(-2)^{12}]^3 \cdot 8^5$
d) $(6^3 \cdot 36^2)^6$
e) $[3^{12}]^3 \cdot [(-27)^5]^2$
f) $(16^2 : 64^3)^5 \cdot 4^4$

75 Efectua les operacions següents entre potències i simplifica'n el resultat tant com puguis:

a) $40^{12} : [(-4)^6]^{-6}$
b) $(-45)^{15} \cdot [(-15)^3]^{-6}$
c) $(9^2 : 27^4)^{-4} \cdot (6^{-3} \cdot 36^{-2})$
d) $\left[\left(\frac{3}{4} \cdot \frac{4}{3}\right)^{-3} : \left(\frac{3}{2} \cdot (-4)\right)\right]^{-1}$

76 Simplifica i expressa el resultat en forma de potència.

a) $\dfrac{(-2)^3 \cdot 3^2 \cdot 5^3}{(-3)^4 \cdot 5^4 \cdot 2^2}$
b) $\dfrac{2^8 \cdot 3^4 \cdot (-2)^3}{(-2^3) \cdot 2^7 \cdot 3^5}$
c) $\dfrac{(-3)^5 \cdot 5^2 \cdot 2^7}{(-2)^8 \cdot 5^4 \cdot (-3)^3}$
d) $\dfrac{11^3 \cdot 5^6 \cdot (-3)}{5^4 \cdot 11 \cdot 3^2}$

77 Descompon en factors primers el numerador i el denominador de les fraccions següents, simplifica el resultat i expressa'l en forma de potència.

a) $\dfrac{36 \cdot 25}{(-15) \cdot 8}$
b) $\dfrac{-45 \cdot 27}{81 \cdot 30}$
c) $\dfrac{(-12) \cdot 90}{40 \cdot (-16)}$
d) $\dfrac{108 \cdot 75}{80 \cdot 243}$

Notació científica

78 Expressa com a potència de base 10 el resultat de les operacions següents:

a) 0,000000001 · 1.000.000
b) 0,0000000010 · 10.000.000
c) 0,00000000001 : 1.000.000.000
d) 0,000001 : 1.000

79 Escriu aquestes quantitats en notació científica:

a) Tres bilions i mig
b) Dues-centes mil·lèsimes
c) Deu milionèsims
d) Cent mil milions i mig

80 Escriu amb totes les xifres aquests nombres representats en notació científica:

a) $4,54 \cdot 10^6$
b) $1,7682 \cdot 10^{-5}$
c) $9,6 \cdot 10^9$
d) $3,005 \cdot 10^{-4}$
e) $2,11 \cdot 10^{-8}$
f) $5,975 \cdot 10^7$

81 **CÀLCUL MENTAL.** Sense fer les operacions prèviament, sabries dir quin és l'ordre de magnitud del resultat d'aquestes operacions?

a) $6,3 \cdot 10^2 + 4,5 \cdot 10^2$
b) $7,7 \cdot 10^4 - 7,2 \cdot 10^4$
c) $(2,6 \cdot 10^3) \cdot (3,1 \cdot 10^4)$
d) $(5 \cdot 10^7) : (2,5 \cdot 10^6)$

82 Calcula el resultat d'aquestes operacions:

a) $5{,}2 \cdot 10^6 + 7{,}9 \cdot 10^8$

b) $1{,}4 \cdot 10^{-6} - 8{,}6 \cdot 10^{-7}$

c) $3{,}7 \cdot 10^{-4} - 2 \cdot 10^{-6}$

d) $2{,}9 \cdot 10^{-4} \cdot 3{,}15 \cdot 10^2$

e) $4{,}359 \cdot 10^{-5} \cdot 6{,}1 \cdot 10^{-3}$

f) $[5{,}6 \cdot 10^{-3}] : [1{,}6 \cdot 10^{-4}]$

g) $[9{,}6 \cdot 10^{10}] : [4 \cdot 10^{-5}]$

h) $[4{,}5 \cdot 10^{-2}] : [1{,}5 \cdot 10^2]$

83 Completa a la llibreta.

a) $6 \cdot 10^3 + \square = 9 \cdot 10^4$

b) $3{,}4 \cdot 10^6 - \square = 7{,}6 \cdot 10^5$

c) $6{,}42 \cdot 10^{-4} + \square = 9{,}256 \cdot 10^{-3}$

d) $1{,}85 \cdot 10^{-2} \cdot \square = 5{,}55 \cdot 10^{-6}$

e) $8{,}7 \cdot 10^5 : \square = 2{,}9 \cdot 10^2$

Potències i arrels

SABER FER

Resoldre operacions combinades amb potències i arrels

84 Resol aquesta operació:

$$\frac{2}{5} \cdot \frac{1}{3} - 0{,}3 + \sqrt{9{,}61} - 2^2$$

PRIMER. Calculem les potències i les arrels.

$$\frac{2}{5} \cdot \frac{1}{3} - 0{,}3 + \sqrt{9{,}61} - 2^2 = \frac{2}{5} \cdot \frac{1}{3} - 0{,}3 + 3{,}1 - 4$$

SEGON. Resolem seguint la jerarquia de les operacions.

$$\frac{2}{5} \cdot \frac{1}{3} - 0{,}3 + 3{,}1 - 4 = \frac{2}{15} - 1{,}2$$

Per operar amb fraccions i nombres decimals: transformem, si podem, la fracció en decimal exacte; si no, expressem el nombre decimal en forma de fracció.

$$\frac{2}{15} \rightarrow \text{Decimal periòdic} \quad \frac{2}{15} - 1{,}2 = \frac{2}{15} - \frac{12}{10} = -\frac{16}{15}$$

85 Resol les operacions següents:

a) $\frac{1}{2} - \frac{8}{3} + 3^2 - \sqrt{25}$

b) $1{,}2^2 + \frac{1}{4} - \sqrt{81} + 3$

c) $\sqrt{4} + \frac{8}{3} - 0{,}4 + \left(\frac{1}{3}\right)^2$

d) $\frac{4}{3} \cdot \sqrt{2{,}25} + 0{,}1^2 : \frac{1}{\sqrt{9}}$

86 Fes aquestes operacions amb arrels:

a) $5\sqrt{3} - 2\sqrt{3} + \sqrt{3}$

b) $\sqrt{8} - 4\sqrt{8} + 3\sqrt{8}$

c) $5\sqrt{5} \cdot 2\sqrt{3}$

d) $(8\sqrt{6}) : (2\sqrt{3})$

87 Extreu de l'arrel tots els factors que sigui possible.

a) $\sqrt{12}$

b) $\sqrt{40}$

c) $\sqrt{50}$

d) $\sqrt{45}$

e) $\sqrt{75}$

f) $\sqrt{98}$

88 Introdueix a l'arrel els coeficients.

a) $7\sqrt{3}$

b) $5\sqrt{5}$

c) $\frac{1}{3}\sqrt{15}$

d) $4\sqrt{6}$

e) $6\sqrt{21}$

f) $\frac{3}{5}\sqrt{2}$

89 Extreu els factors que sigui possible de les arrels i simplifica les fraccions.

a) $\sqrt{\frac{30}{27}}$ b) $\sqrt{\frac{98}{81}}$ c) $\sqrt{\frac{48}{128}}$ d) $\sqrt{\frac{64}{400}}$

SABER FER

Sumar i restar arrels extraient factors

90 Resol: $3\sqrt{8} + 2\sqrt{32} - \sqrt{128}$

PRIMER. Descomponem els radicands en factors primers.

$$8 = 2^3 \qquad 32 = 2^5 \qquad 128 = 2^7$$

SEGON. Substituïm els radicands per la descomposició corresponent i extraiem els factors de l'arrel.

$$3\sqrt{8} + 2\sqrt{32} - \sqrt{128} = 3\sqrt{2^3} + 2\sqrt{2^5} - \sqrt{2^7} =$$
$$= 3 \cdot 2\sqrt{2} + 2 \cdot 2^2\sqrt{2} - 2^3\sqrt{2} =$$
$$= 6\sqrt{2} + 8\sqrt{2} - 8\sqrt{2}$$

TERCER. Resolem l'operació.

$$3\sqrt{8} + 2\sqrt{32} - \sqrt{128} = 6\sqrt{2} + 8\sqrt{2} - 8\sqrt{2} =$$
$$= (6 + 8 - 8)\sqrt{2} = 6\sqrt{2}$$

91 Extreu tots els factors que sigui possible de les arrels i, després, fes les operacions.

a) $3\sqrt{8} - 2\sqrt{18}$

b) $2\sqrt{27} + 5\sqrt{75}$

c) $-\sqrt{32} + 4\sqrt{128}$

d) $7\sqrt{98} - 2\sqrt{8}$

e) $9\sqrt{125} + \sqrt{45}$

f) $-6\sqrt{48} + 8\sqrt{243}$

92 Efectua les operacions següents:

a) $2\sqrt{3} - \frac{5}{2}\sqrt{27} + \frac{7}{4}\sqrt{48}$

b) $-4\sqrt{27} + 3\sqrt{36} + 5\sqrt{12} - 7\sqrt{64}$

c) $2\sqrt{5} + 3\sqrt{2} - \sqrt{5} + \frac{3}{5}\sqrt{2}$

d) $6\sqrt{2} + 5\sqrt{3} - 8\sqrt{8} - 5\sqrt{27}$

e) $\frac{-1}{3}\sqrt{60} - 4\sqrt{50} + 2\sqrt{32} - \sqrt{15}$

f) $\frac{\sqrt{50}}{3} - \frac{\sqrt{18}}{4} + \frac{\sqrt{32}}{5} - \sqrt{72} + \sqrt{2}$

Nombres reals. Aproximació

93 Indica, seguint l'exemple, a quins dels conjunts numèrics pertanyen aquests nombres:

0,52222... → *Real racional decimal periòdic mixt positiu*

a) $-5{,}67$

b) 7,999...

c) $\sqrt{5}$

d) $\frac{3}{8}$

e) $-\sqrt{6}$

f) $3{,}1\widehat{48}$

g) 1,232233222333...

h) $\frac{-18}{3}$

94 Classifica aquests nombres en racionals o irracionals:

a) $2 + \sqrt{7}$

b) $4\sqrt{9}$

c) $8\sqrt{4} + \sqrt{2}$

d) $(\sqrt{3})^4$

e) $5\pi - 1$

f) $\sqrt{12 + 12 + 12}$

95 Escriu quatre nombres irracionals que estiguin expressats amb una arrel i quatre nombres més que no tinguin arrel.

96 Indica si aquestes sumes són racionals o irracionals:

a) La suma de dos irracionals

b) La suma d'un racional i un d'irracional

c) La suma de dos racionals

97 Ordena aquests nombres de més petit a més gran:

$2\sqrt{3} \quad 3\sqrt{2} \quad \sqrt{2+3} \quad \sqrt{2} + \sqrt{3} \quad 3\sqrt{3} - 2$

98 Trunca i arrodoneix amb dues xifres significatives.

a) $3{,}0\widehat{6}$

b) 6,935

c) 1,009

d) 0,6785

e) $\sqrt{6} - 1$

f) $4 - \sqrt{3}$

g) $\sqrt{2} + 3$

h) $\sqrt{5} + 2{,}9$

99 Indica quins són els errors absolut i relatiu que hi ha en aquestes aproximacions:

a) 0,17 com a aproximació d'$\frac{1}{6}$

b) 0,13 com a aproximació d'$\frac{1}{8}$

c) 2,7778 com a aproximació de $\frac{25}{9}$

d) 3,14 com a aproximació de π

e) 0,7 com a aproximació de $\sqrt{0{,}5}$

100 Escriu un nombre tal que:

a) Quan l'arrodonim i el truquem a les dècimes doni el mateix resultat.

b) Quan l'arrodonim a les centèsimes doni com a resultat 5,87.

c) Quan l'arrodonim a les centèsimes doni com a resultat 11,56 i l'error absolut comès sigui 0,003.

d) Quan el truquem a les dècimes doni com a resultat 0,7 i l'error absolut comès sigui 0,025.

Intervals

101 Escriu i representa els intervals que corresponguin.

a) Nombres més grans que –2 i més petits o iguals que 4

b) Nombres més grans que 3 i més petits que 5

c) Nombres més grans o iguals que –6 i més petits o iguals que 0

d) Nombres més grans o iguals que 0 i més petits que 2

102 Escriu dos intervals que incloguin aquests nombres:

a) 3 i $\frac{17}{4}$ b) $2\sqrt{6}$ i $\frac{25}{3}$ c) $-\frac{21}{5}$ i $1,\widehat{4}$

103 Indica dos nombres racionals i dos més d'irracionals que pertanyin a aquests intervals:

a) $(0, 8)$ b) $(-3, 4]$ c) $[-1, 2]$ d) $[3, 6)$

104 Quin interval tenen en comú aquestes parelles d'intervals?

a) $(-4, 0)$ i $(-2, 1]$

b) $[-3, 2]$ i $[-1, 0)$

c) $(-5, 2]$ i $[-2, 5)$

105 Associa cada element de la columna esquerra amb un de la columna dreta.

a) $-3 < x < -1$ I. $[-3, 1]$

b) $-3 \leq x < 1$ II. $(-3, 1]$

c) $-3 \leq x \leq 1$ III. $(-3, -1)$

d) $-3 < x \leq 1$ IV. $[-3, 1)$

Problemes amb nombres reals

106 En un arbre genealògic es poden expressar relacions com a potències. Expressa en forma de potència quants avis, besavis i rebesavis tens.

107 Un nen ha ideat una cadena de favors. La seva idea és que cada persona faci un favor a tres persones més i, després, que cadascuna d'aquestes tres faci el mateix, i així successivament.

a) Quants favors es faran en la sisena baula de la cadena?

b) En quina baula s'hauran fet 59.049 favors?

108 En un contenidor hi ha 7 caixes, en cada caixa hi ha 7 bosses, en cada bossa hi ha 7 estoigs i en cada estoig, 7 llapis. Quants llapis hi ha en 7 contenidors?

109 Quants segons té el mes de setembre? Expressa-ho per mitjà d'un producte de potències.

110 Quants mil·límetres hi ha entre Barcelona i Montpeller si sabem que aquestes dues ciutats estan separades aproximadament per 345 km de carretera? Expressa-ho en notació científica.

111 Determina el valor de la hipotenusa d'un triangle rectangle de catets 2 cm i 3 cm, amb un error més petit d'1 centèsima.

112 Un pis té una superfície de 117,13 m^2 i la d'un altre pis és de 73,65 m^2. Arrodoneix i trunca la superfície dels dos pisos i indica quina aproximació és més precisa.

113 La Joana diu que el costat d'un quadrat de 27 cm^2 d'àrea fa, aproximadament, 5,2 cm. En Ricard diu que el costat d'un quadrat de 34 cm^2 d'àrea fa, més o menys, 5,83 cm. Quin dels dos ha comès un error més gran?

114 Un litre de gasolina costa 1,398 euros. Quant haig de pagar per 27 litres?

115 Un alumne assegura que la longitud d'una circumferència de 12 cm de diàmetre és de 37,6992 cm. Quina aproximació del nombre π ha considerat?

HAS DE SABER FER

Potències. Operacions

1 Calcula les potències següents:

a) $(-2)^2$ c) $-(-8^2)$ e) $-(-2)^3$

b) $(-3)^3$ d) -4^2 f) 4^2

2 Calcula aquestes potències:

a) 2^{-3} d) 4^{-2} g) $(-5{,}02)^{-3}$

b) $(1{,}3)^{-2}$ e) $(-3)^{-2}$ h) $(-2)^{-4}$

c) $\left(\frac{1}{2}\right)^{-2}$ f) $\left(\frac{-3}{5}\right)^{-3}$ i) $\left(-\frac{1}{6}\right)^{-2}$

3 Expressa com a potència única.

a) $(2^3)^4$ c) $[-6^4]^3$ e) $\left[\left(-\frac{3}{5}\right)^3\right]^5$

b) $[(-3)^3]^2$ d) $\left[\left(\frac{1}{3}\right)^2\right]^4$ f) $[-5^2]^4$

Notació científica

4 Efectua les operacions següents amb nombres en notació científica:

a) $3{,}2 \cdot 10^2 + 2{,}1 \cdot 10^3$ c) $(1{,}5 \cdot 10^3) \cdot (3{,}6 \cdot 10^2)$

b) $1{,}2 \cdot 10^4 - 2{,}1 \cdot 10^3$ d) $(1{,}8 \cdot 10^2) : (7{,}2 \cdot 10^4)$

Arrels

5 Extreu factors de les arrels i, després, fes les operacions.

$$6\sqrt{27} + \sqrt{3} - 2\sqrt{243}$$

Nombres reals. Aproximació

6 Trunca i arrodoneix el nombre $\sqrt{14} = 3{,}7416573...$ a les:

a) Dècimes b) Centèsimes c) Mil·lèsimes

CLAUS PER COMENÇAR

El llenguatge algebraic

- El llenguatge algebraic expressa la informació matemàtica amb nombres i lletres.
- Una **expressió algebraica** és un conjunt de nombres i lletres que es combinen amb els signes de les operacions matemàtiques.

EXEMPLE

Llenguatge usual	Llenguatge algebraic
La suma de dos nombres	$a + b$
Un nombre augmentat de 3 unitats	$y + 3$
El quadrat d'un nombre	x^2
El triple d'un nombre	$3 \cdot x$
La meitat d'un nombre és igual a 3	$\frac{c}{2} = 3$

ACTIVITATS

1 Expressa en llenguatge algebraic els enunciats següents:

a) El doble d'un nombre.

b) La quarta part d'un nombre.

c) La meitat d'un nombre.

d) El quadrat d'un nombre menys 3 unitats.

2 Relaciona aquestes expressions escrites amb l'expressió algebraica corresponent:

a) La tercera part d'un nombre més un altre nombre.

b) La tercera part de la suma de dos nombres.

c) El doble del quadrat d'un nombre.

i) $2x^2$ ii) $\frac{x+y}{3}$ iii) $\frac{x}{3} + y$

Propietat distributiva

Propietat distributiva de la suma

$$a \cdot (b + c) = a \cdot b + a \cdot c$$

Propietat distributiva de la resta

$$a \cdot (b - c) = a \cdot b - a \cdot c$$

EXEMPLE

$2 \cdot (3 + 1) = 2 \cdot 3 + 2 \cdot 1 = 6 + 2 = 8$

$5 \cdot (6 - 3) = 5 \cdot 6 - 5 \cdot 3 = 30 - 15 = 15$

ACTIVITATS

3 Aplica la propietat distributiva en les expressions següents:

a) $7 \cdot (4 + 2)$ c) $9x \cdot (x - 4)$

b) $3 \cdot (x - 5)$ d) $(-2x) \cdot (3x^2 - 4x + 7)$

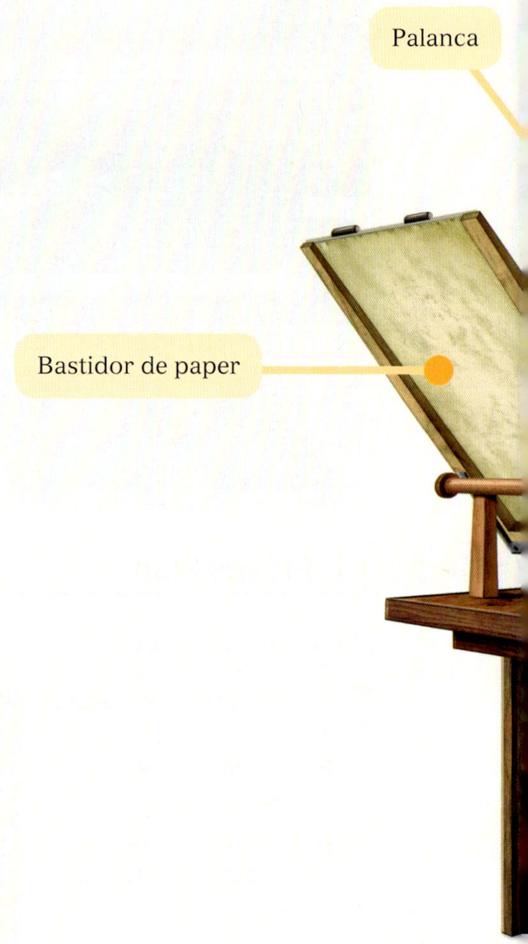

593
A la Xina els monjos budistes fan servir una espècie d'impremta per estampar mitjançant talles de colors sobre seda o paper de draps.

Polinomis

3

SABER

- Monomis. Operacions amb monomis
- Polinomis. Operacions amb polinomis
- Factor comú
- Igualtats notables
- Factorització d'un polinomi

SABER FER

- Dividir polinomis
- Dividir un polinomi entre $(x - a)$ mitjançant la regla de Ruffini
- Expressar un polinomi mitjançant una igualtat notable
- Factoritzar un polinomi

? INTERPRETA LA IMATGE

La impremta

L'èxit més gran de Gutenberg amb la impremta va ser el desenvolupament d'un mètode que permetia fondre lletres amb dimensions precises. Aquest avenç va contribuir de manera decisiva a l'acceptació del llibre imprès.

- Hi ha impremtes que només poden imprimir sobre pàgines que siguin el doble d'amplada que de llargada. Quina és l'expressió algebraica que ens dóna l'àrea i el perímetres d'aquests fulls?

1446
Gutenberg va idear una manera d'imprimir basada en tipus mòbils. Fins aquell moment s'imprimia amb pàgines senceres tallades en fusta.

1796
L'alemany Alois Senefelder inventa la tècnica d'impressió anomenada litografia; és el primer procés d'impressió en pla.

1878
El txec Karl Klietsch millora les tècniques d'impressió mitjançant l'aplicació de cilindres. Això permet la reproducció massiva, ràpida i barata.

1904
Apareix l'òfset, que revoluciona la indústria i que té una aplicació molt important en l'actualitat.

3 Polinomis

Un **polinomi** és una expressió algebraica formada per la suma o la resta de dos o més monomis no semblants.

Quan treballem amb un polinomi, convé agrupar els monomis semblants. Aquesta operació s'anomena reduir el polinomi. Un **polinomi** és **reduït** quan no té monomis semblants.

EXEMPLE

5. Digues si $3x^2 + 2x - 3 + x^2 - 2x$ és un polinomi i redueix-lo.

És un polinomi perquè té almenys dos monomis no semblants ($3x^2$ i $2x$ no són semblants).

$3x^2 + 2x - 3 + x^2 - 2x \xrightarrow{\text{Polinomi reduït}} 4x^2 - 3$

Els polinomis es designen amb lletres majúscules i s'indiquen entre parèntesis les variables que hi intervenen.

- $P(x) = 6x^5 - 3x^4 - 9x + 7$
  Polinomi d'una variable, x.
- $P(x, y) = 2x^2y - 7x - 2y$
  Polinomi de dues variables, x i y.

Cada monomi, i el seu signe, que forma un polinomi s'anomena **terme**, i el que no té part literal, **terme independent**.

El grau més gran dels termes d'un polinomi reduït s'anomena **grau** del polinomi.

EXEMPLE

6. Redueix aquest polinomi i indica els termes i el grau del polinomi:

$P(x) = 9x^3 + 2x^3 - x + 3x - 1 = \underbrace{11x^3}_{} \underbrace{+ 2x}_{} \underbrace{- 1}_{\text{Terme independent}} \rightarrow \text{Grau} = 3$ (Termes: $11x^3$, $+2x$, -1)

El **polinomi oposat** de $P(x)$, que designem $-P(x)$, s'obté canviant de signe els coeficients de tots els termes de $P(x)$.

EXEMPLE

7. Calcula el polinomi oposat a $P(x)$:

$P(x) = -2x^3 - 3x + 2x - 2 = -2x^3 - x - 2 \rightarrow -P(x) = 2x^3 + x + 2$

ACTIVITATS

7 PRACTICA. Indica els termes i el grau dels polinomis següents:

a) $P(x) = -x^2 + 3x^2 - 2x + 4x - 6$

b) $P(y) = y^3 + 2y - 3y^3 + y - 3$

c) $P(x, y) = 5x^3y - 2x + 3y^2 + 8x^2 + 4$

8 APLICA. Calcula el polinomi oposat d'aquest:

$P(x, y) = 3x^3y - 4x^3y - 5x + 4x - 1$

9 REFLEXIONA. Escriu un polinomi reduït de dues variables, de grau 6 i amb terme independent -7.

3.1. Valor numèric d'un polinomi

El **valor numèric** d'un polinomi és el resultat que obtenim quan substituïm les variables per nombres determinats i després operem.

EXEMPLE

8. Calcula el valor numèric dels polinomis per als valors de la variable indicats:

a) $P(x) = 5x^2 - 3x + 2$ per a $x = -1$.

$$P(x) = 5x^2 - 3x + 2 \xrightarrow{x=-1} P(-1) = 5(-1)^2 - 3(-1) + 2 = 5 + 3 + 2 = 10$$

El valor numèric de $P(x)$ per a $x = -1$ és $P(-1) = 10$.

b) $P(x, y) = x^2y - 3xy^2 - 1$ per a $x = 2, y = 1$.

$$P(x, y) = x^2y - 3xy^2 - 1 \xrightarrow{x=2, y=1} P(2, 1) = 2^2 \cdot 1 - 3 \cdot 2 \cdot 1^2 - 1 = 4 - 6 - 1 = -3$$

El valor numèric de $P(x, y)$ per a $x = 2, y = 1$ és $P(2, 1) = -3$.

HO ESCRIVIM AIXÍ

El valor numèric d'un polinomi $P(x)$, per a un valor $x = a$, s'expressa $P(a)$.

Donat $P(x) = 4x^2 - 7$, el seu valor numèric per a $x = 1$ és:

$$P(1) = 4 \cdot 1^2 - 7 = -3$$

3.2. Arrels d'un polinomi

Un nombre és **arrel d'un polinomi** quan el valor numèric del polinomi per a aquest nombre és zero.

EXEMPLE

9. Comprova si $x = -1$ i $x = 2$ són arrels del polinomi $P(x) = x^3 + x^2 - 2x - 2$.

$$P(x) = x^3 + x^2 - 2x - 2 \xrightarrow{x=-1} P(-1) = (-1)^3 + (-1)^2 - 2 \cdot (-1) - 2 = 0$$

$$\xrightarrow{x=2} P(2) = 2^3 + 2^2 - 2 \cdot 2 - 2 = 6$$

$x = -1$ és arrel del polinomi perquè el seu valor numèric és igual a 0.

$x = 2$ no és arrel del polinomi perquè el seu valor numèric és diferent de 0.

ACTIVITATS

10 PRACTICA. Calcula el valor numèric del polinomi $P(x) = 2x^4 - x^3 + 8x - 3$ per a $x = -5$, $x = -1$ i $x = 0$.

11 PRACTICA. Calcula $P(2, 1)$, $P(0, -2)$, $P(-1, 3)$ i $P(-1, -4)$ en els polinomis següents:

a) $P(x, y) = x^2y - 7xy + xy^2 + 4x^2 - y^3$

b) $P(x, y) = -2x^3 + y^2 - xy + 4x + 1$

12 APLICA. Comprova per a quins dels polinomis següents $x = 2$ és una arrel del polinomi:

a) $P(x) = x^2 + x - 2$

b) $Q(x) = x^2 - x - 2$

c) $R(x) = x^2 - 5x + 6$

d) $S(x) = x^2 - 3x + 4$

13 REFLEXIONA. Calcula el valor de a perquè el polinomi $P(x) = x^2 - ax - 2$ tingui una arrel en $x = 2$.

SABER FER

Dividir un polinomi entre $(x - a)$ mitjançant la regla de Ruffini

Efectua aquesta divisió de polinomis: $(x^3 + 2x - 1) : (x - 2)$

Passos que cal seguir

1. Escrivim els coeficients de tots els termes del dividend, des del de grau més gran fins al terme independent, i afegim un zero en el lloc de cada terme que falti.

$x^3 + 2x - 1 = 1x^3 + 0x^2 + 2x - 1 \rightarrow$

$$\begin{array}{c|cccc} & 1 & 0 & 2 & -1 \\ & & & & \\ \hline & & & & \end{array}$$

2. A l'esquerra col·loquem el terme independent del divisor, amb el signe canviat, i baixem el primer coeficient del dividend.

Terme independent del divisor: -2 → Canviat de signe, 2

$$\begin{array}{c|cccc} & 1 & 0 & 2 & -1 \\ 2 & \downarrow & & & \\ \hline & 1 & & & \end{array}$$

3. Multipliquem el primer coeficient pel terme independent del divisor canviat de signe i ho sumem al coeficient següent.

$$\begin{array}{c|cccc} & 1 & 0 & 2 & -1 \\ 2 & & 2 & & \\ \hline & 1 & 2 & & \end{array}$$

$\cdot 2$; $2 \leftarrow 0 + 2$

4. Repetim aquest procés fins que arribem a l'últim coeficient.

$$\begin{array}{c|cccc} & 1 & 0 & 2 & -1 \\ 2 & & 2 & 4 & \\ \hline & 1 & 2 & 6 & \end{array}$$

$\cdot 2$; $6 \leftarrow 2 + 4$

$$\begin{array}{c|cccc} & 1 & 0 & 2 & -1 \\ 2 & & 2 & 4 & 12 \\ \hline & 1 & 2 & 6 & 11 \end{array}$$

$\cdot 2$; $11 \leftarrow -1 + 12$

5. Els primers nombres que apareixen a l'última fila corresponen als coeficients del polinomi quocient (que sempre és un grau més petit que el dividend) i l'últim nombre és el residu.

$$\begin{array}{c|cccc} & 1 & 0 & 2 & -1 \\ 2 & & 2 & 4 & 12 \\ \hline & 1 & 2 & 6 & \boxed{11} \end{array}$$

$\boxed{11}$ → RESIDU

QUOCIENT: $x^2 + 2x + 6$

$(x - 2)(x^2 + 2x + 6) + 11 = x^3 + 2x - 1$

La regla de Ruffini només es pot utilitzar quan el divisor és un polinomi de grau 1 i té terme independent, és a dir, és del tipus $(x - a)$ o $(x + a)$.

Si el divisor és $(x - a)$, es col·loca a l'esquerra $+a$, i si és $(x + a)$, es col·loca a l'esquerra $-a$.

ACTIVITATS

22 Efectua les divisions següents per mitjà de la regla de Ruffini:

a) $(x^4 + 4x^3 + x^2 - x - 1) : (x - 1)$

b) $(x^4 - x^3 + 3x^2 - 8x - 11) : (x - 1)$

c) $(x^5 + x^4 + 2x^3 - x^2 + 3x + 1) : (x - 2)$

d) $(x^4 - x^3 + x^2 + x + 5) : (x - 2)$

e) $(x^4 + 2x^3 + 3x^2 - 6x + 2) : (x - 3)$

f) $(x^5 + x^4 - 5x^3 + x^2 + 3x - 4) : (x + 2)$

23 Indica el quocient i el residu d'aquestes divisions:

a) $(x^8 - x^6 + x^4 - x^2 + 2) : (x + 1)$

b) $(x^4 - 9x^2 - 6x + 7) : (x - 2)$

24 Completa a la llibreta i indica per a cada divisió el dividend, el divisor, el quocient i el residu.

$$\begin{array}{c|cccccc} & 1 & -3 & 3 & 5 & 2 & 1 \\ ? & & & & & & \\ \hline & & 0 & & & & \end{array} \qquad \begin{array}{c|ccccc} & 1 & 2 & -1 & 3 & ? \\ -2 & & & & & \\ \hline & & & & & 0 \end{array}$$

5 Factor comú

Extreure factor comú consisteix a transformar una expressió de suma o resta en producte.

$$a \cdot b + a \cdot c \underset{\text{Propietat distributiva}}{\overset{\text{Factor comú}}{=}} a \cdot (b + c) \qquad a \cdot b - a \cdot c \underset{\text{Propietat distributiva}}{\overset{\text{Factor comú}}{=}} a \cdot (b - c)$$

EXEMPLE

12. Extreu factor comú dels polinomis següents:

a) $2x + 2y$

Hem de trobar els factors que es repeteixen en tots els termes. En aquest cas, les variables no es repeteixen però sí el nombre 2.

$2x + 2y = 2(x + y)$

b) $4x - 6y + 8z$

De vegades no es repeteix un nombre però tots els coeficients dels termes són múltiples d'un nombre.

En aquest cas, els coeficients 4, -6 i 8 són múltiples de 2.
Quan passa això, per extreure factor comú calculem el m.c.d. dels termes: m.c.d. (4, 6, 8) = 2.

$4x - 6y + 8z = 2 \cdot 2x - 2 \cdot 3y + 2 \cdot 4z = 2(2x - 3y + 4z)$

c) $x^5 + 3x^4 - 8x^3 + 2x^2$

En aquest cas, és la variable x la que es repeteix en tots els termes.
Aleshores, prenem la x que apareix amb el grau més petit, que és x^2.

$$x^5 + 3x^4 - 8x^3 + 2x^2 = x^2 \cdot x^3 + x^2 \cdot 3x^2 - x^2 \cdot 8x + 2x^2 = $$
$$= x^2(x^3 + 3x^2 - 8x + 2)$$

d) $3x^3 - 6x^2 + 12x$

Per determinar si un nombre és factor comú, calculem el m.c.d. dels termes: m.c.d. (3, 6, 12) = 3

Després, comprovem si es repeteix cap lletra; si se'n repeteix cap, prenem la de l'exponent més petit. En aquest cas, es repeteix x.

Factor comú $= 3x \rightarrow 3x^3 - 6x^2 + 12x = 3x(x^2 - 2x + 4)$

Quan el factor comú coincideix amb qualsevol dels sumands, en el seu lloc queda la unitat.
$a + ab + ac = a \cdot (1 + b + c)$

T'HI ATREVEIXES?

$ab + bc = 6 \qquad \dfrac{1}{a} + \dfrac{1}{c} = 1$

Si a, b i c no són 0, quant val $a \cdot b \cdot c$?

ACTIVITATS

25 PRACTICA. Extreu factor comú.

a) $x^4 + x^3$
b) $x^4 - 5x^2$
c) $2x^3 + 6x$
d) $3x^2 - 12x^4$
e) $6x^6 - x^3$
f) $2x^4 + 3x^3 - x^2$
g) $10x^4 + 4x^3 - 8x^2$
h) $7x^4 + 14x^3 - 21x^2 + 49x$
i) $7x^4 + 14x^3 - 21x^2 + 49x + 35$
j) $7x^4 + 14x^3 - 21x^2 + 49$

26 APLICA. Completa a la llibreta.

a) $x^6 - 2x^3 = \square \cdot (x^3 - \square)$
b) $\square + 3x^3 - \square = 3x \cdot (3x^3 + \square - 2)$
c) $25x^3y^2 + \square - \square = 5xy \cdot (\square + 2x - 1)$

27 REFLEXIONA. Calcula a, b i c perquè el factor comú de $x^4y^5z^3 + x^ay^bz^c$ sigui x^3y^2z.

6 Igualtats notables

Anomenem **igualtats notables** certs productes que serveixen per facilitar alguns càlculs amb expressions algebraiques.

6.1. Quadrat d'una suma

El **quadrat d'una suma** de monomis és igual al quadrat del primer monomi més el doble del producte del primer pel segon més el quadrat del segon.

$$\mathbf{(a+b)^2} = (a+b)\cdot(a+b) = a\cdot a + a\cdot b + b\cdot a + b\cdot b = \mathbf{a^2 + 2ab + b^2}$$

6.2. Quadrat d'una diferència

El **quadrat d'una diferència** de monomis és igual al quadrat del primer monomi menys el doble del producte del primer pel segon més el quadrat del segon.

$$\mathbf{(a-b)^2} = (a-b)\cdot(a-b) = a\cdot a - a\cdot b - b\cdot a + b\cdot b = \mathbf{a^2 - 2ab + b^2}$$

6.3. Suma per diferència

El **producte d'una suma de monomis per la seva diferència** és igual a la diferència dels seus quadrats.

$$\mathbf{(a+b)\cdot(a-b)} = a\cdot a - a\cdot b + b\cdot a - b\cdot b = \mathbf{a^2 - b^2}$$

! NO TE N'OBLIDIS

En les expressions $(a+b)^2$, $(a-b)^2$ i $(a+b)(a-b)$, les lletres a i b representen monomis.

EXEMPLE

13. Aplica les igualtats notables a aquestes expressions:

a) $(x+2y)^2 \rightarrow a = x, b = 2y$ Quadrat d'una suma

$(x+2y)^2 = x^2 + 2\cdot x\cdot 2y + (2y)^2 = x^2 + 4xy + 4y^2$

b) $(x-2y)^2 \rightarrow a = x, b = 2y$ Quadrat d'una diferència

$(x-2y)^2 = x^2 - 2\cdot x\cdot 2y + (2y)^2 = x^2 - 4xy + 4y^2$

c) $(x+2y)(x-2y) \rightarrow a = x, b = 2y$ Suma per diferència

$(x+2y)(x-2y) = x^2 - (2y)^2 = x^2 - 4y^2$

T'HI ATREVEIXES?

Sense resoldre cap operació, troba el valor de A.

$A = 83.683.470^2 - (83.683.469 \cdot 83.683.471)$

ACTIVITATS

28 PRACTICA. Aplica les igualtats notables.

a) $(3x+2)^2$

b) $(2x-3y)^2$

c) $(x+4y)\cdot(x-4y)$

29 APLICA. Calcula $(3x^2+4)^2 + (x-2)^2$.

30 REFLEXIONA. Completa a la llibreta.

a) $(x+\square)^2 = \square + 4y^2 + \square$

b) $(\square - y^2)^2 = x^4 + \square - \square$

SABER FER

Expressar un polinomi mitjançant una igualtat notable

Expressa aquests polinomis com un quadrat o una suma per diferència:

a) $31x^6 + 20x^3 - 6x^6 + 4$ **b)** $4x^2 - 4x + 9 - 3x^2 - 2x$ **c)** $9x^4 - 4$ **d)** $9x^4 + 4$

Passos que cal seguir

1. Reduïm el polinomi, si cal, i comptem el nombre de termes.
   - Si el nombre de termes és 2, un de positiu i l'altre de negatiu, pot ser suma per diferència.
   - Si el nombre de termes és 3, pot ser el quadrat d'una suma o d'una diferència.
   - En altres casos, no correspon a una igualtat notable.

a) $31x^6 + 20x^3 - 6x^6 + 4 = 25x^6 + 20x^3 + 4 \rightarrow$ Tres termes
Pot ser el quadrat d'una suma o d'una diferència.

b) $4x^2 - 4x + 9 - 3x^2 - 2x = x^2 - 6x + 9 \rightarrow$ Tres termes
Pot ser el quadrat d'una suma o d'una diferència.

c) $9x^4 - 4 \rightarrow$ Dos termes, un de positiu i un de negatiu
Pot ser suma per diferència.

d) $9x^4 + 4 \rightarrow$ Dos termes, tots dos positius
No és una igualtat notable.

Si el polinomi té 3 termes

2. Determinem a i b.
   - El terme de grau més gran és a^2.
   - El de grau més petit és b^2.

a) El terme de grau més gran és $25x^6 \xrightarrow{a^2 = 25x^6} a = 5x^3$
El terme de grau més petit és $4 \xrightarrow{b^2 = 4} b = 2$

b) El terme de grau més gran és $x^2 \xrightarrow{a^2 = x^2} a = x$
El terme de grau més petit és $9 \xrightarrow{b^2 = 9} b = 3$

3. Comprovem si el terme que falta correspon a $2ab$.
   Si el terme $2ab$ és positiu, correspon al quadrat d'una suma, $(a + b)^2$, i si és negatiu, al quadrat d'una diferència, $(a - b)^2$.

a) El terme que falta és $20x^3 \xrightarrow{a = 5x^3,\, b = 2} 2ab = 2 \cdot 5x^3 \cdot 2 = 20x^3$
El terme $2ab = 20x^3$ té signe $+$ $\rightarrow$ Suma de quadrats
$$25x^6 + 20x^3 + 4 = (5x^3 + 2)^2$$

b) El terme que falta és $6x \xrightarrow{a = x,\, b = 3} 2ab = 2 \cdot x \cdot 3 = 6x$
El terme $2ab = 6x$ té signe $-$ $\rightarrow$ Diferència de quadrats
$$x^2 - 6x + 9 = (x - 3)^2$$

Si el polinomi té 2 termes

2. Determinem a i b.
   - El terme positiu és a^2.
   - El terme negatiu és b^2.
3. Ho expressem com a suma per diferència $(a + b) \cdot (a - b)$.

c) El terme positiu és $9x^4 \xrightarrow{a^2 = 9x^4} a = 3x^2$
El terme negatiu és $4 \xrightarrow{b^2 = 4} b = 2$
És una suma per diferència.
$$9x^4 - 4 = (3x^2 + 2)(3x^2 - 2)$$

Un polinomi només es pot expressar com una igualtat notable si té 3 termes o bé 2 termes amb signes contraris.

ACTIVITATS

31 Expressa aquests polinomis com el quadrat d'una suma o d'una resta, quan sigui possible:

a) $9x^2 + 30xy + 25y^2$
b) $16y^2 - 24xy + 9x$
c) $49x^2 + 28xy + 4y^2$
d) $16 - 24x + 9x^2$
e) $x^4 + y^2 + x^2y$
f) $x^4 + y^2 - 2x^2y$

32 Expressa aquests polinomis com el producte d'una suma per una diferència, quan sigui possible:

a) $9x^2 - 25y^2$
b) $16y^2 - 9x^4$
c) $49x^2 - 4y^2$
d) $16 - 9x^2$
e) $x^4 - y^2$
f) $64x^4 - 81y^6$

7 Factorització d'un polinomi

7.1. Divisors d'un polinomi

Un polinomi, $Q(x)$, és **divisor** d'un altre polinomi, $P(x)$, quan la divisió $P(x) : Q(x)$ té com a residu 0.

Si un polinomi, $P(x)$, el podem expressar com el producte de dos polinomis, $Q(x)$ i $R(x)$:

$$P(x) = Q(x) \cdot R(x)$$

Els polinomis $Q(x)$ i $R(x)$ són divisors de $P(x)$.

EXEMPLE

14. Comprova si $(x - 3)$ és divisor dels polinomis següents:

a) $2x^3 + x^2 - 11x + 12$

Dividim el polinomi entre $(x - 3)$ i comprovem si el residu és 0.

$(2x^3 + x^2 - 11x + 12) : (x - 3)$

	2	1	−11	12
3		6	21	30
	2	7	10	42 → Residu

Quocient: $2x^2 + 7x + 10$

$$2x^3 + x^2 - 11x + 12 = (x - 3) \cdot (2x^2 + 7x + 10) + 42$$

Residu $\neq 0 \rightarrow (x - 3)$ no és divisor de $2x^3 + x^2 - 11x + 12$.

b) $2x^3 - 11x^2 + 19x - 12$

$(2x^3 - 11x^2 + 19x - 12) : (x - 3)$

	2	−11	19	−12
3		6	−15	12
	2	−5	4	0 → Residu

Quocient: $2x^2 - 5x + 4$

$$2x^3 - 11x^2 + 19x - 12 = (x - 3)(2x^2 - 5x + 4)$$

Residu $= 0 \rightarrow x - 3$ és divisor de $2x^3 - 11x^2 + 19x - 12$.

$2x^2 - 5x + 4$ és divisor de $2x^3 - 11x^2 + 19x - 12$.

7.2. Factorització de polinomis

Factoritzar un polinomi consisteix a escriure'l com a producte dels seus polinomis divisors de grau més petit.

Per factoritzar un polinomi fem servir tècniques com ara extreure factor comú (quan tots els termes tenen un divisor comú), les igualtats notables i la regla de Ruffini.

ACTIVITATS

33 PRACTICA. Comprova si $(x + 2)$ és divisor dels polinomis següents:

a) $P(x) = x^3 + 6x^2 + 11x + 6$

b) $Q(x) = x^3 + 3x^2 - 4$

34 APLICA. Calcula a perquè $(x - 1)$ sigui divisor de $2x^3 - x^2 + 3x + a$.

35 REFLEXIONA. Calcula els divisors de $P(x) = x(x + 1)(x - 5)$.

SABER FER

Factoritzar un polinomi

Factoritza el polinomi $P(x) = 4x^5 + 8x^4 + 5x^3 + x^2$.

- Si el polinomi no té terme independent, podem extreure factor comú.
- Si el m.c.d. dels coeficients dels termes és 1, el factor comú té coeficient 1.

Passos que cal seguir

1. Extraiem factor comú, si és possible.

Calculem el m.c.d. dels termes.

m.c.d. (4, 8, 5, 1) = 1 → El factor comú té coeficient 1.

En tots els termes es repeteix x.

Prenem la d'exponent més petit: x^2 → Factor comú = x^2

$P(x) = 4x^5 + 8x^4 + 5x^3 + x^2 = x^2(4x^3 + 8x^2 + 5x + 1)$

2. Utilitzem la regla de Ruffini per determinar factors del tipus $(x - a)$, en què a sempre ha de ser un nombre divisor del terme independent del polinomi.

$4x^3 + 8x^2 + 5x + 1$ → Terme independent 1.

Div(1) = {+1, −1} ⟶ Utilitzem la regla de Ruffini per determinar quin fa el residu 0.

	4	8	5	1
1		4	12	17
	4	12	17	18 ≠ 0

	4	8	5	1
−1		−4	−4	−1
	4	4	1	0

QUOCIENT ⟶ $4x^2 + 4x + 1$

Per tant: $4x^3 + 8x^2 + 5x + 1 = (x + 1)(4x^2 + 4x + 1)$

3. Comprovem si podem aplicar les igualtats notables.

$4x^2 + 4x + 1$ → Tres termes

Terme de grau més gran $= 4x^2 \xrightarrow{a^2 = 4x^2} a = 2x$

Terme de grau més petit $= 1 \xrightarrow{b^2 = 1} b = 1$

Terme que falta $= 4x \xrightarrow{a = 2x,\ b = 1} 2ab = 2 \cdot 2x \cdot 1 = 4x$

El terme $2ab = 4x$ té signe + → Suma de quadrats

$4x^2 + 4x + 1 = (2x + 1)^2$

4. Escrivim el polinomi inicial com el producte de tots els polinomis que hem calculat.

$$P(x) = 4x^5 + 8x^4 + 5x^3 + x^2 = x^2(4x^3 + 8x^2 + 5x + 1) =$$
$$= x^2(x + 1)(4x^2 + 4x + 1) =$$
$$= x^2(x + 1)(2x + 1)^2$$

ACTIVITATS

36 Factoritza aquests polinomis:

a) $A(x) = x^2 + 3x + 2$

b) $B(x) = x^2 - x - 2$

c) $C(x) = x^2 + x - 2$

d) $D(x) = x^2 - 3x + 2$

e) $E(x) = x^2 + 2x + 1$

f) $F(x) = x^2 + 8x + 16$

g) $G(x) = x^2 - 6x + 9$

h) $H(x) = x^2 - 4x$

37 Determina la descomposició factorial dels polinomis següents:

a) $K(x) = x^3 + 8x^2 + 21x + 18$

b) $L(x) = x^3 + 3x^2 - 9x - 27$

c) $M(x) = x^4 - 5x^2 + 4$

d) $N(x) = x^4 - x$

e) $O(x) = x^5 - 25x^3$

f) $P(x) = x^4 - 6x^3 + 9x^2$

g) $Q(x) = (5x^3 + 4x)^3$

Monomis. Operacions amb monomis

38 Indica la part literal, el coeficient, les variables i el grau d'aquests monomis. Després, escriu el monomi oposat de cadascun i dos monomis semblants:

a) $5x^3y$

b) $-8xy^2z^3$

c) $3y^4z^4$

d) $\frac{4}{3}x^2$

39 Escriu un monomi amb cadascuna de les característiques següents:

a) La part literal té tres variables i és de grau 5.

b) El coeficient és 3 i la part literal és xy^4.

c) El coeficient és -6, té una única variable i és de grau 3.

d) És semblant a $4x^3y$ i el coeficient és un nombre fraccionari.

40 Determina si és possible escriure un monomi de grau 7 semblant a $7x^4y^2$. I un monomi oposat a $2x^2z$ amb xyz com a part literal?

41 Efectua les operacions següents entre monomis:

a) $4xyz - 2xy + 6xyz - 9xy$

b) $7x^2 - xy^3 + 6xy + 3xy^3 - 8x^2$

c) $-5x^2z + 2xz - xz + 9xz^2 + x^2z$

d) $4y^2z^3 + 7z^2y^2 - 8yz^3 + y^2z^3$

e) $-2xyz^2 + 11xz - 5xy^2z + 3xzy^2$

f) $6x^3y^2 + 4xz^2 - 2x^3y^2 + xz - 5xz^2$

42 Resol aquestes operacions entre monomis:

a) $2x \cdot 5x^2 \cdot 3y$

b) $-3xy^3 \cdot 6x^3y \cdot y^4$

c) $7yz^2 \cdot (-4xz) \cdot x^5$

d) $8xyz^3 \cdot 7x^3z^2 \cdot (-6xy^2z)$

e) $5x^2y^4 \cdot 9xz^3 \cdot (-x^3yz^4)$

f) $-9y^3z \cdot 3x^4z \cdot (-7xyz^2)$

43 Efectua les divisions següents:

a) $20x^5y^4 : 5x^2$

b) $-32x^6y^3 : 6x^3y$

c) $27xyz^2 : (-3xz)$

d) $63x^3yz^3 : 7x^3z^2$

e) $(-5x^3y^2z^4) : (-xy^2z)$

f) $45x^2y^4z^5 : 9xz^3$

g) $-9xy^3z^4 : (-3xyz^2)$

h) $35y^2z^4 : (-5yz^4)$

44 Calcula el resultat d'aquestes operacions amb monomis:

a) $7x^2 + 4x \cdot (x + y) - 5y^2$

b) $2x^2y + (5x - y) \cdot xy - 8xy^2$

c) $-6xy + 3y \cdot (x - x^2) + 4x^2y$

d) $2x \cdot (3x + 5y) - 7x^2 - 8xy$

e) $(2x^2 - x) \cdot 3y + 5xy - x^2y$

45 Calcula i escriu el resultat d'aquestes operacions:

a) $5x \cdot (x - y^2 - z) - 3y \cdot (x + y - z^2) + x \cdot (x - y)$

b) $(-x + y - z^2) \cdot (-2yz) - (x + y - z) \cdot xy + (x^2 - z^3)$

46 Justifica si aquestes igualtats són certes o falses:

a) $x \cdot x \cdot x = x^3$

b) $x^2 - x = x$

c) $x^3 \cdot x^4 = x^7$

d) $x^5 = 5x$

e) $(x^2)^2 = x^4$

f) $x^{-2} = -x^2$

Polinomis

47 Determina el grau, les variables i el terme independent d'aquests polinomis:

a) $P(x) = -x^3 + x^2 - 7x - 2$

b) $Q(x) = -x^2 + 2x + 6$

c) $P(x, y) = -2x^5 - x^2y^2 + 5x^3 - 1 + 3x^3 + 3$

d) $Q(x, y) = x^2 + 4x^3 - x - 9 + 4x^4y^3$

e) $P(x, y, z) = 7x^2yz - 3xy^2z + 8xyz^2$

48 Escriu, en cada cas, dos polinomis que compleixin les característiques següents:

a) Són de grau 3, tenen tres termes i les variables són x i y.

b) Són de grau 5, el terme independent és -1, el coeficient del terme de grau més gran és 2 i les variables són x, y, z.

c) Tenen dos termes amb coeficients 4 i -3, una única variable, x, i són de grau 4.

49 Justifica si aquestes afirmacions són certes o falses:

a) Tots els polinomis tenen terme independent.

b) Els coeficients d'un polinomi sempre són nombres naturals.

c) Només existeix un polinomi oposat a un polinomi.

d) No existeix cap polinomi amb tres termes que sigui de grau 1.

e) Els polinomis amb tres termes tenen sempre grau 3.

50 Calcula el valor numèric d'aquests polinomis per als valors indicats:

a) $A(x) = x + 1$, per a $x = 1$

b) $B(x) = \frac{1}{2}x^4 + 3$, per a $x = 2$

c) $C(x) = 4x^5 - x^2 + 3$, per a $x = -1$

d) $D(x) = -9x^4 + 7x^2 + 5$, per a $x = 1$

e) $E(x) = x^3 + x^2 + x + 2$, per a $x = -2$

f) $F(x) = x^4 + x^4 - x^3 + x^2 - 7x - 2$, per a $x = 0$

g) $G(x) = -14$, per a $x = -2$

51 Calcula els valors numèrics per al polinomi:

$$P(x, y) = 2x^2y + xy^2 - 3xy + 5x - 6y + 9$$

a) $P(0, 0)$

b) $P(1, 1)$

c) $P(-1, 1)$

d) $P(1, -1)$

e) $P(1, 2)$

f) $P(2, 1)$

52 Digues si un polinomi $P(x)$ pot tenir diferents valors numèrics per a un mateix valor de la variable x. I el mateix valor numèric per a diferents valors de la variable? Justifica les respostes.

53 Donats els polinomis:

$$P(x) = x^2 - 4x + 3 \qquad Q(x) = 1 - x^2$$

Calcula.

a) $[P(-1) + Q(3)] \cdot (-5)$

b) $\frac{4}{3} - 4 \cdot P(0)$

SABER FER

Calcular un quocient d'un polinomi, conegut un dels seus valors numèrics

54 Calcula el valor de a en el polinomi:

$$P(x) = x^2 + 3x + a$$

si sabem que $P(-1) = 4$.

PRIMER. En el polinomi, substituïm la variable pel seu valor.

$$P(-1) = (-1)^2 + 3(-1) + a = 1 - 3 + a = -2 + a$$

SEGON. Igualem el valor numèric que ens dóna l'enunciat.

$$\left.\begin{matrix} P(-1) = -2 + a \\ P(-1) = 4 \end{matrix}\right\} \rightarrow -2 + a = 4$$

TERCER. Aïllem la incògnita de l'equació que en resulta.

$$-2 + a = 4 \rightarrow a = 4 + 2 \rightarrow a = 6$$

Per tant, el polinomi és $P(x) = x^2 + 3x + 6$.

55 Determina el valor de k en els polinomis següents si sabem que $P(1) = 6$:

a) $P(x) = kx^7 + x^3 + 3x + 1$

b) $P(x) = kx^4 + kx^3 + 4$

c) $P(x) = 9x^5 + kx^2 + kx - k$

d) $P(x) = kx^6 - kx^3 + kx + k$

e) $P(x) = k$

56 Calcula el valor de a en el polinomi $P(x, y) = x^4y + 4x - ay$ si el seu valor numèric en $x = 1$ i $y = 0$ és 4.

57 Determina quins dels polinomis següents tenen com a arrel $x = -1$.

a) $P(x) = x^2 + 5x + 4$

b) $Q(x) = x^2 + 2x - 3$

c) $R(x) = x^3 + 7x^2 + 14x + 8$

d) $S(x) = x^4 - 10x^2 + 9$

e) $T(x) = x^4 - 3x^3 + 4x^2 + 3x - 5$

f) $U(x) = 2x^3 + 9x^2 + 12x + 5$

58 Determina el valor de m perquè $x = -2$ sigui arrel d'aquests polinomis:

a) $P(x) = x^3 - mx^2 + mx - 10$

b) $P(x) = x^3 - mx^2 - 2mx + 8$

c) $P(x) = x^3 + mx^2 + 11x + m$

d) $P(x) = x^4 - (m + 1)x^2 + m$

Operacions amb polinomis

59 Donats els polinomis següents:

$P(x) = 2x^5 - 3x^4 + 7x^3 - 2x^2 + 3x - 6$

$Q(x) = 3x^4 - 2x^3 + 5x^2 - 7x - 1$

$R(x) = 3x^2 - x + 1$

$S(x) = 2x + 3$

Calcula.

a) $P(x) + Q(x) + R(x) + S(x)$

b) $P(x) - R(x) + S(x) - Q(x)$

c) $[P(x) + Q(x)] - [R(x) + Q(x)]$

d) $[P(x) - Q(x)] - [R(x) - Q(x)]$

60 Determina quin és el polinomi $Q(x)$ que hem de sumar a $P(x) = x^2 + 2x - 1$ per obtenir com a resultat $R(x)$.

a) $R(x) = x - 1$

b) $R(x) = 2x^2 - x - 6$

c) $R(x) = 5x^2 - x + 1$

d) $R(x) = -7x^2 - 3x$

e) $R(x) = x^3 - x$

f) $R(x) = x^3 - x^2$

ACTIVITATS FINALS

61 Donats els polinomis següents:

$P(x) = 2x^5 - 3x^4 + 7x^3 - 2x^2 + 3x - 6$

$Q(x) = 3x^4 - 2x^3 + 5x^2 - 7x - 1$

$R(x) = 3x^2 - x + 1 \qquad S(x) = 2x + 3$

Calcula.

a) $[P(x) - Q(x)] \cdot S(x)$ c) $[P(x) + Q(x) + R(x)] \cdot S(x)$

b) $[R(x) - Q(x)] \cdot S(x)$ d) $[P(x) + Q(x) - R(x)] \cdot S(x)$

62 Expressa l'àrea d'aquestes figures mitjançant un polinomi. Simplifica'n l'expressió.

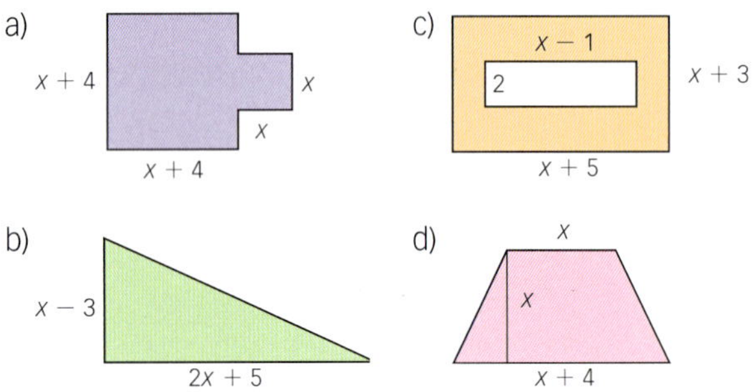

63 Efectua aquestes divisions:

a) $(4x^4 + 3x^3 - 5x^2 + x + 7) : (x - 1)$

b) $(4x^4 - 2x^3 + 3x^2 - 2x + 5) : (x + 1)$

c) $(7x^5 + 4x^4 + 3x^3 - 5x^2 + 2x - 1) : (x^2 + x)$

64 Utilitza la regla de Ruffini per fer aquestes divisions:

a) $(x^4 - 3x^3 + x^2 + 3x - 5) : (x + 2)$

b) $(x^3 - 8x + 12) : (x + 1)$

c) $(x^4 - x^3 + 4x^2 - 3) : (x - 2)$

d) $(2x^3 + x^2 - 3x + 5) : (x - 1)$

e) $(x^4 + 4x^3 + 5x^2 - x - 5) : (x + 1)$

f) $(x^3 - x^2 + 7) : (x - 1)$

65 Calcula el valor de m perquè la divisió $P(x) : A(x)$ tingui residu 0.

a) $\begin{cases} P(x) = x^2 + mx + 3 \\ A(x) = x + 3 \end{cases}$

b) $\begin{cases} P(x) = x^3 + 4x^2 + mx - 6 \\ A(x) = x - 1 \end{cases}$

c) $\begin{cases} P(x) = x^3 + 2x^2 + mx + 2m \\ A(x) = x - 2 \end{cases}$

d) $\begin{cases} P(x) = x^4 + mx^2 - m - 1 \\ A(x) = x + 2 \end{cases}$

66 Calcula el valor de a perquè es compleixin les igualtats.

a) $(ax^2 + 2) \cdot (x - a) = -3x^3 - 9x^2 + 2x + 6$

b) $(x^2 + ax - 4) \cdot (-3a + 1) = 4x^2 - 4x - 3$

c) $(x^4 - x^2 + a) \cdot \left(x + \dfrac{a}{2}\right) = x^5 + x^4 - x^3 - x^2 + 2x + 2$

Factor comú. Igualtats notables

67 Extreu factor comú.

a) $3x^2yz + 6xz - 9yz$

b) $15xy + 18xy^3z - 9xy$

c) $2x^2 - 8xy^2 + 12xy$

d) $4y^3z + 20yz - 26yz^2$

e) $-2x^4y^3z + 2x^3yz - 6x^5y$

f) $8x^2yz^4 + 16x^2yz^3 - 18x^3y^2z^2$

68 Extreu factor comú d'aquests polinomis:

a) $-15x^2y^5z^3 + 9xy^2 - 12x^3y^2 + 21x^4y^3$

b) $32a^2b^3 + 18a^4b^2 - 28a^3b^3 - 10a^2b^2c$

c) $-30x^4z^3 + 20x^2yz^3 - 40x^4z^2 + 50x^3y^2z^2$

d) $-11y^5z^3 + 33xy^2z - 66y^2z^3 + 44x^4y^3z^4$

69 Desenvolupa els quadrats següents:

a) $(6x + 5)^2$ c) $(2x - 7)^2$ e) $(3 - x)^2$

b) $(-3x + 2)^2$ d) $(-3 - 2x)^2$ f) $(-5 + 2x)^2$

70 Efectua aquestes operacions:

a) $(2x - 3) \cdot (2x + 3)$ c) $(x^2 - x) \cdot (x^2 + x)$

b) $(4x + 5) \cdot (4x - 5)$ d) $(2x - 9) \cdot (2x + 9)$

71 Completa les igualtats següents a la llibreta:

a) $(2x + 3)^2 = \square + 12x + \square$

b) $(5 - 3x)^2 = 25 - \square + \square x^2$

c) $(\square + \square)^2 = x^4 + 2x^3 + x^2$

72 Completa aquestes igualtats a la llibreta:

a) $(3x^2y + \square)^2 = \square + 12x^2y^4 + \square$

b) $(\square - \square)^2 = 4x + 9y - \square$

c) $(\square - \square)^2 = x^4 - 2x^3 + x^2$

73 Efectua aquestes operacions:

a) $(2y - 5)^2 + (3 + y)^2$

b) $(3x + 2)^2 - (4 - x)^2$

c) $(y^2 - 5y)^2 + (1 - 3y)^2$

d) $(x - 4x^2)^2 - (7x^2 + 2)^2$

74 Expressa aquests polinomis com el quadrat d'una suma o d'una diferència:

a) $9x^2 + 18x + 9$ c) $x^2 + 16x + 64$

b) $16x^2 - 16x + 4$ d) $4x^2 + 4x + 1$

75 Expressa els polinomis següents com el quadrat d'una suma o d'una diferència:

a) $x^2 + 4xy + 4y^2$ c) $x^2 - 2x^2y + x^2y^2$

b) $9x^2 - 6x^3 + x^4$ d) $x^6 - 2x^3y + y^2$

Factorització d'un polinomi

76 Indica quins d'aquests polinomis són divisors del polinomi $P(x) = x^4 - 10x^2 + 9$.

a) $x + 2$ c) $x + 1$ e) $x - 3$

b) $2x + 1$ d) $x - 2$ f) $x + 3$

77 Comprova si $x + 3$ és divisor d'aquests polinomis i, en el cas que ho sigui, calcula'n el quocient:

a) $P(x) = x^3 + 3x^2 - 5x - 15$

b) $P(x) = x^3 - 3x^2 + 2x - 6$

c) $P(x) = x^3 + 4x^2 - 3x - 18$

d) $P(x) = x^3 - 7x + 6$

78 Sense fer càlculs, justifica quins dels polinomis següents tenen x com a divisor i quins tenen x^2.

a) $P(x) = x^3 + x^2 + 6x$

b) $P(x) = 2x^4 + 5x^3 - 9x^2$

c) $P(x) = (x^3 - x^2) \cdot (x + 4)$

d) $P(x) = 2x^2 - x^3$

e) $P(x) = (x - x^2) \cdot (x - 5)$

f) $P(x) = (x^2 - x)^3$

79 Factoritza els polinomis següents:

a) $x^2 - 3x$ e) $x^4 - 4x^2$

b) $x^4 + 5x^3$ f) $x^2 - 25x$

c) $x - x^2$ g) $x^3 - 2x^2 + x$

d) $x - x^3$ h) $x^3 - 6x^2 + 9x$

80 Determina tres divisors d'aquests polinomis i escriu-ne la descomposició factorial:

a) $x^3 - x^2 - 10x - 8$ d) $x^3 - 2x^2 - 5x + 6$

b) $x^3 + 2x^2 - 5x - 6$ e) $x^3 - 7x^2 + 14x - 8$

c) $x^3 + 3x^2 - 6x - 8$ f) $x^3 + 3x^2 + 3x + 1$

81 Determina la descomposició factorial.

a) $x^4 - 13x^2 + 36$ d) $x^4 - 17x^2 + 16$

b) $x^4 - 20x^2 + 64$ e) $x^4 - 11x^2 + 18$

c) $x^4 - 25x^2 + 144$ f) $x^4 - 29x^2 + 100$

82 Acaba la descomposició factorial.

a) $(x - x^2) \cdot (x^2 - 25)$

b) $(x^3 - x^2) \cdot (x^2 - 1)$

c) $(x^2 - 4) \cdot (x^2 - 64)$

d) $(4x^2 - 2x) \cdot (x^2 + 4x + 4)$

e) $(x^2 - 2x + 1) \cdot (x^2 - 4x + 4)$

f) $(3x - 9x^2) \cdot (3x^2 + 6x)$

83 Efectua la descomposició factorial.

a) $-2x^3 + 3x^2 + 8x - 12$

b) $-8x^3 - 6x^2 + 29x - 15$

c) $24x^3 + 46x^2 - 6x - 4$

d) $2x^3 + 9x^2 + 12x + 5$

e) $6x^3 + 5x^2 - 6x$

f) $9x^3 - 3x^2 - 2x$

HAS DE SABER FER

Monomis. Operacions amb monomis

1 Efectua aquestes operacions i indica el grau del monomi que en resulta:

a) $2x^2 + 3x^2 - 7x^2 + 8x^2 - x^2$

b) $5xy^3 - 2xy^3 + 7xy^3 - 3xy^3 + 12xy^3$

c) $5xz - 3xz + 15xz - 11xz + 8xz - 3xz$

d) $(6ac^3) \cdot (-2a^2c^3) \cdot (-3ac) \cdot (-4a^3c^2)$

e) $(21x^2y^3) : (7xy^2)$

Polinomis

2 Calcula el valor numèric del polinomi $P(x) = -x^4 + 5x^3 - 7x^2 + 8x - 4$ perquè:

a) $x = 0$ c) $x = -2$

b) $x = -\frac{1}{2}$ d) $x = -3$

Operacions amb polinomis

3 Calcula el resultat d'aquestes operacions:

a) $(2 - 3x) \cdot (2 + 3x) - (4 + 5x) \cdot (4 - 5x)$

b) $(x^2 - 1)^2 + (6x^2 + 1) \cdot (1 - 6x^2)$

4 Troba el quocient i el residu d'aquestes divisions:

a) $(x^4 + x^3 - 8x^2 + 4) : (x - 1)$

b) $(x^4 - 5x^3 + 3x^2 - 6x - 15) : (x + 1)$

Factorització de polinomis

5 Factoritza els polinomis següents:

a) $P(x) = x^3 + x^2 - x - 1$

b) $Q(x) = x^4 - 2x^2 + 1$

c) $R(x) = 4x^5 - 8x^4 - 4x^3 + 8x^2$

En la vida quotidiana

84 L'expressió *format d'un llibre* fa referència a la forma i les dimensions d'un llibre.

Avui dia, el format d'un llibre es basa en l'intent de transmetre al lector una sensació d'equilibri en la pàgina. Una de les proporcions més utilitzades és que el llarg sigui $\frac{3}{5}$ de l'ample.

A més, per fer més sensació de claredat es deixen els marges, espais en blanc que queden a cadascun dels quatre costats del full imprès.

Aquest és el format que ha dissenyat una editorial per a la nova col·lecció que llançarà al mercat.

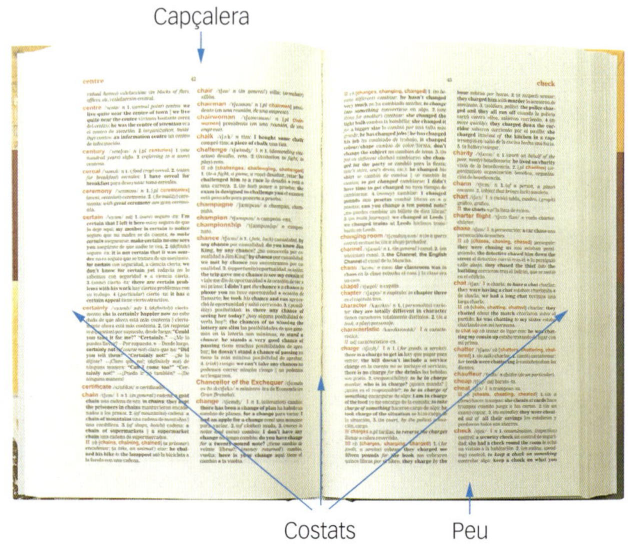

- Llarg: $\frac{3}{5}$ de l'ample.
- Capçalera i peu: iguals, i han de ser $\frac{1}{10}$ de l'altura del full.
- Costats: l'interior ha de ser de 2 cm, l'esquerre ha de ser el doble que el dret.

Si anomenem x l'ample de la pàgina:

a) Quina és l'expressió de l'àrea d'una pàgina d'aquest format?

b) Quina és l'expressió de l'àrea de la zona impresa?

Formes de pensar. Raonament matemàtic

85 Escriu per als casos següents un polinomi de grau 5 que tingui aquests polinomis com a divisors:

a) $P(x, y) = x - y \quad Q(x, y) = 2x + 5y$

b) $P(x, y) = xy + 2 \quad Q(x, y) = x \quad R(x, y) = 2 - 7x^2$

c) $P(x, y) = 3y - x \quad Q(x, y) = x^3 - 5$

d) $P(x, y) = x \quad Q(x, y) = x^2y$

86 Aquestes sumes són quadrats perfectes:

$1^2 + 2^2 + 1^2 \cdot 2^2 = 3^2$

$2^2 + 3^2 + 2^2 \cdot 3^2 = 7^2$

...

$9^2 + 10^2 + 9^2 \cdot 10^2 = 91^2$

Considerant els resultats, sabries determinar a quin quadrat és igual l'expressió següent?

$$x^2 + (x + 1)^2 + x^2(x + 1)^2$$

87 Calcula la descomposició factorial i les arrels dels polinomis següents:

a) $P(-x)$ en què $P(x) = x^2 - x$

b) $P(-x^2)$ en què $P(x) = (x + 9)^2$

c) $P(x^2) - P(x^3)$ en què $P(x) = x^2$

d) $P(x + x^2)$ en què $P(x) = 4x - 3$

88 Completa a la llibreta aquestes divisions i escriu els polinomis dividend, divisor, quocient i residu.

a)

	3	4	0	−1
−1	□	□	□	□
	□	□	□	□

b)

	4	3	2	1
−1	□	□	□	□
	□	−1	□	□

c)

	1	0	−1	2
□	□	□	□	□
	□	2	□	□

d)

	□	0	0	−3
□	□	□	□	□
	□	8	□	□

PROJECTE FINAL. **Aprenentatge cooperatiu**

OBJECTIU: Crear un blog de classe

Un cop formats els grups, seguiu el procés següent:

1a Fase

- Busqueu informació sobre les diferents eines que hi ha a Internet per a l'elaboració de blogs: què permeten, si són gratuïtes, si es poden utilitzar en qualsevol dispositiu, etc.
- Establiu la utilitat que li donareu al blog: si tindrà caràcter lúdic o informatiu, si servirà per penjar treballs de classe...

2a Fase

- Decidiu la manera de com inserir les noves entrades del blog: si hi haurà un grup d'administradors que validaran els missatges, si només hi haurà un redactor a qui caldrà enviar el material publicable o si qualsevol alumne podrà escriure al blog.
- Elaboreu diversos dissenys que responguin a les necessitats que heu establert.

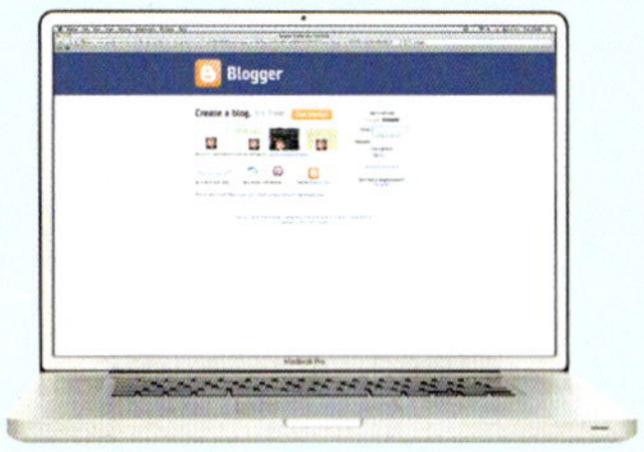

3a Fase

- Poseu en comú tota la informació recollida i decidiu en quina plataforma creareu el blog i quin en serà el disseny.
- Creeu el blog en la plataforma i amb el disseny que heu determinat.

Proves PISA

Els líquens

89 A causa de l'escalfament global del planeta, el gel d'algunes glaceres s'està desfent. Dotze anys després d'haver desaparegut el gel, unes plantes diminutes anomenades líquens començaran a créixer a les roques.

Els líquens, en créixer, van adquirint aproximadament la forma d'un cercle. La relació entre el diàmetre del cercle i l'edat del liquen es pot calcular aproximadament mitjançant la fórmula:

$$d = 7{,}0 \cdot \sqrt{t - 12} \qquad \text{per a } t \geq 12$$

On d és el diàmetre del liquen en mil·límetres i t és el nombre d'anys transcorreguts des que el gel ha desaparegut.

a) Usant la fórmula, calcula el diàmetre que tindrà un liquen 16 anys després que el gel hagi desaparegut.

b) L'Anna ha mesurat el diàmetre d'un liquen i fa 35 mm. Quants anys han passat des que el gel va desaparèixer d'aquest lloc?

(Prova PISA 2012)

El millor cotxe

90 Una revista de cotxes utilitza un sistema de puntuacions per avaluar els nous cotxes i concedeix el premi «El millor cotxe de l'any» al cotxe amb la puntuació total més alta. S'estan avaluant cinc cotxes nous. Les seves puntuacions es mostren a la taula següent:

Cotxe	Seguretat (S)	Estalvi de combustible (C)	Disseny exterior (D)	Habitacle interior (H)
Ca	3	1	2	3
M2	2	2	2	2
Sp	3	1	3	2
N1	1	3	3	3
XK	3	2	3	2

Les puntuacions tenen la interpretació següent:

3 = Excel·lent; 2 = Bo; 1 = Acceptable

- Per calcular la puntuació total d'un cotxe, la revista utilitza la regla següent, que dóna una suma ponderada de les puntuacions individuals:

$$\text{Puntuació total} = (3 \times S) + C + D + H$$

- El fabricant del cotxe *Ca* va opinar que la regla per obtenir la puntuació no era justa. Escriu-ne una amb les quatre variables multiplicades per nombres positius, perquè Ca sigui el cotxe guanyador.

(Prova PISA 2003, adaptació)

CLAUS PER COMENÇAR

Expressió algebraica

- Una **expressió algebraica** és un conjunt de nombres i lletres que es combinen amb els signes de les operacions matemàtiques.
- El **valor numèric** d'una expressió algebraica és el resultat que obtenim després de substituir les lletres per nombres determinats i operar.

EXEMPLE

Llenguatge habitual	Llenguatge algebraic
Un nombre més 3 unitats	$x + 3$
El quadrat d'un nombre més el seu triple	$x^2 + 3x$

- El valor numèric d'aquestes expressions per a $x = 1$:

$x + 3 \xrightarrow{x=1} 1 + 3 = 4$ $\qquad$ $x^2 + 3x \xrightarrow{x=1} 1^2 + 3 \cdot 1 = 4$

ACTIVITATS

1 Tradueix aquestes expressions a llenguatge algebraic i determina'n el valor numèric per a $x = 2$.

a) Un nombre més el seu triple

b) El doble d'un nombre menys el seu quadrat

c) La suma d'un nombre i la seva meitat

Igualtat algebraica

Una igualtat algebraica està formada per dues expressions algebraiques separades pel signe =. Es pot complir per a tots els valors de les lletres, per a alguns o per a cap valor.

EXEMPLE

- $2x + x = 3x$ és una igualtat algebraica que es compleix per a tots els valors de x.

$x = 0 \rightarrow 2 \cdot 0 + 0 = 3 \cdot 0 \rightarrow 0 = 0$ Es compleix.

$x = 1 \rightarrow 2 \cdot 1 + 1 = 3 \cdot 1 \rightarrow 3 = 3$ Es compleix.

- $2x + x = 3$ és una igualtat algebraica que es compleix només per a alguns valors de x.

$x = 0 \rightarrow 2 \cdot 0 + 0 \neq 3 \rightarrow 0 \neq 3$ No es compleix.

$x = 1 \rightarrow 2 \cdot 1 + 1 = 3 \rightarrow 3 = 3$ Es compleix.

- $x^2 = -4$ és una igualtat algebraica que no es compleix per a cap valor de x.

$x = 0 \rightarrow 0^2 \neq -4 \rightarrow 0 \neq -4$ No es compleix.

$x = 1 \rightarrow 1^2 \neq -4 \rightarrow 1 \neq -4$ No es compleix.

No existeix cap nombre que elevat al quadrat doni un nombre negatiu.

ACTIVITATS

2 Escriu dues igualtats algebraiques que es compleixin per a tots els valors de les lletres i dues més que només es compleixin per a un valor.

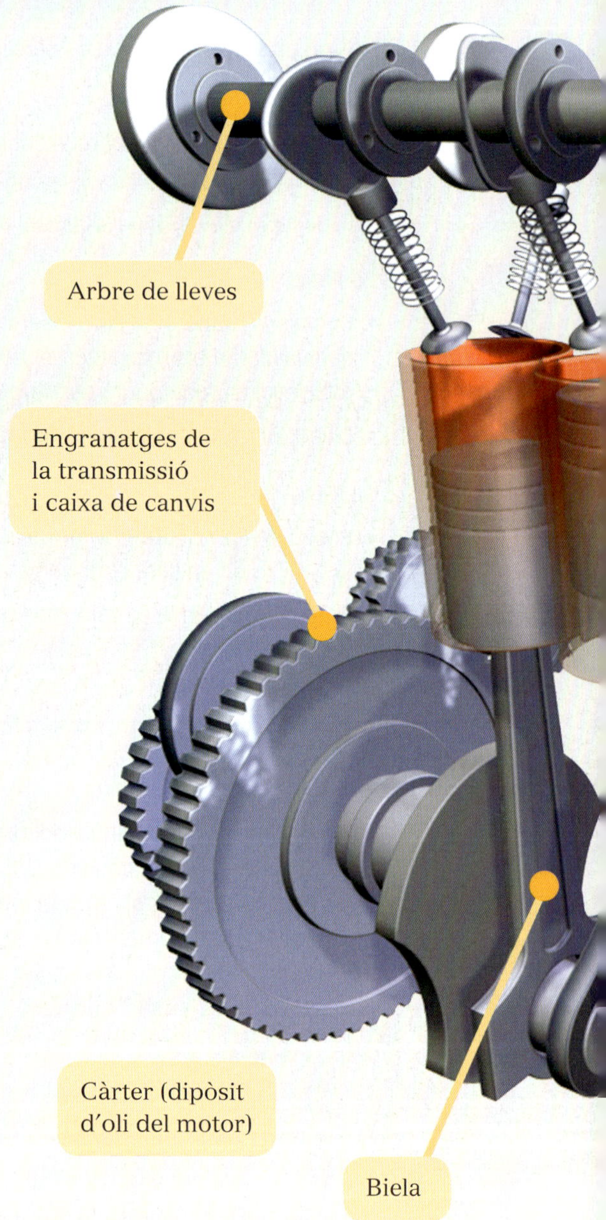

Admissió
El cilindre s'omple de la mescla d'aire i gasolina.

Equacions de primer i segon grau

4

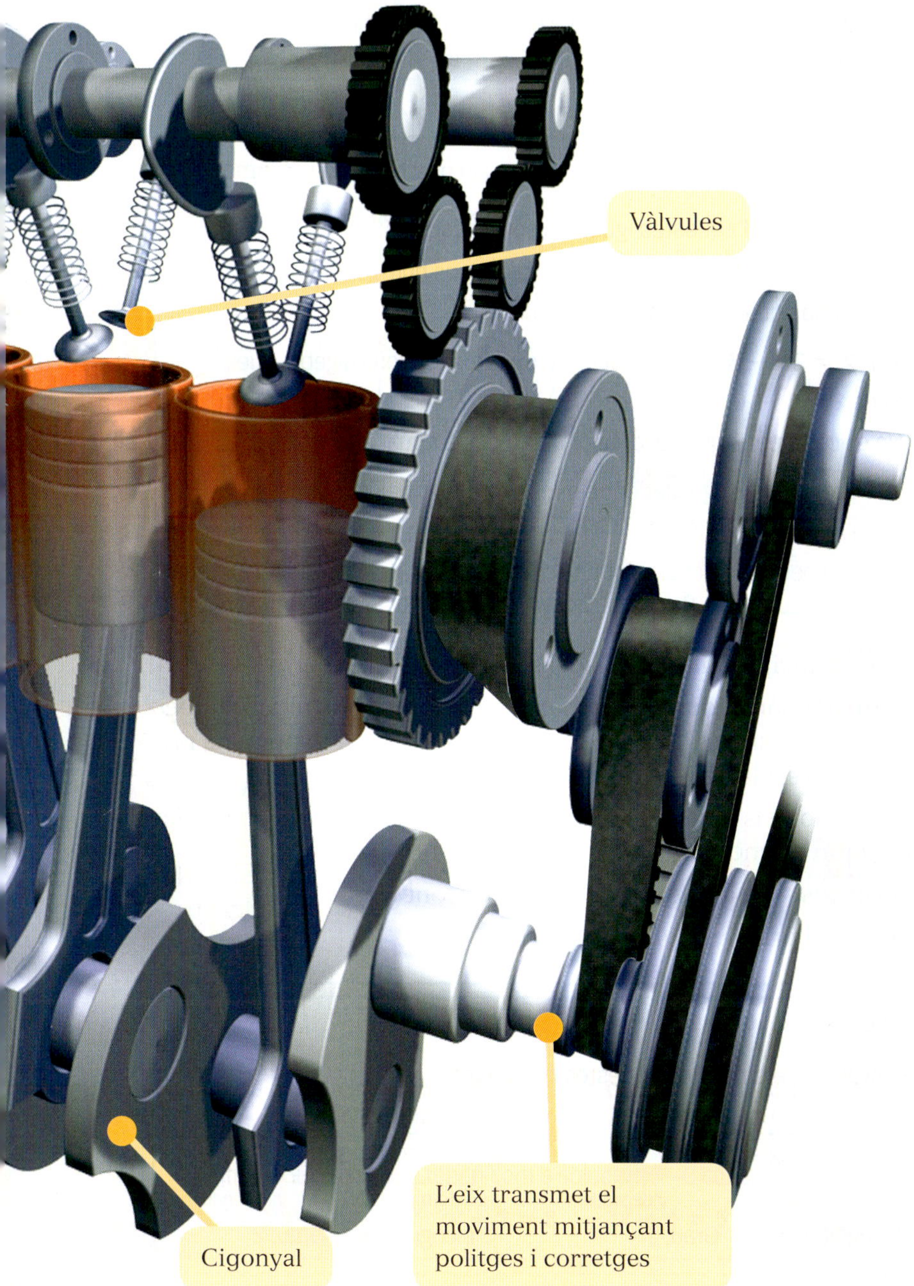

SABER

- Equacions. Elements i solucions
- Equacions de primer grau
- Equacions de segon grau

SABER FER

- Resoldre equacions de primer grau
- Estudiar el nombre de solucions d'una equació de segon grau
- Resoldre equacions de segon grau
- Resoldre problemes mitjançant equacions

? INTERPRETA LA IMATGE

El motor d'explosió

L'any 1885 l'enginyer alemany Karl Benz dissenya el primer automòbil, el Motorwagen, impulsat per un motor de combustió interna. La velocitat que podia aconseguir era de 13 km/h.

Van haver de passar alguns anys per augmentar aquesta velocitat: el 1908 el Ford T arribava a una velocitat entre 62 i 74 km/h.

- Amb els cotxes actuals, en una autopista podem recórrer 120 km en una hora. Quant trigaria el Motorwagen per recórrer aquesta distància?

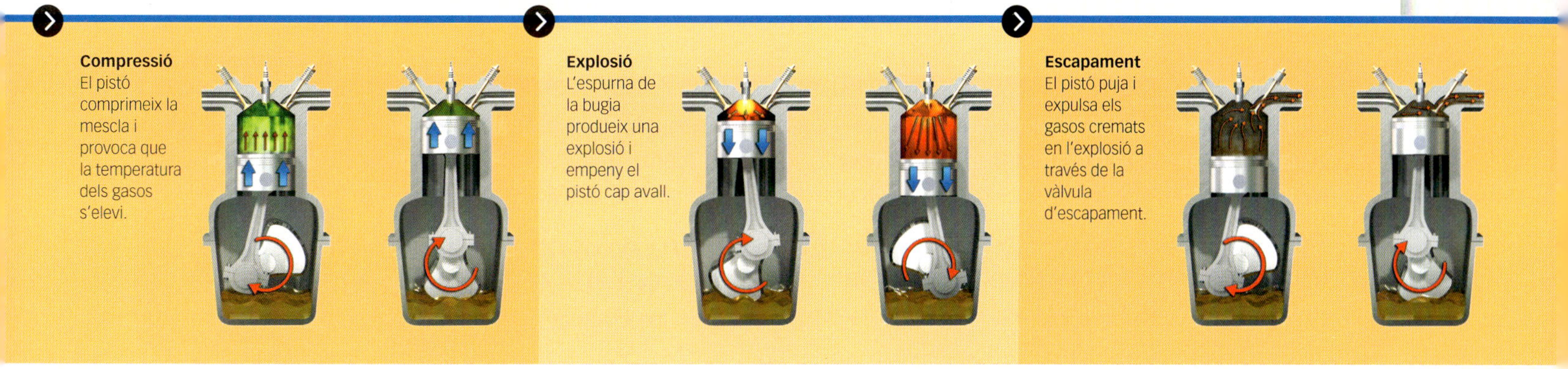

2 Equacions de primer grau

Una **equació de primer grau** és una igualtat entre expressions algebraiques que es pot expressar de la forma $\mathbf{ax + b = 0}$, amb a i b nombres reals i $a \neq 0$.

Aquesta equació té solució única: $x = -\dfrac{b}{a}$.

T'HI ATREVEIXES?

En un parc hi ha 7 nens, cadascun porta una bicicleta o un tricicle. Si en total hi ha 19 rodes, quantes bicicletes i tricicles hi ha?

2.1 Transposició de termes

- **Regla de la suma.** Si sumem o restem un mateix nombre o una expressió algebraica als dos membres d'una equació, obtenim una equació equivalent.
- **Regla del producte.** Si multipliquem o dividim els dos membres d'una equació per un mateix nombre diferent de zero, obtenim una equació equivalent.

Aquestes dues regles serveixen per agrupar en un membre tots els termes amb la incògnita, i en l'altre membre, tots els nombres. Després, reduïm els termes semblants i dividim els dos membres pel coeficient de la incògnita. Aquest pas final s'anomena **aïllar la incògnita**.

Transposició de termes

En la pràctica podem resumir la transposició de termes en aquestes dues regles:

- Si un terme està sumant en un membre, passa a l'altre restant; i si està restant, passa sumant.
- Si un terme està multiplicant en un membre, passa a l'altre dividint; i si està dividint, passa multiplicant.

EXEMPLE

5. Resol $3x + 4 = -2x + 5$ amb la transposició de termes.

$$3x \boxed{+4} = -2x + 5 \xrightarrow[\text{al segon membre}]{\text{Passem } +4} 3x = -2x + 5 - 4$$

Passa com a -4

$$3x = \boxed{-2x} + 5 - 4 \xrightarrow[\text{al primer membre}]{\text{Passem } -2x} 3x + 2x = 5 - 4$$

Passa com a $+2x$

Ara, reduïm els termes semblants i aïllem.

$$3x + 2x = 5 - 4 \rightarrow \boxed{5}x = 1 \xrightarrow[\text{la incògnita}]{\text{Aïllem}} x = \frac{1}{5}$$

Passa dividint

ACTIVITATS

7 PRACTICA. Resol aquestes equacions per mitjà de la transposició de termes:

a) $4x - 2 = x + 4$
b) $-x + 7 = 5 + x$
c) $1 - 3x = 5 - 2x$
d) $6 + 4x = -x - 4$
e) $8 - 5x = 2 - 2x$
f) $9x + 1 = x + 9$

8 APLICA. Completa aquesta equació a la llibreta perquè tingui com a solució $x = 5$.

$$5 \cdot (x + 3) = 4 \cdot (x + \square)$$

9 REFLEXIONA. Indica què passa quan en els dos membres d'una equació apareix un mateix terme.

SABER FER

Resoldre una equació de primer grau

Resol aquesta equació: $\frac{x+1}{2} - 1 = \frac{7-2x}{5} - \frac{x+3}{4}$

Passos que cal seguir

1. Eliminem els denominadors. Per fer-ho, trobem el m.c.m. de tots els denominadors de l'equació i el multipliquem per tots els termes.

m.c.m. (2, 4, 5) = 20

$$20 \cdot \frac{x+1}{2} - 20 \cdot 1 = 20 \cdot \frac{7-2x}{5} - 20 \cdot \frac{x+3}{4}$$

$$10(x+1) - 20 = 4(7-2x) - 5(x+3)$$

> Quan multipliquem el m.c.m. per tots els termes, han de desaparèixer tots els denominadors de l'equació.

2. Eliminem els parèntesis aplicant la propietat distributiva.

$$10x + 10 - 20 = 28 - 8x - 5x - 15$$

3. Fem servir la transposició de termes per agrupar els termes amb x en un membre i els nombres en l'altre membre.

$$10x + 8x + 5x = 28 - 15 - 10 + 20$$

$$23x = 23$$

4. Aïllem la incògnita.

$$x = \frac{23}{23} = 1$$

5. Comprovem la solució.

$$\frac{x+1}{2} - 1 = \frac{7-2x}{5} - \frac{x+3}{4} \xrightarrow{\text{Per a } x=1} \frac{1+1}{2} - 1 = \frac{7-2\cdot 1}{5} - \frac{1+3}{4}$$

$$\rightarrow \frac{2}{2} - 1 = \frac{5}{5} - \frac{4}{4} \rightarrow 0 = 0$$

Per tant, $x = 1$ és la solució de l'equació.

ACTIVITATS

10 Resol aquestes equacions de primer grau:

a) $\frac{7x-4}{3} = \frac{5x-2}{2}$

b) $\frac{1-3x}{7} = \frac{x-1}{3}$

c) $\frac{3x}{4} = \frac{x-5}{2}$

d) $\frac{x+4}{3} = \frac{x+1}{4}$

e) $\frac{2x+3}{3} = \frac{x-1}{4}$ 12

11 Determina la solució d'aquestes equacions:

a) $\frac{x}{3} + \frac{x+1}{2} = x - 3$

b) $\frac{3x}{4} = \frac{x}{2} + 2$

c) $\frac{x}{2} + \frac{x}{3} = 15$

d) $2 - \frac{x}{4} = -3$

12 Troba la solució de les equacions següents:

a) $3x + 4 - \frac{x+3}{2} = 0$

b) $\frac{5x}{9} - \frac{x+6}{3} = \frac{x}{6}$

c) $\frac{4x}{5} - \frac{x+5}{6} = x - 10$

d) $\frac{x}{3} - \frac{x-1}{2} = -1$

13 Calcula el valor de x perquè es compleixi la igualtat.

a) $\frac{3\cdot(x+2)}{5} + \frac{4x}{3} = \frac{-11}{15}$

b) $\frac{4x+1}{7} = \frac{x}{2} - \frac{2\cdot(x-3)}{7}$

c) $\frac{16}{9} = \frac{4\cdot(x+1)}{3} + \frac{2\cdot(1-x)}{9}$

d) $\frac{3\cdot(x-3)}{2} - \frac{4\cdot(x+1)}{3} = -4$

e) $\frac{2\cdot(x-2)}{3} - \frac{7}{5} = \frac{x+3}{4} + \frac{3-2x}{5}$

3 Equacions de segon grau

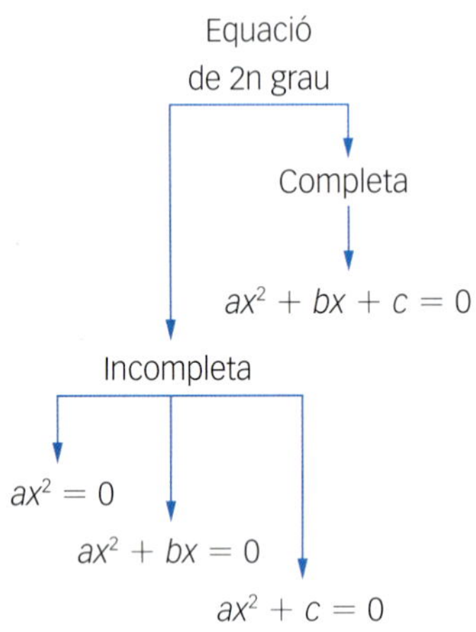

Una **equació de segon grau amb una incògnita** és una igualtat entre dues expressions que es pot expressar de la forma $\mathbf{ax^2 + bx + c = 0}$, en què a, b i c són nombres reals i $a \neq 0$.

Si b i c són nombres diferents de zero, diem que l'equació és **completa**. Si b o c és igual a zero, diem que l'equació és **incompleta**.

3.1. Equacions de segon grau completes

Per obtenir les solucions d'una equació de segon grau completa fem servir la **fórmula general** següent:

$$x = \frac{-b \pm \sqrt{b^2 - 4ac}}{2a}$$

HO ESCRIVIM AIXÍ

El doble signe $\pm$ indica que hi pot haver dues solucions:

$$x_1 = \frac{-b + \sqrt{b^2 - 4ac}}{2a}$$

$$x_2 = \frac{-b - \sqrt{b^2 - 4ac}}{2a}$$

Quan hi ha dues solucions, les anomenem x_1 i x_2 per diferenciar-les.

EXEMPLE

6. Resol aquesta equació de segon grau: $x^2 + 2x - 8 = 0$

Identifiquem a, b i c: $a = 1$ $b = 2$ $c = -8$

Apliquem la fórmula:

$$x = \frac{-b \pm \sqrt{b^2 - 4ac}}{2a} = \frac{-2 \pm \sqrt{2^2 - 4 \cdot 1 \cdot (-8)}}{2 \cdot 1} = \frac{-2 \pm \sqrt{4 - (-32)}}{2} =$$

$$= \frac{-2 \pm \sqrt{36}}{2} = \frac{-2 \pm 6}{2} = \begin{cases} x_1 = \dfrac{-2 + 6}{2} = 2 \\ x_2 = \dfrac{-2 - 6}{2} = -4 \end{cases}$$

L'equació té dues solucions, $x_1 = 2$ i $x_2 = -4$.

$\Delta = b^2 - 4ac$ s'anomena **discriminant** de l'equació i ens permet determinar el nombre de solucions (una, dues o cap) de l'equació.

ACTIVITATS

14 PRACTICA. Resol les equacions de segon grau següents mitjançant la fórmula general:

a) $x^2 - 7x + 12 = 0$

b) $x^2 - 9x + 18 = 0$

c) $2x^2 - 8x + 8 = 0$

d) $x^2 - 9x + 14 = 0$

e) $x^2 - 6x + 8 = 0$

f) $3x^2 + 12x + 9 = 0$

15 APLICA. Escriu i resol l'equació de segon grau que té aquests coeficients:

a) $a = 3$ $b = -2$ $c = -1$

b) $a = -8$ $b = 26$ $c = -15$

c) $a = -2$ $b = -2$ $c = 12$

16 REFLEXIONA. Quantes solucions té una equació en la qual $b^2 - 4ac < 0$?
I si $b^2 - 4ac \geq 0$?

SABER FER

Estudiar el nombre de solucions d'una equació de segon grau

Determina el nombre de solucions d'aquestes equacions:

a) $x^2 - 3x - 10 = 0$ **b)** $x^2 - 6x + 9 = 0$ **c)** $3x^2 - 5x + 8 = 0$

Passos que cal seguir

1. Determinem els coeficients a, b i c de l'equació i calculem el discriminant, $\Delta = b^2 - 4ac$.

a) $a = 1 \quad b = -3 \quad c = -10$

$\Delta = b^2 - 4ac = (-3)^2 - 4 \cdot 1 \cdot (-10) =$
$= 9 - (-40) = 49$

b) $a = 1 \quad b = -6 \quad c = 9$

$\Delta = b^2 - 4ac = (-6)^2 - 4 \cdot 1 \cdot 9 =$
$= 36 - 36 = 0$

c) $a = 3 \quad b = -5 \quad c = 8$

$\Delta = b^2 - 4ac = (-5)^2 - 4 \cdot 3 \cdot 8 =$
$= 25 - 96 = -71$

2. Analitzem el signe del discriminant:
   - Si $\Delta > 0$, l'equació té dues solucions diferents.
   - Si $\Delta = 0$, l'equació només té una solució (solució doble).
   - Si $\Delta < 0$, l'equació no té solució.

a) $\Delta = 49 > 0 \rightarrow x^2 - 3x - 10 = 0$ Té dues solucions.

b) $\Delta = 0 \rightarrow x^2 - 6x + 9 = 0$ Té una única solució.

c) $\Delta = -71 < 0 \rightarrow 3x^2 - 5x + 8 = 0$ No té solució.

$\sqrt{b^2 - 4ac}$ només existirà quan $b^2 - 4ac \geq 0$. Per tant:

- Si $b^2 - 4ac > 0$, l'equació té dues solucions:

$$x_1 = \frac{-b + \sqrt{b^2 - 4ac}}{2a}$$

$$x_2 = \frac{-b - \sqrt{b^2 - 4ac}}{2a}$$

- Si $b^2 - 4ac = 0$, l'equació té una solució:

$$x = \frac{-b \pm \sqrt{b^2 - 4ac}}{2a} = \frac{-b \pm 0}{2a} = -\frac{b}{2a}$$

- Si $b^2 - 4ac < 0$, l'equació no té solució: $\sqrt{b^2 - 4ac}$ no existeix.

ACTIVITATS

17 Calcula el discriminant d'aquestes equacions i determina'n el nombre de solucions. Després, resol les equacions i comprova que el nombre de solucions coincideix.

a) $2x^2 + 3x - 2 = 0$
b) $x^2 - x + 3 = 0$
c) $-x^2 + 3x + 1 = 0$
d) $x^2 + 4x - 2 = 0$
e) $-2x^2 + 6x + 1 = 0$
f) $4x^2 + 5x - 3 = 0$
g) $x^2 - 6x + 4 = 0$
h) $-x^2 + 2x - 1 = 0$

18 Calcula el valor de c en aquesta equació:

$$-x^2 + x + c = 0$$

Perquè les dues solucions siguin:

a) $x_1 = -1$ i $x_2 = 2$

b) $x_1 = -3$ i $x_2 = 4$

19 Troba una equació de segon grau amb $a = 1$ que tingui:

a) $b = 3$ i dues solucions.
b) $c = 2$ i dues solucions.
c) $b = 4$ i una única solució.
d) $c = 9$ i una única solució.
e) $b = -3$ i que no tingui solució.
f) $c = 1$ i que no tingui solució.

20 Considera les equacions de segon grau en les quals els coeficients són iguals: $ax^2 + ax + a = 0$.

Quantes solucions tenen? Justifica la resposta.

21 Escriu una equació de segon grau amb dues solucions, una equació amb una solució doble i una equació sense solució.

3.2. Equacions de segon grau incompletes

CAS 1. Si $b = 0$. Equacions del tipus $ax^2 + c = 0$.

- Si $-\frac{c}{a}$ és positiu, hi ha dues solucions: $x = \pm\sqrt{-\frac{c}{a}}$.
- Si $-\frac{c}{a}$ és negatiu, no tenen solució.

CAS 2. Si $c = 0$. Equacions del tipus $ax^2 + bx = 0$.

- Tenen dues solucions: $x_1 = 0$ i $x_2 = -\frac{b}{a}$

CAS 3. Si $b = 0$ i $c = 0$. Equacions del tipus $ax^2 = 0$.

- Tenen una única solució: $x = 0$

T'HI ATREVEIXES?

Calcula el valor del producte següent:

$(x - a)(x - b)(x - c)\ldots(x - y)(x - z)$

EXEMPLE

7. Determina les solucions d'aquestes equacions considerant el tipus al qual pertanyen i comprova que aconsegueixes el mateix resultat aplicant la fórmula general.

a) $2x^2 - 8 = 0 \rightarrow a = 2 \qquad b = 0 \qquad c = -8$

$b = 0$ i $c \neq 0 \rightarrow$ Equació del tipus $ax^2 + c = 0$. Les solucions són:

$$x = \pm\sqrt{-\frac{c}{a}} = \pm\sqrt{-\frac{-8}{2}} = \pm\sqrt{4} = \begin{cases} x_1 = 2 \\ x_2 = -2 \end{cases}$$

Utilitzant la fórmula general obtenim els mateixos resultats:

$$x = \frac{0 \pm \sqrt{0^2 - 4 \cdot 2 \cdot (-8)}}{2 \cdot 2} = \frac{\pm\sqrt{64}}{4} = \frac{\pm 8}{4} = \begin{cases} x_1 = 2 \\ x_2 = -2 \end{cases}$$

b) $2x^2 - x = 0 \rightarrow a = 2 \qquad b = -1 \qquad c = 0$

$c = 0$ i $b \neq 0 \rightarrow$ Equació del tipus $ax^2 + bx = 0$. Les solucions són:

$$x_1 = 0 \text{ i } x_2 = -\frac{b}{a} = -\frac{-1}{2} = \frac{1}{2}$$

Utilitzant la fórmula general obtenim els mateixos resultats:

$$x = \frac{-(-1) \pm \sqrt{(-1)^2 - 4 \cdot 2 \cdot 0}}{2 \cdot 2} = \frac{1 \pm \sqrt{1}}{4} = \begin{cases} x_1 = \frac{1}{2} \\ x_2 = 0 \end{cases}$$

c) $7x^2 = 0 \rightarrow a = 7 \qquad b = 0 \qquad c = 0$

$c = 0$ i $b = 0 \rightarrow$ Equació del tipus $ax^2 = 0$. La solució és: $x = 0$

Utilitzant la fórmula general obtenim el mateix resultat:

$$x = \frac{0 \pm \sqrt{0^2 - 4 \cdot 7 \cdot 0}}{2 \cdot 7} = \frac{0}{14} = 0$$

ACTIVITATS

22 PRACTICA. Resol aquestes equacions:

a) $x^2 - 6x = 0$
b) $x^2 - 49 = 0$
c) $x \cdot (x + 3) = 0$
d) $-2x^2 + 6x = 0$
e) $5x^2 = 10$
f) $x^2 = x$
g) $4x^2 + 4x = 0$
h) $-x^2 + x = 0$

23 APLICA. Resol les equacions següents:

a) $5x(2x - 1) = 7x$
b) $(x - 2)(3x + 7) = 0$

24 REFLEXIONA. Escriu una equació de segon grau amb algun coeficient igual a zero i una solució.

SABER FER

Encara que les equacions de segon grau es poden resoldre mitjançant la fórmula general, en el cas de les equacions incompletes es fan servir mètodes particulars que t'ajudaran a resoldre altres equacions de grau més gran que 2.

Resoldre equacions de segon grau

Resol aquestes equacions:

a) $2x^2 + 6x + 4 = 0$ **b)** $-4x^2 + 36 = 0$ **c)** $-5x^2 = 0$ **d)** $-3x^2 + 12x = 0$

Passos que cal seguir

1. Identifiquem els coeficients *a*, *b* i *c* per determinar si l'equació de segon grau és completa o incompleta.

a) $2x^2 + 6x + 4 = 0 \rightarrow a = 2 \quad b = 6 \quad c = 4$

$a \neq 0$, $b \neq 0$ i $c \neq 0 \rightarrow$ Equació completa

b) $-4x^2 + 36 = 0 \rightarrow a = -4 \quad b = 0 \quad c = 36$

$b = 0$ i $c \neq 0 \rightarrow$ Equació incompleta del tipus $ax^2 + c = 0$

c) $-5x^2 = 0 \rightarrow a = -5 \quad b = 0 \quad c = 0$

$b = 0$ i $c = 0 \rightarrow$ Equació incompleta del tipus $ax^2 = 0$

d) $-3x^2 + 12x = 0 \rightarrow a = -3 \quad b = 12 \quad c = 0$

$c = 0$ i $b \neq 0 \rightarrow$ Equació incompleta del tipus $ax^2 + bx = 0$

2. Apliquem el mètode adequat:

- Si l'equació és completa, fem servir la fórmula general.

a) Equació completa. Fem servir la fórmula general:

$$x = \frac{-6 \pm \sqrt{6^2 - 4 \cdot 2 \cdot 4}}{2 \cdot 2} = \frac{-6 \pm \sqrt{4}}{4} = \begin{cases} x_1 = -1 \\ x_2 = -2 \end{cases}$$

- Si $b = 0$, aïllem x^2.

b) Equació incompleta amb $b = 0$. Aïllem x^2:

$$-4x^2 + 36 = 0 \rightarrow -4x^2 = -36 \rightarrow x^2 = \frac{-36}{-4} = 9 \rightarrow x = \pm\sqrt{9} = \begin{cases} x_1 = 3 \\ x_2 = -3 \end{cases}$$

c) Equació incompleta amb $b = 0$. Aïllem x^2:

$$-5x^2 = 0 \rightarrow x^2 = \frac{0}{-5} = 0 \rightarrow x = 0$$

- Si $c = 0$, extraiem factor comú a *x*.

d) Equació incompleta amb $c = 0$. Extraiem factor comú a *x*:

$$-3x^2 + 12x = 0 \rightarrow x \cdot (-3x + 12) = 0 \rightarrow \begin{cases} x_1 = 0 \\ -3x + 12 = 0 \rightarrow x = \dfrac{12}{3} \rightarrow x_2 = 4 \end{cases}$$

ACTIVITATS

25 Resol les equacions següents:

a) $x^2 + 7x = 0$
b) $6x^2 = 0$
c) $-4x^2 + 5x = 0$
d) $14x^2 + x = 0$
e) $10x^2 - 11x = 0$
f) $x^2 + 9x = 0$
g) $-x^2 - x = 0$
h) $9x^2 = 0$

26 Calcula les solucions d'aquestes equacions:

a) $x^2 = 5x$
b) $4x^2 = 16$
c) $x^2 - 64 = 0$
d) $-x^2 = 8x$
e) $-x^2 + 10 = 0$
f) $10x^2 - 10 = 0$
g) $-x^2 = -6$
h) $9x^2 - 81 = 0$

27 Resol aquestes equacions de segon grau:

a) $x \cdot (x + 2) = 15$
b) $x^2 + 4 \cdot (x + 3) = 10$
c) $x - (x + 3)^2 = -5$
d) $(1 - x) \cdot (2 + x) = 1$
e) $x^2 - 3 = x + 3$
f) $(2x + 3) \cdot 4x - 6 = 0$
g) $x^2 - 8x + 16 = 0$
h) $(x + 5) \cdot (3 - x) = x - 2$
i) $-x \cdot (7 - x) = 0$

4 Resolució de problemes per mitjà d'equacions

Per resoldre un problema mitjançant una equació és necessari traduir-ne l'enunciat a llenguatge algebraic i trobar la solució de l'equació que en resulta.

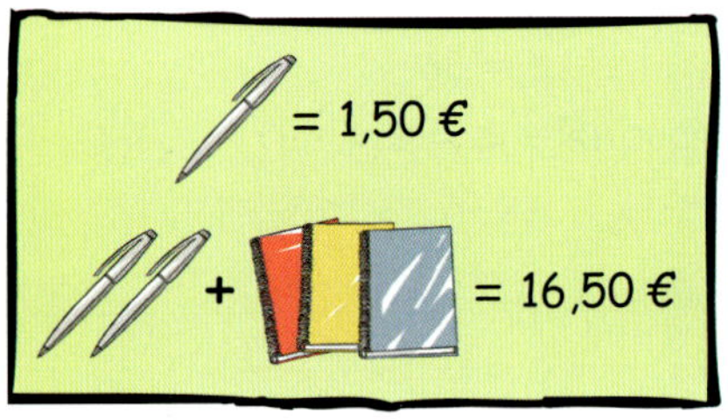

EXEMPLE

8. Expressa aquests problemes per mitjà d'equacions:

a) El preu d'un bolígraf és d'1,50 €. He comprat 3 llibretes i 2 bolígrafs i he pagat 16,50 € en total. Quant costa una llibreta?

El que sabem	El que no sabem
Un bolígraf costa 1,50 €. 3 llibretes i 2 bolígrafs costen 16,50 €.	El preu d'una llibreta.

La dada desconeguda l'anomenem x.

Preu d'una llibreta $= x$

El preu d'un bolígraf és 1,50 €.

Preu d'un bolígraf $= 1{,}5$

He comprat 3 llibretes i 2 bolígrafs.

$3 \cdot x + 2 \cdot 1{,}5$

M'han costat en total 16,50 €.

$3 \cdot x + 2 \cdot 1{,}5 = 16{,}5 \rightarrow 3x + 3 = 16{,}5$

Llargada = 3 · amplada

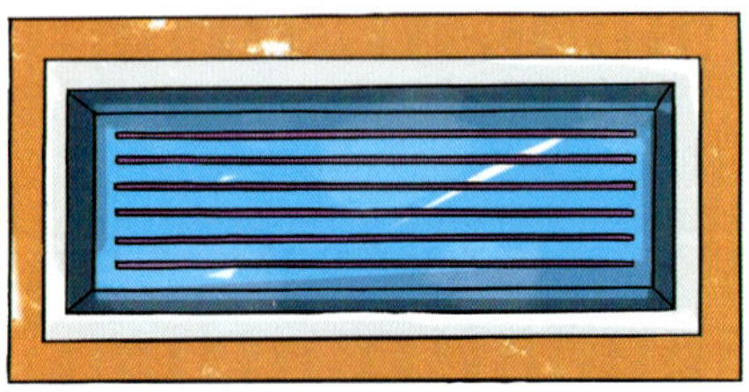

$A = 1.200\ m^2$

b) La llargada d'una piscina és el triple que l'amplada. Si l'àrea és de 1.200 m^2, quines dimensions té la piscina?

El que sabem	El que no sabem
La llargada d'una piscina és el triple que la seva amplada.	L'amplada de la piscina. La llargada de la piscina.

Expressem les dades desconegudes amb x.

Amplada de la piscina $= x$

La llargada de la piscina és el triple que la seva amplada.

Llargada de la piscina $= 3 \cdot x$

L'àrea: $(3 \cdot x) \cdot x$ *Fa 1.200 m^2:* $(3 \cdot x) \cdot x = 1.200 \rightarrow 3x^2 = 1.200$

ACTIVITATS

28 PRACTICA. El preu d'una llibreta i un llibre és 6 €. El preu de la llibreta és $\frac{3}{7}$ del preu del llibre.

a) Expressa aquest problema mitjançant una equació.

b) Quina és l'equació si tinc un descompte del 10%?

29 APLICA. Escriu un problema que respongui a aquesta equació: $3x - 6 = 92$.

30 REFLEXIONA. Expressa aquest enunciat per mitjà d'una equació: *El producte de dos nombres consecutius imparells és 483.*

SABER FER

Resoldre problemes mitjançant equacions

De vegades, la solució negativa en un problema no té sentit, ja que no existeixen mesures, preus, edats... negatius.

Resol els problemes següents:

a) Un llibre costa 10 € més que un disc. Per 2 llibres i un disc m'han cobrat 44 € en total. Quant costa el disc?

b) L'Enric té 6 anys més que en Pau. El producte de les seves edats és 91. Quina edat té en Pau?

Passos que cal seguir

1. Identifiquem la incògnita.

a)

El que sabem	El que no sabem
Un llibre costa 10 € més que un disc.	El preu d'un disc.
2 llibres i un disc costen 44 €.	El preu d'un llibre.

Preu d'un disc → x

b)

El que sabem	El que no sabem
L'Enric té 6 anys més que en Pau.	L'edat d'en Pau.
El producte de les seves edats és 91.	L'edat de l'Enric.

Edat d'en Pau → x

2. Plantegem l'equació.

a) Preu d'un disc → x

Un llibre costa 10 € més que un disc → $x + 10$

2 llibres i un disc costen 44 € → $2 \cdot (x + 10) + x = 44$

$\rightarrow 2x + 20 + x = 44 \rightarrow 3x + 20 = 44$

b) Edat d'en Pau → x

L'Enric té 6 anys més que en Pau → $x + 6$

El producte de les seves edats és 91 → $x \cdot (x + 6) = 91 \rightarrow x^2 + 6x = 91$

3. Resolem l'equació.

a) $3x + 20 = 44 \rightarrow 3x = 44 - 20 \rightarrow 3x = 24 \rightarrow x = \dfrac{24}{3} = 8$

b) $x^2 + 6x = 91 \rightarrow x^2 + 6x - 91 = 0 \rightarrow a = 1 \qquad b = 6 \qquad c = -91$

$$x = \frac{-b \pm \sqrt{b^2 - 4ac}}{2a} = \frac{-6 \pm \sqrt{6^2 - 4 \cdot 1 \cdot (-91)}}{2 \cdot 1} = \frac{-6 \pm 20}{2} = \begin{cases} x_1 = 7 \\ x_2 = -13 \end{cases}$$

4. Comprovem i interpretem la solució.

a) $3x + 20 = 44 \xrightarrow{x = 8} 3 \cdot 8 + 20 = 44 \rightarrow 44 = 44$ Solució correcta

El preu d'un disc és de 8 € i, per tant, el d'un llibre és de 18 €.

b) $x^2 + 6x = 91 \xrightarrow{x = 7} 7^2 + 6 \cdot 7 = 91 \rightarrow 91 = 91$ Solució correcta

$x^2 + 6x = 91 \xrightarrow{x = -13} (-13)^2 + 6 \cdot (-13) = 91 \rightarrow 91 = 91$ Solució correcta

Com que l'edat d'una persona no pot ser negativa, l'única solució vàlida del problema és: en Pau té 7 anys i, per tant, l'Enric en té 13.

ACTIVITATS

31 En Francesc es gasta en l'entrada del cinema les $\dfrac{2}{5}$ parts de la seva paga mensual. Després, es gasta una tercera part del que li queda en crispetes, i amb una sisena part de la resta compra material escolar. Al final li queden 5 €. Quina paga setmanal té?

32 La suma d'un nombre i el seu quadrat és 42. De quin nombre es tracta?

33 El producte d'un nombre pel doble d'aquest mateix nombre és 288. Quin nombre és? Hi ha més d'una solució?

ACTIVITATS FINALS

Equacions. Elements i solucions

34 Indica els membres d'aquestes equacions:

a) $2x + 3 = 5$

b) $2x - 3x - 7 = 5x + x - 5x$

c) $4x + 6 - x - 3x = 5 + 2x - 3 - 2x$

d) $(x + 2) - (x^2 - 2) = 4$

35 Assenyala els termes d'aquestes equacions:

a) $5x + 1 = 25$

b) $2x - x - 9 = x + 3x - 5x$

c) $4x + 6 = 76 + 12x + 3 - 2x$

d) $9(x + 7) - 3(x^2 - 2) = 4$

36 Indica el grau de les equacions següents:

a) $x^4 - 8 + x = 0$

b) $2x^2 + x = 0$

c) $3x^2 + 75 = 0$

d) $-4x^2 - 12x^5 = x^6$

37 Quins d'aquests nombres són solució de l'equació $x \cdot (x + 2) = x^2 - x$?

a) $x = 2$

b) $x = -1$

c) $x = -2$

d) $x = -3$

e) $x = 1$

f) $x = 0$

38 Per a quina de les equacions següents és solució $x = 3$?

a) $x \cdot (x + 5) = 7x + 3$

b) $x^3 = 27$

c) $-x + 3 = 0$

d) $x^2 = 3x$

e) $-x - 3 = 0$

f) $x^2 + 9 = 0$

g) $x \cdot (x - 2) - 3 = x \cdot (x - 3)$

h) $(x - 1)^2 - 4 = 0$

39 Justifica quina de les equacions següents és equivalent a $2x - 10 = 4$.

a) $2(x - 10) = -x + 1$

b) $2x - 10 = x$

c) $3x - 10 = 11$

40 Escriu una equació per a aquests enunciats:

a) El doble d'un nombre més 5 unitats és 13.

b) La meitat d'un nombre més 3 unitats és 10.

c) El quadrat d'un nombre menys 4 unitats és igual al triple d'aquest nombre.

d) La suma de dos nombres diferents és 16.

e) La suma de tres nombres parells consecutius és 48.

f) La diferència dels cubs de dos nombres diferents és 61.

g) La tercera part d'un nombre més la seva cinquena part és 1 unitat més gran que la meitat d'aquest mateix nombre.

Equacions de primer grau

41 Resol les equacions següents:

a) $10 - x = 3$

b) $9 + x = 2$

c) $-12 - x = 3$

d) $16 + 3x = -12$

e) $4x + 5 = 11$

f) $3x + 7 = 14$

g) $-5 + 20x = 95$

h) $-9 - 11x = 2$

42 Troba la solució de les equacions següents:

a) $3x - 10 = 4x + 2$

b) $-x + 5 = 6x - 9$

c) $-5x - 13 = -2x - 4$

d) $9x - 8 = 8x - 9$

e) $-6 + 8x = -3 + 5x$

f) $2x - 4 + 7x = 8x + 5 - 2x$

g) $7x + 9 = -x + 1$

h) $-5x - 3 + 4x + 7 = 0$

i) $9x + 8 = -7x + 16$

j) $-3x - 42 = -2x - 7$

43 Resol aquestes equacions:

a) $4x + 3(x - 2) = 9(x - 1) + 7$

b) $(-7 + x)(-5) = 10$

c) $8x - 2(x + 1) = 4x + 3(x + 6)$

d) $-4(5 - 2x) + 3 = 2(-x) - 7$

e) $6x - (3x - 4) + 5 = 15$

f) $x - 8 - 2(7 - 5x) = 0$

44 Resol les equacions següents:

a) $\dfrac{x - 1}{3} = \dfrac{2x}{5}$

b) $\dfrac{x + 3}{4} = \dfrac{x - 1}{3}$

c) $\dfrac{5x - 2}{6} = \dfrac{3x + 1}{4}$

d) $\dfrac{4x}{5} = \dfrac{x + 6}{2}$

45 Troba la solució d'aquestes equacions:

a) $6 - x = 1 - \dfrac{x}{2}$

b) $3 - \dfrac{x}{5} = \dfrac{x}{10}$

c) $\dfrac{x}{4} - \dfrac{x}{6} = -1$

d) $x - \dfrac{3x}{5} = 18$

e) $\dfrac{2x}{7} - \dfrac{x + 4}{8} = \dfrac{x - 4}{6}$

f) $x - \dfrac{x + 1}{4} = \dfrac{x + 5}{2}$

46 Resol les equacions següents:

a) $\frac{x+3}{2} - \frac{x-1}{5} = \frac{x}{3}$

b) $\frac{3-2x}{9} - \frac{5-3x}{4} = \frac{x}{2}$

c) $\frac{1-4x}{3} - \frac{1+3x}{8} = \frac{x}{6}$

d) $\frac{x+9}{10} - \frac{x-5}{6} = \frac{x-2}{3}$

e) $x - \frac{x+1}{2} - \frac{x+3}{5} = \frac{x}{4}$

f) $\frac{10-3x}{8} - \frac{x+1}{9} - \frac{17}{36} = \frac{x}{6}$

47 Calcula el valor de x.

a) $\frac{3x}{5} + 7 = \frac{2x}{6} + 9$

b) $\frac{x+2}{3} = 5x - 46$

c) $x - \frac{x+4}{5} = 1 + \frac{x}{2}$

d) $\frac{x+8}{2} - \frac{x-4}{6} = 2$

e) $\frac{x-5}{5} + \frac{8-x}{2} + \frac{2x-10}{2} = 3$

f) $\frac{x-10}{2} - \frac{x-20}{4} - \frac{x-30}{3} = 5$

48 Troba la solució d'aquestes equacions:

a) $\frac{2x-10}{3} - \frac{3(x-12)}{4} = -1$

b) $\frac{-3x-3}{5} = 3 - 4(x+2)$

c) $\frac{2x-5}{5} + \frac{x+1}{4} = 20 - x$

d) $\frac{3-x}{7} - x = \frac{3+2(x-1)}{14}$

e) $\frac{4x-6}{10} + 2x = 21 - \frac{3(x+1)}{12}$

49 Corregeix els errors que trobis.

a)
$7(x-2) = 7$
$x - 2 = 7 - 7$
$x - 2 = 0$
$x = 2$

b)
$7(x-2) = 4x + 1$
$7x - 5 = 4x + 1$
$3x = 6$
$x = \frac{6}{-3} = -2$

50 Escriu una equació de primer grau que tingui com a solució:

a) $x = 2$

b) $x = \frac{1}{4}$

c) $x = -4$

d) $x = -\frac{3}{5}$

51 Determina a la llibreta el nombre que falta en aquestes equacions perquè tinguin com a solució $x = 2$.

a) $\square x - 2 = 10$

b) $7x + \square = 25$

c) $3x + 7 = \square$

d) $2(x-1) + 1 = \square$

e) $3(x+2) - 4x = \square x$

f) $x - 3(x - \square) = 4x$

g) $-2 + 2(\square x - 4) = 2$

h) $3(2x-1) = \square x + 5$

52 Escriu en cada cas una equació de primer grau que compleixi les característiques següents:

a) La solució és $x = -2$ i té un parèntesi.

b) La solució és $x = 3$ i té dos parèntesis.

c) La solució és $x = -6$ i té una fracció.

d) La solució és $x = 5$, té un parèntesi i una fracció de denominador 3.

Equacions de segon grau

53 Escriu en cada cas una equació de segon grau equivalent a les següents:

a) $x^2 + 3 = -x + 6$

b) $5 \cdot (x+2) \cdot (x-3) = 10$

c) $\frac{x \cdot (x+2)}{3} = x + \frac{1}{2}$

d) $\frac{(x+1)(x-4)}{2} = x^2 - x$

54 Considera aquestes equacions:

$$3x = 6 \qquad x^2 = 4$$

Són equivalents? Justifica la resposta.

55 Resol aquestes equacions de segon grau mitjançant la fórmula general:

a) $x^2 - 5x + 6 = 0$

b) $2x^2 - 4x + 13 = 0$

c) $x^2 + 8x + 16 = 0$

d) $3x^2 + 2x - 16 = 0$

e) $x^2 - 2x + 1 = 0$

f) $7x^2 - 3x + 1 = 0$

g) $-x^2 - 4x + 5 = 0$

h) $3x^2 - 9x - 54 = 0$

56 **CÀLCUL MENTAL.** Sense resoldre aquestes equacions, determina el nombre de solucions que tenen:

a) $x^2 + 5x + 6 = 0$

b) $-2x^2 - 6x + 8 = 0$

c) $x^2 - 8x + 16 = 0$

d) $-x^2 + x + 1 = 0$

e) $x^2 + 8x + 16 = 0$

f) $2x^2 - 4x + 13 = 0$

g) $7x^2 - 3x + 1 = 0$

h) $2x^2 - 3x + 2 = 0$

CLAUS PER COMENÇAR

Construcció d'una taula de valors

En una taula de valors es relacionen els valors de dues variables.

EXEMPLE

Construïm la taula de valors per a l'equació $y = 3x - 1$.

Per a $x = -3 \rightarrow y = 3 \cdot (-3) - 1 = -10$

Per a $x = -2 \rightarrow y = 3 \cdot (-2) - 1 = -7$

...

x	-3	-2	-1	0	1	2	3
y	-10	-7	-4	-1	2	5	8

ACTIVITATS

1 Construeix una taula de valors per a aquestes equacions:

a) $y = -1 + 2x$

b) $x = -y + 2$

c) $x + y = 2$

Representació de funcions funcions lineals

S'anomenen **funcions lineals** les funcions del tipus $y = mx + n$, en què x i y són variables i m i n són coeficients coneguts.

La representació gràfica d'una funció lineal sempre és una línia recta.

EXEMPLE

Per representar gràficament la funció $y = 2x - 2$ elaborem una taula de valors de manera que donem valors a x i n'obtenim els corresponents de y.

Per a $x = -1 \rightarrow y = 2 \cdot (-1) - 2 = -4$
$\rightarrow (-1, -4)$

Per a $x = 0 \rightarrow y = 2 \cdot 0 - 2 = -2$
$\rightarrow (0, -2)$

Per a $x = 3 \rightarrow y = 2 \cdot 3 - 2 = 4$
$\rightarrow (3, 4)$

x	-1	0	3
y	-4	-2	4

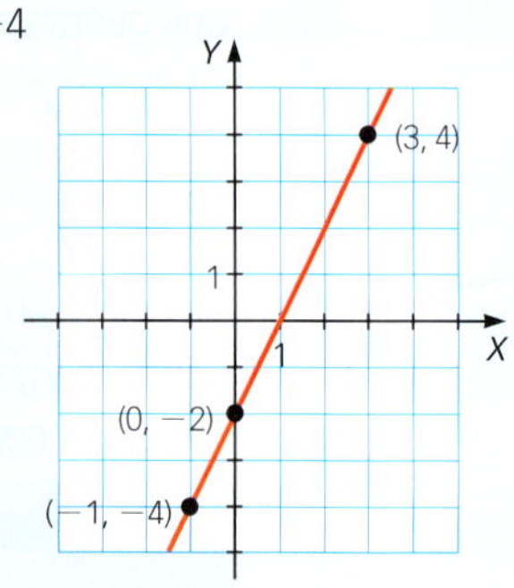

ACTIVITATS

2 Representa gràficament les funcions següents:

a) $y = x - 2$

b) $y = -x + 1$

c) $2x - y = 3$

1804
Richard Trevithick adapta la màquina de vapor i crea un mitjà de transport que fa servir rodes muntades sobre uns rails.

Sistemes d'equacions

5

SABER

- Equacions lineals
- Sistemes d'equacions lineals
- Mètodes de resolució de sistemes

SABER FER

- Representar gràficament les solucions d'una equació lineal
- Determinar gràficament el nombre de solucions d'un sistema d'equacions
- Resoldre un sistema d'equacions lineals
- Resoldre problemes mitjançant sistemes d'equacions

? INTERPRETA LA IMATGE

El tren

La xarxa ferroviària catalana abasta un gran nombre de línies que connecten la majoria de comarques i les poblacions més importants.

El primer tren es va construir l'any 1848 i cobria el trajecte entre Barcelona i Mataró, amb una longitud total d'uns 28 km.

- Un tren surt de la ciutat *A*, amb una velocitat de 90 km/h, amb destinació a la ciutat B, que és a 200 km. Des de *B*, a la mateixa hora i amb una velocitat de 70 km/h, surt un altre tren amb destinació a *A*. Quant de temps trigaran a trobar-se?

Ferrocarrils a Catalunya
La primera línia de ferrocarril construïda a Catalunya es va inaugurar l'any 1848 i feia el trajecte entre Barcelona i Mataró. Aquesta línia també va ser la primera que es va fer a la península Ibèrica.

Mitjan segle xx
S'inicia l'era de les locomotores impulsades per motors dièsel, que requereixen menys temps de manteniment.

Final del segle xx
Es comencen a utilitzar locomotores mogudes per l'electricitat.
Els trens aconsegueixen velocitats més altes.

Dècada de 1960
Al Japó es comencen a fer servir els trens de levitació magnètica; són trens que no fan contacte amb els rails.

1 Equacions lineals

Una **equació lineal amb dues incògnites** és una equació de primer grau que es pot expressar de la forma $ax + by = c$, en què x i y són les incògnites, i a, b i c són nombres reals.

En l'equació $ax + by = c$:

- a i b són els **coeficients** de x i y.
- c és el **terme independent**.

EXEMPLE

1. Indica si aquestes equacions són lineals i determina'n les incògnites:

a) $2x = 5 - 4y \rightarrow 2x + 4y = 5 \rightarrow$ Equació lineal amb dues incògnites: x, y.

b) $3x^2 + 6z = 4 \rightarrow$ Grau 2, no és lineal.

c) $\frac{4}{x} + \frac{3}{y} = 6 \rightarrow$ Incògnites en el denominador, no és lineal.

d) $4x = 3 \rightarrow$ Equació lineal amb una incògnita: x.

1.1. Solució d'una equació lineal

Una **solució d'una equació lineal amb dues incògnites** és un parell de valors, un per a cada incògnita, que fan certa la igualtat.

Una equació lineal amb dues incògnites té infinites solucions.

EXEMPLE

2. Determina quins d'aquests parells són solució de $x + 2y = 8$.

a) $x = 0, y = 8 \rightarrow 0 + 2 \cdot 8 = 16 \rightarrow 16 \neq 8 \rightarrow$ No és solució.

b) $x = 4, y = 2 \rightarrow 4 + 2 \cdot 2 = 8 \rightarrow 8 = 8 \rightarrow$ És solució.

T'HI ATREVEIXES?

L'equació $2x + 3y - 4z = 8$, quantes solucions té si $x = 1$?

Les solucions d'una equació lineal amb dues incògnites es poden expressar com a punts del pla.

$x = 0$, $y = 1$ és solució de l'equació $x + y = 1$

$0 + 1 = 1 \rightarrow 1 = 1$

La solució $x = 0$, $y = 1$ es pot expressar com a (0, 1).

ACTIVITATS

1 PRACTICA. Escriu les equacions següents en la forma $ax + by = c$ i indica els coeficients i el terme independent de cadascuna:

a) $3x - y + 2 = x - 4y + 1$

b) $-5 \cdot (x - y) + 3y = 2x$

c) $2y - (6x + 7) = -2$

2 APLICA. Determina de quines d'aquestes equacions són solució els valors $x = 1$, $y = -2$.

a) $4x + 2y = 1$

b) $4x - 2y = 0$

c) $-4x + 2y = -8$

d) $4x + 2y = 0$

3 REFLEXIONA. Troba quatre solucions de l'equació $-x + 5y = 2$. Quantes solucions té?

SABER FER

Representar gràficament les solucions d'una equació lineal

Representa gràficament les solucions de l'equació $2x - y = 3$.

La representació gràfica de les infinites solucions d'una equació lineal amb dues incògnites sempre és una línia recta.

Passos que cal seguir

1. Aïllem una de les incògnites.

$y = 2x - 3$

2. Donem valors a l'altra incògnita i, a partir de l'equació, obtenim el valor de la incògnita aïllada.

Aquests parells de valors són solucions de l'equació.

Si $x = -1 \rightarrow y = 2 \cdot (-1) - 3 = -5$ Solució $x = -1, y = -5$

Si $x = 0 \rightarrow y = 2 \cdot 0 - 3 = -3$ Solució $x = 0, y = -3$

Si $x = 1 \rightarrow y = 2 \cdot 1 - 3 = -1$ Solució $x = 1, y = -1$

Si $x = 2 \rightarrow y = 2 \cdot 2 - 3 = 1$ Solució $x = 2, y = 1$

3. Elaborem una taula de valors amb els parells de valors que hem obtingut.

x	-1	0	1	2
y	-5	-3	-1	1

4. Considerem cada parell de valors com un punt del pla i els representem. Quan els unim, obtenim la línia recta formada per les infinites solucions de l'equació.

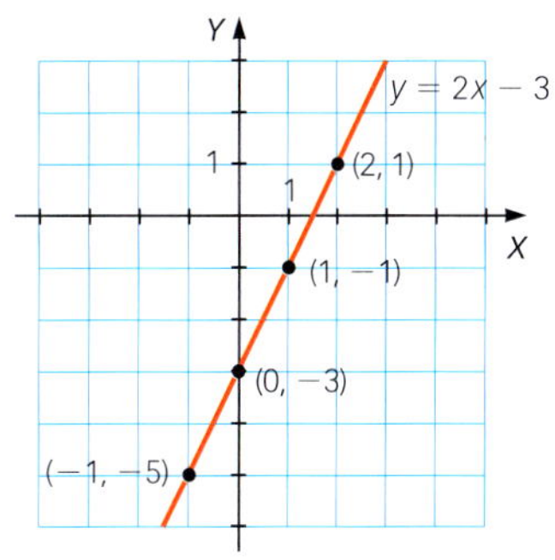

ACTIVITATS

4 Troba les solucions de l'equació $3x + y = 2$ per als valors següents:

a) $x = 0$ d) $x = -1$ g) $x = 3$

b) $x = 1$ e) $x = -2$ h) $x = 4$

c) $x = 2$ f) $x = -3$ i) $x = 5$

Representa gràficament les solucions que has obtingut i uneix-les per mitjà d'una línia. Quina mena de línia et surt?

5 Troba tres solucions de l'equació $x - 2y = 6$ i comprova que estan situades en la mateixa recta.

6 Representa gràficament les solucions de les equacions lineals següents:

a) $x + 2y = 0$ c) $4x - y = 2$

b) $x + y = 5$ d) $x - 2y = 4$

7 Considera l'equació $-3 \cdot (2x - y) + y = 2x$.

a) Expressa-la de la forma $ax + by = c$.

b) Construeix una taula de valors amb quatre de les seves solucions.

c) Representa gràficament les solucions de l'equació.

d) Comprova que el parell de valors $x = 6, y = 12$ n'és solució, i constata que verifica l'equació i que és un punt de la recta representada.

e) Considerant la recta representada, determina si el punt $(-4, 8)$ és solució de l'equació.

8 Justifica si aquests parells de valors poden ser solucions d'una equació lineal amb dues incògnites:

a) $(1, 2)$ i $(1, 5)$ d) $(0, -3)$ i $(-1, -2)$

b) $(-2, 3)$ i $(1, 3)$ e) $(-6, 2)$ i $(6, -2)$

c) $(2, 5)$ i $(3, 7)$ f) $(-3, -2)$ i $(-3, 3)$

2 Sistemes d'equacions lineals

HO ESCRIVIM AIXÍ

Els sistemes d'equacions lineals s'escriuen així:

$$\left.\begin{array}{r} ax + by = c \\ a'x + b'y = c' \end{array}\right\}$$

Dues equacions lineals de les quals busquem una solució comuna formen un **sistema d'equacions lineals**.

Una **solució** d'aquest sistema és qualsevol parell de nombres que fan certes les dues equacions alhora. **Resoldre un sistema** és trobar-ne la solució.

EXEMPLE

3. Determina si els parells de valors donats són solució del sistema:

$$\left.\begin{array}{r} 2x + 3y = 5 \\ -4x + y = -3 \end{array}\right\}$$

a) (4, −1) $\left.\begin{array}{r} 2 \cdot 4 + 3 \cdot (-1) = 5 \\ (-4) \cdot 4 + (-1) \neq -3 \end{array}\right\} \rightarrow \left.\begin{array}{r} 5 = 5 \\ -17 \neq -3 \end{array}\right\}$

$x = 4, y = -1$ és solució de la primera equació però no de la segona. No és solució del sistema.

b) (1, 1) $\left.\begin{array}{r} 2 \cdot 1 + 3 \cdot 1 = 5 \\ (-4) \cdot 1 + 1 = -3 \end{array}\right\} \rightarrow \left.\begin{array}{r} 5 = 5 \\ -3 = -3 \end{array}\right\}$

$x = 1, y = 1$ és solució de les dues equacions. És solució del sistema.

2.1. Nombre de solucions d'un sistema d'equacions lineals

Els sistemes d'equacions, segons el nombre de solucions, es poden classificar en:

- **Sistemes compatibles determinats.** Tenen una única solució. La representació gràfica del sistema són dues rectes que es tallen en un sol punt.
- **Sistemes compatibles indeterminats.** Tenen infinites solucions. La representació gràfica són dues rectes que coincideixen.
- **Sistemes incompatibles.** No tenen solució. La representació gràfica del sistema són dues rectes paral·leles.

El fet de representar les rectes que determinen les solucions de les equacions d'un sistema i trobar-ne la intersecció s'anomena **resolució gràfica del sistema**.

ACTIVITATS

9 PRACTICA. Fes els càlculs i indica quins dels sistemes següents tenen com a solució el parell de valors (−3, 4):

a) $\left.\begin{array}{r} 4x + y = -8 \\ -x - 2y = 5 \end{array}\right\}$

b) $\left.\begin{array}{r} x - 2y = -11 \\ -x + y = 7 \end{array}\right\}$

c) $\left.\begin{array}{r} 2x - y = -10 \\ x + 3y = 9 \end{array}\right\}$

d) $\left.\begin{array}{r} x + 2y = 5 \\ 2x + 3y = -6 \end{array}\right\}$

10 APLICA. Troba el valor de a i b perquè el parell de valors (2, −3) sigui solució del sistema.

$$\left.\begin{array}{r} x + by = 5 \\ ax - 3y = -1 \end{array}\right\}$$

11 REFLEXIONA. Escriu dos sistemes, un de compatible determinat i un de compatible indeterminat, per als quals (−2, 5) sigui solució.

SABER FER

Determinar gràficament el nombre de solucions d'un sistema d'equacions

Determina el nombre de solucions d'aquests sistemes:

a) $\left.\begin{array}{r}2x + y = 1\\ 3x - y = -1\end{array}\right\}$ **b)** $\left.\begin{array}{r}x + 2y = 1\\ x + 2y = 3\end{array}\right\}$ **c)** $\left.\begin{array}{r}3x - y = 1\\ 9x - 3y = 3\end{array}\right\}$

Per calcular les solucions d'una equació lineal aïllem la incògnita que sigui més senzilla.

$x + 2y = 1 \rightarrow x = 1 - 2y$

Si aïlléssim y, obtindríem una fracció.

Passos que cal seguir

1. Fem dues taules amb les solucions de cada equació del sistema per poder-les representar gràficament.

a) $2x + y = 1$

$y = 1 - 2x$

x	−1	0	1	2
y	3	1	−1	−3

$3x - y = -1$

$y = 3x + 1$

x	−1	0	1	2
y	−2	1	4	7

b) $x + 2y = 1$

$x = 1 - 2y$

x	3	1	−1	−3
y	−1	0	1	2

$x + 2y = 3$

$x = 3 - 2y$

x	5	3	1	−1
y	−1	0	1	2

c) $3x - y = 1$

$y = 3x - 1$

x	−1	0	1	2
y	−4	−1	2	5

$9x - 3y = 3$

$y = (9x - 3)/3$

x	−1	0	1	2
y	−4	−1	2	5

2. Determinem el nombre de solucions del sistema:

- Si les dues rectes es tallen en un punt, té una única solució.
- Si les rectes són paral·leles, no té solució.
- Si les rectes coincideixen, té infinites solucions.

a)

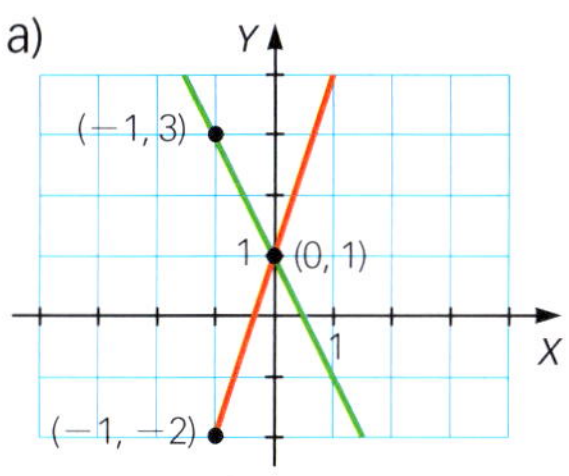

Es tallen en un punt. Té una única solució.

b)

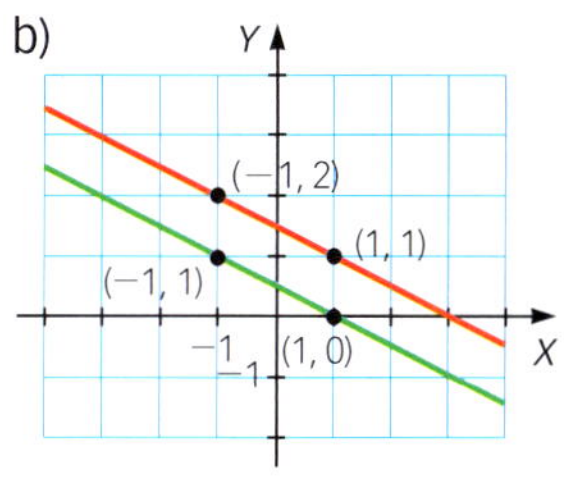

Les rectes són paral·leles. No té solució.

c)

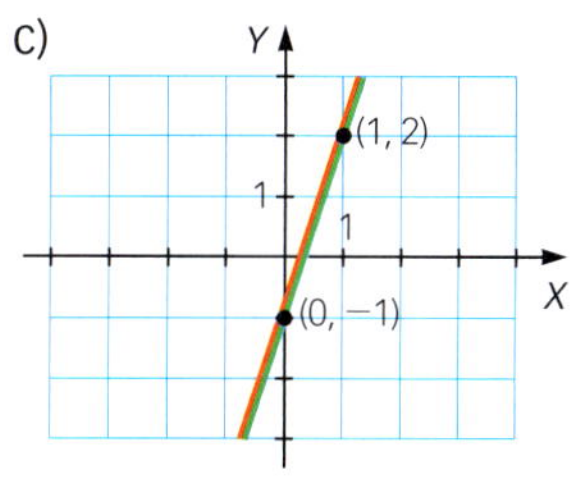

Les dues rectes coincideixen. Té infinites solucions.

ACTIVITATS

12 Quantes solucions tenen els sistemes següents?

a) $\left.\begin{array}{r}3x - 4y = 10\\ -x + y = -3\end{array}\right\}$

b) $\left.\begin{array}{r}x - y = 10\\ -x + y = -3\end{array}\right\}$

c) $\left.\begin{array}{r}2x + y = 3\\ 3x - y = -8\end{array}\right\}$

d) $\left.\begin{array}{r}3x - 4y = 10\\ -6x + 8y = -20\end{array}\right\}$

e) $\left.\begin{array}{r}-2x + 5y = 9\\ x - y = -3\end{array}\right\}$

f) $\left.\begin{array}{r}5x - 4y = 2\\ 3x + 2y = -12\end{array}\right\}$

13 Considera l'equació $x + y = 3$. Representa'n les solucions i escull una d'aquestes equacions per formar-hi un sistema compatible indeterminat:

a) $x + y = 6$

b) $2x + 2y = 6$

c) $-x = 3 + y$

d) $-x - y = -3$

14 Quantes solucions té aquest sistema?

$$\left.\begin{array}{r}x - 4y = 1\\ -x + 4y = -1\end{array}\right\}$$

a) Modifica els signes dels coeficients per obtenir un sistema compatible determinat.

b) Pots escriure un sistema incompatible modificant els signes dels coeficients?

3.3. Mètode de reducció

Resoldre un sistema pel **mètode de reducció** consisteix a buscar un altre sistema, amb les mateixes solucions, en el qual els coeficients d'una de les incògnites siguin iguals o de signe oposat.

EXEMPLE

6. Resol el sistema següent per reducció:

$$\left.\begin{aligned} x - y &= 5 \\ 3x + 2y &= 10 \end{aligned}\right\}$$

- Igualem els coeficients d'una de les incògnites multiplicant les equacions pels nombres adequats. Si multipliquem la primera equació per 3, els coeficients de x seran iguals en les dues equacions.

$$\left.\begin{aligned} x - y &= 5 \\ 3x + 2y &= 10 \end{aligned}\right\} \xrightarrow{\cdot 3} \left.\begin{aligned} 3x - 3y &= 15 \\ 3x + 2y &= 10 \end{aligned}\right\}$$

- Sumem o restem les equacions, segons si els coeficients tenen el mateix signe o diferent, per eliminar una incògnita. En aquest cas, com que tenen el mateix signe, restem.

$$-\left.\begin{aligned} 3x - 3y &= 15 \\ 3x + 2y &= 10 \end{aligned}\right\} \rightarrow +\left.\begin{aligned} \cancel{3x} - 3y &= 15 \\ \cancel{-3x} - 2y &= -10 \end{aligned}\right\} \quad -5y = 5$$

- Resolem l'equació de primer grau que en resulta.

$$-5y = 5 \rightarrow y = \frac{5}{-5} = -1$$

- Calculem el valor de l'altra incògnita substituint el valor que hem obtingut en qualsevol de les equacions del sistema.

$$x - y = 5 \xrightarrow{y = -1} x - (-1) = 5 \rightarrow x = 5 - 1 = 4$$

El sistema té com a solució $x = 4, y = -1$.

- Comprovem que la solució que hem obtingut és correcta.

$$\left.\begin{aligned} x - y &= 5 \\ 3x + 2y &= 10 \end{aligned}\right\} \xrightarrow{x = 4,\, y = -1} \left.\begin{aligned} 4 - (-1) &= 5 \\ 3 \cdot 4 + 2 \cdot (-1) &= 10 \end{aligned}\right\} \rightarrow \left.\begin{aligned} 5 &= 5 \\ 10 &= 10 \end{aligned}\right\}$$

Obtenim dues igualtats; així, $x = 4, y = -1$ és solució del sistema.

ACTIVITATS

21 PRACTICA. Resol els sistemes següents amb les operacions adequades per poder aplicar el mètode de reducció:

a) $\left.\begin{aligned} x - 2y &= -11 \\ -x + y &= 7 \end{aligned}\right\}$

b) $\left.\begin{aligned} x - 4y &= 6 \\ x + y &= 1 \end{aligned}\right\}$

c) $\left.\begin{aligned} 2x - 7y &= -19 \\ -5x + 6y &= 13 \end{aligned}\right\}$

22 APLICA. Efectua i resol per reducció.

$$\left.\begin{aligned} (x - 4y) - 2 \cdot (3x + y) &= -2 \\ -x + 3 \cdot (y - x) &= 14 \end{aligned}\right\}$$

23 REFLEXIONA. Resol per reducció.

$$\left.\begin{aligned} \frac{x - 2y}{2} + \frac{x}{4} &= 0 \\ -x + 5 \cdot \left(\frac{2x + y + 1}{6}\right) &= 6 \end{aligned}\right\}$$

SABER FER

Resoldre un sistema d'equacions lineals

Resol aquest sistema pel mètode més adequat:

$$\left.\begin{array}{r}\dfrac{7x-3y}{2}=9-4x\\ 5(y-x)=9y-1\end{array}\right\}$$

Un sistema es pot resoldre per qualsevol dels tres mètodes: substitució, igualació o reducció. S'acostuma a escollir-ne un o un altre segons el tipus d'equacions que formen el sistema.

Passos que cal seguir

1. Expressem les dues equacions en la forma general $ax + by = c$.

$$\left.\begin{array}{r}\dfrac{7x-3y}{2}=9-4x\\ 5(y-x)=9y-1\end{array}\right\}\rightarrow\left.\begin{array}{r}7x-3y=2(9-4x)\\ 5y-5x=9y-1\end{array}\right\}\rightarrow\left.\begin{array}{r}7x-3y=18-8x\\ 5y-5x=9y-1\end{array}\right\}\rightarrow$$

$$\rightarrow\left.\begin{array}{r}7x+8x-3y=18\\ 5y-5x-9y=-1\end{array}\right\}\rightarrow\left.\begin{array}{r}15x-3y=18\\ -5x-4y=-1\end{array}\right\}$$

2. Escollim el mètode adequat:
   - **Substitució.** Si alguna de les incògnites té com a coeficient 1 o −1.
   - **Reducció**. Si els coeficients són iguals o un és múltiple d'un altre.
   - **Igualació**. En la resta de casos.

En aquest cas, utilitzarem el mètode de reducció, perquè els coeficients de x són múltiple l'un de l'altre.

Multipliquem la segona equació per 3 i obtenim coeficients iguals de signe contrari.

$$\left.\begin{array}{r}15x-3y=18\\ -5x-4y=-1\end{array}\right\}\xrightarrow{\cdot 3}\left.\begin{array}{r}15x-\ \ 3y=18\\ -15x-12y=-3\end{array}\right\}$$

$$+\ \left.\begin{array}{r}\cancel{15x}-\ \ 3y=18\\ -\cancel{15x}-12y=-3\end{array}\right\}$$

$$-15y=15\rightarrow y=\frac{15}{-15}=-1$$

Calculem el valor de x substituint la y en la segona equació.

$$5(y-x)=9y-1\xrightarrow{y=-1}5(-1-x)=9\cdot(-1)-1\rightarrow -5-5x=-9-1$$

$$\rightarrow -5+9+1=5x\rightarrow 5=5x\rightarrow x=1$$

La solució és $x = 1, y = -1$.

ACTIVITATS

24 Resol aquests sistemes d'equacions pel mètode que consideris més adequat:

a) $\left.\begin{array}{r}2x+3y=5+x+2y\\ x-2y-3=3-42y\end{array}\right\}$

b) $\left.\begin{array}{r}(x+4)+2(y-2)=18-x-y\\ x+y=2\end{array}\right\}$

c) $\left.\begin{array}{r}\dfrac{x-y}{2}+x=-1\\ 3(y-x)=6\end{array}\right\}$

d) $\left.\begin{array}{r}\dfrac{2x-y}{3}+2x=4+y\\ x=4+y\end{array}\right\}$

e) $\left.\begin{array}{r}3y+3=x-2(x+y)\\ \dfrac{2x+3y}{2}=18\end{array}\right\}$

25 Resol els sistemes següents pel mètode que trobis més adient:

a) $\left.\begin{array}{r}\dfrac{x+2y}{5}=5\\ 2(x+y)+4y=40\end{array}\right\}$

b) $\left.\begin{array}{r}\dfrac{x-y}{3}+y=1\\ 4(-x+y)-3y=6\end{array}\right\}$

c) $\left.\begin{array}{r}\dfrac{x}{2}+\dfrac{3y}{4}=\dfrac{1}{2}\\ \dfrac{3\cdot(2x-2)}{2}-\dfrac{3(y+1)}{9}=-10\end{array}\right\}$

26 Escriu un sistema d'equacions que sigui apropiat per resoldre'l per substitució, i un altre sistema, per reducció.

5 Resolució de problemes mitjançant sistemes

Resoldre un problema per mitjà d'un sistema d'equacions consisteix a traduir al llenguatge algebraic les condicions de l'enunciat i, després, trobar-ne la solució mitjançant la resolució del sistema.

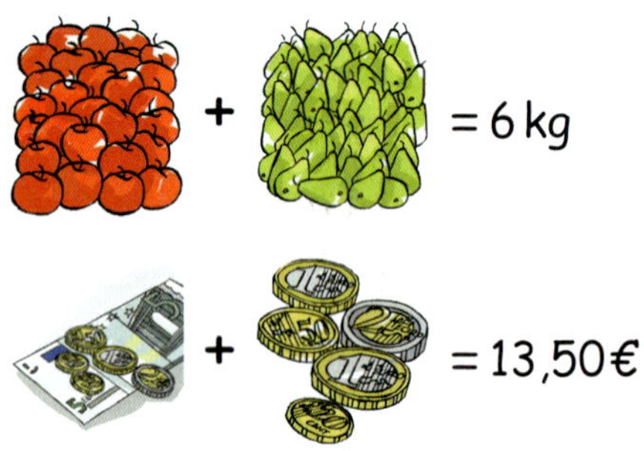

EXEMPLE

7. Expressa aquest enunciat mitjançant equacions amb dues incògnites:

Entre pomes i peres, he comprat 6 kg de fruita. Les pomes m'han costat 2,20 €/kg, i les peres, 2,35 €/kg. En total he pagat 13,50 €. Quants quilos de fruita he comprat?

El que sabem	El que no sabem
Entre pomes i peres he comprat 6 kg. 1 kg de pomes costa 2,20 €/kg. 1 kg de peres costa 2,35 €/kg. M'he gastat 13,50 € en total.	Els quilos de pomes que he comprat. Els quilos de peres que he comprat.

Les dades desconegudes les anomenem x i y.

Quilos comprats de pomes $= x$

Quilos comprats de peres $= y$

Entre pomes i peres he comprat 6 kg.

$x + y = 6$

1 kg de pomes costa 2,20 €/kg.

Preu dels quilos de pomes comprats $= 2{,}20x$

1 kg de peres costa 2,35 €/kg.

Preu dels quilos de peres comprats $= 2{,}35y$

M'he gastat 13,50 € en total.

Preu de les pomes + Preu de les peres = 13,50

$2{,}20x + 2{,}35y = 13{,}50$

La traducció d'aquest problema a llenguatge algebraic és el sistema:

$$\left.\begin{aligned} x + y &= 6 \\ 2{,}20x + 2{,}35y &= 13{,}50 \end{aligned}\right\}$$

Resolem aquest sistema i obtenim la solució del problema.

T'HI ATREVEIXES?

Un nombre té dues xifres. Si multipliquem la suma de les seves xifres per 6, obtenim el nombre. Quin nombre és?

ACTIVITATS

27 PRACTICA. Expressa aquests enunciats com a equacions amb dues incògnites:

a) La suma de dos nombres és 50.

b) La diferència d'edat de dos germans és de 5 anys.

c) Un pare té el doble d'edat que el seu fill.

d) Un nombre en supera un altre de 10 unitats.

28 APLICA. Les edats d'en Pep i el seu pare sumen 40 anys; l'edat del pare és 7 vegades la del fill. Expressa el problema amb un sistema d'equacions.

29 REFLEXIONA. En una festa, si cada persona menja 5 pastissets, en sobren 3; però si en mengen 6, en falta 1. Quantes persones i pastissos hi ha?

SABER FER

Resoldre problemes mitjançant sistemes d'equacions

En un gimnàs hi ha 150 socis entre adults i nens.
Cada adult paga una quota mensual de 30 €, i cada nen, de 8 €.
Aquest mes han recaptat 3.400 €. Quants socis adults i nens hi ha?

És necessari comprovar la solució, perquè de vegades la solució del sistema no té sentit en el context del problema.

Passos que cal seguir

1. Identifiquem les incògnites.

El que sabem	El que no sabem
Hi ha 150 socis entre adults i nens. Cada adult paga 30 €, i cada nen, 8 €. La recaptació d'aquest mes són 3.400 €	El nombre de socis adults El nombre de socis nens

Nombre de socis adults → x
Nombre de socis nens ⟶ y

2. Plantegem el sistema.

Hi ha 150 socis entre adults i nens → $x + y = 150$
Cada adult paga 30 € mensuals → Recaptació per adults $= 30x$
Cada nen paga 8 € mensuals ⟶ Recaptació per nens $= 8y$
La recaptació d'aquest mes són 3.400 €.
Recaptació per adults + Recaptació per nens = 3.400
$30x + 8y = 3.400$

El sistema és: $\left.\begin{aligned} x + y &= 150 \\ 30x + 8y &= 3.400 \end{aligned}\right\}$

3. Resolem el sistema.

$$\left.\begin{aligned} x + y &= 150 \\ 30x + 8y &= 3.400 \end{aligned}\right\} \xrightarrow{\cdot(-30)} \left.\begin{aligned} -30x - 30y &= -4.500 \\ 30x + 8y &= 3.400 \end{aligned}\right\}$$

$$+\left.\begin{aligned} -\cancel{30x} - 30y &= -4.500 \\ \cancel{30x} + 8y &= 3.400 \end{aligned}\right\}$$
$$-22y = -1.100 \rightarrow y = 50$$

$$x + y = 150 \xrightarrow{y\,=\,50} x + 50 = 150 \rightarrow x = 100$$

4. Comprovem i interpretem la solució.

$$\left.\begin{aligned} x + y &= 150 \\ 30x + 8y &= 3.400 \end{aligned}\right\} \xrightarrow{x\,=\,100,\ y\,=\,50} \left.\begin{aligned} 100 + 50 &= 150 \\ 30 \cdot 100 + 8 \cdot 50 &= 3.400 \end{aligned}\right\} \rightarrow \left.\begin{aligned} 150 &= 150 \\ 3.400 &= 3.400 \end{aligned}\right\}$$

La solució és vàlida. Al gimnàs hi ha 100 adults i 50 nens.

ACTIVITATS

30 Un hotel té 120 habitacions, entre dobles i individuals. Si la quantitat de llits és de 195, quantes habitacions dobles hi ha? I d'individuals?

31 Les edats d'un pare i la seva filla sumen 77 anys. D'aquí a 2 anys, el pare tindrà el doble de l'edat de la filla. Quines edats tenen ara mateix?

32 Un cotxe i un autobús, situats l'un darrere l'altre, fan una llargada junts de 14 m. El doble de la longitud del cotxe supera d'1 m la de l'autobús. Quina llargada té cada vehicle?

33 Sabem que 3 pantalons i 1 samarreta costen 123 €. Uns pantalons de la mateixa mena i 3 samarretes com les anteriors costen 105 €. Quant val 1 samarreta?

ACTIVITATS FINALS

Equacions lineals

34 Comprova si el parell de valors $x = -1, y = 3$ és solució d'alguna d'aquestes equacions:

a) $x + y = 4$
c) $-x + 3y = 10$
b) $x - y = -4$
d) $2x + 5y = 8$

35 Associa aquestes equacions amb les solucions corresponents:

a) $x + y = 10$ 1. $(-2, 1)$
b) $3x - y = 2$ 2. $(4, 6)$
c) $7x + 2y = 16$ 3. $(3, 2)$
d) $2x - 3y = 0$ 4. $(0, -2)$
e) $-x + 5y = 3$ 5. $(-1, -3)$
f) $-4x + y = 1$ 6. $(2, 1)$

36 Escriu en cada cas una equació lineal amb dues incògnites de manera que una de les solucions sigui el parell de valors que es dóna.

a) $x = 2, y = -1$
d) $x = 0, y = 1$
b) $x = \frac{1}{2}, y = -5$
e) $x = \frac{-2}{3}, y = \frac{4}{5}$
c) $x = -3, y = 0$
f) $x = y = -1$

37 Troba el valor desconegut perquè aquests parells de valors siguin solució de l'equació $3x - 2y = 10$.

a) $(a, -5)$
c) $(-2, c)$
b) $(b, 2)$
d) $(d, -14)$

38 Escriu dues equacions lineals amb dues incògnites, x i y, de manera que $x = 4, y = -1$ sigui solució de totes dues. Després, representa gràficament les solucions de les dues equacions. Quina posició relativa tenen les dues rectes?

39 Construeix una taula de valors per a aquestes equacions a partir dels valors de x següents:

$x = -1$ $x = -2$ $x = 0$ $x = 1$ $x = 2$

Després, representa gràficament totes les solucions d'aquestes equacions:

a) $-x + y = 2$
c) $y - 3x = 1$
b) $x + y = 3$
d) $2x = 11 - 4y$

40 Comprova gràficament, per a cadascun dels casos següents, si els parells de valors donats poden ser solució d'una equació lineal amb dues incògnites:

a) $(2, 7), (0, -3), (1, 2), (-1, -6)$
b) $(1, 2), (3, 3), (0, 3), (-5, -1)$
c) $(0, 0), (3, -1), (9, -3), (6, -2)$
d) $(-2, 1), (-7, 3), (8, -3), (3, -1)$

41 Escriu cadascuna de les equacions lineals següents de la forma $ax + by = c$ i indica en cada cas els coeficients de x i y, i el terme independent.

a) $3x - 8 = x + 5y$
b) $-x + 3 = y + 4x$
c) $2(x - y) = 3(y - 2)$
d) $\frac{x + 4}{3} = \frac{y - 1}{2}$
e) $\frac{7x}{4} - 2(x + y) = 5$

42 Contesta de manera justificada.

a) Quina equació lineal amb dues incògnites té de solucions tots els parells de la forma (a, a)?
b) Quina equació lineal té de solucions tots els parells de la forma $(x, 0)$?
c) I l'equació que té de solucions tots els parells de la forma $(0, y)$?

Sistemes d'equacions

43 Indica quin parell de valors és solució del sistema.

$$\left.\begin{aligned} 3x + 5y &= 1 \\ -x + 4y &= -6 \end{aligned}\right\}$$

a) $(2, 1)$
c) $(-2, 1)$
b) $(2, -1)$
d) $(-2, -1)$

44 Determina de quin sistema és solució el parell de valors $(3, -2)$.

a) $\left.\begin{aligned} x + y &= 1 \\ 2x - y &= 8 \end{aligned}\right\}$
c) $\left.\begin{aligned} 3x - y &= 7 \\ -x + 4y &= -11 \end{aligned}\right\}$

b) $\left.\begin{aligned} 2x + 3y &= 0 \\ x - y &= 1 \end{aligned}\right\}$
d) $\left.\begin{aligned} x + y &= 1 \\ x - y &= 5 \end{aligned}\right\}$

45 Donada l'equació $x + 3y = 2$, escull entre les equacions següents aquella que, juntament amb l'anterior, formi el sistema que té de solució $(-4, 2)$:

a) $x - y = 6$
d) $2(y - 1) = x$
b) $-x + y = 6$
e) $1 - x = y + 3$
c) $x + 3y = 0$
f) $3 - (x + y) = 1$

46 Escriu per a cadascun dels casos següents un sistema d'equacions lineals que tingui com a solució:

a) $x = 2, y = -1$
b) $x = -3, y = 3$
c) $x = \frac{1}{2}, y = -4$
d) $x = \frac{2}{3}, y = \frac{-1}{5}$

47 Indica de quin tipus són els sistemes d'equacions següents:

a)

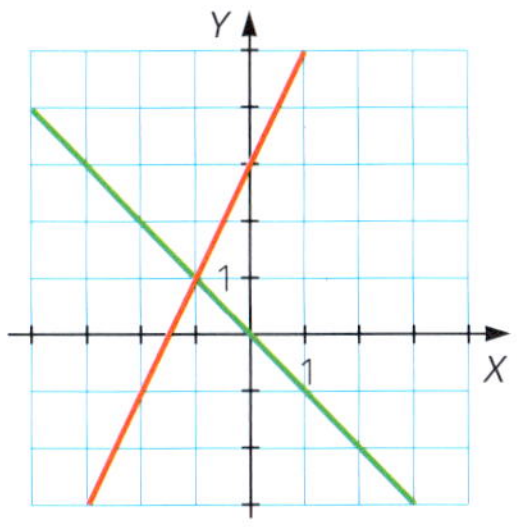

c)

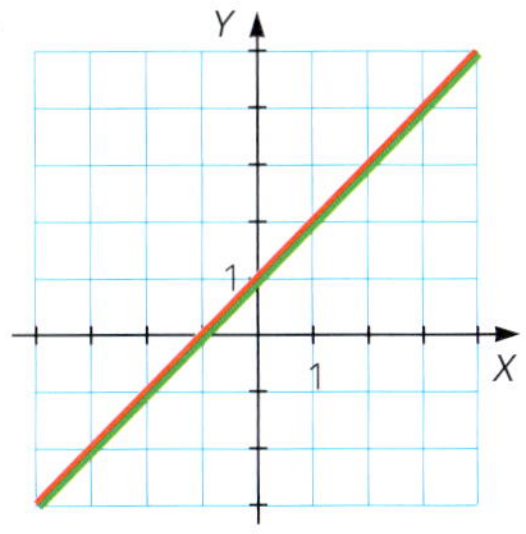

b)

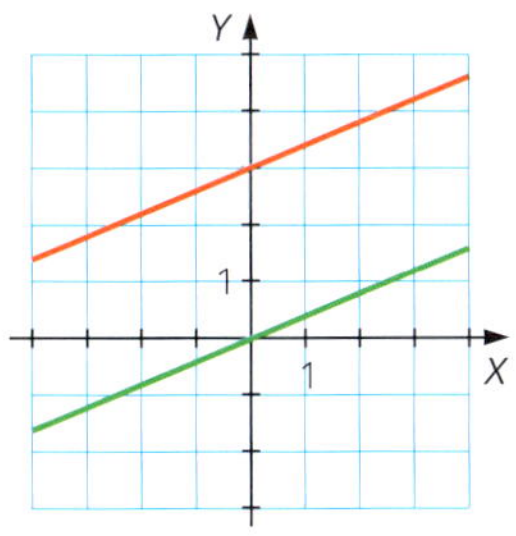

d)

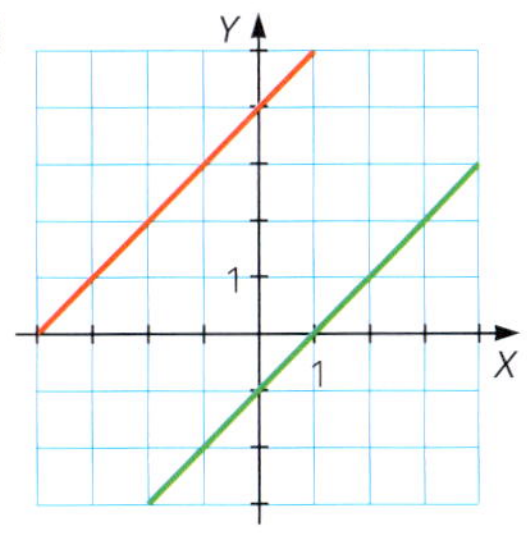

48 Resol gràficament aquests sistemes d'equacions i digues de quin tipus són:

a) $\left.\begin{aligned} x + y &= 2 \\ 2x - y &= 1 \end{aligned}\right\}$

c) $\left.\begin{aligned} x + 3y &= 5 \\ 3x - 4y &= 2 \end{aligned}\right\}$

b) $\left.\begin{aligned} 2x + y &= 2 \\ 6x + 3y &= 6 \end{aligned}\right\}$

d) $\left.\begin{aligned} x + 2y &= 4 \\ 2x + 4y &= 5 \end{aligned}\right\}$

49 Troba la solució d'aquests sistemes mitjançant les taules de valors de les equacions que els formen:

a) $\left.\begin{aligned} x - y &= 1 \\ 2x - y &= 4 \end{aligned}\right\}$

e) $\left.\begin{aligned} 2x + y &= 13 \\ x - y &= 2 \end{aligned}\right\}$

b) $\left.\begin{aligned} x + y &= 2 \\ 2x - 3y &= 9 \end{aligned}\right\}$

f) $\left.\begin{aligned} -x + 2y &= 2 \\ 3x - 4y &= -2 \end{aligned}\right\}$

c) $\left.\begin{aligned} x - 2y &= 1 \\ 2x + y &= 7 \end{aligned}\right\}$

g) $\left.\begin{aligned} 5x - 3y &= 1 \\ 4x + y &= 11 \end{aligned}\right\}$

d) $\left.\begin{aligned} 2x + y &= 7 \\ x - 3y &= 0 \end{aligned}\right\}$

h) $\left.\begin{aligned} 5x + 3y &= 16 \\ 3x - 3y &= 0 \end{aligned}\right\}$

50 Indica el sistema d'equacions que està representat en les gràfiques i troba'n la solució:

a)

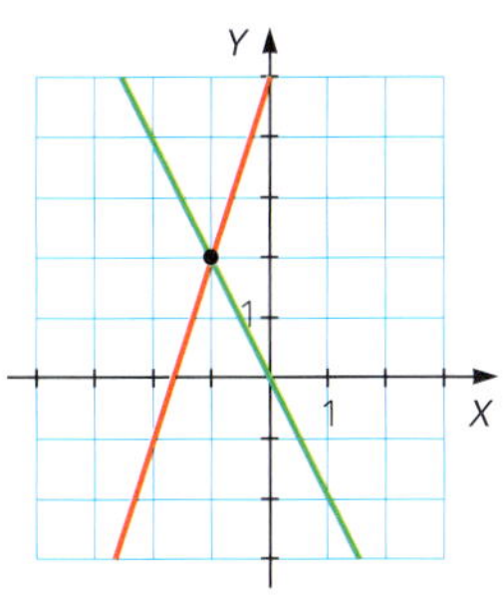

b)

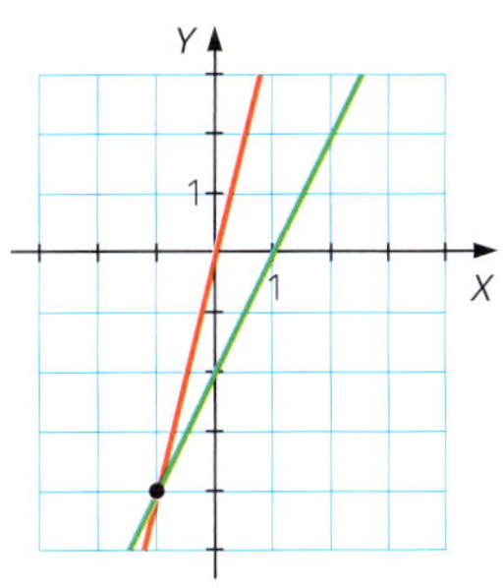

51 Determina si hi pot haver diversos sistemes de dues equacions amb dues incògnites, amb diferents equacions i amb la mateixa solució.

Fes una representació gràfica que exemplifiqui la resposta.

52 Resol gràficament els sistemes següents:

a) $\left.\begin{aligned} x + y &= 2 \\ x - y &= 2 \end{aligned}\right\}$

b) $\left.\begin{aligned} 2x + 3y &= 4 \\ x - 2y &= 2 \end{aligned}\right\}$

Què observes?

53 Resol gràficament aquests sistemes:

$\left.\begin{aligned} 3x + y &= 5 \\ x - y &= -1 \end{aligned}\right\}$ $\left.\begin{aligned} 6x + 2y &= 10 \\ 2x - 2y &= -2 \end{aligned}\right\}$

a) Tenen la mateixa solució? Per què?

b) Podries escriure un altre sistema que tingui la mateixa solució que aquests dos?

54 Resol gràficament els sistemes següents:

$\left.\begin{aligned} x + y &= 3 \\ x + y &= 4 \end{aligned}\right\}$ $\left.\begin{aligned} 2x - y &= 8 \\ 2x - y &= -1 \end{aligned}\right\}$

a) Quantes solucions tenen?

b) Podries escriure un altre sistema que tingui el mateix nombre de solucions que aquests dos?

55 Resol gràficament els sistemes següents:

$\left.\begin{aligned} x + y &= 4 \\ 2x + 2y &= 8 \end{aligned}\right\}$ $\left.\begin{aligned} x - 2y &= 1 \\ 2x - 4y &= 2 \end{aligned}\right\}$

a) Quantes solucions tenen?

b) Podries escriure un altre sistema que tingui el mateix nombre de solucions que aquests dos?

56 Escriu una equació lineal amb dues incògnites que formi un sistema amb l'equació $3x - 2y = 4$, i que compleixi que:

a) Té una única solució.

b) Té infinites solucions.

c) No té cap solució.

57 Calcula el valor de a i b en aquests casos:

a) $(-1, 2)$ és solució del sistema $\left.\begin{aligned} ax + y &= 5 \\ -x + by &= -5 \end{aligned}\right\}$.

b) $(0, -2)$ és solució del sistema $\left.\begin{aligned} 3x + ay &= 8 \\ -2x - by &= -10 \end{aligned}\right\}$.

c) $(1, 3)$ és solució del sistema $\left.\begin{aligned} 5x - by &= -1 \\ ax + 3y &= 13 \end{aligned}\right\}$.

d) $(2, -1)$ és solució del sistema $\left.\begin{aligned} ax + 3y &= 1 \\ bx + y &= 5 \end{aligned}\right\}$.

ACTIVITATS FINALS

Mètodes de resolució de sistemes

58 Resol pel mètode de substitució.

a) $\left.\begin{array}{l}3x+5y=1\\ x+y=1\end{array}\right\}$ c) $\left.\begin{array}{l}3x+y=10\\ 2x-y=10\end{array}\right\}$

b) $\left.\begin{array}{l}7x+8y=23\\ 3x+2y=7\end{array}\right\}$ d) $\left.\begin{array}{l}5x-3y=1\\ 4x+y=11\end{array}\right\}$

59 Corregeix els errors que s'han comès.

$$\left.\begin{array}{l}5x-y=1\\ 2x-4y=22\end{array}\right\}\rightarrow y=1-5x$$

$$2x-4y=22\xrightarrow{y=1-5x}2x-4(1-5x)=22$$

$$\rightarrow 2x-4-20x=22\rightarrow -18x=18\rightarrow x=\frac{18}{18}=1$$

$$5x-y=1\xrightarrow{x=1}5\cdot 1-y=1\rightarrow y=-4$$

60 Resol els sistemes d'equacions següents pel mètode d'igualació:

a) $\left.\begin{array}{l}3x+5y=1\\ x+y=1\end{array}\right\}$ c) $\left.\begin{array}{l}3x+y=10\\ 2x-y=10\end{array}\right\}$

b) $\left.\begin{array}{l}7x+8y=23\\ 3x+2y=7\end{array}\right\}$ d) $\left.\begin{array}{l}5x-3y=1\\ 4x+y=11\end{array}\right\}$

61 Corregeix els errors que s'han comès en la resolució d'aquest sistema pel mètode d'igualació:

$$\left.\begin{array}{l}x-y=7\\ 3x-y=1\end{array}\right\}\rightarrow\left.\begin{array}{l}x=y-7\\ x=1+\dfrac{y}{3}\end{array}\right\}$$

$$y-7=1+\frac{y}{3}\rightarrow 3(y-7)=1+y$$

$$\rightarrow 3y-21=1+y\rightarrow 3y-y=1+21$$

$$\rightarrow 2y=22\rightarrow y=\frac{22}{-2}=-11$$

$$x-y=7\xrightarrow{x=-11}x-11=7\rightarrow x=7+11=18$$

62 Resol pel mètode de reducció.

a) $\left.\begin{array}{l}x+y=5\\ x-y=3\end{array}\right\}$ c) $\left.\begin{array}{l}x-5y=6\\ 4x-3y=1\end{array}\right\}$

b) $\left.\begin{array}{l}x+2y=0\\ 2x+4y=6\end{array}\right\}$ d) $\left.\begin{array}{l}x-y=5\\ 2x-2y=10\end{array}\right\}$

63 Corregeix els errors que s'han comès en la resolució d'aquest sistema:

$$\left.\begin{array}{l}2x+y=0\\ 3x-2y=-4\end{array}\right\}\xrightarrow{\cdot 2}\left.\begin{array}{l}4x+2y=2\\ 3x-2y=-4\end{array}\right\}$$

$$\begin{array}{rl}4x+2y= & 2\\ -\ 3x-2y= & -4\\ \hline x\qquad = & -2\end{array}$$

$$2x+y=0\xrightarrow{x=-2}2\cdot(-2)+y=0$$

$$\rightarrow -4+y=0\rightarrow y=-4$$

SABER FER

Igualar els coeficients d'una incògnita

64 Transforma el sistema següent perquè la incògnita x tingui el mateix coeficient en les dues equacions:

$$\left.\begin{array}{l}12x-7y=14\\ 15x+9y=5\end{array}\right\}$$

PRIMER. Calculem el m.c.m. dels coeficients que volem igualar.

m.c.m. (12, 15) = 60

SEGON. Dividim el m.c.m. entre cada coeficient i multipliquem el resultat per cada equació.

Primera equació: $12x-7y=14$

$$\frac{\text{m.c.m.}}{\text{coeficient}}=\frac{60}{12}=5\rightarrow 5\cdot(12x-7y)=5\cdot 14\rightarrow$$
$$\rightarrow 60x-35y=70$$

Segona equació: $15x+9y=5$

$$\frac{\text{m.c.m.}}{\text{coeficient}}=\frac{60}{15}=4\rightarrow 4\cdot(15x+9y)=4\cdot 5\rightarrow$$
$$\rightarrow 60x+36y=20$$

El sistema equivalent és:

$$\left.\begin{array}{l}60x-35y=70\\ 60x+36y=20\end{array}\right\}$$

65 Donat el sistema $\left.\begin{array}{l}7x-2y=4\\ x+3y=17\end{array}\right\}$

escriu sistemes que hi siguin equivalents amb:

a) Els coeficients de x que siguin iguals.

b) Els coeficients de y que siguin iguals.

c) Els termes independents que siguin els mateixos.

66 Resol els sistemes pel mètode més adequat.

a) $\left.\begin{array}{l}x+3y=-5+x+2y\\ x-2y-3=3-42y\end{array}\right\}$

b) $\left.\begin{array}{l}2y+3=x-2(x-y)\\ \dfrac{2x-y}{3}=18\end{array}\right\}$

c) $\left.\begin{array}{r}x+y=2\\ 3(x+4)-2(y-2)=14-x-y\end{array}\right\}$

67 Resol els sistemes d'equacions següents pel mètode que consideris més adequat:

a) $\left.\begin{array}{l}-2(x-2)=y-4\\ 3y-2x=0\end{array}\right\}$ c) $\left.\begin{array}{l}3(x+y)-x+2y=15\\ 2x-(y+8)=-11\end{array}\right\}$

b) $\left.\begin{array}{l}-5(y-2)=x-2\\ x-3y=-4\end{array}\right\}$ d) $\left.\begin{array}{l}3(x+2)-7(x+y)=5\\ 5(x+1)-y=14\end{array}\right\}$

68 Resol els sistemes següents i determina'n el nombre de solucions:

a) $\left.\begin{array}{r} x+y=2 \\ 2x+2y=4 \end{array}\right\}$ d) $\left.\begin{array}{r} x-y=-1 \\ 4x-4y=4 \end{array}\right\}$

b) $\left.\begin{array}{r} 3x-y=5 \\ 3x-y=6 \end{array}\right\}$ e) $\left.\begin{array}{r} -x+5y=2 \\ x-5y=-2 \end{array}\right\}$

c) $\left.\begin{array}{r} 4x-3y=5 \\ 8x-6y=10 \end{array}\right\}$ f) $\left.\begin{array}{r} 2x+3y=5 \\ 2x+3y=10 \end{array}\right\}$

69 Quantes solucions tenen aquests sistemes?

a) $\left.\begin{array}{r} 2x-y=5 \\ x+y=1 \end{array}\right\}$ c) $\left.\begin{array}{r} 2x+10y=4 \\ x+5y=4 \end{array}\right\}$

b) $\left.\begin{array}{r} 3x+4y=8 \\ 6x+8y=10 \end{array}\right\}$ d) $\left.\begin{array}{r} 3x+2y=1 \\ x-8y=5 \end{array}\right\}$

SABER FER

Resoldre sistemes amb diversos denominadors

70 Escriu aquest sistema amb equacions de la forma $ax+by=c$.

$$\left.\begin{array}{r} \dfrac{x}{2}+\dfrac{2y}{3}=6 \\ \dfrac{2(2x-1)}{5}-\dfrac{3y+5}{7}=8 \end{array}\right\}$$

PRIMER. Eliminem els denominadors: trobem el m.c.m. dels denominadors de cada equació i multipliquem els dos membres pel denominador.

Primera equació: m.c.m. $(2, 3) = 6$

$$6\cdot\left(\frac{x}{2}+\frac{2y}{3}\right)=6\cdot 6 \rightarrow 3x+4y=36$$

Segona equació: m.c.m. $(5, 7) = 35$

$$35\cdot\left(\frac{2(2x-1)}{5}-\frac{3y+5}{7}\right)=35\cdot 8$$

$$7\cdot 2(2x-1)-5(3y+5)=280$$

$$14(2x-1)-5(3y+5)=280$$

SEGON. Eliminem els parèntesis.

$$3x+4y=36$$

$$14(2x-1)-5(3y+5)=280 \rightarrow$$

$$\rightarrow 28x-14-15y-25=280$$

TERCER. Agrupem les incògnites en un membre i els termes sense incògnita a l'altre membre.

$$3x+4y=36$$

$$28x-14-15y-25=280 \rightarrow$$

$$\rightarrow 28x-15y=280+14+25 \rightarrow 28x-15y=319$$

Sense parèntesis ni denominadors, el sistema és:

$$\left.\begin{array}{r} 3x+4y=36 \\ 28x-15y=319 \end{array}\right\}$$

71 Resol pel mètode que consideris més adequat.

a) $\left.\begin{array}{r} \dfrac{3x}{3}-\dfrac{2x}{4}=2 \\ 3y+5x=-1 \end{array}\right\}$

b) $\left.\begin{array}{r} \dfrac{x}{3}-\dfrac{y}{2}=-1 \\ \dfrac{2x}{3}-\dfrac{y}{4}=7 \end{array}\right\}$

72 Elimina els parèntesis i els denominadors en els sistemes següents:

a) $\left.\begin{array}{r} \dfrac{x}{2}+\dfrac{y}{2}=0 \\ \dfrac{5(x+1)}{7}-\dfrac{2(y+2)}{3}=-2 \end{array}\right\}$

b) $\left.\begin{array}{r} \dfrac{3(1-x)}{3}-\dfrac{(y-1)}{5}-\dfrac{1}{2}=\dfrac{3}{2} \\ \dfrac{5(x+1)+7(2y-1)}{6}=2 \end{array}\right\}$

73 Resol aquests sistemes pel mètode d'igualació:

a) $\left.\begin{array}{r} \dfrac{x}{2}+\dfrac{y}{3}=6 \\ x-2y=-4 \end{array}\right\}$

b) $\left.\begin{array}{r} \dfrac{x}{2}-\dfrac{y+2}{2}=\dfrac{1}{2} \\ \dfrac{2(x-1)}{3}-\dfrac{y+2}{6}=-1 \end{array}\right\}$

c) $\left.\begin{array}{r} \dfrac{x}{5}+y=2 \\ 2x-3y=7 \end{array}\right\}$

74 Resol els sistemes següents pel mètode de reducció:

a) $\left.\begin{array}{r} \dfrac{x}{2}+\dfrac{y}{3}=6 \\ x-2y=-4 \end{array}\right\}$

b) $\left.\begin{array}{r} \dfrac{x}{2}-\dfrac{y+2}{2}=\dfrac{1}{2} \\ \dfrac{2(x-1)}{3}-\dfrac{y+2}{6}=-1 \end{array}\right\}$

c) $\left.\begin{array}{r} \dfrac{x}{5}+y=2 \\ 2x-3y=7 \end{array}\right\}$

75 Completa a la llibreta aquests sistemes perquè el primer sigui compatible, i el segon, incompatible:

a) $\left.\begin{array}{r} 3x-2y=\square \\ \square x+2y=6 \end{array}\right\}$ b) $\left.\begin{array}{r} \square x+2y=3 \\ 2x+\square y=\square \end{array}\right\}$

ACTIVITATS FINALS

Problemes amb sistemes

76 Expressa els enunciats següents mitjançant equacions lineals amb dues incògnites:

a) La suma de dos nombres és 35.

b) El quàdruple d'un nombre menys el doble d'un altre nombre és 26.

c) El triple d'un nombre de dues xifres més el doble de les desenes és 102.

d) Si dividim un nombre entre 15 obtenim de residu 12.

77 Expressa els problemes següents per mitjà d'equacions lineals amb dues incògnites:

a) La diferència entre les edats d'en Joan i en Jesús és de 12 anys.

b) El nombre total de rodes dels cotxes i les motos d'un aparcament és de 56.

c) Tinc 1,35 € en monedes de 0,20 € i 0,05 €.

d) 3 kg de pomes i 2 kg de taronges costen 11 €.

e) Amb 10,20 € més dels diners que tinc em podria comprar dos jocs per a la consola.

f) El perímetre d'un rectangle és 48 cm.

g) 5 entrepans de pernil costen el mateix que 8 de llonganissa.

h) A la granja d'en Serafí hi ha conills i coloms; entre potes i caps n'hi ha un total de 300.

78 Considera *A* la quantitat de diners que hem de pagar per 6 gelats i 4 refrescos, i *B*, la quantitat que hem de pagar per 4 gelats i 2 refrescos. Escriu en funció de *A* i *B* els diners que hem de pagar per:

a) 10 gelats i 6 refrescos

b) 2 gelats i 2 refrescos

c) 3 gelats i 2 refrescos

d) 5 gelats i 3 refrescos

e) 1 gelat i 1 refresc

f) 8 gelats i 4 refrescos

79 Determina dos nombres que verifiquin que la suma del triple del primer més el segon és 14 i la diferència entre tots dos és de 2.

80 Troba dos nombres si sabem que sumen 25 i que la quarta part del primer és una unitat més gran que la tercera part del segon.

81 Sabem que 5 ampolles d'aigua i 2 de vi costen 6,95 €, i que 3 ampolles d'aigua i 4 de vi costen 11,45 €. Calcula el preu de cada tipus d'ampolla.

82 La Martina té 14 € entre les 13 monedes que hi ha al seu portamonedes. Si les monedes són de 2 € i 0,5 €, quantes n'hi ha de cada classe?

83 En una granja crien porcs i gallines, i en total hi ha 252 animals i 668 potes. Determina quants animals de cada espècie hi ha a la granja.

84 En un taller arreglen cotxes i motos. En aquest moment la quantitat de cotxes que hi tenen és el triple que la de motos menys 2, i la quantitat total de rodes entre els dos tipus de vehicles és 60. Calcula quants cotxes i motos hi ha al taller.

85 L'Andreu té al garatge de casa seva un total de 9 vehicles entre bicicletes i tricicles, que són dels seus fills. Si en total hi ha 24 rodes, determina quantes bicicletes i quants tricicles té l'Andreu al garatge.

86 Les edats d'en Jaume i d'en Gaspar sumen 34 anys. D'aquí a 16 anys, en Jaume tindrà el doble d'edat que en Gaspar. Quants anys tenen ara?

87 Amb els 21 € que en Miquel té estalviats pot pujar 8 vegades als autos de xoc i comprar 3 entrepans per a ell i els seus amics. Calcula quant val cada viatge en els autos de xoc i el preu d'un entrepà si sabem que 12 viatges en l'atracció costen el mateix que 6 entrepans.

88 En una pastisseria empaqueten galetes en capses i en bosses. Determina quantes galetes hi ha en cada tipus d'envàs si sabem que:

- Les capses contenen 50 galetes més que les bosses.
- 3 bosses de galetes omplen la meitat d'una capsa.

89 Si l'Anna donés 10 llibres a l'Alícia, totes dues en tindrien la mateixa quantitat. Si l'Anna tingués 10 llibres més, en tindria el doble que l'Alícia. Calcula quants llibres té cada amiga.

90 Hem comprat segells de 0,26 € i de 0,84 €. En total hem pagat 5,18 € per 11 segells. Quants segells són de 0,26 €? I de 0,84 €?

91 Les edats d'en Cèsar i en David sumen 15 anys. D'aquí a 6 anys, en Cèsar duplicarà l'edat d'en David. Calcula les edats actuals dels dos amics.

92 Calcula les dimensions d'un rectangle si sabem que té un perímetre de 40 cm i l'altura fa les tres setenes parts de la base.

93 El perímetre d'un rectangle és 30 cm. Si considerem un quadrat de costat igual a dos costats llargs i un d'ample del rectangle, el perímetre d'aquest quadrat és 96 cm. Troba les dimensions del rectangle i el costat del quadrat.

94 Una empresa de lloguer de cotxes ofereix dos models, un de quatre places i un de cinc. Durant un dia, l'empresa lloga 10 cotxes en què viatgen 42 persones, i queden dues places sense ocupar. Quants cotxes lloguen de cada tipus?

95 Les monedes que tenen en Damià i en Raimon són iguals, però tots dos en tenen de diferent valor. Si en Damià agafa 6 monedes i en Raimon, 5, tenim 3,70 €; en canvi, si en Damià agafa una quantitat de les seves monedes que sigui el doble de les que ha agafat abans en Raimon, i en Raimon agafa una quantitat de les seves monedes igual a la meitat de les que ha agafat en Damià, obtenim 3,50 €. Calcula el valor de les monedes que té cada amic.

96 Determina quants alumnes hi ha en cadascun dels dos cursos de 3r d'ESO i 4t d'ESO si sabem que:

- A 4t d'ESO hi ha 9 alumnes més que a 3r d'ESO.
- Si de 3r d'ESO marxessin 5 alumnes, la quantitat de grups de 6 persones que es podrien fer seria la mateixa que la quantitat de grups de 7 persones que es podrien fer a 4t d'ESO si en marxessin 4 alumnes.

97 En Vicenç s'ha comprat una camisa i uns pantalons. Els preus d'aquestes peces sumaven 60 €, però li han fet el 10% de descompte en la camisa i el 20% en els pantalons, i ha pagat en total 50,15 €. Quin era el preu de cada peça sense la rebaixa?

98 La Júlia reparteix caramels entre els seus néts: si en dóna 6 a cada nét, n'hi sobra un, i si en dóna 7, n'hi falten 4. Quants néts té la Júlia?

HAS DE SABER FER

Equacions lineals

1 Escriu les equacions següents en la forma $ax + by = c$ i indica'n els coeficients i el terme independent:

a) $x - (y - 6) = 2x + 5y + 3$

b) $-3 \cdot (-x + 3y) + 7y = 2x$

Sistemes d'equacions

2 Resol gràficament aquests sistemes i classifica'ls pel nombre de solucions:

a) $\left.\begin{array}{r} 2x - y = -4 \\ -x + 3y = -3 \end{array}\right\}$

b) $\left.\begin{array}{r} x + 3y = 6 \\ 2x + 6y = 12 \end{array}\right\}$

c) $\left.\begin{array}{r} 2x - y = 8 \\ 4x - 2y = 10 \end{array}\right\}$

d) $\left.\begin{array}{r} x - 2y = 0 \\ x + 2y = 0 \end{array}\right\}$

Mètodes de resolució de sistemes

3 Resol els sistemes següents, cadascun mitjançant un mètode diferent:

a) $\left.\begin{array}{r} -2x + 5y = 4 \\ 3x - 5y = -1 \end{array}\right\}$

b) $\left.\begin{array}{r} -2x + 3y = 5 \\ 3x + 2y = -1 \end{array}\right\}$

c) $\left.\begin{array}{r} 4x - 3y = 14 \\ 5x + 2y = 6 \end{array}\right\}$

Problemes amb sistemes

4 La suma de les edats de la Carme i el seu pare és 56 anys. L'edat de la filla és una tercera part de la del pare. Quina edat té la Carme? I el seu pare?

En la vida quotidiana

99 Un tren de mercaderies és un tren format per una o més locomotores de gran potència i un seguit de vagons per transportar diferents tipus de càrrega.

Els trens de mercaderies circulen per bona part de les línies per on també ho fan els de viatgers així com per algunes vies que són exclusivament de mercaderies.

La longitud total aproximada de línies que hi ha a Catalunya és de 1.700 km de les quals 60 km aproximadament són exclusivament de transport de mercaderies.

Els trens de mercaderies poden arribar a mesurar fins a 750 m de longitud i poden arrossegar una càrrega de 1.230 tones, cosa que equival a la càrrega que poden transportar 49 camions de gran tonatge.

Això representa un estalvi econòmic i una reducció considerable de l'emissió de CO_2 a l'atmosfera.

Necessiten transportar 560 tones de mercaderies i per fer-ho utilitzaran contenidors de 40 tones i de 60 tones.

La locomotora que faran servir per al transport només pot portar 12 contenidors.

a) Quants vagons de cada classe els calen?

b) Quants en necessitarien si la càrrega fos de 590 tones?

Formes de pensar. Raonament matemàtic

100 Volen mesclar dos tipus d'oli, un de 5,20 €/ℓ i un altre de 6,20 €/ℓ, per obtenir 100 ℓ d'oli a un preu de 6 €/ℓ. Quants litres de cada tipus necessiten?

101 Han mesclat una pintura de 12 €/ℓ amb una altra de 15 €/ℓ, de manera que resulten 50 ℓ de pintura de 13 €/ℓ. Quants litres de cada tipus de pintura han mesclat?

102 Si disposen de 7.500 g de plata de llei 0,94, amb quina quantitat d'un altre metall menys valuós l'han de fondre per obtenir un lingot de llei 0,8? Quant pesarà aquest lingot?

103 En un sistema amb solució única es multipliquen els termes d'una equació per 3; aleshores:

a) La nova solució és el triple de l'original.

b) La solució és la mateixa.

c) El nou sistema no pot tenir solució.

d) Cap de les opcions anteriors és certa.

104 Un nombre xy compleix que:

$$\left.\begin{array}{l} x + y = a \\ x - y = a \end{array}\right\}$$

Els nombres compostos de xifres que compleixen aquesta condició, de quin tipus són?

PROJECTE FINAL. **Aprenentatge cooperatiu**

OBJECTIU: Escollir un regal d'aniversari d'un company

Un cop formats els grups, seguiu el procés següent:

1a Fase

- Establiu el nombre de persones que vulguin participar en la compra del regal.
- Establiu una quota mínima i la màxima que hauran d'aportar els participants.

2a Fase

- Busqueu informació sobre les aficions o necessitats del company a qui vulgueu fer el regal.
- Estudieu les diferents possibilitats de regal, depenent dels diners que pugueu aconseguir.

3a Fase

- Decidiu quin serà el regal que fareu i establiu la quota que haurà d'aportar cada participant.
- Elegiu una comissió que serà l'encarregada de recollir els diners i de comprar el regal.

Proves PISA

L'hotel

105 Un hotel ha decidit fer l'oferta següent adreçada a empreses que hi vulguin organitzar una convenció:

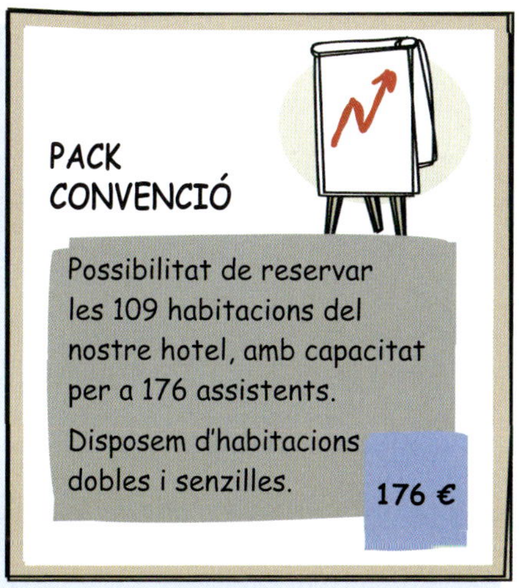

A la Marta, encarregada d'organitzar la convenció de la seva empresa, li ha semblat una oferta interessant, però necessita com a mínim 52 habitacions individuals per allotjar els convidats de l'empresa a la convenció. Poden celebrar la convenció en aquest hotel?

(Activitat model)

La prova

106 En Ricard es presenta a una prova que consta de 50 preguntes.

Puntuació de la prova	
Resposta correcta	3 punts
Resposta incorrecta	Resta 1 punt
Resposta no contestada	0 punts

a) Quina és la puntuació més alta que pot obtenir en Ricard? I la més baixa?

b) Quina puntuació obté en Ricard si contesta 18 preguntes correctament, i la resta, de manera incorrecta?

c) Si la prova es considera aprovada a partir d'una puntuació superior a 74 punts, quantes preguntes ha de contestar, com a mínim, per superar-la?

d) Si ha deixat 12 preguntes sense contestar i la puntuació final ha estat 78 punts, quantes preguntes ha contestat correctament?

(Activitat model)

CLAUS PER COMENÇAR

Raó i proporció

- Una **raó** entre dos nombres, *a* i *b*, és el quocient $\frac{a}{b}$.
- Una **proporció** és la igualtat entre dues raons: $\frac{a}{b} = \frac{c}{d}$.
- La igualtat entre raons es compleix si $a \cdot d = b \cdot c$.

EXEMPLE

Per fer 4 pastissos l'Arlet necessita 2 kg de farina. Aleshores, per fer 8 pastissos necessitarà 4 kg de farina.

Raons: $\frac{4}{2}$ i $\frac{8}{4}$ Proporció: $\frac{4}{2} = \frac{8}{4}$

Les raons $\frac{4}{2}$ i $\frac{8}{4}$ formen una proporció.

ACTIVITATS

1 Determina quines raons de cada grup formen una proporció.

a) $\frac{4}{5}, \frac{6}{7}, \frac{12}{15}, \frac{20}{25}$ i $\frac{18}{21}$

b) $\frac{2}{3}, \frac{4}{5}, \frac{5}{6}, \frac{28}{35}, \frac{10}{12}$ i $\frac{10}{15}$

2 Calcula el terme que falta en aquestes proporcions:

a) $\frac{3}{5} = \frac{x}{40}$

b) $\frac{8,5}{2} = \frac{51}{x}$

c) $\frac{x}{10} = \frac{8,4}{12}$

d) $\frac{x}{2} = \frac{8}{x}$

Càlcul de percentatges

Per calcular el **percentatge** d'una quantitat, multipliquem aquesta quantitat pel tant per cent i ho dividim entre 100.

$$p\,\%\text{ de } Q = \frac{p \cdot Q}{100}$$

EXEMPLE

$$35\,\%\text{ de } 20 = \frac{35 \cdot 20}{100} = 0,35 \cdot 20 = 7$$

$$4,2\,\%\text{ de } 9,5 = \frac{4,2 \cdot 9,5}{100} = 0,042 \cdot 9,5 = 0,399$$

ACTIVITATS

3 Calcula els percentatges següents:

a) 30 % de 28

b) 28 % de 30

c) 8,5 % de 400

d) 25 % de 8,4

e) 7,5 % d'1,2

f) 4,5 % de 4,5

Principi del segle xx
La Western Union emet la primera targeta de crèdit. N'atorgaven als clients preferents i els oferien serveis com ara el pagament ajornat lliure de càrrec.

Proporcionalitat numèrica

6

SABER

- Proporcionalitat directa i inversa
- Repartiments proporcionals
- Proporcionalitat composta
- Percentatges

SABER FER

- Resoldre problemes mitjançant una regla de tres simple directa
- Resoldre problemes per mitjà d'una regla de tres simple inversa
- Fer repartiments directament o inversament proporcionals
- Resoldre problemes mitjançant una regla de tres composta

? INTERPRETA LA IMATGE

Les targetes bancàries

Quan traiem diners d'un caixer amb una targeta de crèdit, si ho fem en un caixer de la nostra entitat no acostuma a tenir comissions. Però si fem l'operació en un caixer d'una altra entitat o xarxa, la comissió que ens cobren pot oscil·lar entre el 4,5 % i el 5 % dels diners que traiem del caixer, amb un mínim d'entre 3 € i 4 €.

- Quin és el mínim i el màxim que ens cobrarien de comissió per treure 450 € en un caixer que no sigui de la nostra entitat?

1939. Màquina per a transaccions
Luther George Simjian en planteja un prototip que efectua transaccions bancàries. Citicorp va provar l'invent però el va tancar perquè se'n feia poc ús.

1965. Caixers automàtics
John Shepherd-Barron inventa el que es considera precursor dels caixers actuals.

Dècada de 1970. Datàfon
S'instal·len els primers datàfons en els establiments comercials perquè es puguin fer transaccions electròniques amb les targetes de crèdit dels bancs.

1971. Primera targeta bancària a l'Estat
Permetia pagar-ho tot a final de mes o ajornar el 10 % del saldo disposat amb un límit màxim de crèdit de 25.000 pessetes, és a dir, uns 150 euros.

2 Proporcionalitat inversa

Magnituds inversament proporcionals

Magnitud M	a	b	c
Magnitud M'	a'	b'	c'

$a \cdot a' = b \cdot b' = c \cdot c' = k$

$k \rightarrow$ Constant de proporcionalitat inversa

Dues magnituds són **inversament proporcionals** quan el producte de dues quantitats corresponents és constant:

$$a \cdot b = k$$

El nombre k és la **constant** o **raó de proporcionalitat inversa**.

EXEMPLE

2. Una aixeta que aboca 10 ℓ d'aigua per minut triga 4 h a omplir un dipòsit.

   a) Quant trigaria si aboqués 8 ℓ per minut?

   La quantitat de litres i el temps són magnituds inversament proporcionals. Si en multipliquem o dividim una per un nombre, l'altra queda dividida o multiplicada pel mateix nombre.

   Aquesta relació es pot reflectir en una taula que anomenem taula de **proporcionalitat inversa**.

   $\cdot 10$ (de 1 a 10) $\quad$ $:2$ (de 40 a 20)

Litres	1	5	8	10	20	40
Hores	40	8	5	4	2	1

   $:10$ (de 40 a 4) $\quad$ $\cdot 2$ (de 1 a 2)

   Si l'aixeta aboqués 8 ℓ per minut, trigaria 5 hores a omplir el dipòsit.

   b) Quants litres aboca si triga 20 h a omplir el dipòsit?

   $10 \cdot 4 = x \cdot 20 \rightarrow x = \dfrac{10 \cdot 4}{20} = 2$ $\qquad$ Aboca 2 ℓ per minut.

2.1. Regla de tres simple inversa

La **regla de tres simple inversa** és una tècnica que ens permet calcular, en magnituds inversament proporcionals, el valor d'una quantitat, conegudes les altres tres quantitats relacionades.

T'HI ATREVEIXES?

Tretze nàufrags tenien aigua per a 13 dies si bevien 1 ℓ diari per persona. El cinquè dia un d'ells se'n va anar i s'endugué una cantimplora plena. Si l'aigua va durar exactament el que s'esperava, quanta aigua es va endur?

ACTIVITATS

9 PRACTICA. Comprova si les magnituds A i B són inversament proporcionals.

Magnitud A	2	6	3
Magnitud B	6	2	4

Magnitud A	5	6	7
Magnitud B	15	14	13

10 APLICA. Completa la taula si sabem que les magnituds A i B són inversament proporcionals amb constant de proporcionalitat $k = 24$.

Magnitud A		6		8
Magnitud B			6	

11 REFLEXIONA. Escriu dues magnituds inversament proporcionals i fes-ne la taula de proporcionalitat.

SABER FER

Resoldre problemes per mitjà d'una regla de tres simple inversa

Per anar a l'institut en Quim fa servir la bicicleta. Si va a una velocitat mitjana de 12 km/h, triga 20 minuts a arribar-hi.

a) Si en Quim fes 10 km/h, quant trigaria?

b) Si avui ha trigat 30 minuts, quina velocitat mitjana ha fet?

El plantejament de la regla de tres simple inversa és similar al de la regla de tres simple directa:

$$\left.\begin{array}{l} a \longrightarrow b \\ c \longrightarrow x \end{array}\right\}$$

Amb tot, per resoldre-la considerem la inversa en lloc de la segona fracció:

$$\frac{a}{c} = \frac{x}{b} \rightarrow x = \frac{a \cdot b}{c}$$

Passos que cal seguir

1. Determinem les magnituds i comprovem que són inversament proporcionals.

Magnituds: *Velocitat – Temps*

- Si la velocitat fos el doble, trigaria la meitat de temps.
- Si la velocitat fos la meitat, trigaria el doble de temps.

Són magnituds inversament proporcionals.

2. Plantegem la regla de tres amb les dades del problema.

a) **Velocitat** – **Temps**

$$\left.\begin{array}{l} 12 \text{ km/h} \xrightarrow{\text{triga}} 20 \text{ min} \\ 10 \text{ km/h} \xrightarrow{\text{trigarà}} x \text{ min} \end{array}\right\}$$

b) **Velocitat** – **Temps**

$$\left.\begin{array}{l} 12 \text{ km/h} \xrightarrow{\text{triga}} 20 \text{ min} \\ x \text{ km/h} \xrightarrow{\text{trigarà}} 30 \text{ min} \end{array}\right\}$$

3. Establim la igualtat entre les raons.

a) $\frac{12}{10} = \frac{x}{20}$

b) $\frac{12}{x} = \frac{30}{20}$

4. Aïllem la x i interpretem els resultats.

a) $x = \frac{12 \cdot 20}{10} = 24$

A 10 km/h trigarà 24 minuts.

b) $x = \frac{12 \cdot 20}{30} = 8$

Si triga 30 minuts, la velocitat és 8 km/h.

ACTIVITATS

12 Per construir un edifici, 28 obrers han treballat durant 120 dies.

a) Quants obrers haurien fet falta per acabar l'edifici en 90 dies?

b) Quants dies haurien trigat 40 obrers?

13 Un grup de 6 senderistes han començat una travessa pels Pirineus. Porten menjar per a 15 dies.

a) Si fossin 10 senderistes, per a quants dies tindrien menjar?

b) Perquè el menjar els durés 18 dies, quants senderistes haurien de ser?

14 Una aixeta que aboca 3 ℓ d'aigua per minut triga 3 hores a omplir un dipòsit.

a) Quant es trigaria a omplir el dipòsit si l'aixeta aboqués 4 ℓ per minut?

b) Quants litres per minut ha d'abocar l'aixeta per omplir el dipòsit en 6 hores?

15 Una comunitat de veïns d'un edifici de 8 pisos d'alçada decideix pintar la façana de l'edifici. Contracten 12 pintors per fer-ho i triguen 15 dies a acabar la feina.

a) Quants dies trigarien 20 pintors?

b) Quants treballadors s'haurien necessitat si l'edifici s'hagués hagut de pintar en 10 dies?

c) Quant haurien trigat els 12 pintors si l'edifici hagués tingut 6 pisos d'alçada?

3 Repartiments proporcionals

3.1. Repartiments directament proporcionals

Si repartim una quantitat N, en parts (P_1, P_2, P_3) **directament proporcionals** a a, b i c es compleix que:

$$\frac{P_1}{a} = \frac{P_2}{b} = \frac{P_3}{c} = \frac{N}{a+b+c}, \text{ en què } N = P_1 + P_2 + P_3.$$

EXEMPLE

3. En Joan ingressa 400 € en un compte bancari i en Damià, 600 €. Passat un temps obtenen 124 € d'interessos que es volen repartir en parts proporcionals a la quantitat inicial aportada per cadascú. Explica quin tipus de repartiment hauran de fer i quina és la constant de proporcionalitat.

El repartiment d'interessos hauria de ser directament proporcional als diners que cadascú ha ingressat en el compte.

Constant de proporcionalitat → $k = \frac{N}{a+b} = \frac{124}{400+600} = 0{,}124$

- En un repartiment directament proporcional, la constant de proporcionalitat és:

$$k = \frac{N}{a+b+c}$$

- En un repartiment inversament proporcional, la constant de proporcionalitat és:

$$k = \frac{N}{\frac{1}{a}+\frac{1}{b}+\frac{1}{c}}$$

3.2. Repartiments inversament proporcionals

Si repartim una quantitat N, en parts (P_1, P_2, P_3) **inversament proporcionals** a a, b i c es compleix que:

$$P_1 \cdot a = P_2 \cdot b = P_3 \cdot c = \frac{N}{\frac{1}{a}+\frac{1}{b}+\frac{1}{c}}, \text{ en què } N = P_1 + P_2 + P_3.$$

EXEMPLE

4. L'Ona té dos arbres d'1,2 m i 0,8 m. Vol repartir 500 g d'adob de manera proporcional tal que l'arbre més baix en rebi més. Quin tipus de repartiment haurà de fer? Determina'n la constant de proporcionalitat.

El repartiment d'adob ha de ser inversament proporcional a l'alçada de cada arbre.

Constant de proporcionalitat → $k = \frac{500}{\frac{1}{1{,}2}+\frac{1}{0{,}8}} = 240$

ACTIVITATS

16 PRACTICA. Estableix la proporció que correspon a repartir 100€ entre 8 i 14:

a) De manera directament proporcional

b) De manera inversament proporcional

17 APLICA. Escriu dues situacions de repartiment directament proporcional.

18 REFLEXIONA. Si en un repartiment proporcional totes les parts són iguals, com són les quantitats inicials?

SABER FER

Repartir una quantitat de manera inversament proporcional a a, b i c és igual a repartir-la de manera directament proporcional a $\frac{1}{a}, \frac{1}{b}, \frac{1}{c}$

Fer repartiments directament o inversament proporcionals

Efectua els repartiments proporcionals següents:

a) 120 en parts directament proporcionals a 12, 8 i 10

b) 62 en parts inversament proporcionals a 2, 3 i 5

Passos que cal seguir

1. Calculem la constant de proporcionalitat.
   - Si el repartiment és directament proporcional, dividim el total a repartir entre la suma de les quantitats.
   - Si el repartiment és inversament proporcional, dividim el total a repartir entre la suma dels inversos de les quantitats.

a) Constant de proporcionalitat directa:

$$k = \frac{N}{a+b+c} \rightarrow \frac{120}{12+8+10} = \frac{120}{30} = 4$$

b) Constant de proporcionalitat inversa:

$$k = \frac{N}{\frac{1}{a}+\frac{1}{b}+\frac{1}{c}} \rightarrow \frac{62}{\frac{1}{2}+\frac{1}{3}+\frac{1}{5}} = \frac{62}{\frac{31}{30}} = 62 : \frac{31}{30} = 60$$

2. Calculem el que correspon a cada quantitat.
   - Si el repartiment és directament proporcional, multipliquem la constant de proporcionalitat per cadascuna de les quantitats.
   - Si el repartiment és inversament proporcional, dividim la constant de proporcionalitat entre cadascuna de les quantitats.

a) Repartiment directament proporcional:

$$\frac{P_1}{12} = \frac{P_2}{8} = \frac{P_3}{10} = k = 4$$

$12 \cdot k = 12 \cdot 4 = 48 \quad 8 \cdot k = 8 \cdot 4 = 32 \quad 10 \cdot k = 10 \cdot 4 = 40$

A cada part correspon 48, 32 i 40, respectivament.

b) Repartiment inversament proporcional:

$P_1 \cdot 2 = P_2 \cdot 3 = P_3 \cdot 5 = k = 60$

$k : 2 = 60 : 2 = 30 \quad k : 3 = 60 : 3 = 20 \quad k : 5 = 60 : 5 = 12$

A cada part correspon 30, 20 i 12, respectivament.

ACTIVITATS

19 Reparteix 150 en parts directament proporcionals a les quantitats següents:

a) 2 i 4 c) 1, 2 i 3 e) 7, 8 i 10

b) 7 i 8 d) 4, 5 i 6 f) 8, 10 i 12

20 Reparteix 70 de manera inversament proporcional a:

a) 3 i 4 c) 4 i 10 e) 4, 10 i 20

b) 2 i 5 d) 6 i 15 f) 2, 5 i 10

21 Reparteix 70 en parts directament proporcionals a:

a) 3 i 4 b) 6 i 8 c) 9 i 12

Fixa't en els resultats i extreu-ne una conclusió.

22 Han repartit 300€ en parts inversament proporcionals a $\frac{1}{3}$, $\frac{1}{5}$ i $\frac{1}{7}$. Quina és la part que correspon a $\frac{1}{5}$?

23 Amb 600 m^3 d'aigua, un pagès ha de regar quatre parcel·les de manera directament proporcional a les superfícies, que són de 4 ha, 5 ha, 8 ha i 13 ha. Quina quantitat d'aigua ha de destinar a cada parcel·la?

24 En Cèsar vol repartir 8.100€ entre els seus tres nebots de manera inversament proporcional a les seves edats, d'1, 4 i 10 anys. Quant donarà a cada un?

25 L'Assumpció reparteix les terres que té entre els seus néts en parts directament proporcionals a les seves edats: 8, 12 i 15 anys. Si al més petit li corresponen 12 ha, determina quantes hectàrees reparteix.

26 Si reparteixo 1.200 proporcionalment a 5 i 6, i dono 500 a 6 i 700 a 5, indica si ha estat un repartiment inversament proporcional.

4 Proporcionalitat composta

En una situació amb més de dues magnituds relacionades de manera proporcional, diem que hi ha **proporcionalitat composta**.

EXEMPLES

5. En una fàbrica, 7 màquines produeixen en 3 hores 4.200 peces de metall. Quina relació hi ha entre aquestes magnituds?

   En aquesta situació trobem tres magnituds:

   Quantitat de màquines – Temps en hores – Quantitat de peces

   Estudiem si hi ha relació de proporcionalitat entre elles:

   - Com més quantitat de màquines, menys temps

     Quantitat de màquines – Temps → Proporcionalitat inversa

   - Com més quantitat de màquines, més quantitat de peces

     Quantitat de màquines – Peces → Proporcionalitat directa

   Màquines → Temps: Inversa; Màquines → Peces: Directa

Màquines	Temps	Peces
7	3	4200

   Per tant, és una situació de proporcionalitat composta.

6. Sabem que 10 ℓ d'oli d'oliva pesen 9,2 kg i costen 35€. Quina relació hi ha entre aquestes magnituds?

   També és una situació de proporcionalitat composta:

   - Com més quantitat de litres, més pes.

     Litres d'oli – Pes → Proporcionalitat directa

   - Com més quantitat de litres, més preu.

     Litres d'oli – Preu → Proporcionalitat directa

   Litres → Pes: Directa; Litres → Preu: Directa

Litres	Pes	Preu
10	9,2	35

ACTIVITATS

27 PRACTICA. Estudia la relació entre aquestes magnituds:

a) En 2 setmanes, 3 camions han transportat 1.200 tones de patates.

b) Durant 6 dies, 5 persones consumeixen 7 kg de menjar.

c) Unes vacances de 8 dies per a 4 persones costen 1.460€.

28 APLICA. El lloguer de 2 cotxes durant 9 dies costa 675€. Indica quina és la relació entre aquestes magnituds.

29 REFLEXIONA. Sabem que 2 màquines funcionant 6 hores diàries consumeixen 1.500 kWh al dia. Sense fer càlculs, raona quin és el consum del doble de màquines funcionant la meitat d'hores diàries.

SABER FER

Resoldre problemes mitjançant una regla de tres composta

Si 12 excavadores treballant 10 dies han remogut 360 m³ de terra, quants dies trigaran 8 excavadores a remoure 620 m³ de terra?

> Sempre s'analitza la relació de proporcionalitat entre la magnitud de la incògnita i les altres magnituds.

Passos que cal seguir

1. Identifiquem les magnituds.

Quantitat d'excavadores – Dies – Metres cúbics remoguts

2. Determinem el tipus de proporcionalitat que hi ha entre la magnitud de la incògnita i les altres magnituds.

Magnitud de la incògnita: Dies que treballen les excavadores

- Més dies excavant representen menys màquines necessàries per remoure la mateixa quantitat de terra.

  Dies – Màquines → Proporcionalitat inversa

- Més dies excavant, amb la mateixa quantitat de màquines, representen més metres cúbics remoguts.

  Dies – Metres cúbics → Proporcionalitat directa

Inversa (Màquines – Dies); Directa (Dies – Metres cúbics)

Màquines	Dies	Metres cúbics
12	10	360
8	x	620

3. Resolem el problema amb una regla de tres composta: multipliquem els quocients de les quantitats de les magnituds conegudes (fem servir les seves inverses en els casos de proporcionalitat inversa) i igualem aquest producte al quocient de les quantitats de la incògnita.

Regla de tres composta: $\underset{\text{INVERSA}}{\frac{8}{12}} \cdot \underset{\text{DIRECTA}}{\frac{360}{620}} = \frac{10}{x}$

$$\frac{8 \cdot 360}{12 \cdot 620} = \frac{10}{x} \rightarrow \frac{2.880}{7.440} = \frac{10}{x}$$

4. Aïllem la x i interpretem el resultat.

$$x = \frac{7.440 \cdot 10}{2.880} = 25{,}83$$

Les 8 màquines trigaran quasi 26 dies a excavar 620 m³.

ACTIVITATS

30 Si 2 màquines fan 2,1 ℓ de suc en 42 minuts:

a) Quina quantitat faran 6 màquines en 20 minuts?

b) Quant trigaran 3 màquines per fer 5 ℓ?

c) Quantes màquines són necessàries per fer 3 ℓ de suc en 35 minuts?

31 Un total de 18 operaris, treballant 6 hores diàries, han trigat 6 dies a instal·lar 300 m de cable. Quantes hores diàries han de treballar 24 operaris durant 14 dies per instal·lar 700 m de cable?

32 L'any passat tenien un pressupost per al menjador de l'escola de 34.000€ mensuals per alimentar 262 alumnes. Si aquest any hi ha 22 alumnes més però el pressupost només ha augmentat de 1.200€ mensuals, per a quants dies arribarà el pressupost?

33 Sabem que 9 ordinadors engegats durant 10 hores diàries produeixen una despesa de 2.340€ anuals. Quina seria la despesa si s'engeguessin 6 ordinadors més durant una hora menys al dia?

ACTIVITATS FINALS

Proporcionalitat directa

40 Identifica les magnituds directament proporcionals.

a) Litres de gasolina i preu que costen.

b) Nombre d'hores d'estudi i la nota de l'examen.

c) Quantitat de cadascun dels ingredients amb què es prepara una recepta i nombre de convidats.

d) Nombre de places d'un sofà i preu del sofà.

41 Escriu la fórmula que relaciona les magnituds següents, fes una taula de valors per a cada una i indica si són directament proporcionals:

a) Perímetre del quadrat de costat *c*.

b) Longitud de la circumferència de radi *r*.

c) Àrea del rectangle de base 5 cm i altura *h*.

d) Perímetre del rectangle que té de base *b* el doble de l'altura *h*.

42 Copia i completa aquestes taules a la llibreta si sabem que *A* i *B* són directament proporcionals, i calcula'n la constant de proporcionalitat:

A	200	400		5.000	
B	5		8		40

A	0,5	10		100	
B		4	1		0,1

43 Elabora una taula amb dues magnituds de proporcionalitat directa en la qual la constant de proporcionalitat sigui:

a) 3 b) 5 c) 1,85 d) 2,5 e) 4 f) 3,2

44 Calcula a quantes hores equivalen aquestes quantitats:

a) 72.000 segons

b) 4.800 minuts

c) 52 quarts d'hora

d) 4 dies

45 Si sabem que una polzada equival a 2,54 cm i un peu fa 0,3048 m, contesta.

a) Quants peus hi ha en 45.720 cm?

b) Quantes polzades hi ha en 1,905 m?

c) Quantes polzades són 90 peus?

d) Quants peus són 696 polzades?

46 Una capsa de galetes conté 8 paquets de 200 g cada un.

a) Quants paquets hi ha en 64 capses?

b) Quantes capses de galetes podem fer amb 216 paquets?

c) Quant pesen 48 paquets?

47 Una roda recorre 565,5 cm en tres girs complets. Quants metres recorre després de 18 girs? Quants girs complets fa si ha recorregut 384,54 m?

48 Per elaborar una pizza de 20 cm de diàmetre s'utilitzen 200 g de farina i 60 g de formatge. Determina la quantitat de farina i de formatge que es necessita per fer una pizza de 25 cm de diàmetre.

49 Si un quilo de carn costa 12,95€, calcula el preu que hem de pagar per aquestes quantitats:

a) 200 g

b) Mig quilo

c) Tres quarts de quilo

d) Un quart de quilo

Proporcionalitat inversa

50 Indica quins dels parells de magnituds següents són inversament proporcionals:

a) Velocitat a la qual circula un cotxe i temps que triga a fer un trajecte.

b) Quantitat de llaunes de refresc i el seu preu.

c) Litres de gasolina que consumeix un cotxe i distància que recorre.

d) Alçada dels arbres en un moment determinat i longitud de l'ombra que produeixen.

51 Calcula el valor de *x* en aquests casos perquè les magnituds *A* i *B* siguin inversament proporcionals:

Magnitud *A*	18	3
Magnitud *B*	6	*x*

Magnitud *A*	4	*x*
Magnitud *B*	1,2	3

Magnitud *A*	25	15
Magnitud *B*	*x*	10

52 Construeix una taula amb dues magnituds de proporcionalitat inversa en la qual la constant de proporcionalitat sigui:

a) 32 b) 18 c) 48 d) 64 e) 54

53 Tenim pinso per alimentar 76 vaques durant 30 dies. Quants dies podrem alimentar una quarta part més de vaques amb la mateixa quantitat de pinso?

54 Un grup de 15 persones fan una feina en 4 setmanes. Contesta.

a) Quant trigarien 14 persones? I 20 persones?

b) Si cal acabar la feina en 12 dies, quantes persones es necessitarien?

55 L'Anna, a 105 km/h, triga 5 h a recórrer el mateix que en Pere en 7,5 h. A quina velocitat va en Pere?

56 Un dipòsit de gas dura 24 dies amb un consum de 4 hores diàries. Quant duraria amb aquests consums?

a) 6 hores al dia
b) 2,5 hores al dia
c) 3 hores al dia
d) 8 hores al dia

Repartiments proporcionals

57 El propietari d'una empresa reparteix 6.000€ entre els seus 3 treballadors de manera directament proporcional als anys que fa que són a l'empresa: 3, 5 i 7 anys. Quant rep cada un?

58 Entre 3 obrers fan una feina: el primer hi dedica 58 h; el segon, 35 h, i el tercer, 17 h. Quant cobrarà cada un si els paguen 7.150€?

59 En Ramon vol repartir una quantitat Q de manera directament proporcional a x, y i z. Justifica les respostes:

a) Quina és la constant de proporcionalitat?
b) Quina part correspon a x?
c) Si repartís el doble de Q, quina part correspondria a x?
d) Si fes el repartiment de Q de manera directament proporcional a $2x$, $2y$ i $2z$, què correspondria a $2x$?

SABER FER

Calcular la quantitat repartida si en coneixem una part directament proporcional

60 La Marga reparteix la seva col·lecció de segells de manera directament proporcional a les edats dels seus fills, que tenen 4, 6 i 10 anys. Si al petit li dóna 516 segells, quants en té la col·lecció?

PRIMER. Trobem la constant de proporcionalitat.

$$k = \frac{516}{4} = 129$$

SEGON. Calculem el total.

$$(4 + 6 + 10) \cdot 129 = 2.580$$

La col·lecció de la Marga és de 2.580 segells.

61 En Cesc, en Xavier i en Màrius van comprar un dècim de loteria de Nadal. En Cesc va posar 12€; en Xavier, 5€, i en Màrius, 3€. El dècim va tenir premi i, en el repartiment, a en Xavier li van tocar 20.000€. Calcula quant va correspondre als altres dos amics i la quantia del premi.

62 Una mare reparteix uns quants caramels entre els seus fills de manera directament proporcional a les edats, que són 2, 3, 8 i 12 anys. Si al gran li ha donat 36 caramels, calcula quants n'ha repartit entre tots els fills.

63 Si 3 amics van jugar un dècim de loteria que va costar 20€ i van obtenir un premi de 40.000€, determina quant va cobrar cada un si el primer va posar la meitat dels diners que el segon, i el tercer, la cinquena part del primer.

64 Vilacòdol vol premiar els 3 millors conductors de la població. Repartirà 2.800€ en vals de manera inversament proporcional a la quantitat de multes que han rebut. En Pep, la Marta i en Rubèn són els tres afortunats: en Pep, 1 multa; la Marta, 2 multes, i en Rubèn, 4 multes. Quants diners cobrarà cada un?

SABER FER

Calcular la quantitat repartida si en coneixem una part inversament proporcional

65 Entre els 3 primers atletes d'arribar a la meta han repartit una quantitat de diners com a premi. L'atleta que ha estat tercer ha trigat 15 minuts per completar el recorregut i ha rebut 300€. Si el guanyador ha trigat 9 minuts, i el segon, 12 minuts, quina quantitat han repartit en premis?

PRIMER. Determinem la constant de proporcionalitat.

$$k = 300 \cdot 15 = 4.500$$

SEGON. Calculem el total.

$$k = \frac{\text{Premi}}{\frac{1}{9} + \frac{1}{12} + \frac{1}{15}}$$

$$4.500\left(\frac{1}{9} + \frac{1}{12} + \frac{1}{15}\right) = 1.175€$$

Han repartit 1.175€.

66 Hem repartit una quantitat en parts inversament proporcionals a 2, 5 i 10, i la quantitat que correspon a 10 és 1.250. Calcula quant hem repartit i el que correspon a 2 i 5.

67 Si reparteixes una quantitat en parts inversament proporcionals a 10, 7 i 3, la quantitat que correspon a 3 és 50. Quina quantitat correspon a 10 i 7?

101 Calcula els beneficis que s'obtenen si es dipositen 3.000€ durant 4 anys amb cadascun dels rèdits anuals següents:

a) 2 % b) 1,4 % c) 4 % d) 3,6 %

102 Determina els beneficis que s'obtenen si es dipositen 50.000€ a l'1,8 % durant aquests períodes:

a) 2 anys b) 7 anys c) 12 anys d) 25 anys

103 Copia aquesta taula i completa-la a la llibreta:

Interès	Capital	Rèdit	Temps
	4.800€	2,6 %	5 anys
300€	12.000€		20 mesos
140€		3 %	4 anys i 8 mesos
40€	30.000€		15 dies

104 Calcula l'interès que s'obté després d'invertir 1.600€ al 3,4 % durant aquests períodes de temps:

a) 3 mesos
b) 6 dies
c) 48 dies
d) 5 anys i 18 dies
e) 8 mesos i 12 dies
f) 2 anys, 5 mesos i 9 dies

105 Calcula quant de temps hem d'invertir 2.000€ al 2,5 % de rèdit per obtenir un interès de 200€.

106 La Rut ha invertit 500€ durant 4 mesos i ha obtingut uns beneficis de 2,5€. El seu amic Manel ha invertit 800€ durant 3 mesos i ha aconseguit uns beneficis de 2,8€. En quina de les dues inversions el rèdit ha estat més alt?

107 Quina inversió dóna més beneficis: un dipòsit de 4.000€ al 2,8 % durant 500 dies o bé un dipòsit de 5.000€ al 2,5 % durant 480 dies?

Problemes de proporcionalitat

108 Es pensa que per construir la piràmide de Kheops van treballar 20.000 persones durant 10 hores diàries i van trigar 20 anys a acabar-la.

a) Quant haurien trigat 10.000 persones més?

b) I si haguessin treballat 8 hores diàries?

109 Un grup de 7 persones planta 35 arbres en 2 hores. Quants arbres plantaran 12 persones en 3 hores?

110 Un ramader compra 2.000 kg de pinso a 31,77 cènt. cada quilo.

a) Quant li costa el pinso?

b) Quant pinso pot comprar amb 800€?

111 A casa d'en Gabriel fan servir 600 g d'arròs, cada dijous, per menjar 4 persones. Dijous vinent tenen dos convidats a dinar.

a) Si saben per endavant que tenen dos convidats, quina quantitat extra d'arròs han d'utilitzar perquè tots tinguin la mateixa ració de cada dijous?

b) Si els dos convidats arriben quan ja s'està fent l'arròs (amb la mateixa quantitat que cada dijous), quina ració toca per a cada persona?

112 Decideixen construir un pont que costarà 1 milió d'euros, i que han de pagar entre tres poblacions en parts inversament proporcionals a la distància de cada localitat al pont. Poll Mut és a 6 km; Aigua Sola, a 8 km, i Cap Estret, a 10 km. Quant ha de pagar cada població?

113 En un mateix aparador d'una botiga de roba podem llegir aquestes promocions per a dos articles diferents: «Abans 45€, ara 35€» i «Abans 230€, ara 170€». Determina si han rebaixat els dos articles aplicant-hi el mateix percentatge.

114 Un cotxe a 90 km/h triga 6 hores a recórrer una certa distància. Quant trigarà si augmenta la velocitat el 9 %? Si fa aquesta mateixa distància en 5 hores, a quina velocitat ha viatjat?

115 A l'aparador d'un establiment van anunciar les primeres rebaixes amb un descompte del 30 % sobre el preu original. Després van posar el rètol de segones rebaixes amb un descompte del 40 % sobre el preu ja rebaixat. Indica quina de les afirmacions següents és certa i equival a aquesta situació:

a) Apliquen al preu inicial el 30 % de descompte durant una temporada i efectuen el 40 % una altra temporada. Segons la temporada, així és la rebaixa.

b) Fan el 30 % de descompte i, després, el 40 %, amb la qual cosa realment fan el 70 % de rebaixa.

c) Apliquen el 30 % durant una temporada i després rebaixen els preus ja rebaixats el 40 %; amb això, si comprem durant les segones rebaixes els articles estan rebaixats el 58 %.

SABER FER

Resoldre problemes de mescles

116 Si mesclem dos tipus d'oli, *A* i *B*, de 2,7 €/ℓ i 3,5 €/ℓ en la proporció de 10 ℓ del tipus *A* i 6 ℓ del tipus *B*. A quin preu vendran el litre de la mescla?

PRIMER. Calculem el preu i la quantitat total.

Total d'oli = 10 + 6 = 16 litres

Preu total = 10 · 2,7 + 6 · 3,5 = 48 €

SEGON. Reduïm a la unitat.

Preu de la mescla = 48 : 16 = 3 €/ℓ

117 Es mesclen dos tipus de vi, *A* i *B*, de preus 0,71 €/ℓ i 1,15 €/ℓ en la proporció de 4 ℓ del tipus *A* i 3 ℓ del tipus *B*. A quin preu surt el litre de la mescla?

118 Determina en quina proporció s'han de mesclar dos tipus de carn, A i B, per a hamburgueses, de preus 5 €/kg i 8 €/kg perquè en resulti una mescla que es pugui vendre a 7,25 €/kg.

119 Mesclem 18 kg de cafè de 3,45 €/kg amb 16 kg de cafè de 2,7 €/kg. A quant s'ha de vendre el quilo de la mescla per guanyar-hi el 16 %?

120 Un lingot de 200 g de plata de llei del 90 % de puresa es fon amb un altre de 300 g de 80 % de llei. Quina és la llei del lingot que en resulta?

121 Fes un estudi comparatiu: quina de les ofertes següents és la més beneficiosa per al consumidor?

- «3 × 2»
- «2a unitat al 70 %»
- «30 % de descompte»
- «5 € de descompte per compres de més de 40 €»
- «20 % més de producte gratis»

HAS DE SABER FER

Proporcionalitat directa, inversa i composta

1 Determina si hi ha proporcionalitat entre aquestes magnituds i calcula'n la constant:

Magnitud *A*	1	2	3	4
Magnitud *B*	5	10	15	20

Magnitud *A*	1	2	3	4
Magnitud *B*	36	18	12	9

2 Si sabem que 2 passos d'en Marc equivalen a 95 cm.

a) Quant fan 5 passos?

b) I 30 passos?

3 L'aigua d'una cisterna s'extreu en 340 vegades mitjançant una galleda de 18 ℓ de capacitat. Si fem servir una galleda de 12 ℓ, quantes vegades necessitarem introduir-la per buidar la cisterna?

4 Vuit amics se'n van de vacances 10 dies per 3.500 €. Determina quant els costarien unes vacances similars a aquestes però de 6 dies de duració a 5 amics.

Repartiments proporcionals

5 Un avi reparteix 10.350 € entre els seus tres néts de manera directament proporcional a les edats. Si els dos germans petits tenen 22 i 23 anys, calcula:

a) L'edat del germà gran, si sabem que li corresponen 3.600 €.

b) Les quantitats dels altres germans.

6 En Pol té una col·lecció de 4.554 monedes, que vol repartir entre els seus fills de manera inversament proporcional a les edats: 3, 5, 6 i 8 anys. Quantes monedes rebrà cada un?

Percentatges

7 La Llúcia reparteix el 60 % de la seva bossa de caramels entre les amigues. Si li queden 18 caramels, quants n'ha repartit?

8 Si a una certa quantitat *Q* hi apliquen un descompte del 15 % i un augment del 30 %, resulten 2.210 €. Quina és la quantitat *Q*? Quin percentatge total hi han aplicat?

9 En Nil inverteix els estalvis durant 5 anys al 3,4 %. L'informen que durant aquest temps guanyarà 1.360 €. Quina quantitat ha invertit en Nil?

En la vida quotidiana

122 La majoria de les targetes de crèdit permeten ajornar els pagaments en quotes mensuals, encara que aquest ajornament porta associats interessos. Per exemple, si comprem un televisor de 500€, podem ajornar el pagament abonant 100€ durant 5 mesos, però hi haurem d'afegir els interessos que ens cobra el banc per ajornar aquest deute.

El mètode més utilitzat per calcular aquests interessos és el que es basa en el *saldo mitjà diari*. Per calcular-lo, es fa servir el procés següent:

1. Es multipliquen cadascun dels saldos que hi ha hagut durant el mes per la quantitat de dies que s'han mantingut.
2. Se sumen tots els productes resultants i es divideixen per la quantitat de dies del mes.

Per exemple, si tenim una targeta de crèdit amb un tipus d'interès de l'1,5% mensual, un pagament fix mensual de 400€ i amb un saldo final del mes anterior de 1.700€, l'interès que hem de pagar es calcula de la manera següent:

Data	Concepte	Moviment	Saldo
01/01/2014	Saldo inicial		−1.700,00
05/01/2014	Compra	−250,00	−1.950,00
07/01/2014	Quota mensual	+400,00	−1.550,00
25/01/2014	Compra	−75,00	−1.625,00
01/02/2014			−1.625,00

1.700€ x 4 dies = 6.800
1.950€ x 2 dies = 3.900
1.550€ x 18 dies = 27.900
1.625€ x 7 dies = 11.375
49.975

(49.975 : 31 dies) · 1,5% = 24,18€

Els interessos que hauria de pagar durant aquest mes el propietari de la targeta són 24,18€.

- A la dreta tenim els moviments de la targeta de crèdit dels pares de la Maria durant el mes de juny de l'any 2015. Quant pagaran d'interessos per aquesta targeta de crèdit si el tipus d'interès és d'1,3% mensual? Si no fessin la compra del dia 25, quant pagarien aleshores?

Data	Concepte	Moviment	Saldo
01/06/15	Saldo inicial		−400
03/06/15	Quota mensual	+350	−50
12/06/15	Compra	−240	−290
25/06/15	Compra	−120	−410
01/07/15			−410

Formes de pensar. Raonament matemàtic

123 Si una magnitud A és directament proporcional a una magnitud B, que és inversament proporcional a C, com són A i C?

124 Reparteix un nombre k en dues parts directament proporcionals a dos nombres qualssevol, m i n, i, després, fes el repartiment inversament proporcional als mateixos valors. Quina relació hi ha entre les parts que obtens en cada repartiment? Sempre passa el mateix?

125 Si una quantitat determinada la disminuïm el 10%, en quin percentatge l'hem d'incrementar per obtenir la mateixa quantitat?

126 Dedueix quin percentatge representa una quantitat Q respecte d'aquestes altres:

a) $2Q$
b) $3Q$
c) $10Q$
d) $20Q$
e) $4Q$
f) $5Q$
g) $50Q$
h) $100Q$

127 Una làmina de cristall absorbeix el 20% de la llum vermella que hi arriba, és a dir, en deixa passar el 80%. Quantes làmines són necessàries, com a mínim, l'una a sobre de l'altra, perquè passi com a màxim la meitat de la llum vermella que hi arriba?

PROJECTE FINAL. **Aprenentatge cooperatiu**

OBJECTIU: Crear una associació al centre educatiu

Un cop formats els grups, seguiu el procés següent:

1a Fase

- Estudieu quines associacions hi ha a la vostra localitat i elaboreu una llista de possibles noves associacions que podeu crear: cultural, esportiva, d'ajuda al desenvolupament, de reciclatge, etc.
- Esbrineu quines són les preferències dels estudiants sobre el tipus d'associació que els agradaria formar.

2a Fase

- Busqueu informació sobre els tràmits administratius que són necessaris per crear una associació. Establiu contacte amb altres associacions de la localitat perquè us expliquin les seves experiències.
- Prepareu un pressupost amb les possibles despeses que tindreu a l'associació i estudieu la forma d'aconseguir ingressos: quotes dels associats, subvencions municipals...
- Estudieu amb la direcció del centre quin tipus d'ajuda us podran oferir: diners, local, material...

3a Fase

- Poseu en comú tota la informació recollida i decidiu quin tipus d'associació voleu formar.
- Redacteu els estatuts de l'associació.

Proves PISA

Pingüins

128 ●●● El fotògraf d'animals Jean Baptiste va emprendre una expedició d'un any i va fer moltes fotografies de pingüins i de les seves cries.

Particularment, l'interessava el creixement de les dimensions de les diferents colònies de pingüins.

a) El Jean es pregunta com canviarà la grandària d'una colònia de pingüins en els propers anys. Per poder determinar-ho fa les suposicions següents:
   - Al començament de l'any, la colònia consta de 10.000 pingüins (5.000 parelles).
   - Cada parella de pingüins té una cria la primavera de cada any.
   - Al final de l'any, el 20 % dels pingüins (adults i cries) mor.

Al final del primer any, quants pingüins (adults i cries) hi haurà a la colònia?

b) El Jean assumeix que la colònia continuarà creixent de la manera següent:
   - Al principi de cada any, la colònia està formada pel mateix nombre de pingüins mascles i femelles que formen parelles.
   - Cada parella de pingüins té una cria la primavera de cada any.
   - Al final de cada any, el 20 % dels pingüins (adults i cries) mor.
   - Els pingüins d'un any també crien cries.

Basant-te en les suposicions anteriors, quina de les fórmules següents descriu el nombre total de pingüins, P, després de 7 anys?

a) $P = 10.000 \times (1,5 \times 0,2)^7$
b) $P = 10.000 \times (1,5 \times 0,8)^7$
c) $P = 10.000 \times (1,2 \times 0,2)^7$
d) $P = 10.000 \times (1,2 \times 0,8)^7$

(Prova PISA 2006)

CLAUS PER COMENÇAR

Expressions algebraiques

Una **expressió algebraica** és un conjunt de nombres i lletres units pels signes de les operacions aritmètiques.

EXEMPLE

Un nombre menys 3 unitats → $n - 3$

El doble d'un nombre → $2n$

La cinquena part d'un nombre → $\frac{n}{5}$

Un nombre parell → $2n$

Un nombre senar → $2n + 1$

El nombre següent a un nombre parell → $2n + 2$

ACTIVITATS

1 Expressa algebraicament aquestes relacions:

a) El quàdruple d'un nombre

b) La tercera part d'un nombre més 1

c) La cinquena part d'un nombre senar

d) El quadrat de la meitat d'un nombre

e) El triple d'un nombre menys tres

Càlcul d'operacions amb potències

- Potències amb base negativa i exponent positiu: $(-a)^n = \begin{cases} a^n & \text{si } n \text{ és parell} \\ -a^n & \text{si } n \text{ és senar} \end{cases}$
- Producte de potències de la mateixa base: $a^n \cdot a^m = a^{n+m}$
- Quocient de potències de la mateixa base: $a^n : a^m = a^{n-m}$
- Potència d'una potència: $(a^n)^m = a^{n \cdot m}$

EXEMPLE

Potències amb base negativa

$(-5)^4 = 625$

$(-5)^3 = -125$

Producte i quocient de potències de la mateixa base

$2^7 \cdot 2^4 = 2^{7+4} = 2^{11}$

$5^8 : 5^2 = 5^{8-2} = 5^6$

Potència d'una potència

$(3^2)^4 = 3^{2 \cdot 4} = 3^8$

$((-3)^2)^4 = (-3)^{2 \cdot 4} = (-3)^8 = 3^8$

ACTIVITATS

2 Resol.

a) $6^5 : 6^3$

b) $(-2)^5$

c) $\left(\frac{3}{4}\right)^3 \cdot \left(\frac{3}{4}\right)$

d) $(-2)^6$

e) $\left(\frac{2}{5}\right)^9 : \left(\frac{2}{5}\right)^3$

f) $((-2)^3)^2$

1985
Origen de l'SMS (*short message service*, 'servei de missatges curts'); està concebut per enviar missatges des de la xarxa de l'operador fins als terminals dels usuaris.

L'investigador Friedhelm Hillebrand va definir la longitud estàndard d'un missatge de text.

Successions numèriques

7

SABER

- Successions. Terme general
- Progressions aritmètiques i geomètriques
- Interès compost

SABER FER

- Calcular la diferència i el terme general d'una progressió aritmètica
- Determinar la suma dels n primers termes d'una progressió aritmètica
- Calcular la raó i el terme general d'una progressió geomètrica
- Trobar la suma dels n primers termes d'una progressió geomètrica

? INTERPRETA LA IMATGE

L'SMS

El 1985, Hillebrand va teclejar en la seva màquina d'escriure diverses frases comunes. Va establir que la majoria tenien menys de 160 caràcters, que finalment es va fixar com la longitud màxima per a un SMS.

- Enviem l'SMS: «Demà aniré a la festa.» El destinatari hi afegeix: «Jo també» i el reenvia, procés que es repeteix diverses vegades. Quants amics s'afegeixen a la festa fins a aconseguir la longitud màxima d'un SMS?

3 de desembre de 1992
S'envia el primer SMS des d'un ordinador fins a un telèfon mòbil; el missatge deia: «Bon Nadal».

1993
Un terminal de Nokia envia el primer missatge SMS de mòbil a mòbil a Finlàndia.

Actualment
Els serveis de missatgeria instantània (WhatsApp, Line...) han relegat els SMS. Aquests serveis ofereixen comunicacions interactives aprofitant les connexions de dades.

Com a dada curiosa, durant tot l'any 2012, es van enviar a tot el món 19.000 milions de missatges a través de la missatgeria instantània, enfront dels 17.600 milions de SMS.

1 Successions

Una successió és finita si té un nombre finit de termes.

Nombres primers més petits que 20 → 2, 3, 5, 7, 11, 13, 17, 19

Una successió és infinita si té infinits termes.

Nombres naturals parells → 2, 4, 6, 8, 10, 12, 14...

Una **successió** és un conjunt ordenat de nombres reals:

$$a_1, a_2, a_3, a_4, a_5, a_6...$$

Cada nombre que forma la successió s'anomena **terme** i es designa com a $\mathbf{a}_i$, en què i indica el lloc que ocupa en la successió.

EXEMPLE

1. Determina els termes a_3 i a_5 en aquestes successions:

a) 2, 4, 6, 8, 10, 12, 14...

b) 3, 9, 27, 81, 243, 729...

c) 0, −3, −6, −9, −12, −15, −18...

d) 50, 48, 46, 44, 42, 40, 38...

a_3 és el tercer terme i a_5 és el cinquè.

a) $a_3 = 6$, $a_5 = 10$

b) $a_3 = 27$, $a_5 = 243$

c) $a_3 = -6$, $a_5 = -12$

d) $a_3 = 46$, $a_5 = 42$

1.1. Regla de formació

Hi ha successions en les quals es poden determinar els termes a partir d'un cert criteri; aquest criteri s'anomena **regla de formació**.

Per determinar la regla de formació, estudiem la relació entre cada terme i el terme següent.

EXEMPLE

2. Determina la regla de formació d'aquestes successions:

a) 20, 18, 16, 14, 12... → Cada terme és l'anterior menys 2.

b) 1, 3, 9, 27... → Cada terme és l'anterior multiplicat per 3.

c) 1, 11, 111, 1.111... → Cada terme té tants 1 com el lloc que ocupa en la successió.

d) 1, 2, 3, 5, 8, 13, 21... → El primer terme és 1, el segon és 2 i la resta són la suma dels dos termes anteriors.

ACTIVITATS

1 PRACTICA. Indica quins són els termes a_1, a_3 i a_6 de les successions següents:

a) 6, 7, 8, 9, 10...

b) 0, −2, −4, −6, −8...

c) 1; 0,1; 0,01; 0,001; 0,0001...

2 APLICA. Posa dos exemples de successions finites i dos d'infinites.

3 APLICA. Escriu la regla de formació i els sis termes següents d'aquestes successions:

a) 3, 6, 12, 24...

b) 3, 7, 11, 15...

c) 3, −1, −5, −9...

d) 3, 4, 7, 11, 18, 29...

4 REFLEXIONA. Fes una successió amb termes $a_1 = 2$, $a_2 = 3$ i $a_3 = 4$, en què els termes següents siguin la suma dels tres anteriors.

1.2. Terme general

El **terme general** d'una successió és una expressió algebraica que ens permet calcular qualsevol terme de la successió si sabem el lloc que ocupa. Es representa com a_n.

EXEMPLE

3. Calcula el terme general d'aquestes successions i determina a_6 i a_{60}.

a) 3, 6, 9, 12,15...

$$\left.\begin{matrix} a_1 = 3 = 3 \cdot 1 & a_3 = 9 = 3 \cdot 3 \\ a_2 = 6 = 3 \cdot 2 & a_4 = 12 = 3 \cdot 4 \end{matrix}\right\} \rightarrow \text{Cada terme és el lloc que ocupa multiplicat per 3}$$

Terme general $\rightarrow a_n = 3n$, en què n és el lloc que ocupa.

$a_n = 3n \xrightarrow{n=6} a_6 = 3 \cdot 6 = 18$ $\quad a_n = 3n \xrightarrow{n=60} a_{60} = 3 \cdot 60 = 180$

b) 3, 5, 7, 9, 11...

$$\left.\begin{matrix} a_1 = 3 = 2 \cdot 1 + 1 & a_3 = 7 = 2 \cdot 3 + 1 \\ a_2 = 5 = 2 \cdot 2 + 1 & a_4 = 9 = 2 \cdot 4 + 1 \end{matrix}\right\} \rightarrow \text{Cada terme és el lloc que ocupa multiplicat per 2 i sumant-hi 1}$$

Terme general $\rightarrow a_n = 2n + 1$, en què n és el lloc que ocupa.

$a_6 = 2 \cdot 6 + 1 = 13$ $\quad a_{60} = 2 \cdot 60 + 1 = 121$

1.3. Successions recurrents

Una **successió** és **recurrent** quan obtenim cada terme a partir dels anteriors.

EXEMPLE

4. Determina el terme general d'aquesta successió i calcula a_7 i a_8.

100, 97, 94, 91, 88, 85...

Cada nombre és igual a l'anterior menys 3.

Terme general $\rightarrow a_n = a_{n-1} - 3$

$a_n = a_{n-1} - 3 \xrightarrow{n=7} a_7 = a_6 - 3 = 85 - 3 = 82$

$a_n = a_{n-1} - 3 \xrightarrow{n=8} a_8 = a_7 - 3 = 82 - 3 = 79$

T'HI ATREVEIXES?

En Dídac construeix piràmides amb cubs. Si té una bossa amb 140 cubs, fins a quina alçada podrà arribar?

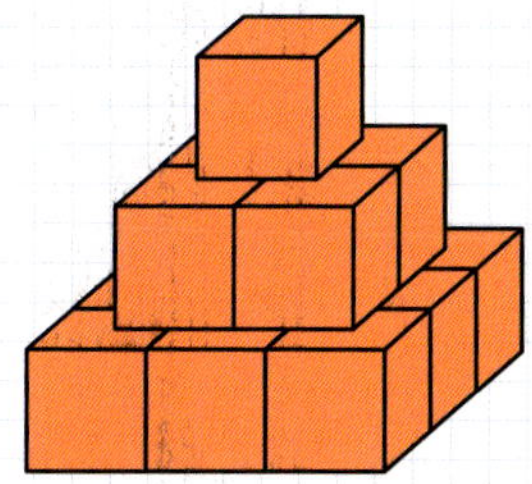

ACTIVITATS

5 PRACTICA. Escriu els vuit primers termes de les successions que tenen com a terme general les expressions següents:

a) $a_n = n + 3$ $\qquad$ c) $a_n = \dfrac{n}{2}$

b) $a_n = n^2 - 9$ $\qquad$ d) $a_n = \dfrac{n+5}{n+2}$

6 APLICA. Determina els termes tercer, cinquè i desè d'aquestes successions:

a) $a_n = 2 \cdot a_{n-1} + 3$ $\quad$ en què $a_1 = -3$

b) $a_n = a_{n-1} + 3 \cdot a_{n-2}$ $\quad$ en què $a_1 = 2$ i $a_2 = 5$

7 REFLEXIONA. Determina el terme general de la successió 1, 3, 5, 9, 15, 25, 41...

2 Progressió aritmètica

En una situació d'**interès simple**, els capitals quan s'acaba cada període de temps formen una progressió aritmètica amb diferència:

$$d = C_0 \cdot r$$

On C_0 = capital inicial i r, el rèdit anual.

Per exemple, 1.500 € a un 2 % de rèdit, els capitals finals de cada any formen aquesta progressió aritmètica:

1.500, 1.530, 1.560, 1.590...

Una **progressió aritmètica** és una successió en la qual cada terme (menys el primer) s'obté a partir de l'anterior sumant-t'hi un nombre fix d, anomenat **diferència** de la progressió.

En una progressió aritmètica es verifica que:

$$a_2 - a_1 = a_3 - a_2 = a_4 - a_3 = \ldots = d$$

EXEMPLE

5. Determina si aquestes successions són progressions aritmètiques:

a) 6, 11, 16, 21, 26, 31...   b) 4, 9, 14, 22, 30...

$$a_2 - a_1 = a_3 - a_2 = a_4 - a_3 = a_5 - a_4 = a_6 - a_5 = \ldots = d$$

a) $11 - 6 = 16 - 11 = 21 - 16 = 26 - 21 = 31 - 26 = \ldots = 5$

És una progressió aritmètica amb diferència $d = 5$.

b) $9 - 4 = 14 - 9 \neq 22 - 14$ → No és una progressió aritmètica.

2.1. Terme general d'una progressió aritmètica

En una progressió aritmètica, cadascun dels termes és igual a l'anterior més la diferència. És a dir:

$$a_2 = a_1 + d$$
$$a_3 = a_2 + d = (a_1 + d) + d = a_1 + 2d$$
$$a_4 = a_3 + d = (a_1 + 2d) + d = a_1 + 3d$$
$$\ldots$$
$$a_n = a_1 + (n - 1)d$$

El **terme general** d'una progressió aritmètica és: $a_n = a_1 + (n - 1)d$, en què a_1 és el primer terme i d és la diferència.

Donats dos termes, a_p i a_q, d'una progressió aritmètica ($p < q$) es verifica que: $a_q = a_p + (q - p)d$.

! NO TE N'OBLIDIS

Dos termes d'una progressió aritmètica sempre estan relacionats.

$a_8 = a_5 + (8 - 5)d = a_5 + 3d$

$a_{11} = a_4 + (11 - 4)d = a_4 + 7d$

...

ACTIVITATS

8 PRACTICA. Determina si les successions següents són progressions aritmètiques:

a) −10, −20, −40, −80...

b) −4, 0, 4, 8...

c) $\frac{1}{3}, \frac{2}{3}, 1, \frac{4}{3}, \frac{5}{3} \ldots$

d) 6, 9, 15, 24, 39...

9 APLICA. Determina la diferència i el primer terme d'aquestes progressions:

a) $a_n = 5n - 11$ b) $a_n = -3n + 10$

10 REFLEXIONA. Determina el terme general de la progressió aritmètica si sabem que:

$$a_1 = \frac{2}{3} \qquad d = \frac{-1}{2}$$

SABER FER

Calcular la diferència i el terme general d'una progressió aritmètica

Determina el terme general d'aquestes progressions aritmètiques:

a) $d = 5, a_{10} = 19$ **b)** 8, 11, 14, 17, 20... **c)** $a_4 = 80, a_7 = 68$

> La fórmula:
> $a_n = a_1 + (n - 1)d$
> només és vàlida si la successió és una progressió aritmètica.

Passos que cal seguir

1. Si no en coneixem la diferència, la calculem utilitzant la fórmula:

$$a_q = a_p + (q - p)d$$

a) $d = 5$

b) $a_1 = 8, a_2 = 11$
$a_2 = a_1 + (2 - 1)d$
$11 = 8 + d$
$d = 11 - 8 = 3$

c) $a_4 = 80, a_7 = 68$
$a_7 = a_4 + (7 - 4)d$
$68 = 80 + 3d$
$d = -4$

2. Si no coneixem a_1, el calculem aplicant la mateixa fórmula.

a) $a_{10} = a_1 + (10 - 1)d$
$19 = a_1 + 9 \cdot 5$
$a_1 = -26$

b) $a_1 = 8$

c) $a_4 = a_1 + (4 - 1) \cdot (-4)$
$80 = a_1 - 12$
$a_1 = 92$

3. Calculem el terme general a través de la fórmula:

$$a_n = a_1 + (n - 1)d$$

a) $a_n = a_1 + (n - 1)d$ → $a_1 = -26, d = 5$
$a_n = -26 + (n - 1) \cdot 5$
$a_n = -26 + 5n - 5$
$a_n = -31 + 5n$

b) $a_n = a_1 + (n - 1)d$ → $a_1 = 8, d = 3$
$a_n = 8 + (n - 1) \cdot 3$
$a_n = 8 + 3n - 3$
$a_n = 5 + 3n$

c) $a_n = a_1 + (n - 1)d$ → $a_1 = 92, d = -4$
$a_n = 92 + (n - 1) \cdot (-4)$
$a_n = 92 - 4n + 4$
$a_n = 96 - 4n$

ACTIVITATS

11 Determina la diferència de les progressions aritmètiques següents:

a) 3, 5, 7, 9...

b) −1, −6, −11, −16...

c) $\frac{5}{3}, \frac{7}{3}, 3, \frac{11}{3}...$

12 Esbrina la diferència de les progressions aritmètiques que tenen com a terme general:

a) $a_n = 4n - 5$

b) $a_n = \frac{n + 1}{2}$

c) $a_n = -6n + 1$

d) $a_n = \frac{3 - n}{4}$

13 Calcula la diferència de les progressions coneguts aquests dos termes:

a) $\begin{cases} a_4 = 12 \\ a_7 = 21 \end{cases}$

b) $\begin{cases} a_6 = -8 \\ a_{13} = 34 \end{cases}$

c) $\begin{cases} a_5 = -60 \\ a_{11} = 60 \end{cases}$

d) $\begin{cases} a_4 = 3 \\ a_{20} = 83 \end{cases}$

14 En una progressió aritmètica, el primer terme és 5 i la diferència és −2. Determina a_n.

15 En una progressió aritmètica, el tercer terme és 9 i la diferència és 7. Calcula'n el primer terme i el terme general.

16 Calcula el terme general de les progressions aritmètiques següents:

a) −7, −2, 3, 8...

b) $\frac{-3}{2}, 0, \frac{3}{2}, 3...$

c) 5, 12, 19, 26...

d) $\frac{1}{10}, \frac{1}{5}, \frac{3}{10}, \frac{2}{5}...$

e) 50, 40, 30, 20...

f) $\frac{7}{4}, \frac{7}{2}, \frac{21}{4}, 7...$

17 Escriu el terme general per a cadascuna d'aquestes progressions aritmètiques:

3 Progressió geomètrica

Una **progressió geomètrica** és una successió en la qual cada terme (menys el primer) s'obté multiplicant l'anterior per un nombre fix r, anomenat **raó** de la progressió.

En una progressió geomètrica es verifica que:

$$\frac{a_2}{a_1} = \frac{a_3}{a_2} = \frac{a_4}{a_3} = \ldots = r$$

EXEMPLE

7. Determina si aquestes successions són progressions geomètriques:

a) 2, 6, 18, 54...

b) 4, 8, 16, 20...

$$\frac{a_2}{a_1} = \frac{a_3}{a_2} = \frac{a_4}{a_3} = \ldots = r$$

a) $\frac{6}{2} = \frac{18}{6} = \frac{54}{18} = \ldots = 3$ És una progressió geomètrica amb $r = 3$.

b) $\frac{8}{4} = \frac{16}{8} \neq \frac{20}{16}$ No és una progressió geomètrica.

3.1. Terme general d'una progressió geomètrica

En una progressió geomètrica, cadascun dels termes és igual a l'anterior multiplicat per la raó. És a dir:

$a_2 = a_1 \cdot r$

$a_3 = a_2 \cdot r = (a_1 r) \cdot r = a_1 r^2$

$a_4 = a_3 \cdot r = (a_1 r^2) \cdot r = a_1 r^3 \ldots$

$a_n = a_1 r^{n-1}$

El **terme general** d'una progressió geomètrica és: $\mathbf{a_n = a_1 \cdot r^{n-1}}$, en què a_1 és el primer terme i r és la raó.

Donats dos termes, a_p i a_q, d'una progressió geomètrica ($p < q$), es verifica que: $a_q = a_p \cdot r^{q-p}$.

T'HI ATREVEIXES?

Una ameba es reprodueix cada minut dividint-se en dues amebes.

Si dues amebes reproduint-se, omplen un tub d'assaig en 2 hores, quant trigaria una de sola?

Dos termes d'una progressió geomètrica sempre estan relacionats.

$a_8 = a_5 \cdot r^{8-5} = a_5 \cdot r^3$

$a_{11} = a_4 \cdot r^{11-4} = a_4 \cdot r^7$

...

ACTIVITATS

28 PRACTICA. Indica si són progressions geomètriques.

a) 1, 4, 8, 12...

b) $\frac{-1}{2}, \frac{-5}{4}, \frac{-25}{8}, \frac{-125}{16} \ldots$

c) $1, -4, 16, -64\ldots$

d) $-1, -3, -9, -12\ldots$

e) $\frac{1}{81}, \frac{1}{27}, \frac{1}{9}, \frac{1}{3} \ldots$

29 APLICA. Troba els termes primer i tercer.

a) $a_n = (-2) \cdot 3^n$

b) $a_n = 5 \cdot 2^{n-1}$

c) $a_n = \frac{1}{5} \cdot \left(\frac{1}{2}\right)^{n+1}$

d) $a_n = 3 \cdot (-1)^{n+2}$

30 REFLEXIONA. Determina el terme general de la progressió geomètrica si sabem que:

$a_1 = -3 \qquad r = \frac{1}{2}$

SABER FER

> La fórmula:
> $a_n = a_1 \cdot r^{n-1}$
> només és vàlida si la successió és una progressió geomètrica.

Calcular la raó i el terme general d'una progressió geomètrica

Determina el terme general d'aquestes progressions geomètriques:

a) $r = 4$, $a_5 = 256$ **b)** 4, 12, 36, 108... **c)** $a_3 = 5$, $a_5 = 125$

Passos que cal seguir

	a)	b)	c)
1. Si no en coneixem la raó, la calculem mitjançant la fórmula: $a_q = a_p \cdot r^{q-p}$	$r = 4$	$a_1 = 4$, $a_2 = 12$ $a_2 = a_1 \cdot r^{2-1}$ $12 = 4 \cdot r$ $r = 3$	$a_3 = 5$, $a_5 = 125$ $a_5 = a_3 \cdot r^{5-3}$ $125 = 5 \cdot r^2$ $r = 5$
2. Si no coneixem a_1, el calculem utilitzant la fórmula: $a_n = a_1 \cdot r^{n-1}$	$a_5 = a_1 \cdot r^{5-1}$ $256 = a_1 \cdot 4^4$ $a_1 = 1$	$a_1 = 4$	$a_3 = a_1 \cdot r^{3-1}$ $5 = a_1 \cdot 5^2$ $a_1 = \frac{1}{5}$
3. Calculem el terme general per mitjà de la fórmula: $a_n = a_1 \cdot r^{n-1}$	$a_n = a_1 \cdot r^{n-1}$ ↓ $a_1 = 1, r = 4$ $a_n = 1 \cdot 4^{n-1} = 4^{n-1}$	$a_n = a_1 \cdot r^{n-1}$ ↓ $a_1 = 4, r = 3$ $a_n = 4 \cdot 3^{n-1}$	$a_n = a_1 \cdot r^{n-1}$ ↓ $a_1 = \frac{1}{5}, r = 5$ $a_n = \frac{1}{5} \cdot 5^{n-1} = \frac{5^{n-1}}{5} = 5^{n-2}$

ACTIVITATS

31 Determina el terme general i el terme a_6 de les progressions geomètriques següents:

a) 5, 15, 45... b) $3, 3\sqrt{3}, 9, 9\sqrt{3}...$

32 En una progressió geomètrica, $a_2 = 2$ i $a_4 = \frac{1}{2}$, calcula a_n i a_5.

33 Troba la raó d'aquestes progressions geomètriques:

a) 1, 4, 16, 64...

b) $-3, -3\sqrt{2}, -6, -6\sqrt{2}...$

c) $\frac{-1}{2}, \frac{-3}{2}, \frac{-9}{2}, \frac{-27}{2}...$

d) $-4, 12, -36, 108...$

34 Determina la raó de les progressions geomètriques que tenen el terme general següent i indica el primer terme de cadascuna:

a) $a_n = 4 \cdot (-2)^{n-1}$ c) $a_n = -6 \cdot \left(\frac{1}{3}\right)^{n+1}$

b) $a_n = \frac{1}{7} \cdot 5^n$ d) $a_n = 3 \cdot 2^{n-2}$

35 Calcula la raó d'aquestes progressions geomètriques, de les quals coneixem:

a) $\begin{cases} a_3 = 2 \\ a_5 = 50 \end{cases}$ c) $\begin{cases} a_5 = -64 \\ a_8 = -1 \end{cases}$

b) $\begin{cases} a_6 = \frac{-4}{9} \\ a_{10} = \frac{-9}{4} \end{cases}$ c) $\begin{cases} a_2 = 48 \\ a_7 = \frac{16}{81} \end{cases}$

36 Calcula el terme general de les progressions geomètriques següents:

a) 2, 10, 50, 250... c) $\frac{-1}{8}, \frac{1}{4}, \frac{-1}{2}, 1...$

b) $\sqrt{5}, 5, 5\sqrt{5}, 25...$ d) $\frac{3}{4}, \frac{3}{2}, 3, 6...$

37 Escriu el terme general de les progressions geomètriques següents, de les quals coneixem:

a) $\begin{cases} a_2 = -32 \\ a_7 = 1 \end{cases}$ b) $\begin{cases} a_4 = -3 \\ a_6 = -48 \end{cases}$

3.2. Suma de *n* termes d'una progressió geomètrica

A continuació buscarem una fórmula general per calcular la suma de n termes d'una progressió geomètrica:

$$S_n = a_1 + a_2 + \ldots + a_{n-1} + a_n$$

Si multipliquem els dos membres per la raó r, obtenim:

$$S_n \cdot r = \underbrace{a_1 \cdot r}_{a_2} + \underbrace{a_2 \cdot r}_{a_3} + \ldots + \underbrace{a_{n-1} \cdot r}_{a_r} + a_n \cdot r = a_2 + a_3 + \ldots + a_n + a_n \cdot r$$

Restem les dues expressions:

$$\begin{array}{rl} S_n \cdot r = & \cancel{a_2} + \cancel{a_3} + \ldots + \cancel{a_{n-1}} + \cancel{a_n} + a_n \cdot r \\ - \quad S_n = & a_1 + \cancel{a_2} + \cancel{a_3} + \ldots + \cancel{a_{n-1}} + \cancel{a_n} \\ \hline S_n \cdot r - S_n = & -a_1 \qquad\qquad\qquad\qquad + a_n \cdot r \end{array}$$

Extraiem factor comú S_n i aïllem:

$$S_n(r-1) = -a_1 + a_n \cdot r = a_n \cdot r - a_1$$

$$S_n = \frac{a_n r - a_1}{r-1} = \frac{(a_1 r^{n-1})r - a_1}{r-1} = \frac{a_1(r^n - 1)}{r-1}$$

Si en coneixem el primer terme i l'últim, per calcular S_n també podem fer servir aquesta fórmula:

$$S_n = \frac{a_n r - a_1}{r-1}$$

La suma, S_n, de n termes d'una progressió geomètrica de raó r és:

$$S_n = \frac{a_1(r^n - 1)}{r-1}$$

T'HI ATREVEIXES?

Si la Clàudia té 50 € i cada dia gasta la meitat dels diners que té, quan gastarà la seva última moneda?

EXEMPLE

8. Calcula la suma dels 8 primers termes de la progressió geomètrica: $-2, -6, -18, -54\ldots$

- El primer terme és $a_1 = -2$.
- Calculem la raó: $a_n = a_1 \cdot r^{n-1} \rightarrow a_2 = a_1 \cdot r^{2-1} \rightarrow -6 = -2r \rightarrow r = 3$

$$S_n = \frac{a_1(r^n - 1)}{r-1} \xrightarrow[n=8]{a_1=-2,\, r=3} S_8 = \frac{(-2)(3^8 - 1)}{3-1} = \frac{(-2)\cdot 6.560}{2} = -6.560$$

ACTIVITATS

38 PRACTICA. Calcula la suma dels 10 primers termes d'aquestes progressions geomètriques:

a) $3, -12, 48, -192\ldots$

b) $\sqrt{5}, 5, 5\sqrt{5}, 25\ldots$

c) $\frac{-1}{8}, \frac{1}{4}, \frac{-1}{2}, 1\ldots$

d) $\frac{1}{2}, \frac{3}{2}, \frac{9}{2}, \frac{27}{2}\ldots$

39 APLICA. Calcula la suma dels 9 primers termes de les progressions que tenen de termes generals:

a) $a_n = 7 \cdot (\sqrt{5})^{n+1}$

b) $a_n = 4 \cdot (-3)^{n-2}$

40 REFLEXIONA. Una carretera es bifurca al cap de 3 km en línia recta. Cada ramificació es torna a bifurcar al cap de 3 km més, i així successivament fins a un total de 6 vegades. Quants quilòmetres tenen totes les bifurcacions en total?

SABER FER

Calcular la suma dels n primers termes d'una progressió geomètrica

Calcula la suma dels 8 primers termes d'aquestes progressions geomètriques:

a) $a_2 = 8,\ r = 2$ **b)** $a_1 = 1,\ a_3 = \frac{1}{4}$ **c)** $a_3 = -27,\ a_5 = -243$

> Per poder calcular la suma dels n primers termes d'una progressió geomètrica, necessitem saber a_1 i a_n, o bé a_1 i r.

Passos que cal seguir

1. Si no coneixem r, la calculem utilitzant la fórmula:

$$a_q = a_p \cdot r^{q-p}$$

a) $r = 2$

b) $a_1 = 1,\ a_3 = \frac{1}{4}$

$$a_3 = a_1 \cdot r^{3-1}$$
$$\frac{1}{4} = 1 \cdot r^2$$
$$r^2 = \frac{1}{4} \rightarrow r = \frac{1}{2}$$

c) $a_3 = -27,\ a_5 = -243$

$$a_5 = a_3 \cdot r^{5-3}$$
$$-243 = -27 \cdot r^2$$
$$r = 3$$

2. Si no coneixem a_1, el calculem per mitjà de la fórmula:

$$a_n = a_1 \cdot r^{n-1}$$

a) $a_2 = a_1 \cdot r^{2-1}$
$$8 = a_1 \cdot 2^1$$
$$a_1 = 4$$

b) $a_1 = 1$

c) $a_3 = a_1 \cdot r^{3-1}$
$$-27 = a_1 \cdot 3^2$$
$$a_1 = -3$$

3. Calculem la suma mitjançant la fórmula:

$$S_n = \frac{a_1(r^n - 1)}{r - 1}$$

a) $S_8 = \dfrac{4 \cdot (2^8 - 1)}{2 - 1}$

$$S_8 = \frac{4 \cdot 255}{1} = 1.020$$

b) $S_8 = \dfrac{1 \cdot \left(\left(\frac{1}{2}\right)^8 - 1\right)}{\frac{1}{2} - 1}$

$$S_8 = \frac{-\frac{255}{256}}{-\frac{1}{2}} = \frac{255}{128}$$

c) $S_8 = \dfrac{-3 \cdot (3^8 - 1)}{3 - 1}$

$$S_8 = \frac{-3 \cdot 6.560}{2} = -9.840$$

ACTIVITATS

41 Calcula la suma dels 7 primers termes d'aquestes progressions geomètriques:

a) $\begin{cases} a_1 = 1 \\ r = \frac{1}{2} \end{cases}$ b) $\begin{cases} a_1 = 0{,}1 \\ a_3 = 0{,}4 \end{cases}$ c) $\begin{cases} a_2 = -3 \\ a_4 = -\frac{1}{3} \end{cases}$

42 Determina la suma dels 6 primers termes de les progressions geomètriques següents:

a) $\begin{cases} a_1 = 1 \\ r = 3 \end{cases}$ c) $\begin{cases} a_3 = -2 \\ r = -2 \end{cases}$

b) $\begin{cases} a_3 = 8 \\ r = \frac{1}{2} \end{cases}$ d) $\begin{cases} a_5 = 9 \\ r = \sqrt{3} \end{cases}$

43 Calcula la suma dels 10 primers termes d'una progressió geomètrica amb $a_n = 2\left(\sqrt{5}\right)^n$.

44 La suma dels n termes d'una progressió geomètrica és 504. Calcula la raó de la successió si sabem que $a_8 = 256$ i $a_1 = 8$.

45 Fa dos dissabtes, la Núria va enviar un correu electrònic a tres amics seus. L'endemà, cadascun dels amics de la Núria que va rebre el correu el va reenviar a tres amics més, i així successivament. Si cap amic ha rebut el missatge més d'una vegada, calcula quantes persones han rebut el missatge fins al dissabte següent.

$0{,}1^2 = 0{,}01$

$0{,}1^3 = 0{,}001$

$0{,}1^4 = 0{,}0001$

...

$0{,}1^{10} = 0{,}0000000001$

Amb un exponent gran, la potència d'un nombre que es troba entre −1 i 1 és pràcticament 0.

3.3. Suma dels infinits termes d'una progressió geomètrica amb $|r| < 1$

En les progressions geomètriques en les quals la raó, r, es troba entre els valors $-1 < r < 1$, podem calcular la suma dels seus termes infinits.

Sabem que la suma de n termes d'una progressió geomètrica és:

$$S_n = \frac{a_1(r^n - 1)}{r - 1}$$

Si $-1 < r < 1$, a mesura que el nombre de termes, n, que prenem en la suma creix, el valor de r^n és més petit, fins que es converteix pràcticament en 0. Per tant, tenim que:

- $r^n - 1$ seria pràcticament igual a -1.
- $r - 1 = -(1 - r)$.

Així, la suma dels infinits termes es podria posar:

$$S = \frac{a_1 \cdot (-1)}{r - 1} = \frac{-a_1}{-(1 - r)} = \frac{a_1}{1 - r}$$

La suma dels infinits termes d'una progressió geomètrica amb raó $-1 < r < 1$ és:

$$S = \frac{a_1}{1 - r}$$

EXEMPLE

9. Calcula la suma de tots els termes de la progressió geomètrica.

$$1, \frac{1}{2}, \frac{1}{4}, \frac{1}{8}, \frac{1}{16} \dots$$

- El primer terme és $a_1 = 1$.
- Calculem la raó: $a_n = a_1 \cdot r^{n-1} \to a_2 = a_1 \cdot r^{2-1} \to$
$$\to \frac{1}{2} = 1 \cdot r \to r = \frac{1}{2} < 1$$
- Com que $r < 1$, podem aplicar la fórmula:
$$S = \frac{a_1}{1 - r} = \frac{1}{1 - \frac{1}{2}} = \frac{1}{\frac{1}{2}} = 2$$

T'HI ATREVEIXES?

En una progressió geomètrica si $S = 20$ i $a_1 = 5$, quant val la raó?

ACTIVITATS

46 PRACTICA. Calcula la suma de tots els termes de les següents progressions geomètriques:

a) 100; 25; 6,25; 1,5625...

b) 10; 1; 0,1; 0,01...

c) 20; 4; 0,8; 0,16...

47 PRACTICA. Determina la suma de tots els termes d'una progressió geomètrica amb $r = 0{,}2$ i $a_1 = 4$.

48 APLICA. Calcula la suma de tots els termes d'aquestes progressions geomètriques:

a) $a_n = \frac{2}{5} \cdot \left(\frac{-1}{2}\right)^n$

b) $a_n = 6 \cdot \left(\frac{2}{3}\right)^{n-1}$

c) $a_n = -8 \cdot \left(\frac{1}{5}\right)^{n+1}$

d) $a_n = \frac{1}{10} \cdot \left(\frac{2}{5}\right)^{n-1}$

49 REFLEXIONA. Per què creus que la suma dels termes d'una progressió pot ser un valor concret tot i ser infinita?

4 Interès compost

Si dipositem un capital durant un període de temps, *t*, a un rédit, *r* %, i, quan s'acaba cada període d'inversió, els interessos s'afegeixen al capital, ens trobem en una situació d'**interès compost**.

Els capitals, quan s'acaba cada període de temps, formen una progressió geomètrica amb $a_1 = \text{Capital}_{\text{inicial}}$ i raó, $r = \left(1 + \frac{r}{100}\right)$.

EXEMPLE

10. La Carla diposita 5.000€ al 2% d'interès compost anual. Quants diners tindrà al cap de 3 anys?

El capital dipositat al començament és: $\text{Capital}_{\text{inicial}} = 5.000$€.

Quan s'acabi el primer any rebrà el 2% d'aquest capital:

$$\text{Capital}_{\text{1r any}} = 5.000 + \frac{2}{100} \cdot 5.000 = 5.000\left(1 + \frac{2}{100}\right) = 5.100$$

$$\text{Capital}_{\text{2n any}} = 5.100 + \frac{2}{100} \cdot 5.100 = 5.100\left(1 + \frac{2}{100}\right) = 5.000\left(1 + \frac{2}{100}\right)^2$$

Per tant, al final dels 3 anys tindrà:

$$\text{Capital}_{\text{3r any}} = 5.000\left(1 + \frac{2}{100}\right)^3 = 5.306{,}04\text{€}$$

El **capital final**, C_f, s'obté quan s'inverteix un rèdit, *r* %, a un capital, *C*, durant un temps, *t*, a interès compost.

$$C_f = C \cdot \left(1 + \frac{r}{100}\right)^t \quad (t \text{ en anys})$$

Per aplicar aquesta fórmula a temps en mesos i dies, només hem de substituir *r* pel rèdit mensual o diari, i *t* pel nombre de mesos o dies d'inversió.

EXEMPLE

11. L'Anna diposita 8.000€ al 3% d'interès compost anual. Quants diners tindrà al cap de 5 anys?

$$C_f = C \cdot \left(1 + \frac{r}{100}\right)^t \xrightarrow[r = 3,\, t = 5]{C = 8.000,} C_f = 8.000 \cdot \left(1 + \frac{3}{100}\right)^5 = 9.274{,}19\text{€}$$

ACTIVITATS

50 **PRACTICA.** Calcula el capital final que s'obtindrà si s'inverteixen 1.200€ amb un interès compost:

a) Al 2% anual durant 5 anys

b) Al 3% anual durant 4 anys

c) Al 4,2% anual durant 8 anys

51 **APLICA.** Quin capital s'ha d'invertir amb un interès compost del 3,4% durant 6 anys, 5 mesos i 12 dies per obtenir 1.245 € de capital final?

52 **REFLEXIONA.** Què dóna més beneficis, un dipòsit de 5 anys al 6% d'interès compost o un de 10 anys al 3% d'interès compost?

ACTIVITATS FINALS

SABER FER

Afegir nombres entre dos de donats de manera que tots formin una progressió aritmètica

79 Afegeix tres nombres entre 7 i 23 de manera que tots formin una progressió aritmètica.

PRIMER. Calculem a_1 i d.

La progressió és 7, a_2, a_3, a_4, 23. $\rightarrow \begin{cases} a_1 = 7 \\ a_5 = 23 \end{cases}$

Com que ha de ser una progressió aritmètica:

$$a_n = a_1 + (n-1)d \rightarrow 23 = 7 + (5-1) \cdot d \rightarrow$$
$$\rightarrow 23 - 7 = 4d \rightarrow d = 4$$

SEGON. Calculem els termes intermedis.

$$a_2 = a_1 + (2-1)d = 7 + 4 = 11$$
$$a_3 = a_1 + (3-1)d = 7 + 8 = 15$$
$$a_4 = a_1 + (4-1)d = 7 + 12 = 19$$

La progressió és 7, 11, 15, 19, 23.

80 Afegeix el nombre de termes indicat perquè es formi una progressió aritmètica.

a) 3 termes entre 1 i 9

b) 4 termes entre 3 i 18

c) 5 termes entre −4 i 20

d) 6 termes entre 2 i 58

81 Calcula la suma dels 12 i dels 25 primers termes de la progressió aritmètica que té com a terme general $a_n = -4n + 3$.

82 Calcula la suma dels 30 primers termes per a les progressions aritmètiques següents:

a) $a_4 = 8$ i $a_6 = 28$

b) $a_{10} = 70$ i $d = -15$

c) $a_3 = \frac{1}{2}$ i $a_4 = \frac{5}{6}$

d) $d = -3$ i $a_9 = 4a_4$

83 Determina el terme general de la progressió aritmètica en aquests casos:

a) $S_{16} = -528$ i $a_{16} = -3$

b) $S_{35} = 1.960$ i $a_3 = 11$

c) $S_{52} = 6.682$ i $a_1 = 1$

d) $S_{13} = 0$ i $a_8 = 8$

84 Utilitza les progressions aritmètiques i suma.

a) Els 50 primers nombres naturals

b) Els nombres parells més petits que 101

c) Els múltiples de 3 entre 100 i 200

d) Els nombres senars menors que 80

e) Quants nombres parells consecutius hem de sumar perquè el resultat sigui 11.400?

f) Quants nombres senars consecutius a partir d'1 hem de sumar per obtenir 2.916?

85 Calcula 5 termes d'una progressió aritmètica si sabem que sumen 80 i la diferència és 4.

86 Quants termes de la progressió aritmètica 5, 7, 9... hem de sumar perquè el resultat de la suma sigui 780?

Progressions geomètriques

87 Escriu els cinc primers termes d'aquestes progressions geomètriques:

a) $a_1 = 2$ i $r = 3$

b) $a_1 = -1$ i $r = 3$

c) $a_1 = 3$ i $r = 4$

d) $a_2 = -2$ i $r = -2$

SABER FER

Determinar si una progressió és aritmètica o geomètrica

88 Aquestes progressions són aritmètiques o geomètriques?

a) 2, 6, 10, 14, 18...

b) 4, 9, 13, 22, 35...

c) 6, 12, 24, 48, 96...

PRIMER. Restem a cada terme l'anterior i comprovem si les diferències són iguals.

a) $6 - 2 = 10 - 6 = 14 - 10 = 18 - 14 = 4$

És una progressió aritmètica.

b) $9 - 4 \neq 13 - 9 \neq 22 - 13 \neq 35 - 22$

c) $12 - 6 \neq 24 - 12 \neq 48 - 24 \neq 96 - 48$

b) i c) no són progressions aritmètiques.

SEGON. Dividim cada terme entre l'anterior i comprovem si les raons són iguals.

a) $\frac{6}{2} \neq \frac{10}{6} \neq \frac{14}{10} \neq \frac{18}{14}$

No és una progressió geomètrica.

b) $\frac{9}{4} \neq \frac{13}{9} \neq \frac{22}{13} \neq \frac{35}{22}$

No és una progressió geomètrica.

c) $\frac{12}{6} = \frac{24}{12} = \frac{48}{24} = \frac{96}{48} = 2$

És una progressió geomètrica.

89 Determina quines de les successions següents són progressions aritmètiques i quines són geomètriques. Calcula'n la diferència o la raó.

a) 1, 3, 9, 27...

b) 1, 3, 5, 7, 9...

c) $2, 1, \frac{1}{2}, \frac{1}{4}...$

d) −4, 4, −4, 4...

e) 64, 16, 4, 1...

f) $\frac{1}{25}, \frac{1}{5}, 1, 5...$

90 Indica les progressions que siguin geomètriques.

a) $a_1 = 6$ i $a_n = -2a_{n-1}$

b) $a_1 = -3$ i $a_n = (-1)^n \cdot a_{n-1}$

c) $a_1 = 4$ i $a_n = 5 + a_{n-1}$

d) $a_1 = 5, a_2 = 2$ i $a_n = a_{n-1} + 3a_{n-2}$

e) $a_1 = 256$ i $a_n = \frac{7a_{n-1}}{2}$

91 Calcula el terme general de les progressions geomètriques següents:

a) $a_1 = -1$ i $r = 2$
b) $a_1 = 3$ i $r = -4$
c) $a_1 = 8$ i $r = -\frac{1}{3}$
d) $a_1 = -2$ i $r = -2$
e) $a_1 = 1$ i $r = 4$
f) $a_1 = -9$ i $r = \frac{2}{3}$

92 Indica quin és el terme general d'aquestes progressions geomètriques:

a) $a_4 = 270$ i $r = \frac{3}{2}$
b) $a_3 = 5$ i $r = -5$
c) $a_2 = -12$ i $r = \frac{2}{3}$
d) $a_5 = 1$ i $r = 10$

93 Calcula els 5 primers termes i la raó d'aquestes progressions geomètriques:

a) $a_n = (-3)^n$
b) $a_n = 3 \cdot (-2)^{n+1}$
c) $a_n = 2^{1-n}$
d) $a_n = \frac{a_{n-1}}{7}$ en què $a_1 = 2.401$

94 Determina la raó i el quart terme de les progressions geomètriques següents:

a) $a_1 = 3$ i $a_2 = 6$
b) $a_2 = -16$ i $a_3 = 4$
c) $a_3 = 32$ i $a_5 = 2.048$
d) $a_5 = 243$ i $a_7 = 2.187$

95 Calcula els termes tercer i sisè d'aquestes progressions geomètriques:

a) $a_5 = 243$ i $a_7 = 27$
b) $a_1 = \frac{16}{25}$ i $a_2 = \frac{8}{5}$
c) $a_2 = 12$ i $a_4 = 432$
d) $a_4 = -1$ i $a_5 = 1$

96 Calcula el primer terme i la raó d'aquestes progressions geomètriques:

a) $a_4 = 12$ i $a_6 = -3$
b) $a_2 = -6$ i $a_3 = 6$
c) $a_6 = 128$ i $a_7 = -512$
d) $a_3 = 0{,}1$ i $a_5 = 0{,}001$

97 Completa a la llibreta les progressions geomètriques següents amb els termes que hi falten:

a) 1; 0,1; □; 0,001; □

b) □, $\frac{1}{2}$, $\frac{1}{6}$, □, $\frac{1}{54}$, □

c) □, $\frac{1}{3}$, □, $\frac{1}{12}$, □

d) □, $\frac{3}{2}$, □, □, $\frac{81}{4}$

98 El tercer terme d'una progressió geomètrica és $\frac{12}{5}$ i la raó és 10. Quin lloc ocupen aquests nombres dins de la progressió?

a) $\frac{12}{500}$
b) 240.000

99 Dos termes consecutius d'una progressió geomètrica són 3 i 4. Determina quin lloc ocupen si sabem que $a_1 = \frac{27}{16}$.

100 Digues si 3.720.087 és un dels termes de la progressió geomètrica que té 3 de raó i 1.701 de sisè terme.

101 Calcula la suma dels 5, dels 10 i dels 15 primers termes de la progressió geomètrica que té com a terme general $a_n = 2 \cdot (-5)^{n-1}$.

102 Calcula la suma dels 7 primers termes de les progressions geomètriques que tenen el terme general que hi ha a continuació:

a) $a_n = (-2) \cdot 3^{n+1}$
b) $a_n = 3^{n-2}$
c) $a_n = (-3) \cdot 2^{n+2}$
d) $a_n = (-2)^{n-1}$

103 Determina les sumes de termes següents en aquestes progressions geomètriques:

a) 6 primers termes si $a_1 = 7$ i $r = 4$

b) 10 primers termes si $a_3 = \frac{4}{9}$ i $r = 3$

c) 8 primers termes si $a_1 = 10$ i $r = 0{,}2$

104 Calcula, si és possible, la suma de tots els termes d'aquestes progressions geomètriques:

a) 10; 2; 0,4; 0,08...

b) 16; 12; 9; 6,75...

105 Escriu els 5 primers termes de les progressions geomètriques següents:

a) $a_1 = \frac{1}{3}$ i la suma de tots els termes és $\frac{4}{9}$.

b) $r = \frac{1}{5}$ i la suma de tots els termes és $\frac{15}{4}$.

106 Calcula la suma dels 9 primers termes d'una progressió geomètrica si sabem que $a_5 = 160$ i $a_2 = 20$.

107 La suma dels 5 primers termes d'una progressió geomètrica és $\frac{781}{500}$ i $r = \frac{1}{5}$.

a) Escriu els primers termes de la progressió.

b) Calcula la suma de tots els termes de la progressió i compara-la amb la donada.

ACTIVITATS FINALS

Problemes amb progressions

108 Un arbre que creix molt ràpidament multiplica l'altura per 1,2 cada any. Si quan comença un any té una altura de 0,75 m, quant farà al cap de 10 anys? Quant creixerà en aquests 10 anys?

109 Deixem caure una pilota des d'una alçada d'1 m, i cada vegada que fa un bot puja fins a una alçada igual a la meitat del bot anterior. A quina alçada arribarà en el cinquè bot?

110 Llancem una pilota de manera que faci bots al llarg d'un passadís, com veiem en la figura.

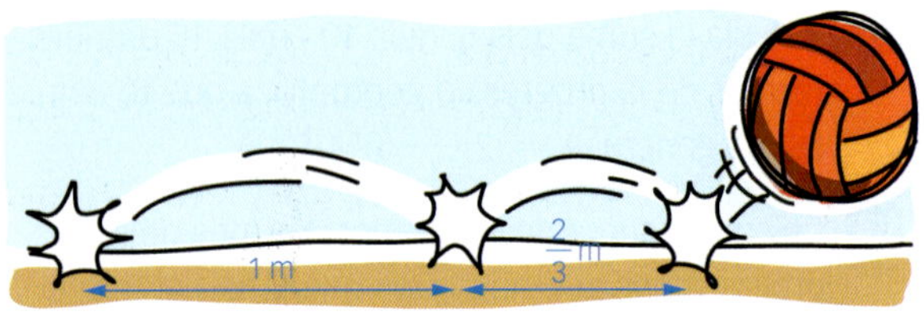

Si en el setè bot xoca contra la paret i s'atura, quina distància haurà recorregut?

111 Observa aquests quadrats i contesta:

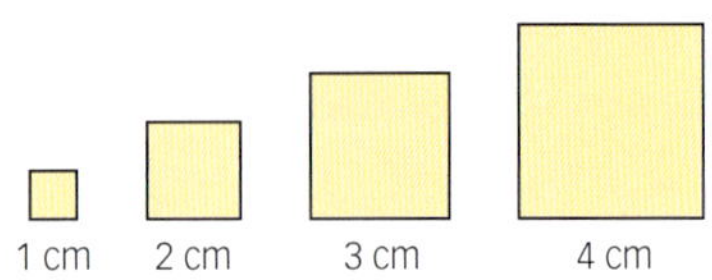

a) Quin tipus de successió es forma amb els perímetres dels quadrats?

b) I amb les diagonals dels quadrats?

c) I amb les àrees dels quadrats?

112 Fixa't en la figura i descriu les successions de les mides següents:

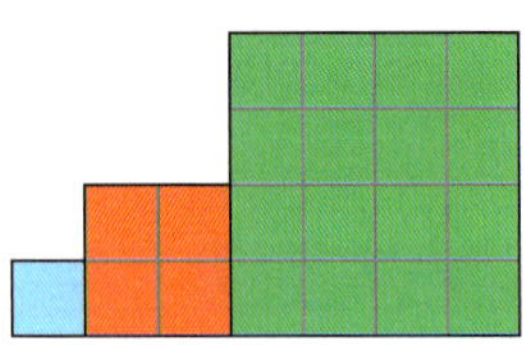

a) Mides dels costats dels quadrats

b) Mides de les àrees dels quadrats

113 Observa els rectangles següents:

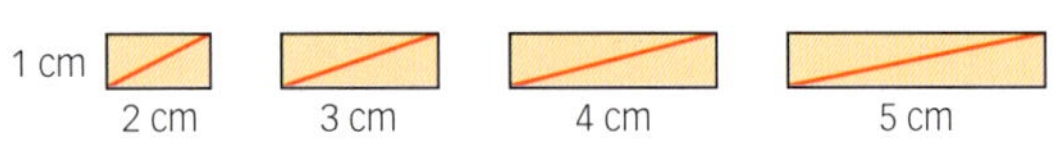

Descriu la successió de les mides de les diagonals i calcula la del rectangle que ocupa el dotzè lloc.

114 Les longituds dels costats d'un heptàgon es troben en progressió aritmètica. Calcula els costats si sabem que el petit fa 2 cm i el perímetre és de 77 cm.

115 La suma de les edats de tres germans és la tercera part de l'edat del seu avi. Indica'n les edats si sabem que es troben en progressió geomètrica amb $r = 3$ i l'avi té 78 anys.

116 Durant els quatre primers mesos de vida, un nadó ha anat guanyant cada mes el 20 % de pes. Si quan va néixer pesava 2.900 g, quant pesa al final del quart mes?

117 Una escala té tots els esglaons iguals menys el primer, que fa 20 cm. Si pugem 100 esglaons, arribem a una altura de 1.505 cm. Quina altura té cada esglaó?

118 Un senderista planifica la pujada al cim d'una muntanya de la manera següent: el primer tram serà de 625 m; el segon, de 500 m; el tercer, de 320 m; el quart, de 256 m. Si arriba al cim el vuitè dia, quants metres fa la muntanya?

119 Una granota és a la vora d'una tolla circular de 9 m de radi i vol arribar al centre fent salts. Comprova si hi arribaria d'alguna de les maneres següents:

a) El primer salt és de 3 m, i després avança fent salts cadascun dels quals és la meitat de la mida de l'anterior.

b) El primer salt és de 4 m, i després avança fent salts cadascun dels quals és la meitat de la mida de l'anterior.

c) El primer salt és de 3 m, i després avança fent salts cadascun dels quals és dos terços de la mida de l'anterior.

d) El primer salt és de 2 m, i després avança fent salts cadascun dels quals és tres quarts de la mida de l'anterior.

120 En Joan recorre en bicicleta 1.500 m durant el primer dia d'entrenament. Cada dia augmenta d'$\frac{1}{3}$ el que recorre el dia abans. Té com a objectiu arribar a fer 100 km en total durant un mes entrenant cada dia. Ho podrà aconseguir a aquest ritme?

121 El primer metre d'excavació d'un pou costa 20€; el segon, 5€ més que el primer; el tercer, 5€ més que el segon, i així successivament.

a) A quina profunditat arribaran amb 1.350€?

b) Quant costaria excavar un pou de 300 m?

c) Utilitza les progressions i expressa la despesa de l'excavació tenint en compte el nombre de metres de profunditat.

122 Durant l'any 2014, una empresa de cotxes de línia va transportar 500.000 passatgers. Les previsions per als 6 anys següents són incrementar d'un 4% anual la quantitat de passatgers. Si es compleixen les previsions, quantes persones transportarà l'empresa entre els anys 2014 i 2019?

123 La població d'una ciutat és de 20.000 habitants. Si sabem que aquesta població creix a un ritme del 2% cada any, quants habitants s'estima que tindrà d'aquí a 10 anys?

124 La població d'un país és de 100 milions d'habitants, aproximadament, i s'estima que d'aquí a 20 anys serà de 144 milions de persones. Calcula'n la taxa de creixement anual (tant per cent del creixement de població) en aquest període.

125 Si dipositem 5.000€ al 4% d'interès compost anual el 31 de desembre, quin capital final tindrem quan s'acabi cada any després d'aquests períodes?

a) Tres anys b) Cinc anys c) Sis anys

126 Calcula el capital que produeix un interès compost del 4,5% en 4 anys amb un dipòsit de 59.626€.

127 En una situació d'interès compost, un capital de 10.000€ es converteix en 10.527€ al cap de 2 anys. Quin és l'interès al qual van invertir el capital inicial?

128 Calcula el capital inicial que hem d'invertir amb un interès compost del 3% mensual per obtenir finalment 2.100€ al cap de 4 anys.

129 Calcula el capital que produeixen 133,10€ en 3 anys amb un interès compost del 10% anual.

130 Si un capital de 5.000€ es converteix en 6.000€ en una situació d'interès compost al cap de 2 anys, quin és l'interès al qual han invertit el capital inicial?

HAS DE SABER FER

Successions

1 Escriu els 5 primers termes de les successions següents:

a) El primer terme és 5 i cada terme s'obté sumant 2 a l'anterior.

b) El primer terme és 2, el segon és $2 \cdot 0{,}5 = 1$; el tercer és $1 \cdot 0{,}5 = 0{,}5$.

Progressions aritmètiques i geomètriques

2 Calcula els 5 primers termes de les successions següents:

a) $a_1 = 1, a_2 = 3, a_n = a_{n-2} - a_{n-1}$

b) $b_1 = 2, b_2 = 4, b_n = \dfrac{b_{n-1}}{b_{n-2}}$

3 En aquestes progressions aritmètiques:

a) $a_1 = 13$ i $a_2 = 5$, calcula d, a_8 i a_n.

b) $b_1 = 4{,}5$ i $b_2 = 6$, calcula d, b_{10} i b_n.

4 En una progressió aritmètica, $a_1 = 8$ i $d = 5$. Quin nombre de terme és el 133? Calcula la suma de tots els termes fins aquest.

5 En una progressió geomètrica, $a_2 = 60$ i $a_4 = 3.840$. Determina:

a) La raó i el terme general

b) La suma i el producte dels 8 primers termes

Problemes amb progressions

6 En un pàrquing cobren 0,25€ per la primera hora d'aparcament, i per cada hora següent, el doble del que cobren l'hora anterior. Quant pagaran per 8 hores?

7 Calcula la imposició inicial que produeix en 4 anys un capital final de 1.500€ invertida a un interès compost del 5%.

En la vida quotidiana

131 Amb l'aparició dels nous telèfons intel·ligents o *smartphones*, han començat a proliferar els virus telefònics.

Hi ha diferents tipus de virus, un dels quals és el que s'anomena *cuc*, que es transmet a partir de SMS o de MMS i que no ha d'interaccionar amb els usuaris perquè s'executi. Té com a objectius principals reproduir-se i propagar-se a través d'altres mòbils; per tant, es poden copiar infinites vegades i infectar, així, tots els terminals que tinguin al seu abast.

De moment el risc real que un mòbil s'infecti és molt baix per causa de la varietat de sistemes operatius dels nostres terminals (Android, iOs, Windows Phone...).

Imagina que un mòbil s'ha infectat amb un cuc que es contagia via MMS. El cuc escull aleatòriament 5 persones dels contactes del telèfon i els envia un MMS; quan l'obre, la persona que el rep activa el virus, que torna a repetir el procés de la mateixa manera.

Si suposem que les persones a les quals s'envia l'MMS no coincideixen mai, quan el virus s'hagi autocopiat per desena vegada en un telèfon, quants mòbils haurà infectat ja?

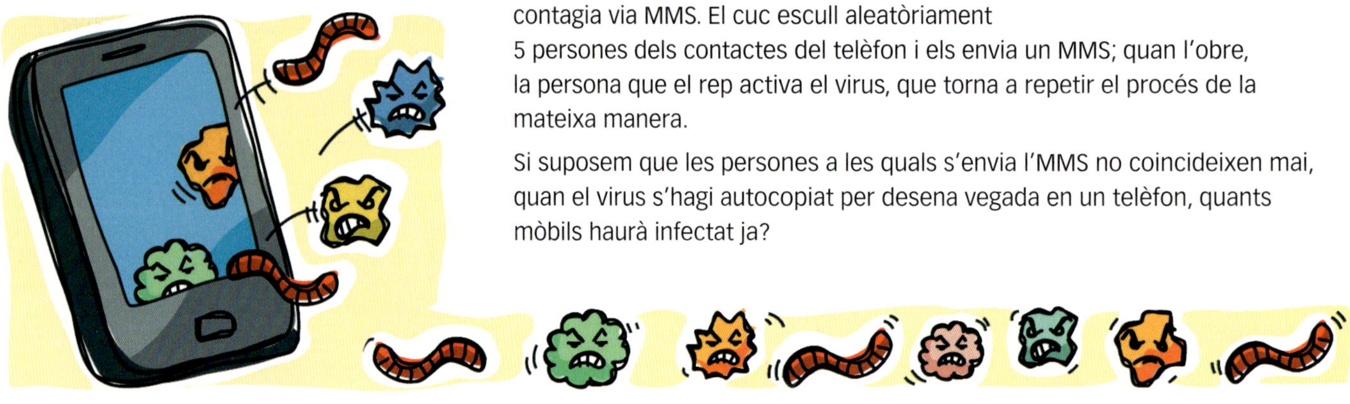

Formes de pensar. Raonament matemàtic

132 Determina si el nombre 0 pot ser el primer terme d'una progressió geomètrica. I d'una progressió aritmètica?

133 Justifica si pot existir una successió que, al mateix temps, sigui progressió aritmètica i progressió geomètrica. En cas afirmatiu, posa'n un exemple.

134 Determina si el terme general d'una progressió aritmètica o geomètrica pot ser de la forma $a_n = n^p$ amb $p > 1$ un nombre natural.

135 La suma dels n primers termes d'una progressió aritmètica ($n > 1$) és 153 i la diferència de la progressió és 2. Si a_1 és un nombre enter, quins valors pot adoptar n?

136 Expressa de manera fraccionària el nombre periòdic $0,\widehat{3}$; per fer-ho, escriu-lo de la forma:

$$0,3 + 0,03 + 0,003 + \ldots$$

I calcula la suma de la progressió.

137 La successió de Fibonacci és una successió matemàtica de nombres naturals on el primer i segon terme són 1 i la resta de termes és igual a la suma dels dos anteriors:

$$1, 1, 2, 3, 5, 8, 13, 21, 34, 55, 89\ldots$$

a) Determina'n el terme general de la successió.

b) Escriu els 20 primers termes d'aquesta successió.

138 Dividim el costat $\overline{AC}$ d'un triangle rectangle $\widehat{ABC}$ en 8 parts iguals, i dibuixem paral·leles al costat $\overline{BC}$ des dels punts de divisió. Si $\overline{BC}$ fa 10 cm, calcula la suma de les longituds dels altres 7 segments.

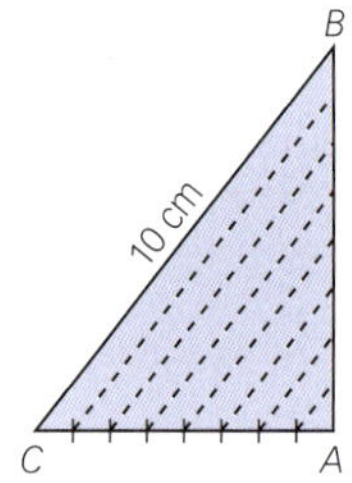

PROJECTE FINAL. **Aprenentatge cooperatiu**

OBJECTIU: Dissenyar un pla d'evacuació per al centre educatiu

Un cop formats els grups, seguiu el procés següent:

1a Fase

- Busqueu informació per saber en què consisteix un pla d'evacuació.
- Estudieu les diferents situacions en què sigui necessari l'evacuació del centre educatiu. Determineu si es pot seguir un pla general d'evacuació o hi pot haver situacions que en requereixin un d'especial.

2a Fase

- Aconseguiu o elaboreu un croquis del plànol del vostre centre, amb totes les aules, zones comuns, escales i sortides a l'exterior.
- Feu una llista amb el nombre de persones que hi ha a cadascuna de les zones del centre i marqueu-ho en el plànol.
- Decidiu per a cada zona del centre, quina ruta de sortida és la més adequada. Valoreu si és important tenir en compte l'edat dels estudiants a l'hora de planificar-ne l'evacuació.

3a Fase

- Poseu en comú tota la informació recollida i decidiu quin pla considereu més adequat.
- Realitzeu un informe que reculli les conclusions a què heu arribat.

Proves PISA

Esquema d'escala

139 En Robert construeix un esquema d'una escala fent servir quadrats. Heus aquí els passos que segueix:

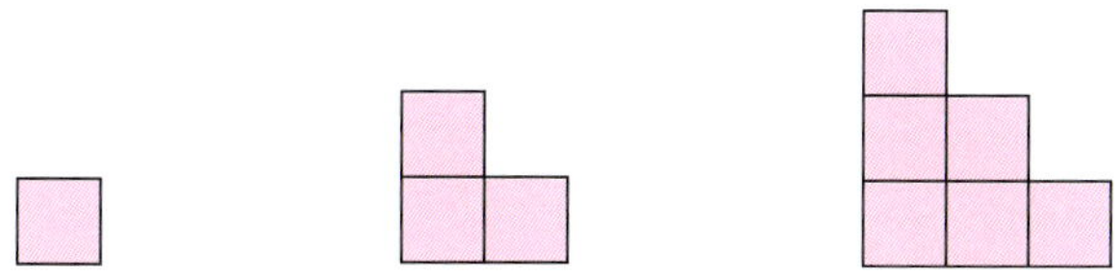

Com pots veure, utilitza un quadrat per al nivell 1, tres quadrats per al nivell 2 i sis quadrats per al nivell 3.

Quants quadrats haurà de fer servir per construir el nivell 4?

(Prova PISA 2003)

L'inventor dels escacs

140 Una llegenda explica que l'inventor dels escacs va presentar el seu invent a un príncep de l'Índia. El príncep va quedar tan impressionat que el va voler recompensar i li va dir:

«Demana'm el que vulguis, que t'ho donaré.»

L'inventor li va demanar una cosa força curiosa:

«Voldria que em lliuréssiu un gra de blat per la primera casella del tauler, dos per la segona, quatre per la tercera, vuit per la quarta, setze per la cinquena, i així successivament fins a la casella 64.»

La sorpresa va ser quan el príncep va calcular la quantitat de blat que representava la demanda de l'inventor.

Quants grans de blat demanava aproximadament? Expressa el resultat en notació científica.

(Activitat model)

CLAUS PER COMENÇAR

Traç de rectes paral·leles i perpendiculars que passin per un punt

Dues rectes són **paral·leles** quan no tenen cap punt en comú.

Dues rectes són **perpendiculars** quan es tallen en un punt i els angles que formen són de 90º.

EXEMPLE

- Per traçar una recta paral·lela a *r* que passi per *P*.

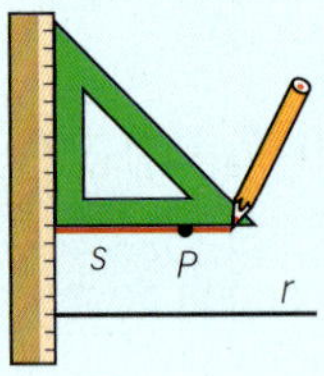

Situem un dels costats perpendiculars del cartabó sobre la recta *r*. Després, col·loquem el regle enganxat a l'altre costat.

Llisquem el cartabó sobre el regle fins que el costat coincideixi amb el punt *P*.

La recta *s* és paral·lela a *r* i passa per *P*.

- Per dibuixar una recta perpendicular a *r* que passi per *P*.

Situem un dels costats perpendiculars del cartabó sobre la recta *r*.

Llisquem el cartabó sobre la recta *r* fins que l'altre costat coincideixi amb el punt *P*.

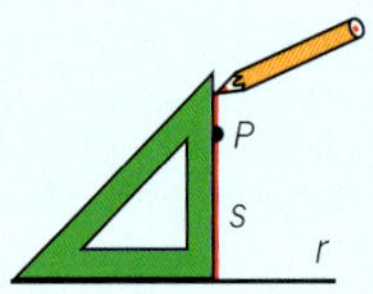

La recta *s* és perpendicular a la recta *r* i passa per *P*.

ACTIVITATS

1 Dibuixa una recta *r* i dos punts *A* i *B* que hi siguin exteriors. Traça les rectes paral·leles i perpendiculars a *r* que passen pels punts marcats.

Polígons regulars i irregulars

Un **polígon regular** és el que té tots els costats i tots els angles iguals.

- L'apotema, *a*, és el segment perpendicular a un costat, traçat des del centre del polígon fins al punt mitjà del costat.
- El radi, *r*, és el segment que uneix el centre del polígon amb un dels vèrtexs.

En cas contrari, el polígon és **irregular**.

EXEMPLE

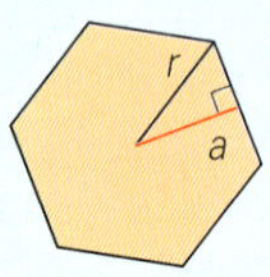

Hexàgon regular

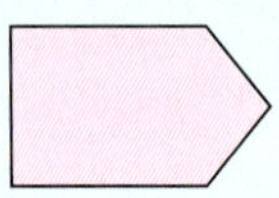

Pentàgon irregular

ACTIVITATS

2 Dibuixa un polígon regular de 3 costats i un de 4 costats. Traça'n el radi i l'apotema. Com s'anomenen aquests polígons?

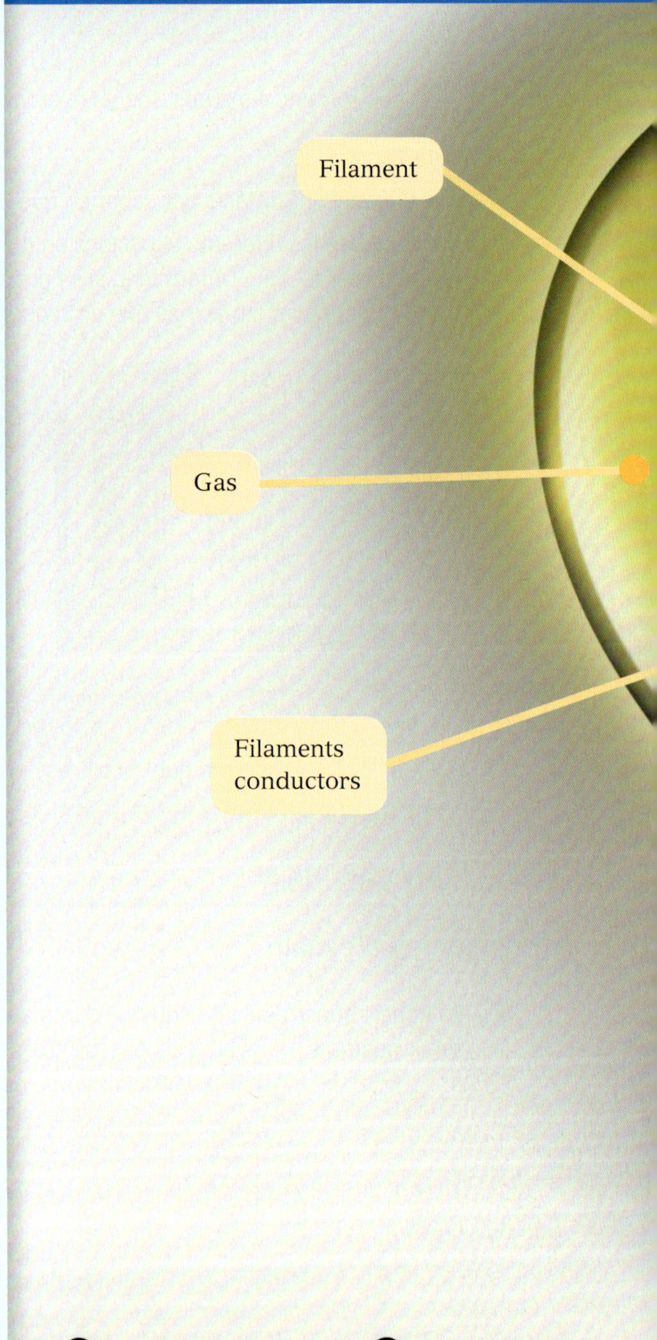

1879
Edison crea la primera bombeta. Només és capaç de fer llum durant 48 hores consecutives.

1 de setembre de 2009
Comença a Europa la substitució progressiva de les bombetes tradicionals i altres làmpades poc eficients per sistemes d'il·luminació de baix consum que no tan sols estalvien energia sinó que també són millors des del punt de vista ambiental.

Llocs geomètrics. Àrees i perímetres

8

SABER

- Llocs geomètrics. Mediatriu i bisectriu. Circumferència
- Angles
- Teorema de Pitàgores
- Àrees i perímetres

SABER FER

- Traçar la circumferència que passa per tres punts no alineats
- Calcular l'àrea d'un quadrilàter i la d'un polígon regular aplicant el teorema de Pitàgores
- Calcular l'àrea d'una figura plana

INTERPRETA LA IMATGE

La bombeta

Quan es decora una casa, la posició dels punts de llum és força important. De vegades es necessiten zones poc il·luminades, per exemple per relaxar-nos, o ben al contrari, zones molt il·luminades per poder llegir un llibre.

- Les especificacions d'un llum diuen que pot il·luminar un radi de 3,5 m. Si en Blai l'instal·la en el centre d'una sala rectangular de 4 m de llargada i 3 m d'amplada, tindrà tota l'habitació perfectament il·luminada?

Incandescents de classe C
Tenen la forma i el casquet d'una bombeta convencional, però porten a dins una càpsula halògena. Consumeixen entre el 20% i el 25% menys d'energia.

Incandescents de classe B
Tenen un revestiment infraroig que permet millorar l'eficiència energètica més del 45%, són de baix voltatge i necessiten un transformador.

Bombetes fluorescents millorades
Es van començar a comercialitzar en la dècada de 1980; destaquen perquè duren molt i el consum és baix, entre el 65% i el 80% menys.

Bombetes LED
Consumeixen el 80% menys d'energia que les bombetes incandescents i duren més que les bombetes fluorescents.

1 Llocs geomètrics

El **lloc geomètric** és el conjunt de tots els punts que compleixen una propietat geomètrica determinada.

Si dos punts són a la mateixa distància d'una recta, diem que són **equidistants** a la recta.

EXEMPLE

1. Determina i representa el lloc geomètric dels punts del pla que compleixen les propietats següents:

   a) Els punts del pla amb distància a un punt *P* igual a *r*.

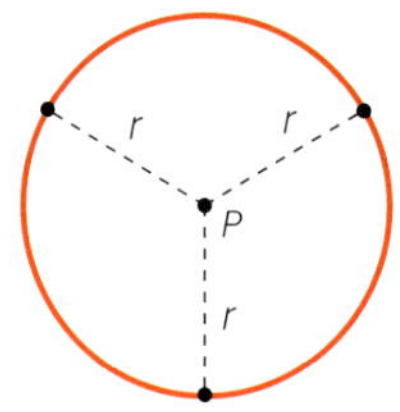

Els punts que compleixen aquesta condició formen una circumferència amb centre en el punt *P* i radi, *r*.

   b) Els punts la distància dels quals a un punt *P* és més petita que *r*.

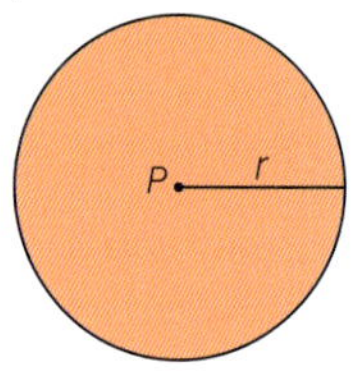

Els punts que compleixen aquesta propietat són els punts que pertanyen a un cercle amb centre a *P* i radi *r*.

   c) Els punts del pla que són a la mateixa distància de dues rectes paral·leles.

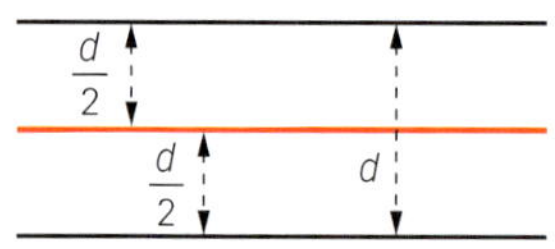

Els punts del pla que compleixen aquesta propietat formen una recta paral·lela a les rectes donades, que es troba a la meitat de la distància que hi ha entre les rectes paral·leles.

ACTIVITATS

1 PRACTICA. Determina i representa els llocs geomètrics dels punts del pla que tenen la distància següent fins al punt *P*(2, 3):

a) 2 cm

b) Més petita que 4 cm

c) Més gran que 1,5 cm i més petita que 3 cm

2 APLICA. Determina i representa els llocs geomètrics dels punts que són a una distància de 2 cm de cadascun dels extrems d'un segment de 4 cm de longitud.

3 REFLEXIONA. Defineix les rectes vermelles com a lloc geomètric.

a)

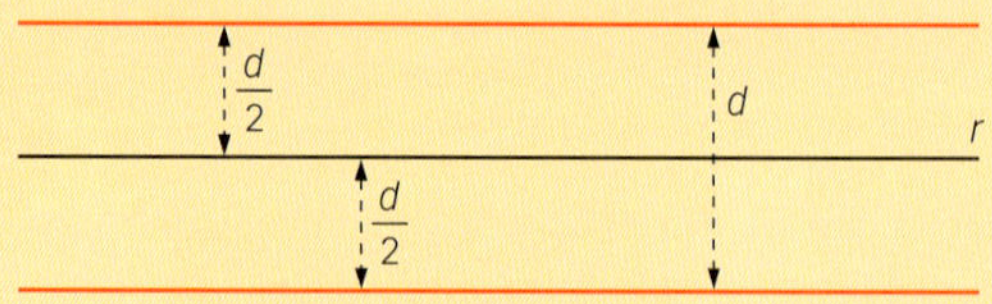

b)

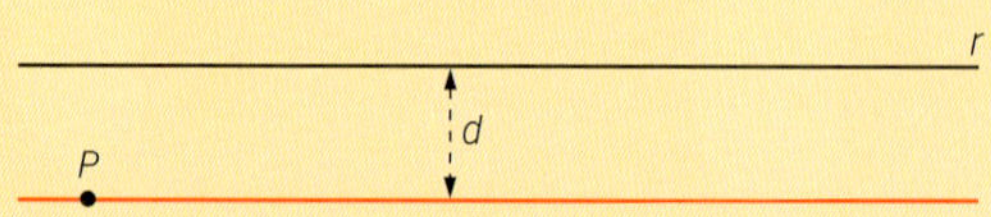

2 Mediatriu i bisectriu

2.1. Mediatriu d'un segment

La **mediatriu d'un segment** és la recta perpendicular al segment que passa pel seu punt mitjà.

EXEMPLE

2. Traça la mediatriu del segment *AB*.

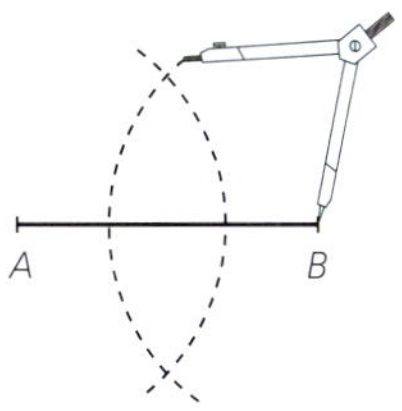

Tracem dos arcs d'igual radi, amb centre a *A* i *B*, que es tallin.

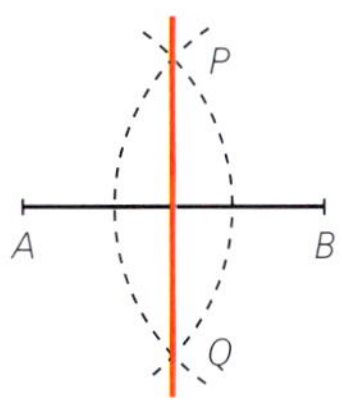

La recta que passa pels punts de tall *P* i *Q* és la mediatriu.

2.2. Bisectriu d'un angle

La **bisectriu d'un angle** és la recta que passa pel vèrtex de l'angle i el divideix en dos angles iguals.

EXEMPLE

3. Dibuixa la bisectriu de l'angle $\widehat{O}$.

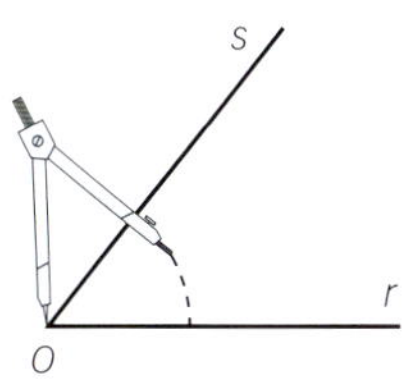

Amb centre a *O* i qualsevol obertura, tracem un arc.

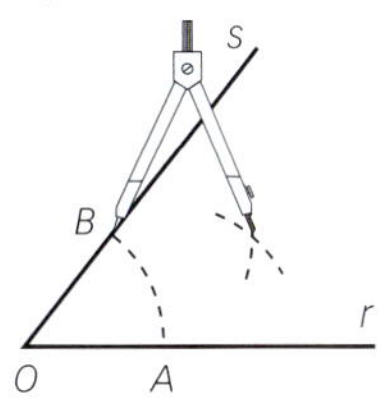

Tracem dos arcs que es tallin, amb centre a *A* i *B*.

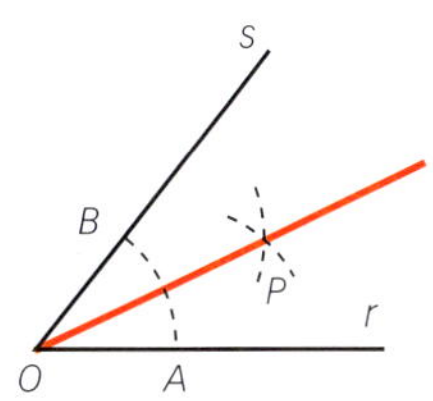

La recta que passa per *O* i *P* és la bisectriu.

La mediatriu d'un segment és el lloc geomètric dels punts del pla que equidisten dels extrems del segment.

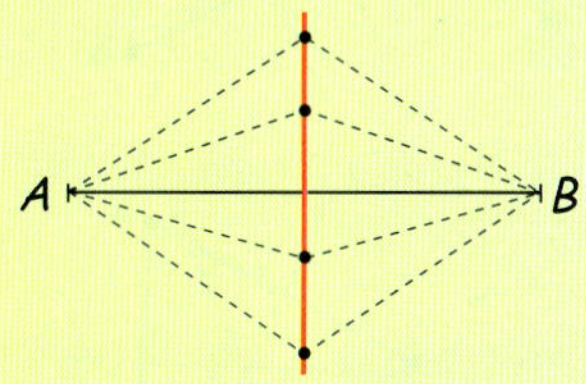

La bisectriu d'un angle és el lloc geomètric dels punts que equidisten dels costats de l'angle.

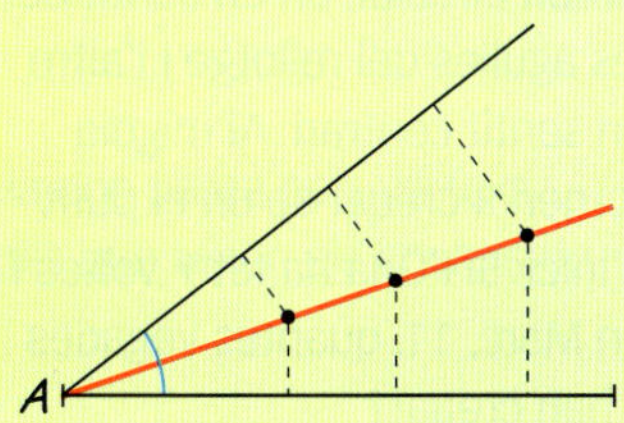

ACTIVITATS

4 PRACTICA. Dibuixa a la llibreta el lloc geomètric dels punts que equidisten dels extrems d'un segment de 4 cm.

5 APLICA. Dibuixa un angle obtús i traça'n la bisectriu.

6 REFLEXIONA. Dibuixa les rectes que passen per:

$A(0, 3)$ $B(-1, -1)$ $C(3, 1)$

i traça les bisectrius dels angles entre aquestes rectes.

4 Angles

4.1. Angles formats per dues rectes secants

Dos angles són oposats pel vèrtex quan tenen en comú el vèrtex i els costats estan situats sobre les mateixes rectes.

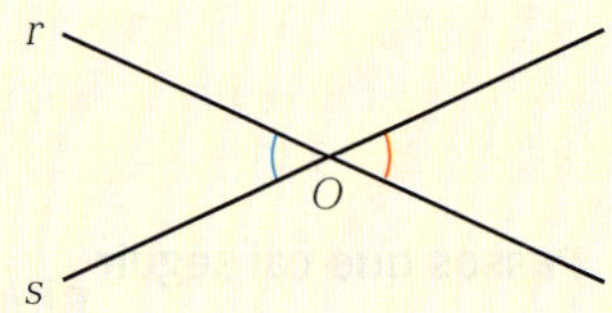

Dos angles oposats pel vèrtex són iguals.

4.2. Angles formats per dues rectes paral·leles i una de secant

Quan dues rectes paral·leles es tallen amb una de secant a totes dues, es formen vuit angles.

Entre tots aquests angles, com que són angles de costats paral·lels, sempre es compleixen les igualtats següents:

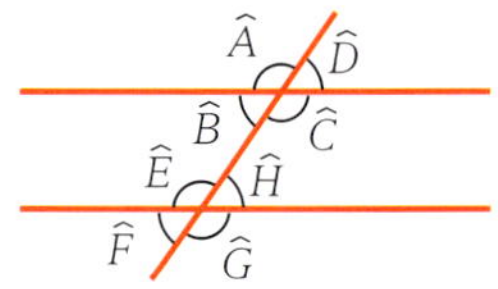

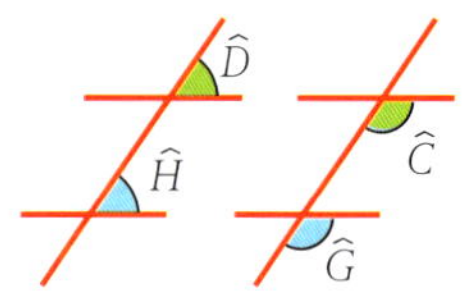

Angles correspondents
$\widehat{D} = \widehat{H}$ $\widehat{C} = \widehat{G}$

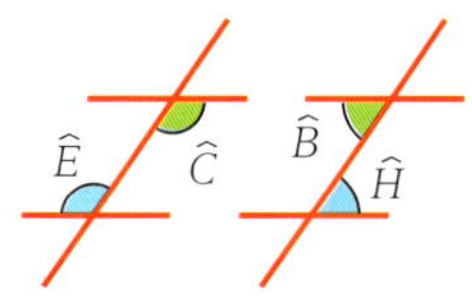

Angles alterns interns
$\widehat{C} = \widehat{E}$ $\widehat{B} = \widehat{H}$

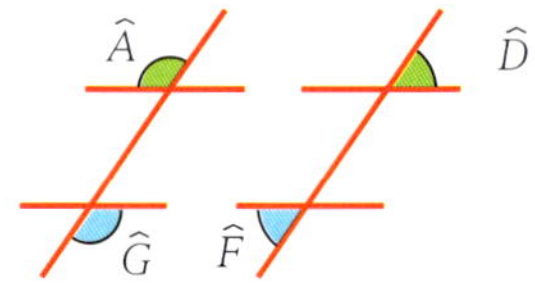

Angles alterns externs
$\widehat{A} = \widehat{G}$ $\widehat{D} = \widehat{F}$

4.3. Angles en un polígon

Cada dos costats consecutius d'un polígon es defineix un angle, que s'anomena **angle interior**.

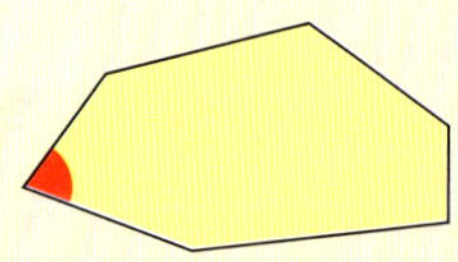

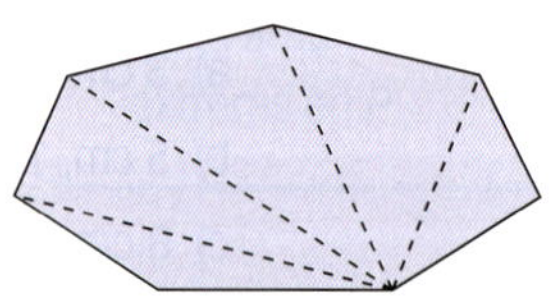

Qualsevol polígon de n costats es pot dividir en $n - 2$ triangles.

Per tant, la suma dels angles interiors d'un polígon de n costats és igual a $180° \cdot (n - 2)$.

Quan es tallen dues rectes, es formen quatre angles iguals dos a dos: $\widehat{A} = \widehat{C}$ $\widehat{B} = \widehat{D}$

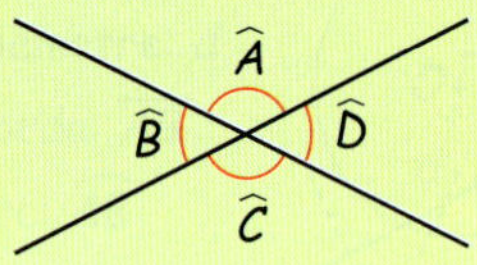

Dos angles de costats paral·lels aguts són iguals.

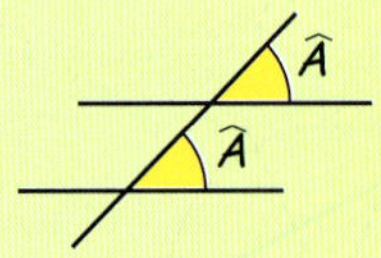

Dos angles de costats paral·lels obtusos són iguals.

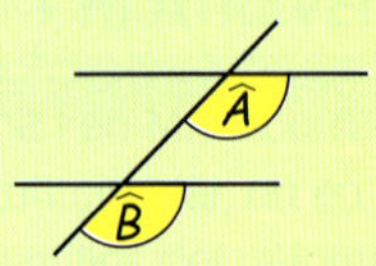

ACTIVITATS

15 PRACTICA. Calcula la suma dels angles interiors d'aquests polígons:

a) Pentàgon
b) Hexàgon
c) Octàgon
d) Decàgon

16 APLICA. Determina per a quin polígon la suma dels angles interiors és 1.260°.

17 REFLEXIONA. Estableix les igualtats entre els angles següents:

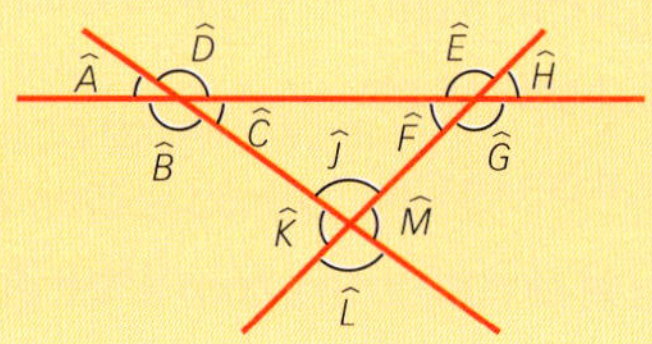

5 Teorema de Pitàgores

El **teorema de Pitàgores** ens diu que en un triangle rectangle, el quadrat de la hipotenusa és igual a la suma dels quadrats dels catets.

$$a^2 = b^2 + c^2$$

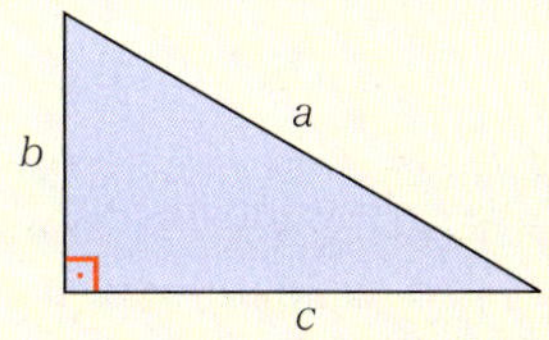

EXEMPLES

6. Calcula la longitud del costat que falta en aquests triangles rectangles:

a) La hipotenusa fa 37 cm i un dels catets, 12 cm.

$a = 37$ cm $b = 12$ cm

$a^2 = b^2 + c^2 \xrightarrow{a\,=\,37,\,b\,=\,12} 37^2 = 12^2 + c^2 \rightarrow c^2 = 1.369 - 144 = 1.225$

Si aïllem: $c^2 = 1.225 \rightarrow c = \sqrt{1.225} = 35$ cm

b) Els catets fan 28 cm i 45 cm.

$b = 28$ cm $c = 45$ cm

$a^2 = b^2 + c^2 \xrightarrow{b\,=\,28,\,c\,=\,45} a^2 = 28^2 + 45^2 \rightarrow a^2 = 784 + 2.025 = 2.809$

Si aïllem: $a^2 = 2.809 \rightarrow a = \sqrt{2.809} = 53$ cm

7. Comprova per mitjà del teorema de Pitàgores si les mides següents corresponen a triangles rectangles:

a) $a = 13$ cm $b = 5$ cm $c = 12$ cm

b) $a = 7$ cm $b = 6$ cm $c = 3$ cm

Si un triangle és rectangle, ha de complir el teorema de Pitàgores.
La mida més gran sempre correspon a la hipotenusa.

a) Hipotenusa = 13 cm   Catets = 5 cm i 12 cm

$a^2 = b^2 + c^2 \xrightarrow{a\,=\,13,\,b\,=\,5,\,c\,=\,12} 13^2 = 5^2 + 12^2 \rightarrow 169 = 25 + 144$

Els costats són d'un triangle rectangle.

b) Hipotenusa = 7 cm   Catets = 6 cm i 3 cm

$a^2 = b^2 + c^2 \xrightarrow{a\,=\,7,\,b\,=\,6,\,c\,=\,3} 7^2 \neq 6^2 + 3^2 \rightarrow 49 \neq 36 + 9$

No és un triangle rectangle.

T'HI ATREVEIXES?

Digues si és cert o fals:

Si un triangle compleix el teorema de Pitàgores, la mitjana traçada des de l'angle recte és la meitat de la hipotenusa.

El triangle rectangle és l'únic triangle que compleix el teorema de Pitàgores.

ACTIVITATS

18 PRACTICA. Calcula la mida de la hipotenusa dels triangles amb aquests catets:

a) 39 mm i 80 mm
b) 13 mm i 84 mm
c) 11 mm i 60 mm
d) 24 cm i 32 cm
e) 12 cm i 16 cm
f) 8 cm i 15 cm

19 APLICA. Comprova si les mides següents corresponen a triangles rectangles:

a) 21 cm, 29 cm i 40 cm
b) 33 cm, 56 cm i 68 cm

20 REFLEXIONA. Quants triangles rectangles tenen dos costats de 21 cm i 28 cm?

6 Àrees i perímetres

T'HI ATREVEIXES?

Quant mesura l'àrea de la figura pintada?

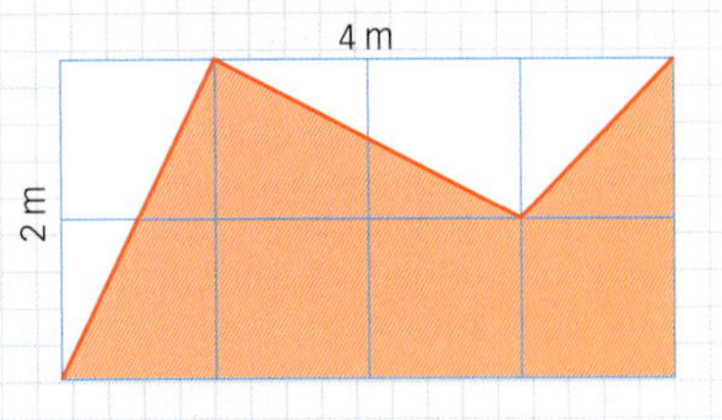

6.1. Àrea i perímetre de triangles i quadrilàters

A la taula següent hi ha les fórmules que et permetran calcular les àrees i els perímetres dels triangles i dels quadrilàters:

Triangle	Quadrat
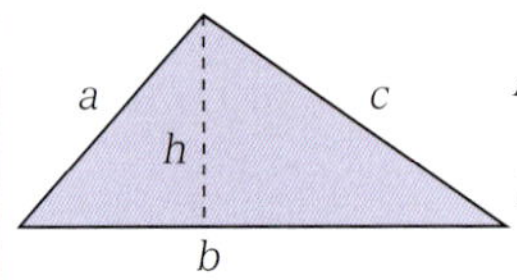 $A = \frac{b \cdot h}{2}$ $P = a + b + c$	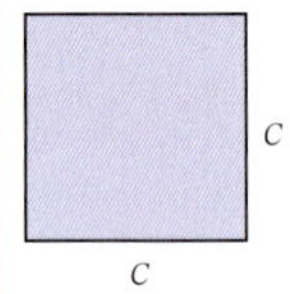 $A = c \cdot c = c^2$ $P = 4 \cdot c$
Rectangle	**Rombe**
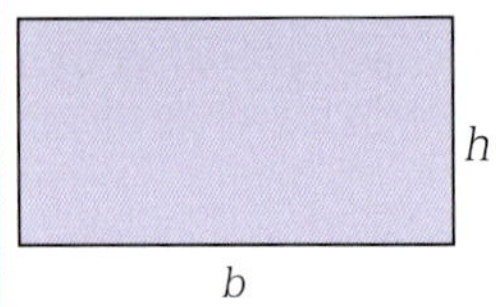 $A = b \cdot h$ $P = 2(b + h)$	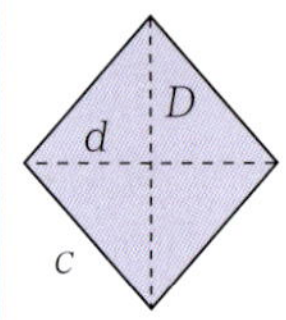 $A = \frac{D \cdot d}{2}$ $P = 4 \cdot c$
Romboide	**Trapezi**
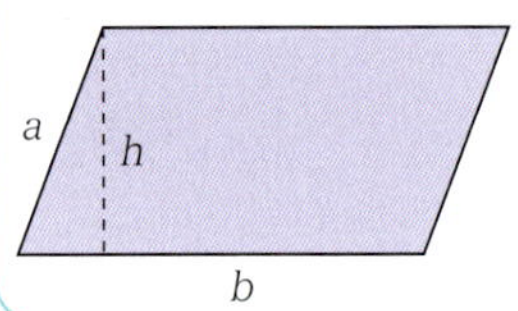 $A = b \cdot h$ $P = 2(a + b)$	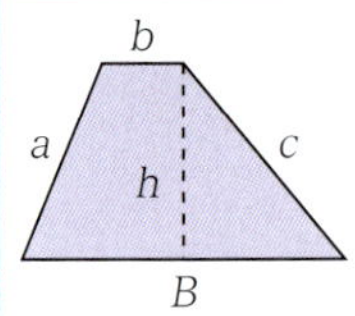 $A = \frac{(B + b) \cdot h}{2}$ $P = a + b + c + B$

EXEMPLE

8. Calcula l'àrea i el perímetre de les figures següents:

a)

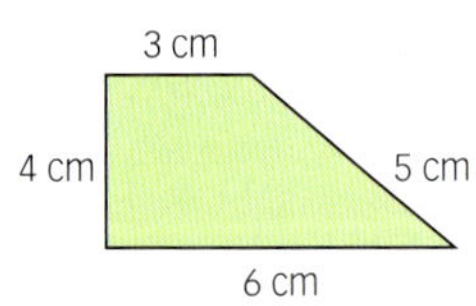

És un trapezi:

$P = 4 + 3 + 5 + 6 = 18$ cm

$A = \frac{(B + b) \cdot h}{2} = \frac{(6 + 3) \cdot 4}{2} = 18 \text{ cm}^2$

b)

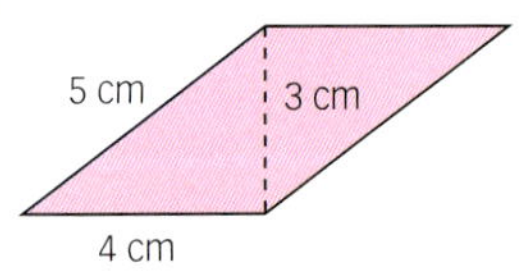

És un romboide:

$P = 2(4 + 5) = 18$ cm

$A = b \cdot h = 4 \cdot 3 = 12 \text{ cm}^2$

ACTIVITATS

21 PRACTICA. Calcula l'àrea d'aquestes figures:

a)

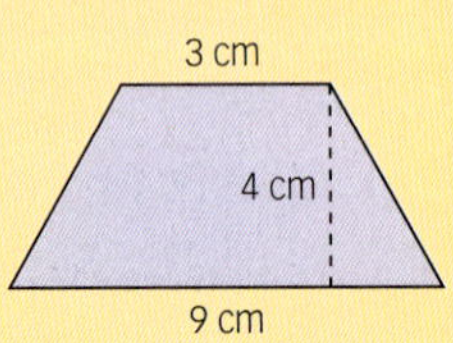

b)

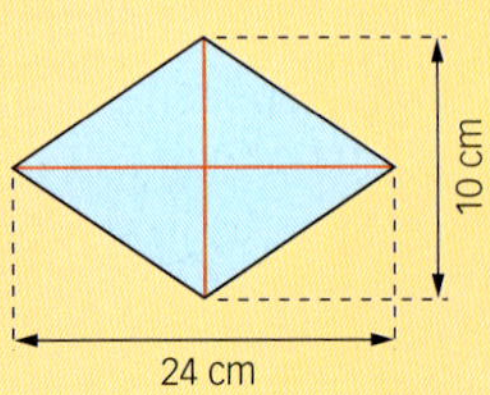

22 APLICA. Calcula el perímetre i l'àrea d'un triangle rectangle de catets 4 cm i 7 cm.

23 REFLEXIONA. Determina l'àrea dels tres triangles que estan marcats en la figura de la dreta.

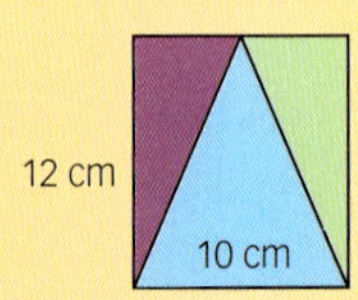

SABER FER

Les diagonals d'un rombe es tallen en el seu punt mitjà i formen un angle recte.

Calcular l'àrea d'un quadrilàter mitjançant el teorema de Pitàgores

Determina l'àrea dels quadrilàters següents:

a)
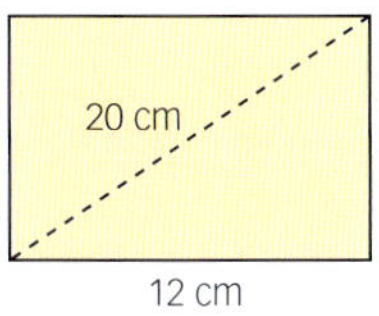

b)
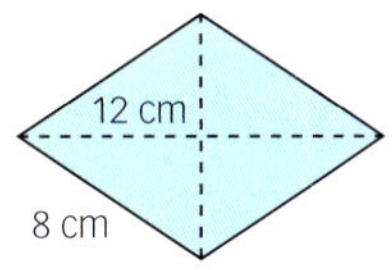

c)
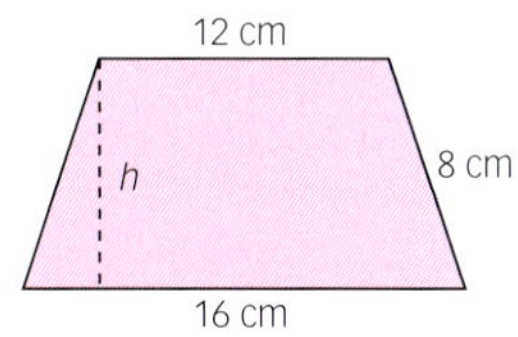

Passos que cal seguir

1. Determinem els elements necessaris per calcular l'àrea de la figura.

a) $A = b \cdot h$
$b = 12$ cm
$h \rightarrow$ Desconeguda

b) $A = \dfrac{D \cdot d}{2}$
$D = 12$ cm
$d \rightarrow$ Desconeguda

c) $A = \dfrac{(B + b) \cdot h}{2}$
$B = 16$ cm $\quad b = 12$ cm
$h \rightarrow$ Desconeguda

2. Identifiquem el triangle rectangle que determina la mida desconeguda.

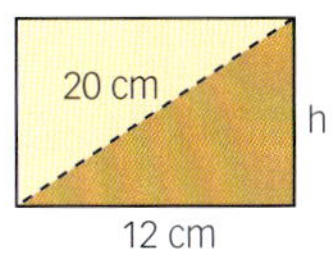

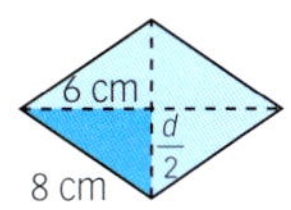

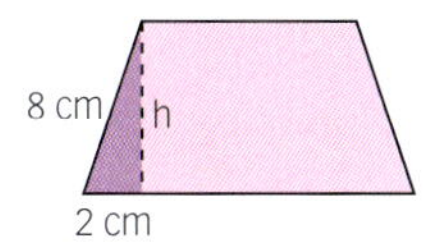

3. Apliquem el teorema de Pitàgores.

$20^2 = 12^2 + h^2$

$8^2 = 6^2 + \left(\dfrac{d}{2}\right)^2$

$8^2 = 2^2 + h^2$

4. Aïllem en el teorema de Pitàgores per calcular la mida desconeguda.

$h^2 = 20^2 - 12^2$
$h^2 = 256$
$h = 16$ cm

$\left(\dfrac{d}{2}\right)^2 = 8^2 - 6^2 \rightarrow \dfrac{d^2}{4} = 28$
$d^2 = 112$
$d = 10{,}58$ cm

$h^2 = 8^2 - 2^2$
$h^2 = 60$
$h = 7{,}75$ cm

5. Calculem l'àrea de la figura.

$A = 12 \cdot 16 = 192\ \text{cm}^2$

$A = \dfrac{10{,}58 \cdot 12}{2} = 63{,}48\ \text{cm}^2$

$A = \dfrac{(16 + 12) \cdot 7{,}75}{2} =$
$= 108{,}5\ \text{cm}^2$

ACTIVITATS

24 Calcula la longitud de x en aquestes figures:

a)
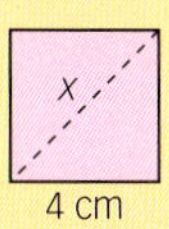

b)
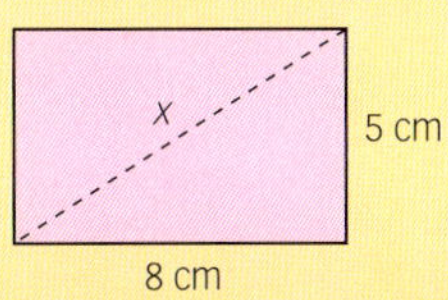

25 Una de les dimensions d'un rectangle fa 12 cm i la diagonal és de 20 cm. Calcula'n l'àrea.

26 El perímetre d'un rectangle és 68 cm, i l'altura, 24 cm. Calcula:

a) La diagonal del rectangle

b) L'àrea del rectangle

27 Calcula el costat d'un quadrat de diagonal:

a) 5,3033 cm b) 3,96 cm c) 2,12 cm

28 Calcula l'àrea de les figures següents:

a)
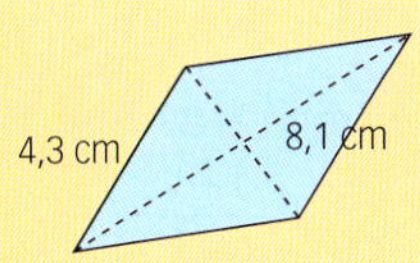

b)
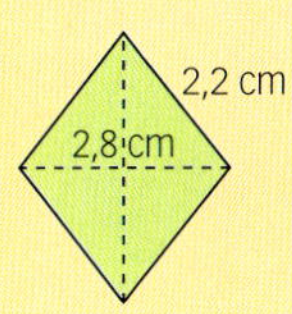

c)
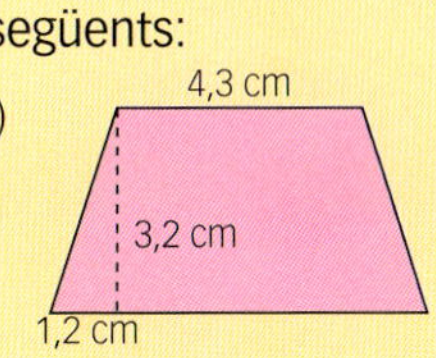

d)
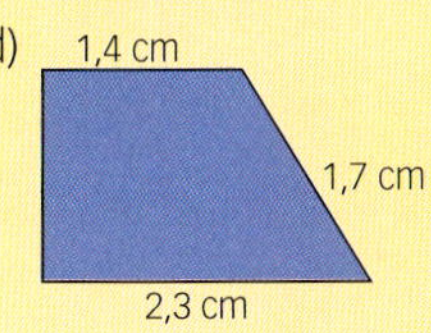

6.2. Àrea i perímetre d'un polígon regular

L'apotema, *a*, és un segment perpendicular traçat del centre del polígon regular al punt mitjà d'un costat.

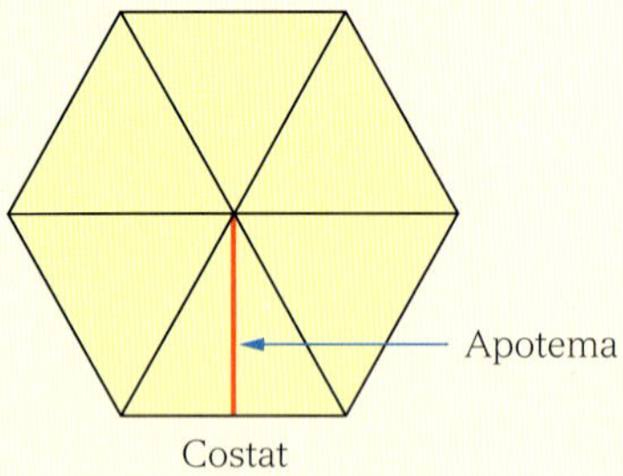

El **perímetre d'un polígon regular** és igual al producte de la mida del costat pel nombre de costats.

$$P = n \cdot c$$

Qualsevol polígon regular es pot descompondre en tants triangles isòsceles iguals com costats tingui.

L'àrea de cada triangle és $A_t = \dfrac{c \cdot a}{2}$, en què c és el costat del polígon i *a* és l'apotema. Per obtenir l'àrea del polígon hem de multiplicar pel nombre de triangles en els quals l'hem dividit:

$$A_{\text{Total}} = n \cdot A_t = n \cdot \frac{c \cdot a}{2} = \frac{n \cdot c \cdot a}{2} = \frac{P \cdot a}{2}$$

En què *n* és el nombre de costats i *P* és el perímetre del polígon regular.

L'**àrea d'un polígon regular** és igual al producte del perímetre del polígon per l'apotema dividit entre 2.

$$A = \frac{P \cdot a}{2}$$

En l'hexàgon regular, el costat és igual que el radi.

EXEMPLE

9. Calcula el perímetre i l'àrea d'aquests polígons regulars:

a)

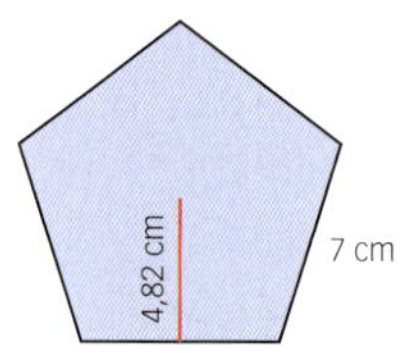

$P = n \cdot c = 5 \cdot 7 = 35$ cm

$A = \dfrac{P \cdot a}{2} = \dfrac{35 \cdot 4{,}82}{2} = 84{,}35$ cm^2

b)

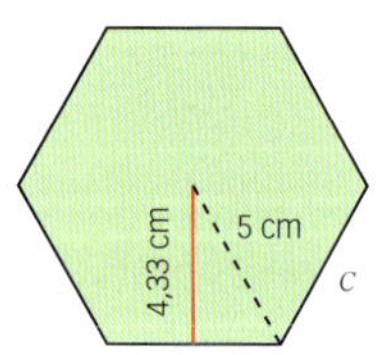

Com que és un hexàgon regular: $c = r = 5$

$P = n \cdot c = 6 \cdot 5 = 30$ cm

$A = \dfrac{P \cdot a}{2} = \dfrac{30 \cdot 4{,}33}{2} = 64{,}95$ cm^2

ACTIVITATS

29 PRACTICA. Calcula el perímetre i l'àrea dels polígons regulars següents:

a)

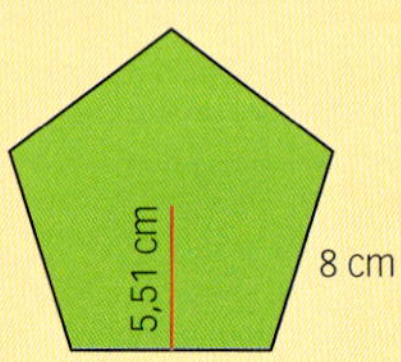

b)

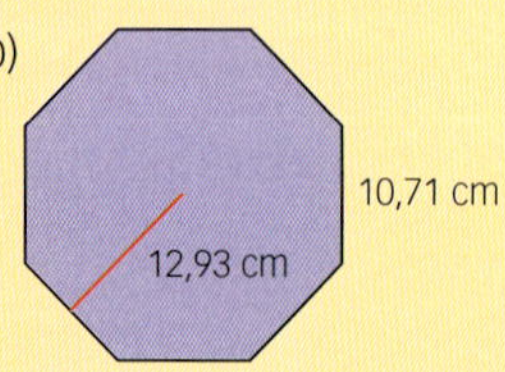

30 APLICA. Calcula el costat d'aquests polígons regulars:

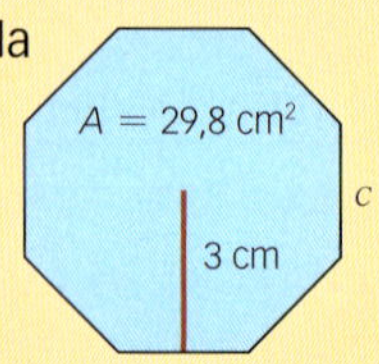

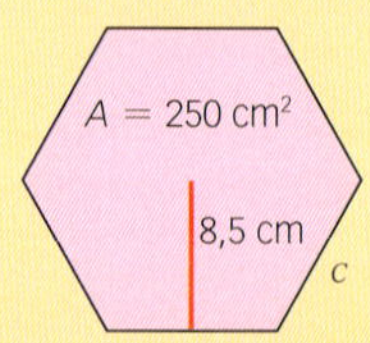

31 REFLEXIONA. Determina l'altura i el perímetre d'un triangle equilàter de 2 dm^2 d'àrea.

SABER FER

Calcular l'àrea d'un polígon regular per mitjà del teorema de Pitàgores

Calcula l'àrea dels polígons regulars següents:

a)

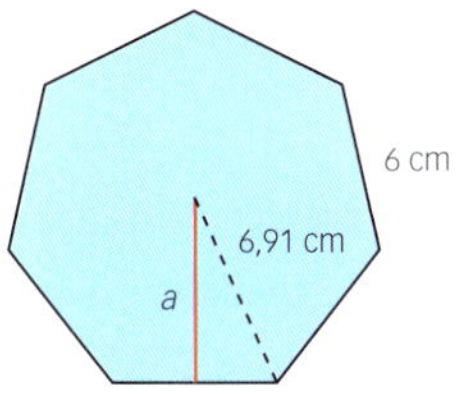

b)

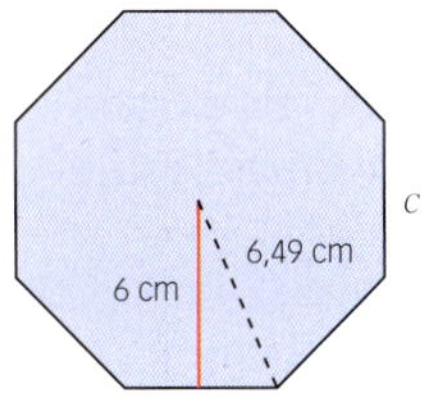

En els polígons regulars, el radi, l'apotema i la meitat del costat formen un triangle rectangle.

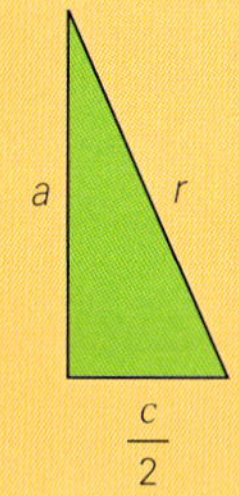

Passos que cal seguir

1. Determinem els elements necessaris per calcular l'àrea de la figura.

a) $n = 7$ costats
$c = 6$ cm
$a \rightarrow$ Desconeguda

b) $n = 8$ costats
$c \rightarrow$ Desconegut
$a = 6$ cm

2. Identifiquem el triangle rectangle que determina la mida desconeguda.

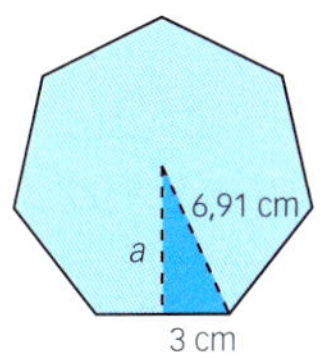

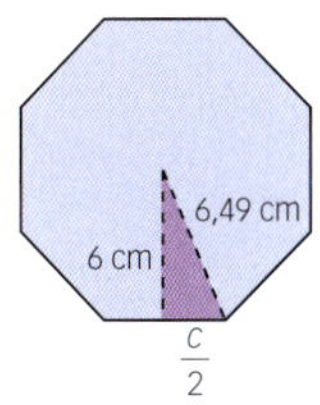

3. Apliquem el teorema de Pitàgores.

$6{,}91^2 = 3^2 + a^2$

$47{,}75 = 9 + a^2$

$6{,}49^2 = \left(\frac{c}{2}\right)^2 + 6^2$

$42{,}12 = \frac{c^2}{4} + 36$

4. Aïllem en el teorema de Pitàgores i calculem la mida desconeguda.

$a^2 = 47{,}75 - 9 = 38{,}75$
$a = \sqrt{38{,}75} = 6{,}22$ cm

$\frac{c^2}{4} = 42{,}12 - 36 = 6{,}12$

$c^2 = 24{,}48 \rightarrow c = \sqrt{24{,}48} = 4{,}95$ cm

5. Calculem l'àrea de la figura.

$A = \frac{P \cdot a}{2} = \frac{(7 \cdot 6) \cdot 6{,}22}{2} = 130{,}62 \text{ cm}^2$

$A = \frac{P \cdot a}{2} = \frac{(8 \cdot 4{,}95) \cdot 6}{2} = 118{,}8 \text{ cm}^2$

ACTIVITATS

32 Calcula l'àrea dels polígons regulars següents:

a)

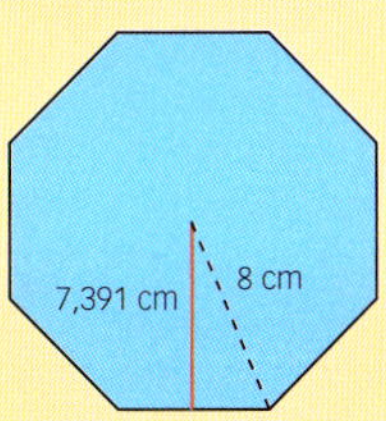

c)

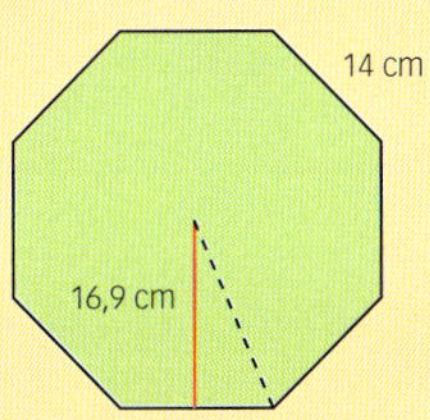

b)

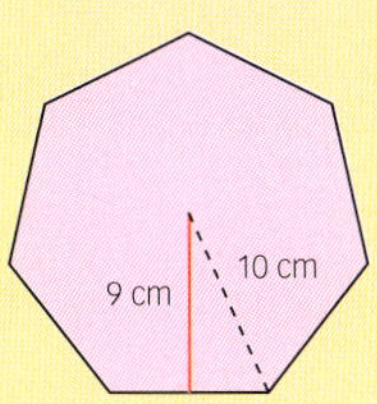

d)

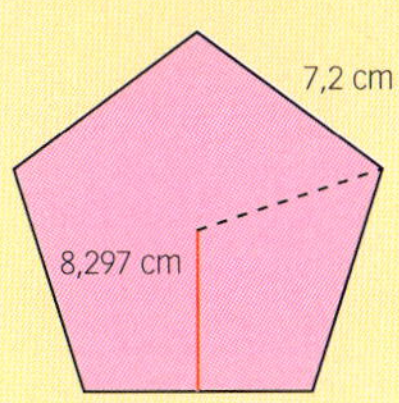

33 Determina l'àrea d'un octàgon regular de 5,2 cm de costat i 6,794 cm de radi.

34 Determina el radi d'un pentàgon regular de 10,8 cm de costat i 7,43 cm d'apotema.

35 Calcula l'apotema d'aquests polígons regulars:

a)

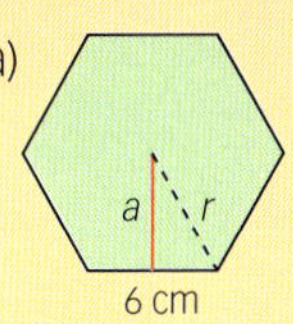

b)

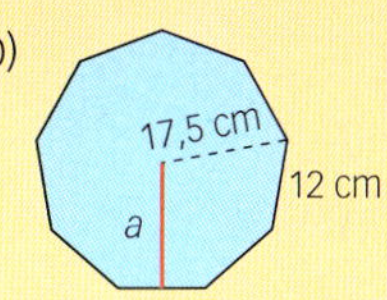

36 Calcula l'àrea d'un hexàgon regular de 9 cm d'apotema.

6.3. Àrea i perímetre de figures circulars

A la taula següent pots trobar les fórmules que et permetran calcular les àrees i els perímetres de les figures circulars:

El perímetre d'un cercle és la longitud de la circumferència que el conté:

$L = 2\pi r$

Figures circulars		Perímetre i àrea
Cercle: superfície plana continguda dins d'una circumferència.	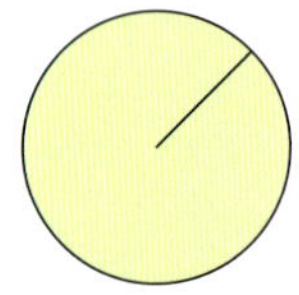	$P = 2\pi r$ $A = \pi r^2$
Sector circular: part d'un cercle limitada per dos radis i un arc.	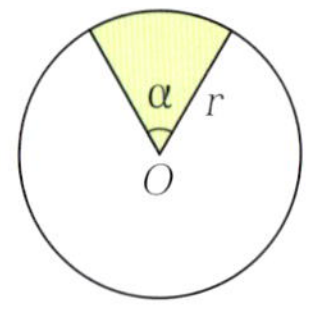	$P = \frac{2\pi r\alpha}{360} + 2r$ $A = \frac{\pi r^2 \alpha}{360}$
Segment circular: part d'un cercle limitada per un arc i la seva corda.	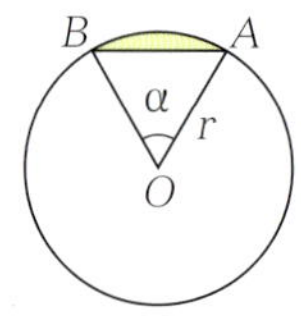	$P = \frac{2\pi r\alpha}{360} + \overline{AB}$ $A = A_{\text{Sector}} - A_{\text{Triangle } \widehat{OAB}}$
Corona circular: superfície plana continguda entre dues circumferències concèntriques.	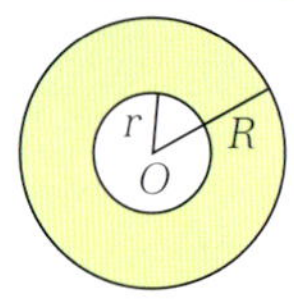	$P = 2\pi(R + r)$ $A = \pi(R^2 - r^2)$

EXEMPLE

10. Calcula el perímetre i l'àrea d'aquestes figures circulars. Arrodoneix a 4 xifres decimals el nombre π:

a)

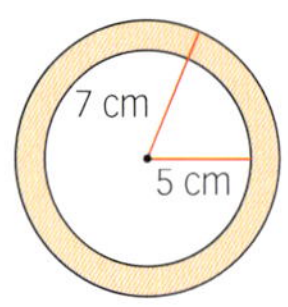

b)

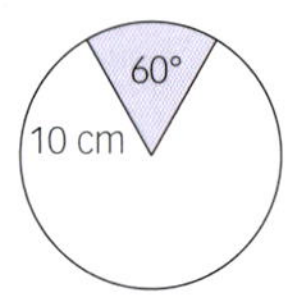

Arrodonim a 4 xifres decimals el nombre $\pi = 3{,}1416$

a) $P = 2\pi(R + r) = 2\pi(7 + 5)$

$P = 75{,}4$ cm

$A = \pi(R^2 - r^2)$

$A = \pi(7^2 - 5^2)$

$A = 75{,}4$ cm^2

b) $P = \frac{2\pi r\alpha}{360} + 2r = \frac{2\pi \cdot 10 \cdot 60}{360} + 2 \cdot 10$

$P = 30{,}47$ cm

$A = \frac{\pi r^2 \alpha}{360} = \frac{\pi \cdot 10^2 \cdot 60}{360}$

$A = 52{,}36$ cm^2

T'HI ATREVEIXES?

Una aranya triga 30 dies en cobrir amb la seva teranyina el forat d'una finestra circular. Cada dia duplica la superfície feta fins al moment.

Si en comptes d'una aranya, fossin dues, quant tardarien a cobrir la finestra?

ACTIVITATS

37 PRACTICA. Calcula l'àrea i el perímetre d'aquestes figures:

a)

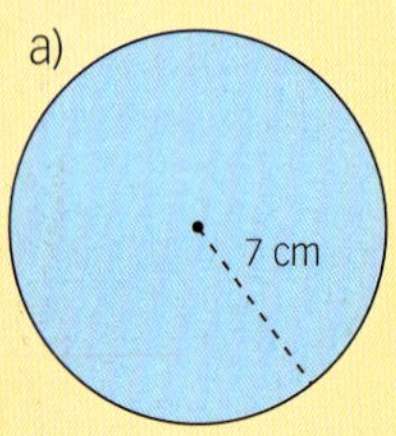

b)

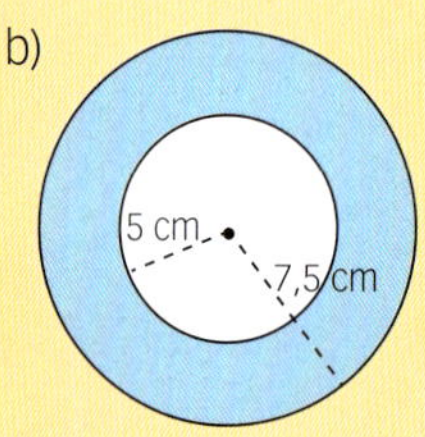

38 APLICA. Calcula el radi del sector circular de 135° d'amplitud i de 3,817 cm^2 d'àrea.

39 REFLEXIONA. Calcula l'àrea de la zona pintada de la figura circular, en què $r = 3$ cm i $R = 9$ cm.

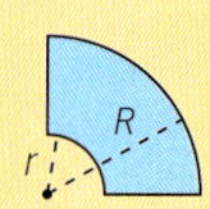

SABER FER

> La descomposició d'una figura en altres de més simples no és única, hi ha moltes possibilitats.

Calcular l'àrea d'una figura plana

Determina l'àrea d'aquesta figura:

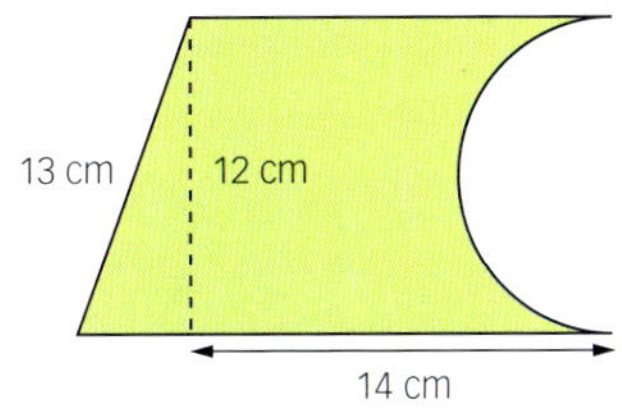

Passos que cal seguir

1. Descomponem la figura en altres de més senzilles de les quals sapiguem calcular l'àrea.

Figura A

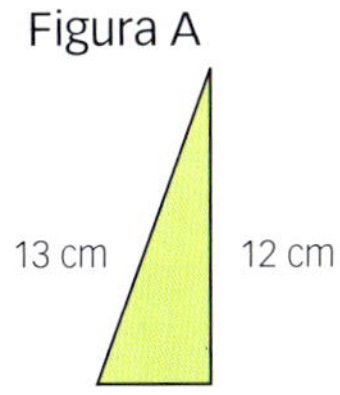

Triangle rectangle amb hipotenusa de 13 cm i un catet de 12 cm.

Figura B

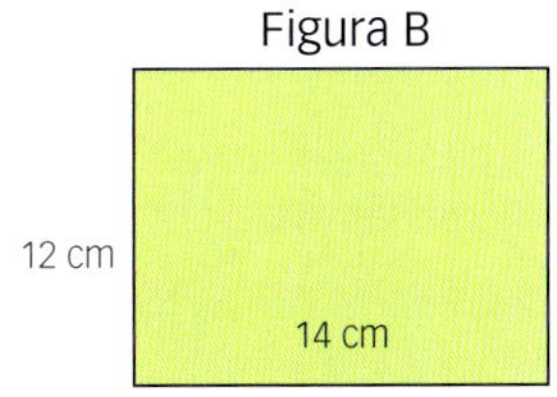

Rectangle de 14 cm de base i 12 cm d'altura.

Figura C

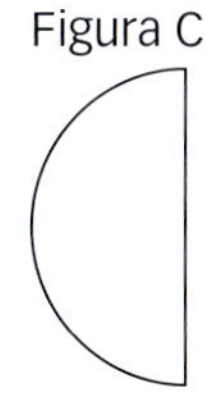

Semicercle de $\frac{12}{2} = 6$ cm de radi.

2. Calculem cadascuna de les àrees de les figures que hem obtingut en la descomposició. Agafem el valor arrodonit de $\pi = 3{,}1416$.

Figura *A* → Calculem la base aplicant el teorema de Pitàgores.

$$13^2 = 12^2 + b^2 \rightarrow b^2 = 13^2 - 12^2 = 25 \rightarrow b = \sqrt{25} = 5 \text{ cm}$$

$$A_{\text{Figura } A} = \frac{b \cdot h}{2} = \frac{5 \cdot 12}{2} = 30 \text{ cm}^2$$

Figura *B*: $A_{\text{Figura } B} = 12 \cdot 14 = 168 \text{ cm}^2$

Figura *C*: $A_{\text{Figura } C} = \frac{\pi r^2}{2} = \frac{\pi \cdot 6^2}{2} = 56{,}55 \text{ cm}^2$

3. Operem per obtenir l'àrea total.

$$A_{\text{Total}} = A_{\text{Figura } A} + A_{\text{Figura } B} - A_{\text{Figura } C} = 30 + 168 - 56{,}55 = 141{,}45 \text{ cm}^2$$

ACTIVITATS

40 Determina l'àrea d'aquestes figures:

a) 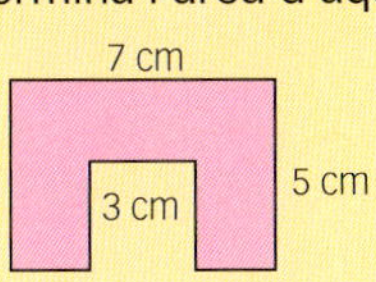

c) 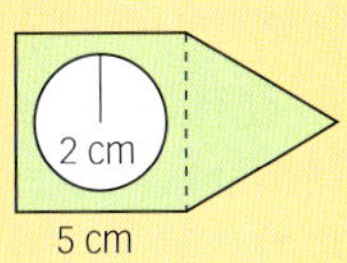

b) 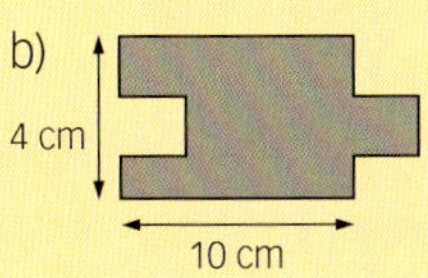

d) 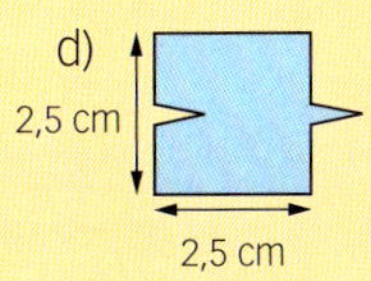

41 Calcula l'àrea de les figures següents:

a) 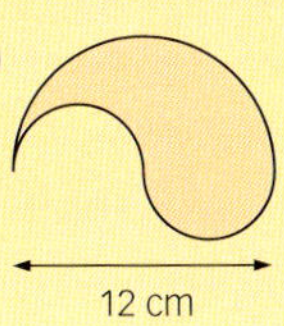

b) 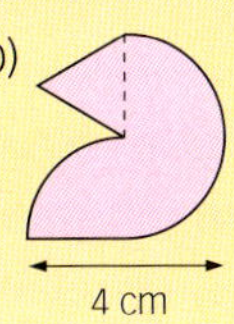

42 Calcula l'àrea d'aquestes figures:

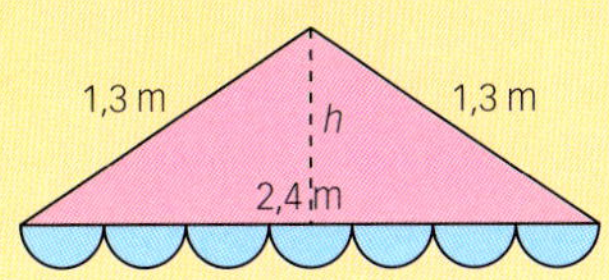

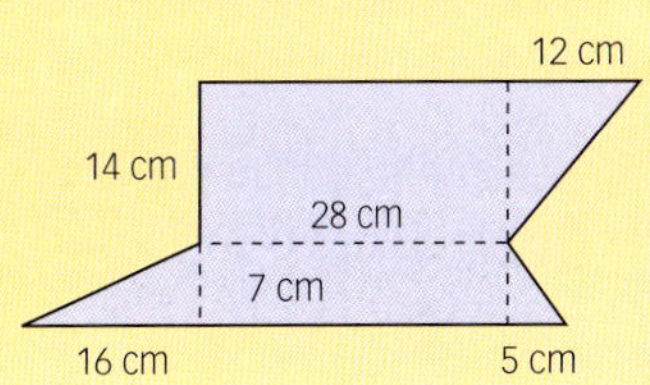

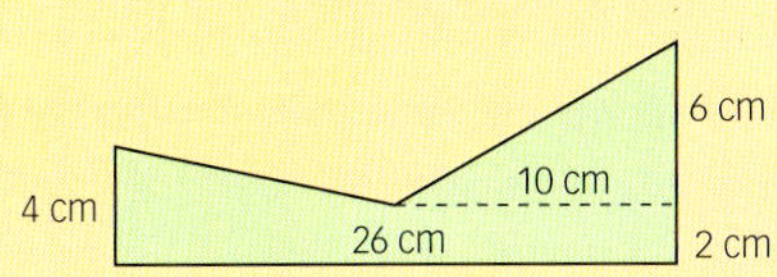

ACTIVITATS FINALS

Llocs geomètrics. Mediatriu, bisectriu i circumferència

43 Determina i dibuixa aquests llocs geomètrics:

a) Els punts del pla que equidisten dels extrems A i B d'un segment de 5 cm.

b) Els punts del pla que equidisten dels costats d'un angle de 80°.

c) Els punts del pla que equidisten de dos vèrtexs no consecutius d'un quadrat.

44 Dibuixa a la llibreta els punts del pla que equidisten dels dos segments $\overline{AB}$ i $\overline{CD}$.

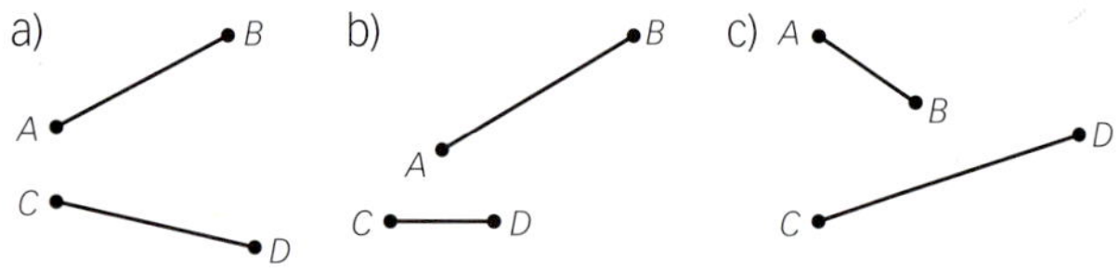

45 Dibuixa el lloc geomètric dels punts del pla que equidisten d'aquests elements geomètrics:

a) Dues rectes paral·leles

b) Els punts d'una circumferència de radi r

c) Dues circumferències concèntriques

46 Dibuixa una circumferència amb centre en el punt $P(3, 2)$ de manera que:

a) L'eix d'abscisses hi sigui tangent en el punt (3, 0).

b) L'eix d'ordenades hi sigui tangent en el punt (0, 2).

47 Dibuixa un triangle de costats a, b i c, i determina el lloc geomètric dels punts en el pla que equidisten dels seus vèrtexs:

a) $a = 6, b = 8$ i $c = 12$ b) $a = 4, b = 5$ i $c = 8$

48 En un triangle rectangle isòsceles, la hipotenusa fa 10 cm. Traça'n la circumferència circumscrita i calcula'n el radi.

Angles

49 Esbrina quin polígon compleix que la suma dels seus angles interiors és de 1.620°.

50 Calcula la suma dels angles interiors d'un polígon en el qual si tracem les diagonals des d'un vèrtex es formen els triangles següents:

a) 3 triangles b) 5 triangles c) 7 triangles

51 Si el nombre de diagonals, d, d'un polígon de n costats està determinat per $d = \frac{n \cdot (n-3)}{2}$, calcula la suma dels angles interiors d'un polígon amb 9 diagonals.

52 Calcula els angles marcats en negre i explica com ho fas.

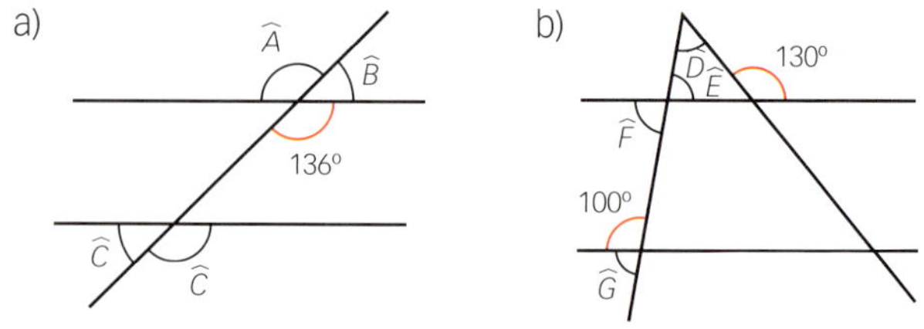

53 Determina el valor de l'angle A i justifica com ho fas.

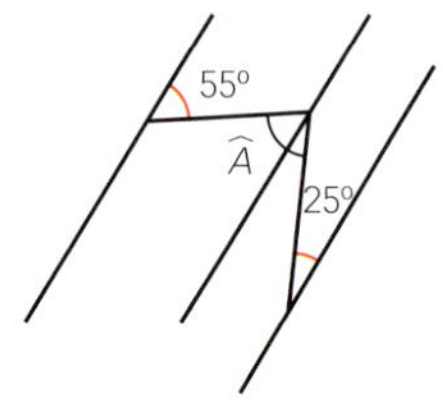

Teorema de Pitàgores

54 Determina si les mides següents es corresponen amb els costats d'un triangle rectangle:

a) 6, 8 i 10 cm

b) 5, 5 i $5\sqrt{2}$ cm

c) $\sqrt{61}$, 5 i 6 cm

d) 3, 7 i 6 cm

e) 7, 24 i 25 cm

f) 3, 3 i 5 cm

55 Copia a la llibreta i completa aquesta taula de mides, en què a és la hipotenusa i b i c són els catets d'un triangle rectangle:

a	b	c
	3	4
$5\sqrt{5}$	10	
$\sqrt{52}$		6
4	$2\sqrt{2}$	
	5	7
	5	5

56 El costat d'un quadrat fa 2 cm. Si en variem la mida, indica quant hem d'augmentar o disminuir el costat perquè la nova diagonal tingui aquesta relació amb l'original:

a) La meitat

b) El doble

c) El triple

d) La tercera part

57 Calcula la longitud dels segments b i f.

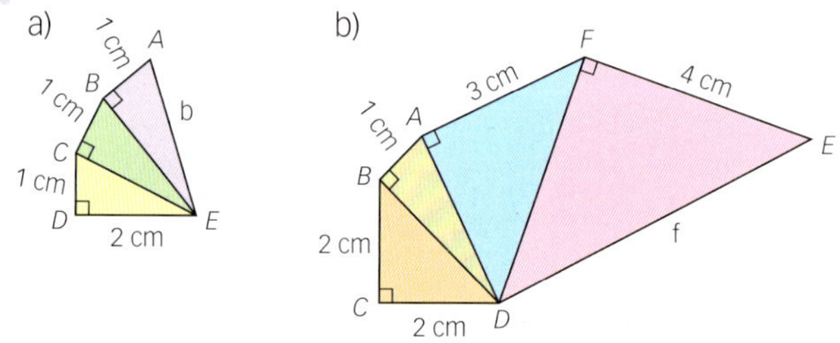

SABER FER

Calcular l'altura d'un triangle equilàter o isòsceles

58 Determina l'altura d'aquests triangles:

a)

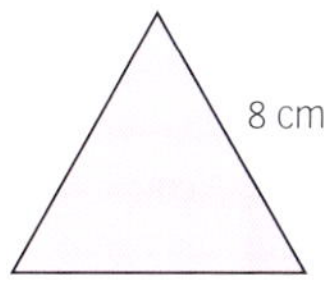

b)

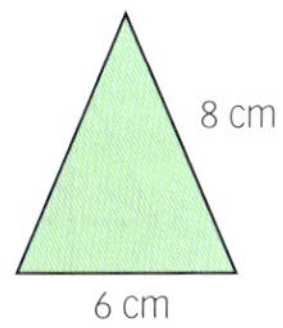

PRIMER. Apliquem el teorema de Pitàgores al triangle rectangle que té de catets l'altura i la meitat de la base, i d'hipotenusa, el costat del triangle.

a)

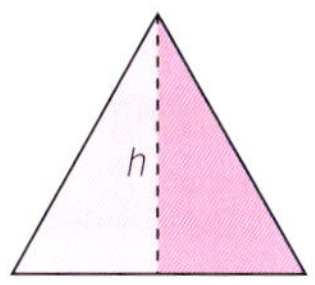

$8^2 = 4^2 + h^2$

b)

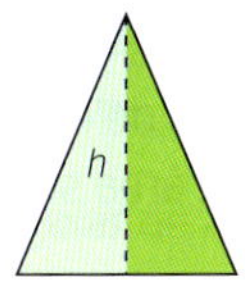

$8^2 = 3^2 + h^2$

SEGON. Aïllem i en calculem l'altura.

a) $8^2 = 4^2 + h^2$
$h^2 = 8^2 - 4^2 = 48$
$h = \sqrt{48} = 6{,}93$ cm

b) $8^2 = 3^2 + h^2$
$h^2 = 8^2 - 3^2 = 55$
$h = \sqrt{55} = 7{,}42$ cm

59 ●● Un triangle equilàter té 36 cm de perímetre. Calcula'n l'altura.

60 ●● L'altura d'un triangle equilàter és de 6,93 cm. Quant fa el costat?

61 ●● Calcula l'altura, sobre el costat desigual, d'un triangle isòsceles de costats 7 cm, 7 cm i 4 cm.

62 ●● El costat desigual d'un triangle isòsceles fa 36 cm i l'altura és de 45 cm. Quant fan els costats iguals?

63 ●● Calcula la distància que falta en cada cas.

a)

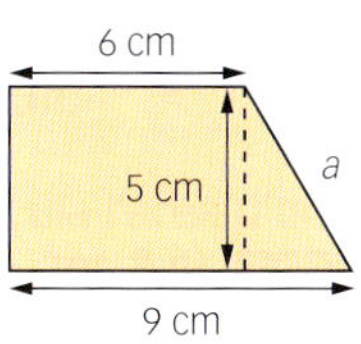

b)

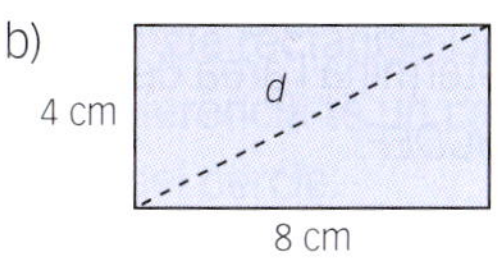

c)

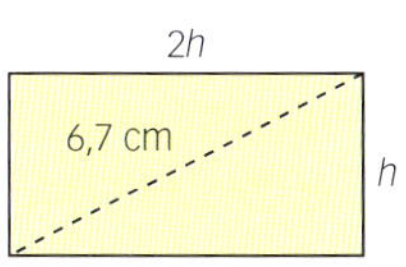

d)

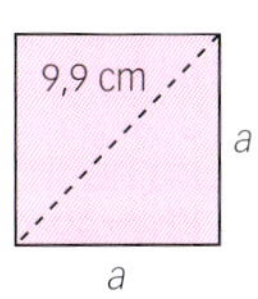

e)

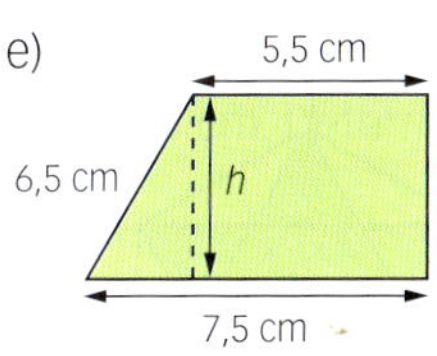

f)

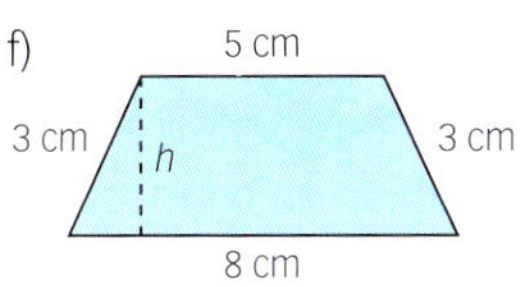

64 ●● Fixa't en la figura i calcula el costat del rombe i les longituds del catet AB, del catet AC i de la hipotenusa BC.

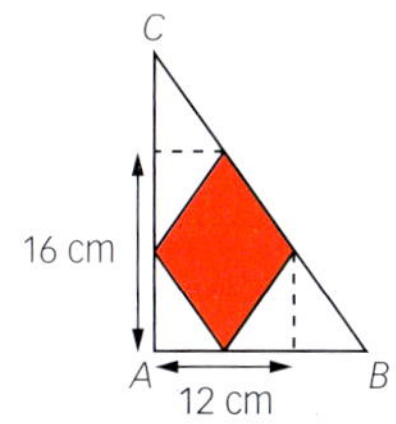

65 ●●● Observa els dibuixos i calcula la distància del punt P al punt A perquè es verifiqui que la longitud del segment CP sigui igual que la del segment DP.

a)

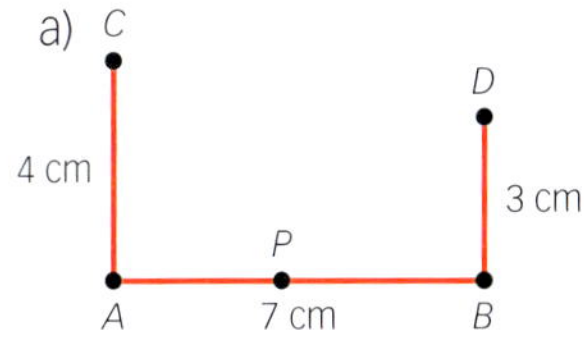

b)

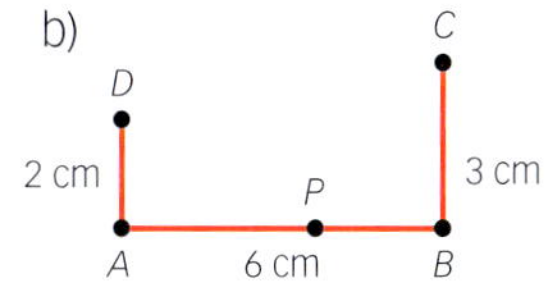

Àrees i perímetres

66 ●● Un dels costats d'un triangle fa 4,6 cm i l'altura sobre aquest costat és de 3,8 cm.

a) Calcula l'àrea del triangle.

b) Si un altre costat del triangle és de 3,8 cm, quant fa l'altura sobre aquest costat?

67 ●● L'altura d'un triangle fa dues terceres parts de la seva base: $b = 9$ cm. Calcula'n l'àrea.

68 ●● Determina el perímetre i l'àrea d'un quadrat que té de diagonal:

a) $4\sqrt{2}$ cm
b) $6\sqrt{2}$ cm

69 ●● Calcula l'àrea d'un quadrat de perímetre igual que el d'un triangle equilàter de 6 cm de costat.

70 ●●● Calcula l'àrea d'un quadrat de perímetre igual que el d'un triangle equilàter de 8 cm d'altura.

71 ●● Determina el costat i el perímetre d'un quadrat de 210,25 cm^2 d'àrea.

72 ●● Calcula el perímetre i l'àrea d'un rectangle de 34 cm de diagonal i 30 cm de base.

73 ●● Donat un rectangle de costats 4 cm i 9 cm, indica si són vertaderes o falses aquestes afirmacions:

a) L'àrea d'un quadrat amb el mateix perímetre és 169 cm^2.

b) El perímetre d'un quadrat amb la mateixa àrea és 24 cm.

c) L'àrea d'un rectangle en què les dimensions són el doble és $2 \cdot 36 = 72$ cm^2.

ACTIVITATS FINALS

109 Calcula l'àrea de les zones pintades.

a)

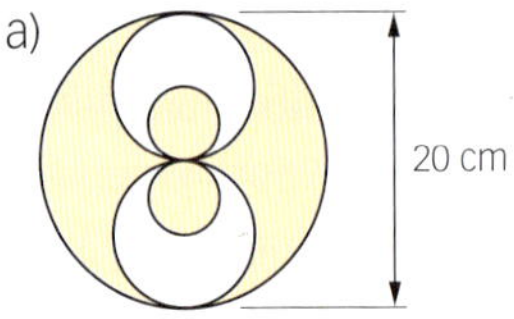

b)

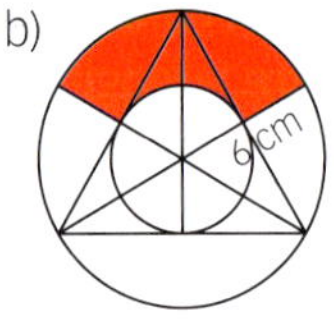

110 Determina l'amplitud d'un sector de π cm^2 d'àrea i d'1,5 cm de radi.

111 Un sector circular de 40° d'angle central té una àrea de 8 cm^2. Calcula la superfície del cercle corresponent.

SABER FER

Calcular l'àrea d'un segment circular

112 Calcula l'àrea d'aquest segment circular:

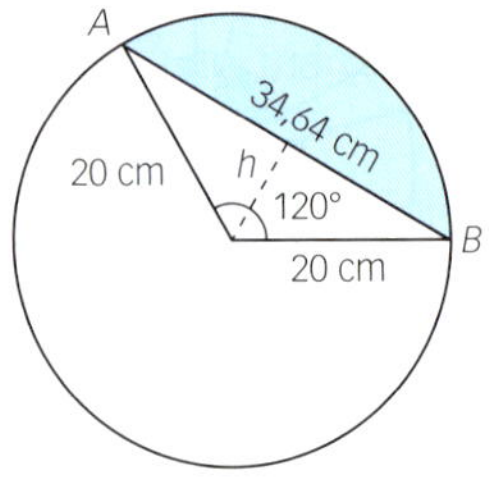

PRIMER. Calculem l'altura del triangle; per fer-ho, apliquem el teorema de Pitàgores al triangle rectangle que té el radi com a hipotenusa i els catets són l'altura i la meitat de la corda *AB*.

$$20^2 = \left(\frac{34{,}64}{2}\right)^2 + h^2 \rightarrow h^2 = 400 - 299{,}98 \rightarrow h = 10$$

SEGON. Calculem l'àrea del triangle i la del sector.

$$A_{\text{Sector}} = \frac{\pi r^2 \alpha}{360} = \frac{\pi \cdot 20^2 \cdot 120}{360} = 418{,}88 \text{ cm}^2$$

$$A_{\text{Triangle}} = \frac{b \cdot h}{2} = \frac{34{,}64 \cdot 10}{2} = 173{,}2 \text{ cm}^2$$

TERCER. Restem l'àrea del sector menys la del triangle per obtenir l'àrea del segment circular.

$$A = A_{\text{Sector}} - A_{\text{Triangle}} = 418{,}88 - 173{,}2 = 245{,}68 \text{ cm}^2$$

113 Calcula l'àrea d'aquests segments circulars.

a)

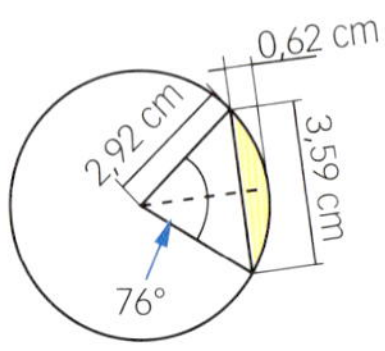

b)

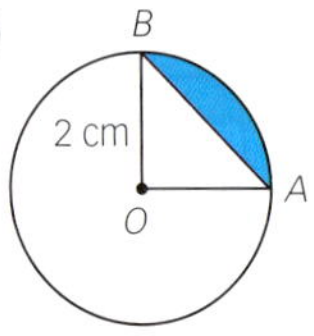

114 Calcula l'àrea de cada segment circular que es forma al traçar una circumferència circumscrita en un hexàgon regular de costat 7 cm.

Problemes amb àrees

115 L'ombra d'un edifici fa 30 m. L'ascensor, a 2 km/h, triga 45 segons per arribar des de la planta baixa fins al terrat. Calcula la distància des del terrat fins a l'extrem de l'ombra.

116 Un jardí de forma rectangular que està envoltat per una tanca de 64 m té als costats més curts 8 arbres plantats amb una distància entre cada arbre de 4 m. Quina és l'àrea que ocupa el jardí?

117 Les dimensions dels fulls d'un llibre de Matemàtiques són de 22 cm d'amplada per 28,7 cm d'alçada. Té 296 pàgines, és a dir, 148 fulls.

a) Si poséssim tots els fulls l'un al costat de l'altre, quina àrea ocuparien?

b) Si una aula fa 6 m d'ample per 8 m de llarg, amb quants llibres podríem tapar el terra?

118 Si lligues una corda al teu llapis de manera que entre el nus i l'extrem de la corda hi hagi 13 cm, determina quina és l'àrea de la figura que pots dibuixar amb la punta del llapis fixant l'extrem de la corda en un punt.

119 L'Hèctor ha comprat uns estalvis circulars de 17 cm de radi. Si té una safata rodona de 615,75 cm^2 d'àrea, quina àrea dels estalvis no queda coberta per la safata?

120 Cadascun dels 50 pisos d'un edifici té la planta d'aquesta figura, en què el costat de l'hexàgon és de 30 m. Si el terra té una moqueta que costa 20 €/m^2, calcula el preu total que s'ha pagat per la moqueta de l'edifici.

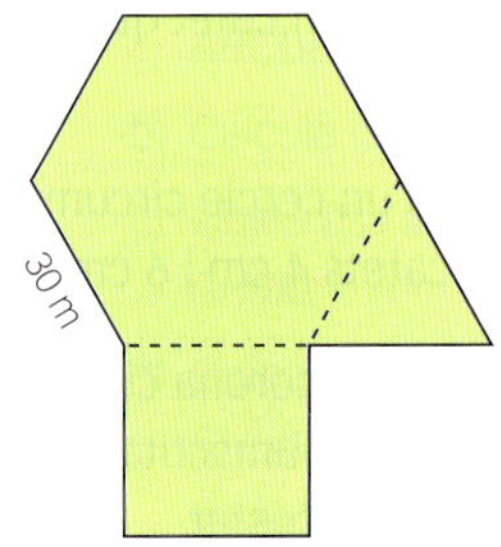

121 Hem col·locat una vidriera triangular. Calcula l'àrea de vidre vermell si sabem que la finestra és un triangle equilàter d'1 m de costat.

122 El cost per metre quadrat d'impermeabilitzar una superfície és de 20 €. Calcula quant costaria impermeabilitzar les zones següents:

a) Un terrat de forma hexagonal regular de 28 m de costat i 24,25 m d'apotema

b) Una terrassa exterior rectangular de 14 m d'amplada i 20 m de llargada

c) Un marge de 4 m d'amplada al voltant d'una piscina circular de 7 m de radi

d) Un jardí amb forma de rombe de diagonals 18 m i 12 m

e) Una façana amb forma de trapezi rectangle de 5 m d'altura i diagonals de 6,4 m i 9,43 m

f) Un racó a la cambra de bany que té forma d'un quart de cercle d'1,5 m de radi

123 Un jardiner ha plantat una zona de gespa en forma de corona circular. La longitud del segment més gran que s'hi pot traçar és de 15 m.

Quina àrea de gespa ha plantat el jardiner?

124 Un pintor decora una tanca amb una d'aquestes figures:

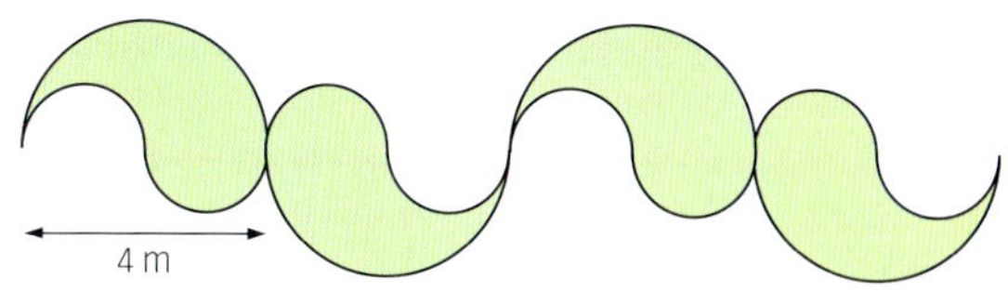

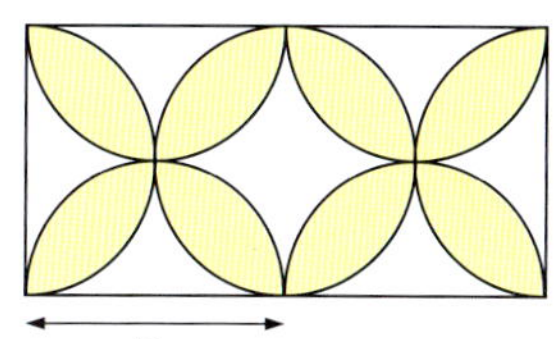

Si cobra a 32 € el metre quadrat de tanca pintada, quant cobrarà per cadascuna?

HAS DE SABER FER

Mediatriu, bisectriu i circumferència

1 Considera els punts $A(-2, 1)$, $B(1, 5)$, $C(4, -1)$ i $D(2, -3)$. Dibuixa:

a) La mediatriu del segment AB

b) La bisectriu de l'angle $\widehat{ABC}$

c) La circumferència que passa pels punts A, B, i D.

Angles

2 Determina el valor dels angles que es formen.

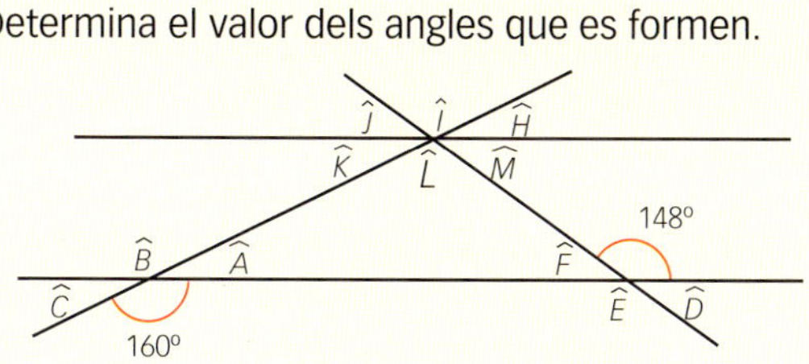

Teorema de Pitàgores. Perímetres i àrees

3 Un triangle equilàter té 57 cm de perímetre. Calcula'n l'altura.

4 Determina el perímetre i la diagonal d'un quadrat de 156,25 cm^2 d'àrea.

5 L'àrea d'un rombe és de 390 dm^2 i una de les diagonals fa 30 dm. Determina l'altra diagonal i el perímetre del rombe.

6 Considera un hexàgon regular de 25 cm d'apotema. Calcula'n el perímetre i l'àrea.

7 Calcula l'àrea de la corona circular limitada per les circumferències circumscrita i inscrita d'un quadrat de 9 cm de costat.

En la vida quotidiana

125 La il·luminació és la quantitat de llum que arriba a una unitat de superfície i s'acostuma a mesurar en luxs. Aquests són els nivells de luxs més comuns:

- Estiu, migdia, sota cel serè 100.000 lux
- Enllumenat de carrer 5 – 30 lux
- Lluna plena, en una nit clara 0,25 lux

En general, la il·luminació és més baixa com més gran sigui la distància
a la qual es troba l'objecte que volem il·luminar.

- Aquestes imatges corresponen a dos projectes d'il·luminació. El primer, per a un carrer en el qual voleninstal·lar bombetes capaces d'il·luminar fins a 11 m; l'altre projecte, per a un parc on volen instal·larbombetes capaces d'il·luminar fins a 12 m.

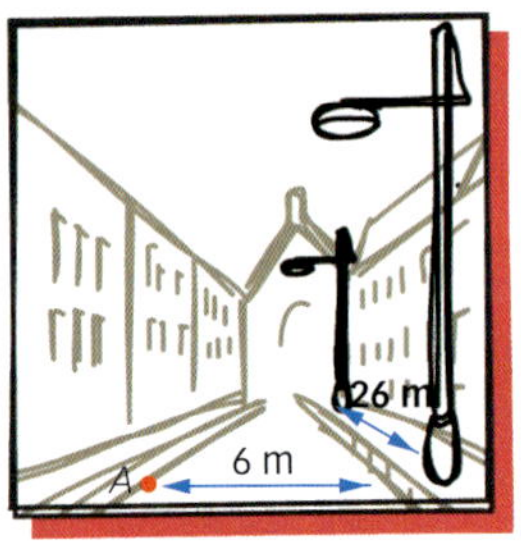

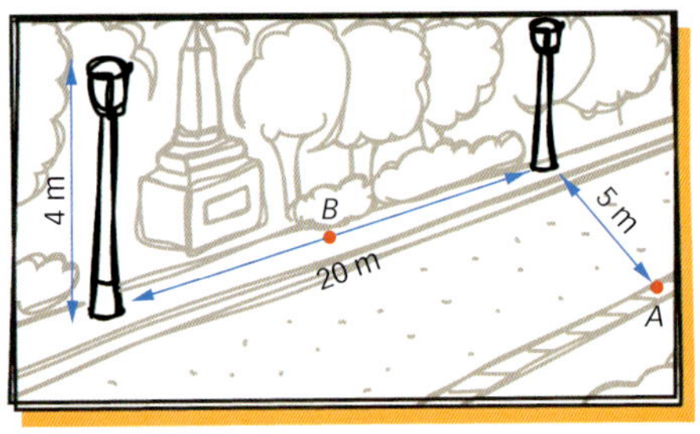

Determina si els luxs arribaran fins als punts marcats, l'amplada de la vorera (*A*) i el punt mitjà entre els dos fanals (*B*), en aquests projectes.

Formes de pensar. Raonament matemàtic

126 Donats dos segments, *AB* i *BC*, de longitud *d*, com en la figura: quin és el lloc geomètric dels punts situats entre *A* i *C* amb *d* com a distància a *B*?

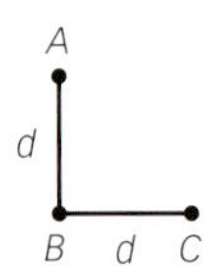

127 Quina d'aquestes opcions és la relació entre el costat i l'altura d'un triangle equilàter?

a) $h = \frac{\sqrt{3c}}{2}$ b) $h = \sqrt{\frac{3c}{2}}$ c) $h = \frac{c\sqrt{3}}{2}$

128 Quina relació hi ha entre les àrees d'un triangle equilàter i d'un quadrat que tenen el mateix perímetre? Quina relació tenen els perímetres si el que és igual són les àrees?

129 En un triangle qualsevol, tracem les mitjanes i es formen 6 triangles que tenen com a vèrtex comú el baricentre. Justifica que tots tenen la mateixa àrea. A partir d'aquest resultat, demostra que el baricentre dista de cada vèrtex el doble que del punt mitjà del costat oposat.

130 Els segments traçats en aquests quadrats són diagonals o uneixen vèrtexs del quadrat amb punts mitjos de costats oposats. Quina fracció de l'àrea del quadrat està ombrejada?

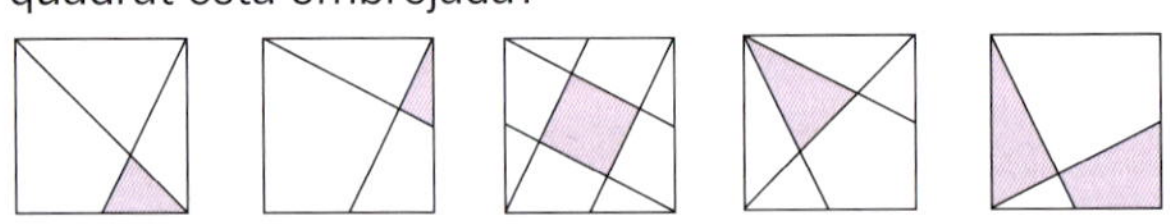

131 Què és més gran, l'àrea del triangle rectangle $\widehat{ABC}$ o la suma de les àrees de L_1 i L_2?

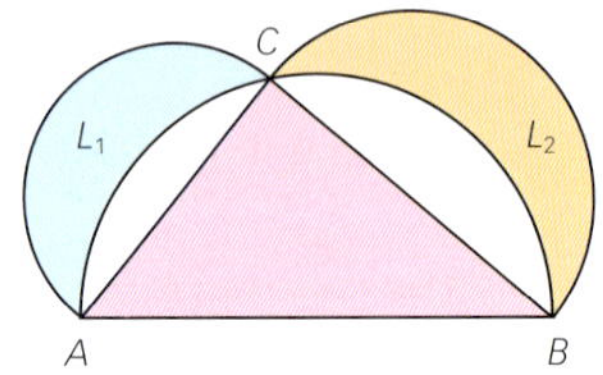

(Les circumferències que veus tenen com a diàmetre cadascun dels costats del triangle.)

132 Fixa't en la figura i compara les àrees de la zona ratllada i de la zona blanca.

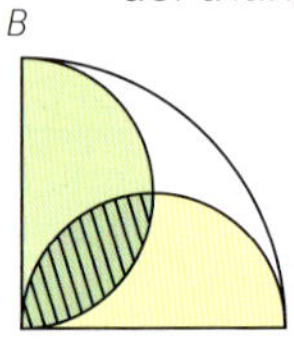

PROJECTE FINAL. **Aprenentatge cooperatiu**

OBJECTIU: Dissenyar un hort escolar

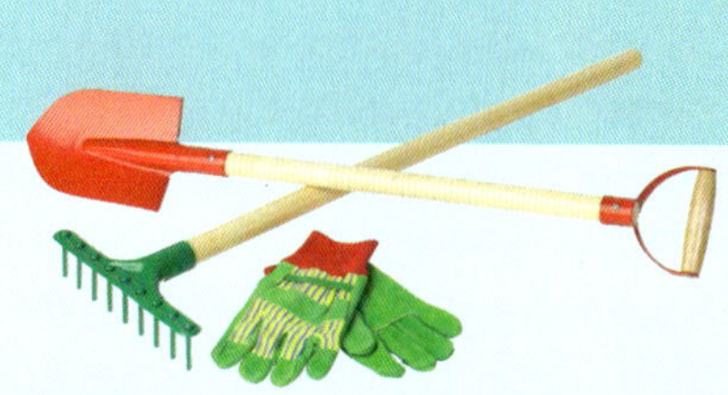

Un cop formats els grups, seguiu el procés següent:

1a Fase

- Busqueu informació sobre com cultivar un hort: eines, espai necessari, tipus de terrenys...
- Estudieu la disposició física del centre i quina pot ser la millor zona per plantar-hi l'hort. Determineu-ne el perímetre i l'àrea cultivable.
- Busqueu informació sobre quines espècies vegetals són les més aptes per a l'època de l'any en què us trobeu i les característiques del terreny que heu triat.

2a Fase

- Elaboreu un pressupost amb totes les necessitats per fer l'hort escolar.
- Decidiu què es farà amb els productes collits de l'hort: repartiment entre els participants, ús al menjador escolar, venda destinant-ne els beneficis a alguna finalitat...

3a Fase

- Poseu en comú totes les aportacions i informacions que heu obtingut i decidiu quines són les millors opcions.
- Realitzeu un informe amb totes les conclusions a què heu arribat.

Proves PISA

Gelateria

133 ●●● Aquest és el plànol de la gelateria de la Mireia. Està renovant la botiga. La zona de servei està envoltada per la barra.

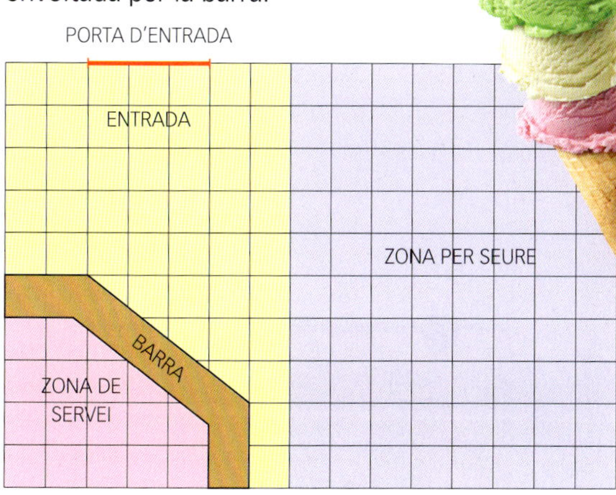

Nota: Cadascun dels quadrats de la quadrícula representa 0,5 metres × 0,5 metres.

a) La Mireia vol posar una nova coberta per tota la part superior de la barra. Quina és la llargada total de coberta que necessita? Indica les operacions que has fet servir.

b) La Mireia també vol posar un altre paviment a la botiga. Quina és la superfície (l'àrea) total de la botiga, sense comptar la zona de servei i la barra?

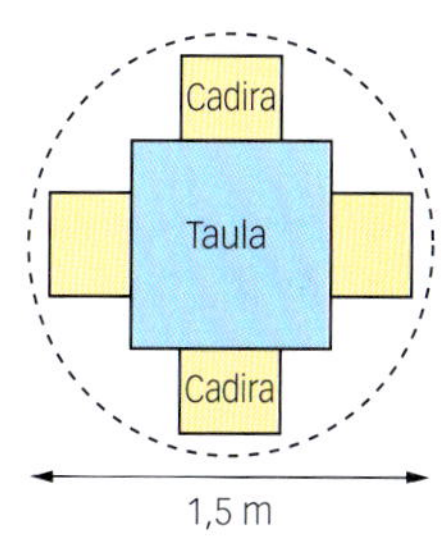

c) La Mireia vol fer conjunts d'una taula i quatre cadires, com el que veiem en la il·lustració, per a la seva botiga. El cercle representa la superfície que cal per a cada conjunt.

Per tal que els clients tinguin prou espai quan s'asseguin, cada conjunt (tal com representa el cercle) hauria de disposar-se d'acord amb les restriccions següents:

- Cada conjunt hauria de col·locar-se, com a mínim, a 0,5 m de les parets.
- Cada conjunt hauria de col·locar-se, com a mínim, a 0,5 m dels altres conjunts.

Quin és el nombre màxim de conjunts que la Mireia pot encabir dins de la zona per seure de la seva botiga?

(Prova PISA pilot)

CLAUS PER COMENÇAR

Representació d'una recta en uns eixos de coordenades

Per representar una recta a partir de la seva equació elaborem una taula de valors: a partir dels valors que donem a x obtenim els valors corresponents de y.

Després representem aquests punts sobre un sistema d'eixos de coordenades i els unim mitjançant una línia recta.

EXEMPLE

Representa la recta $y = 2x - 2$.

Per a $x = -1 \rightarrow y = 2 \cdot (-1) - 2 = -4$
$\rightarrow (-1, -4)$

Per a $x = 0 \rightarrow y = 2 \cdot 0 - 2 = -2$
$\rightarrow (0, -2)$

Per a $x = 3 \rightarrow y = 2 \cdot 3 - 2 = 4$
$\rightarrow (3, 4)$

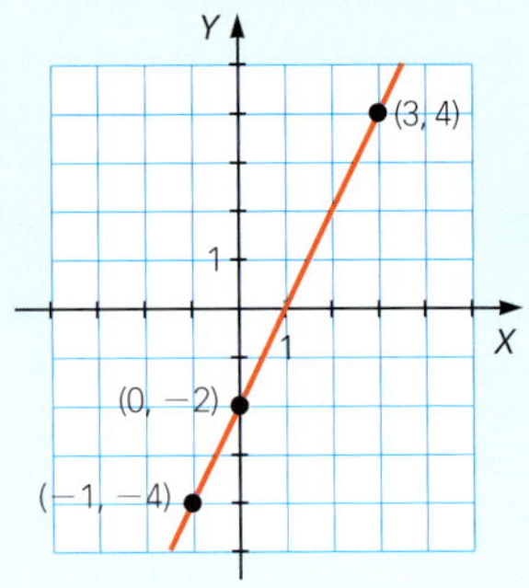

x	−1	0	3
y	−4	−2	4

ACTIVITATS

1 Representa aquestes rectes gràficament:

a) $y = x - 2$ b) $y = 3x$ c) $y = -2$

Raó i proporció numèriques

Una **raó** és un quocient entre dos nombres o quantitats comparables.

Una **proporció** és una igualtat de dues raons: $\frac{a}{b} = \frac{c}{d}$, on a, b, c i d són nombres i es compleix que $a \cdot d = b \cdot c$.

EXEMPLE

En un forn de pa ahir van fer servir 62 kg de farina per elaborar 248 barres de pa, i avui han utilitzat 48 kg de farina per fer 192 barres. Quina raó hi ha entre la farina i les barres de pa de cada dia? Hi ha proporció entre la farina i les barres que han elaborat els dos dies?

Raó del primer dia $= \frac{62}{248}$ Raó del segon dia $= \frac{48}{192}$

$\frac{62}{248} = \frac{48}{192} \rightarrow 62 \cdot 192 = 248 \cdot 48 \rightarrow 11.904 = 11.904 \rightarrow$ És una proporció.

ACTIVITATS

2 Troba el terme que falta a cada proporció.

a) $\frac{4}{x} = \frac{6}{12}$ b) $\frac{2,5}{3} = \frac{x}{24}$ c) $\frac{x}{3} = \frac{12}{x}$

Segle IX
Es pensa que l'origen de la brúixola és a la Xina. Apareix com a instrument per orientar-se en mar obert; inicialment consisteix en una agulla imantada surant en un atuell ple d'aigua.

Transformacions geomètriques i semblança

9

SABER

- Vectors
- Moviments en el pla. Translacions, girs i simetries. Frisos i mosaics
- Homotècia i semblança.
- Teorema de Tales. Escales i mapes

SABER FER

- Efectuar translacions i girs de figures geomètriques
- Efectuar simetries de figures geomètriques
- Dividir un segment en parts iguals o proporcionals
- Resoldre problemes amb escales

? INTERPRETA LA IMATGE

La brúixola

La brúixola és un instrument que serveix per orientar-se i que es fonamenta en la propietat de les agulles magnetitzades. Està constituïda per una agulla imantada que assenyala sempre el nord magnètic.

- Marca a la llibreta la direcció en la qual es mou el punt si ho fa cap a l'est.

1190
Apareix publicat a París el *De naturis rerum* ('Les coses naturals'), en què es fan les primeres referències de la utilització de la brúixola a Europa.

Segle XIII
A la ciutat minera de Massa, a Itàlia, utilitzen la brúixola per primera vegada per orientar-se sota terra. Així poden determinar la direcció dels túnels.

1300
Inventen a Europa la brúixola seca. Consisteix en una agulla imantada adherida a una carta nàutica. El moviment de l'agulla sobre la carta establia el rumb que calia seguir.

1936
Tuomas Vohlonen inventa la primera brúixola portàtil. Fa servir una agulla magnetitzada dins d'una càpsula plena de líquid perquè l'agulla s'aturi ràpidament.

3 Translacions i girs

T'HI ATREVEIXES?

Una butaca molt pesada només es pot moure mitjançant girs de 90º al voltant de qualsevol de les seves cantonades. És possible col·locar-la just darrere d'on estava i mirant en la mateixa direcció?

- En una **translació**:
  Punts dobles: no n'hi ha.
  Rectes dobles: les rectes que contenen el vector.
- En un **gir**:
  Punts dobles: el centre de gir.
  Rectes dobles: si el gir és de 180°, les rectes que passen pel centre de gir.

Una **translació de vector $\vec{v}$** és un moviment que transforma qualsevol punt P en un altre punt P' de manera que $\overrightarrow{PP'}$ té el mòdul, la direcció i el sentit iguals que $\vec{v}$. Es representa $t_{\vec{v}}$.

Donats un punt $A(x, y)$ i un vector $\vec{v} = (v_1, v_2)$, el punt traslladat de A, A', té com a coordenades $A'(x + v_1, y + v_2)$.

EXEMPLE

4. Aplica una translació de vector $\vec{v}(2, 3)$ al punt $A(2, 1)$.

A partir de A, col·loquem un vector de mòdul, direcció i sentit iguals que el vector $\vec{v}$. El punt A' és el que està situat a l'extrem d'aquest vector.

$$A(2, 1) \xrightarrow[\vec{v}(2,\,3)]{\text{Translació}} A'(2 + 2, 1 + 3) \rightarrow A'(4, 4)$$

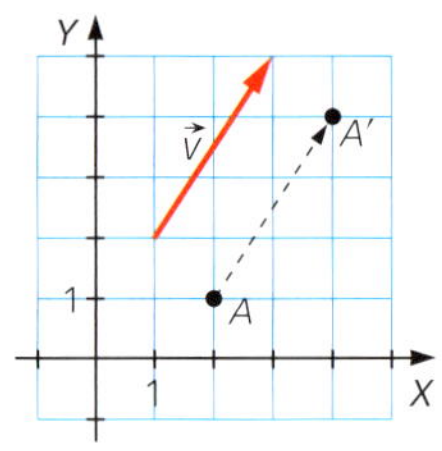

Un **gir de centre O** i **angle α** és un moviment que associa a cada punt P un altre punt P', situat a la mateixa distància de O que el punt P, i de manera que $\widehat{POP'} = \alpha$. S'expressa $\mathbf{G(O;\ \alpha)}$.

EXEMPLE

5. Efectua un gir de 140° i centre O al punt A.

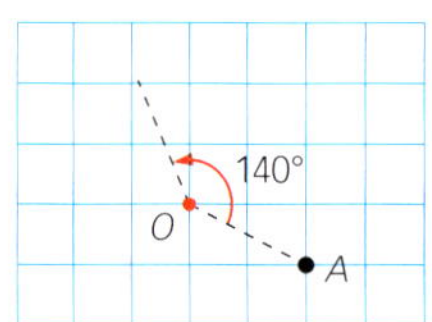

Tracem una recta que passi per O i per A. Dibuixem una altra recta que passi per O i que hi formi un angle de 140°, l'angle de gir.

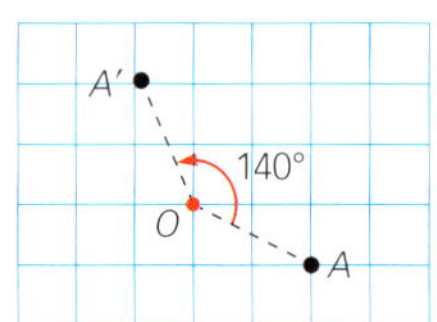

Mesurem la distància OA i la portem sobre l'última recta que hem dibuixat. Així obtenim el punt A', transformat de A.

ACTIVITATS

7 PRACTICA. Per a cada punt A i vector $\vec{v}$, determina les coordenades del transformat de A mitjançant la translació $t_{\vec{v}}$:

a) $A(3, -2)$, $\vec{v} = (2, -1)$
b) $A(-4, 5)$, $\vec{v} = (7, 2)$
c) $A(1, 6)$, $\vec{v} = (-4, -3)$
d) $A(-3, 1)$, $\vec{v} = (-5, 1)$

8 APLICA. Determina el vector de la translació que transforma el punt $A(-1, 4)$ en $A'(5, 2)$.

9 REFLEXIONA. Aplica la translació de vector $\vec{v} = (2, 3)$ seguida d'un gir de centre $B(3, 2)$ i angle 270°. És el mateix aplicar el gir i després la translació?

SABER FER

> Les translacions i els girs són moviments, és a dir, transformen una figura en una altra d'igual.

Efectuar translacions i girs de figures geomètriques

Transforma el triangle $\widehat{ABC}$ mitjançant:

a) Una translació de vector $\vec{v}$

b) Un gir de centre O i angle de 110°

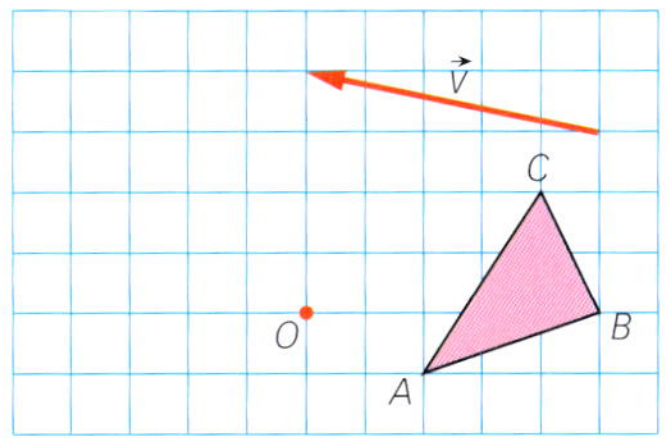

Passos que cal seguir

1. Tracem rectes des dels vèrtexs:
   - Si és una translació, paral·leles al vector.
   - Si és un gir, fins al centre de gir, O, i des d'aquest punt, per mitjà del transportador, tracem altres rectes que formen un angle α amb les que ja hem dibuixat.

a)

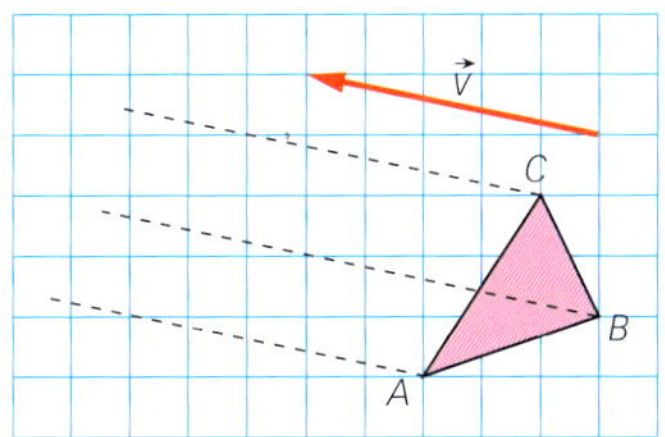

b)

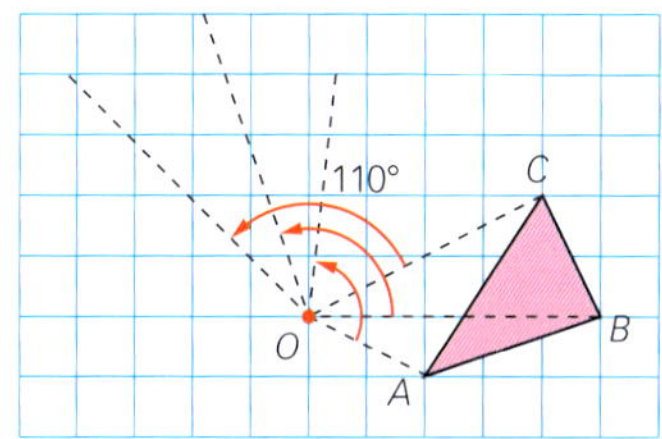

2. Mesurem les distàncies amb el compàs.
   - Si és una translació, mesurem el mòdul del vector.
   - Si és un gir, mesurem la distància entre el centre, O, i cadascun dels vèrtexs de la figura.

a)

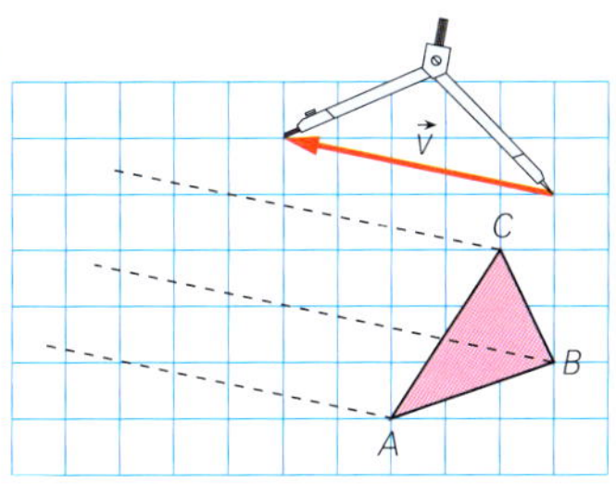

b)

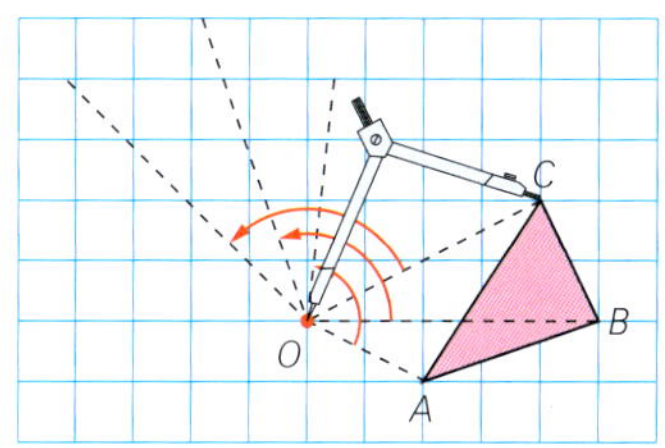

3. Traslladem aquestes distàncies sobre les rectes que hem dibuixat.
   - Si és una translació, fem servir d'origen els vèrtexs de la figura.
   - Si és un gir, amb origen el centre, O.

   Els extrems són els vèrtexs de la nova figura.

a)

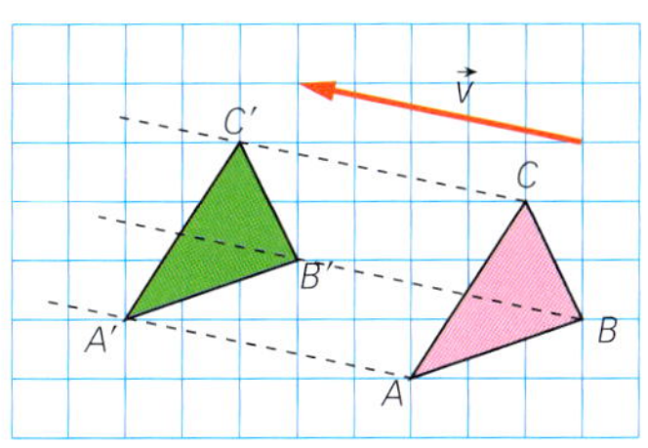

b)

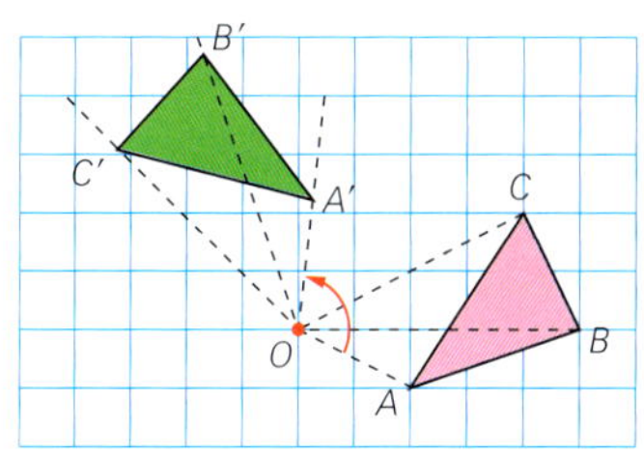

ACTIVITATS

10 Traça el segment AB determinat per aquests punts i calcula'n el transformat per mitjà d'una translació de vector $\vec{v} = (3, 4)$.

a) $A(1, -2), B(3, -1)$
b) $A(-1, 4), B(-3, 2)$
c) $A(3, 1), B(0, 4)$
d) $A(7, 2), B(4, -1)$

11 Per a cada parella de punts A i B, traça el segment AB i el seu transformat mitjançant un gir de centre l'origen de coordenades i angle de 60°.

a) $A(5, 2), B(4, -3)$
b) $A(-2, 4), B(-3, 1)$
c) $A(1, 6), B(2, 3)$
d) $A(1, -2), B(4, 5)$

12 Dibuixa la transformada de la figura F mitjançant una translació de vector $\vec{v}$.

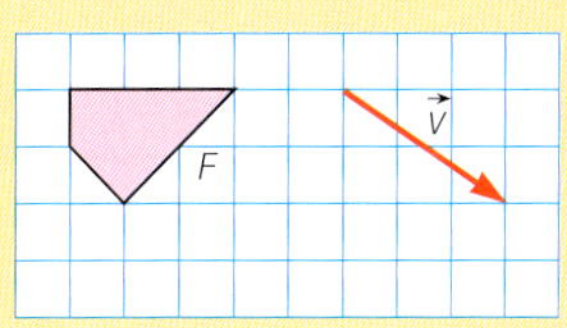

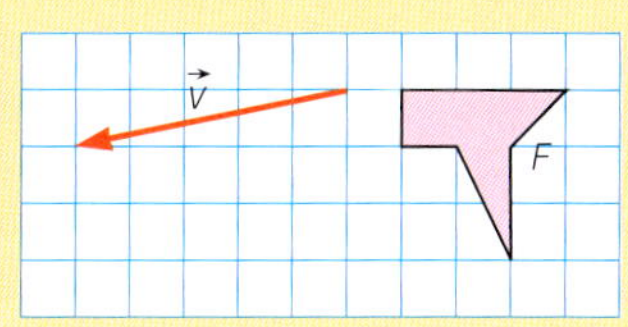

13 Dibuixa un trapezi isòsceles de vèrtexs $A(3, 2)$, $B(7, 2)$, $C(6, 5)$ i $D(4, 5)$, i transforma'l per mitjà d'una translació de vector $\vec{v} = (7, 3)$ i, a continuació, un gir de centre (8, 3) i angle de 45°.

4 Simetries

4.1. Simetria respecte d'un punt: simetria central

Una **simetria respecte d'un punt *O***, el centre de simetria, **S(*O*)**, és un moviment que associa a cada punt *P* un altre punt *P'*, que verifiquen que:

- Els punts *P*, *O* i *P'* estan alineats.
- El punt *O* és el punt mitjà del segment *PP'*.

EXEMPLE

6. Dibuixa una simetria central de centre *O* al punt *P*.

- Tracem una recta que passi pel punt *P* i el centre *O*.
- Mesurem la distància *OP* i la portem a l'altre costat de *O*.

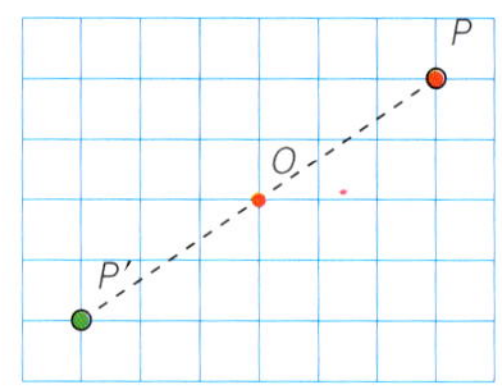

- En una **simetria central**:
  Punts dobles: el centre de simetria.
  Rectes dobles: les rectes que passen pel centre de simetria.
- En una **simetria axial**:
  Punts dobles: tots els punts de l'eix de simetria.
  Rectes dobles: l'eix de simetria i les rectes perpendiculars a l'eix.

4.2. Simetria respecte d'una recta: simetria axial

Una **simetria respecte d'una recta *r*, S_r**, és un moviment que associa a cada punt *P* un altre punt *P'*, que verifica que:

- El segment *PP'* és perpendicular a *r*.
- Les distàncies des de *P* i *P'* a *r* són iguals.

Per tant, *r* és mediatriu de *PP'* i s'anomena **eix de simetria**.

EXEMPLE

7. Dibuixa una simetria axial d'eix *e* al punt *P*.

- Tracem una recta perpendicular a *e* que passi per *P*.
- Mesurem la distància de *P* a *e* i la portem a l'altre costat de *e*.

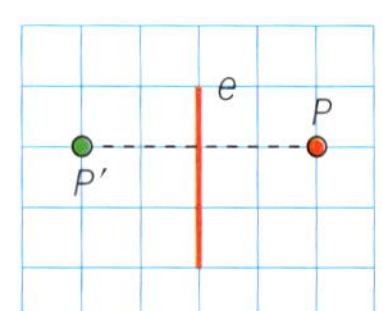

ACTIVITATS

14 PRACTICA. Efectua una simetria central de centre $C(-2, 4)$ sobre els elements següents:

- Punt $A(1, 2)$
- Punt $B(-4, 3)$
- Segment *AB*, amb *A* i *B* els anteriors

15 APLICA. Donat el triangle de vèrtexs $A(3, 1)$, $B(6, 2)$ i $C(5, 3)$, fes una simetria axial d'eix la recta $x = 1$.

16 REFLEXIONA. Completa a la llibreta aquesta taula:

Punt	Eix de simetria	Punt traslladat
$A(1, 3)$	Ordenades	
	Ordenades	$B'(0, 3)$
$C(2, -1)$	Abscisses	

SABER FER

Una simetria central de centre *O* equival a un gir de 180° i centre *O*.

Efectuar simetries de figures geomètriques

Transforma aquest quadrilàter mitjançant:

a) Una simetria de centre *O*

b) Una simetria d'eix *e*

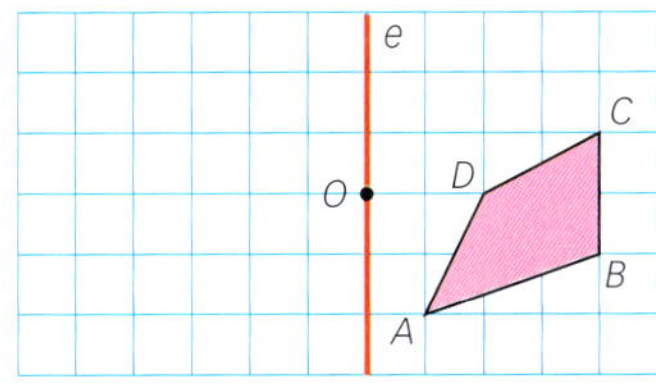

Passos que cal seguir

1. Tracem rectes des dels vèrtexs:
   - Simetria central: que passin pel centre de simetria *O*.
   - Simetria axial: perpendiculars a l'eix *e*.

a) 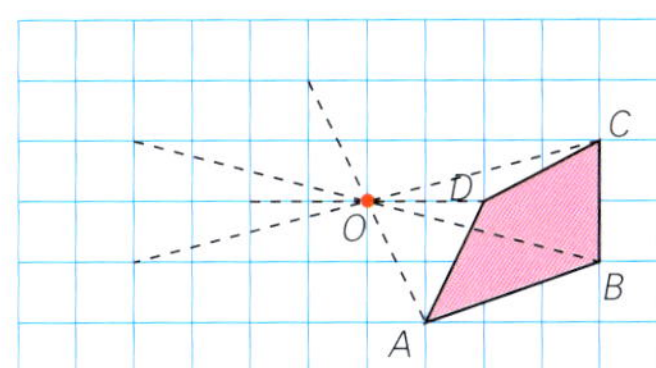

b) 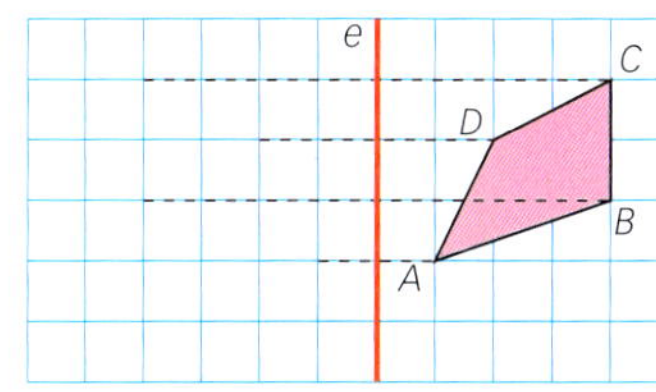

2. Mesurem les distàncies amb el compàs:
   - Simetria central: entre cada vèrtex i el centre *O*
   - Simetria axial: entre cada vèrtex i l'eix *e*

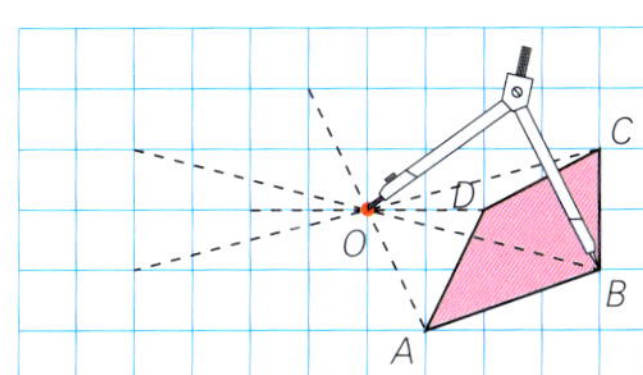

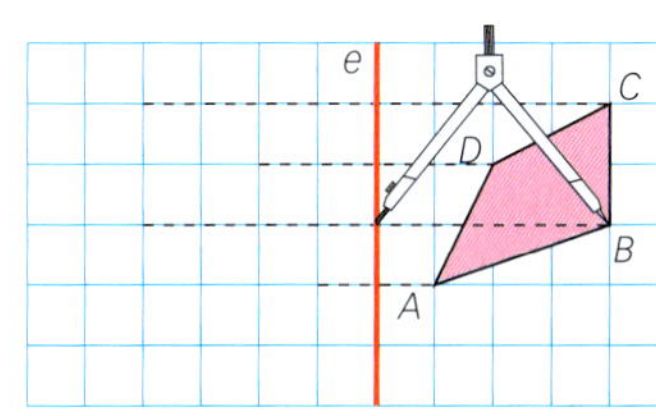

3. Traslladem aquestes distàncies sobre les rectes que hem dibuixat.
   - Simetria central: a l'altre costat de *O*
   - Simetria axial: a l'altre costat de *e*

   Els extrems són els vèrtexs de la nova figura.

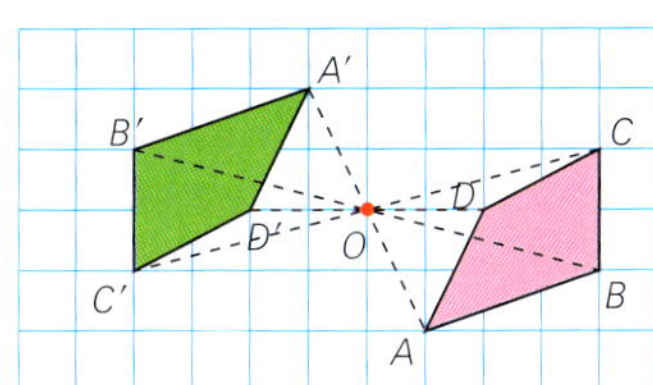

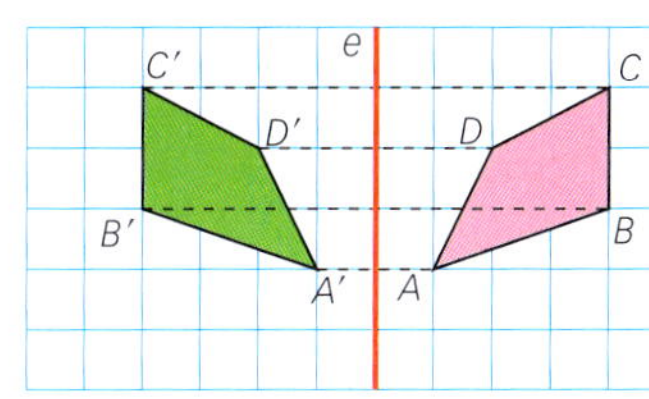

ACTIVITATS

17 Aplica a *F* una simetria central de centre *O*.

a) 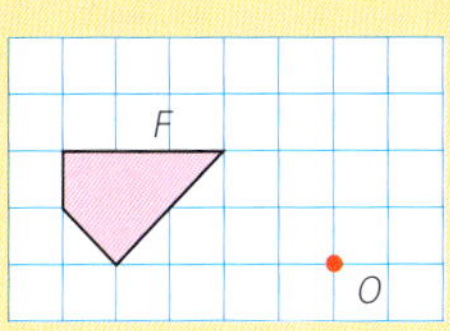

c) 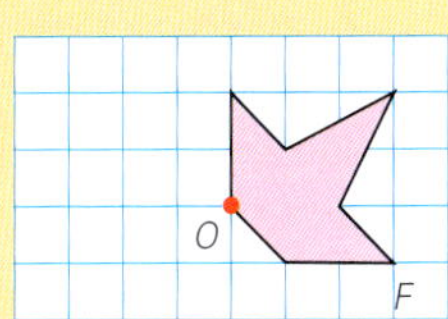

b) 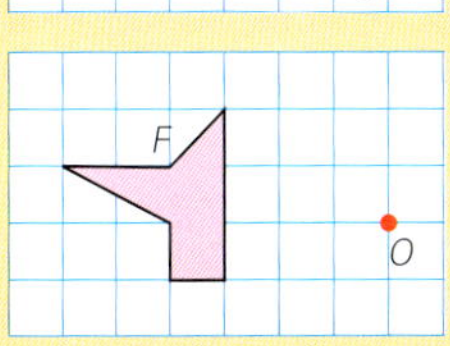

d) 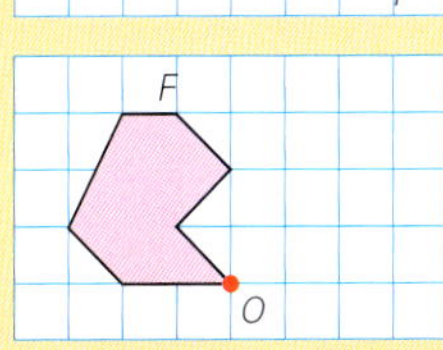

18 Aplica a *F* una simetria d'eix *e*.

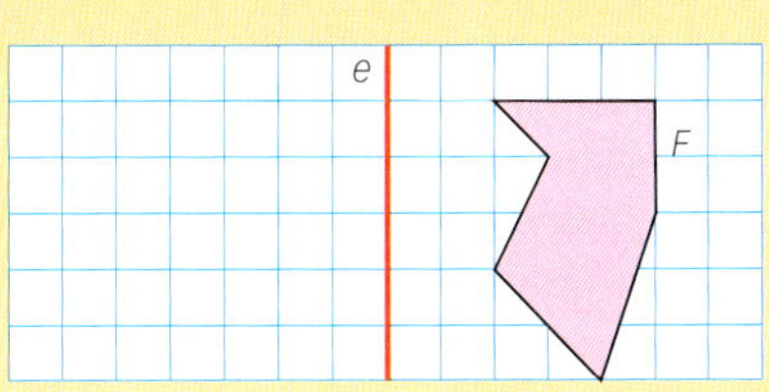

19 Determina la figura transformada de *F* per mitjà d'una simetria amb l'eix d'ordenades com a eix.

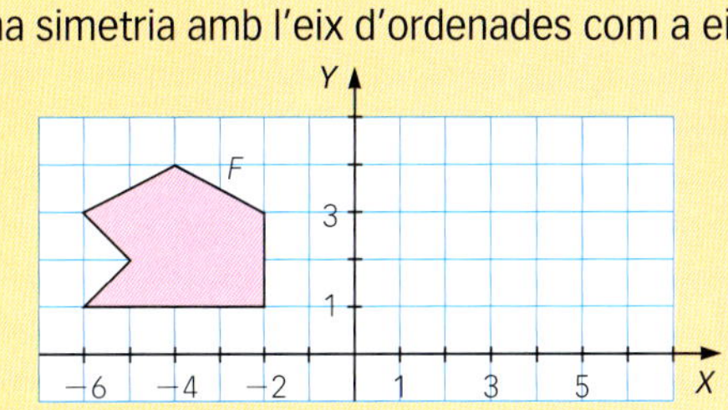

Quina relació hi ha entre les coordenades dels vèrtexs de *F* i els dels seus transformats?

20 Dibuixa la figura de vèrtexs: $A(4, -1)$, $B(6, -5)$, $C(6, 0)$, $D(9, 0)$. Calcula'n la transformada amb:

a) Una simetria central amb l'origen com a centre

b) Una simetria central amb el punt $A(4, 2)$ com a centre

c) Una simetria axial amb l'eix d'abscisses com a eix

d) Una simetria axial amb la bisectriu dels quadrants primer i tercer com a eix

5 Frisos i mosaics

Un **fris** és un recobriment d'una superfície inclosa entre dues línies rectes paral·leles que està generat per la translació d'una figura.

Un **mosaic** és un recobriment d'una superfície plana amb figures que no se superposen ni deixen forats entre si.

Els frisos i els mosaics es formen a partir d'una figura després d'aplicar-hi diferents moviments.

EXEMPLES

8. Construeix un fris a partir de la figura de la dreta utilitzant els moviments següents:

a) Una translació de vector la base de la figura

b) Una simetria d'eix *e* i una translació de vector el doble de la base

c) Un gir de 180° amb centre la cantonada inferior dreta i una translació de vector 1,5 vegades la base de la figura

9. Identifica quines figures es repeteixen i quins moviments s'han fet servir per construir el mosaic de la dreta.

Les dues figures repetides són l'hexàgon groc i el triangle blau. Els hexàgons s'obtenen per translació, i els triangles, per girs de 180° i translacions.

ACTIVITATS

21 PRACTICA. Construeix un fris a partir d'aquesta figura utilitzant una translació amb la meitat de la base de la figura com a vector:

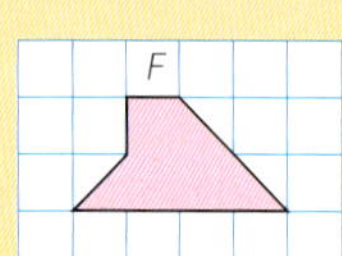

22 APLICA. Dibuixa una figura i construeix un fris fent servir girs de 90° amb centre en un punt exterior a la figura i una translació.

23 REFLEXIONA. Indica quina és la figura bàsica que s'ha utilitzat per construir aquest mosaic àrab.

Determina a partir de quins moviments s'ha obtingut el mosaic.

6 Homotècia i semblança

Una **homotècia de centre *O* i raó *k***, amb $k > 0$, és la transformació geomètrica que fa correspondre a cada punt P un altre punt P', alineat amb O i P, que verifica que $\overline{OP'} = k \cdot \overline{OP}$.

Aquestes transformacions conserven els angles però no pas les distàncies.

EXEMPLE

10. Aplica a la figura *ABCDE* una homotècia de centre *O* i raó 2.

A partir del punt *O* tracem rectes que passen per cadascun dels vèrtexs *A*, *B*, *C*, *D* i *E* de la figura original. En aquestes rectes marquem els punts *A'*, *B'*, *C'*, *D'* i *E'*, de manera que: $\overline{OA'} = 2 \cdot \overline{OA}$, $\overline{OB'} = 2 \cdot \overline{OB}$...

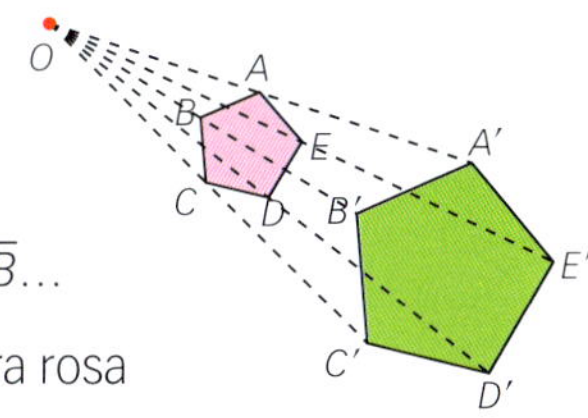

La figura verda és la transformada de la figura rosa per una homotècia de centre *O* i raó 2.

T'HI ATREVEIXES?

Són semblants la part pintada i el quadre amb el marc?

Dos **polígons** són **semblants** si els seus angles són iguals, i el quocient de la longitud de cada costat i el seu transformat és constant. Aquest nombre s'anomena **raó de semblança**.

Una homotècia transforma un polígon en un altre de semblant.

EXEMPLE

11. Determina si aquestes figures són semblants:

Cada angle i el seu transformat són iguals. A més, el quocient d'un costat i el seu transformat és constant:

$$\frac{\overline{AB}}{\overline{A'B'}} = \frac{\overline{BC}}{\overline{B'C'}} = \frac{\overline{CD}}{\overline{C'D'}} = \frac{\overline{DA}}{\overline{D'A'}} = k = \frac{18}{15} = \frac{6}{5}$$

Les dues figures són semblants amb raó $k = \frac{6}{5}$.

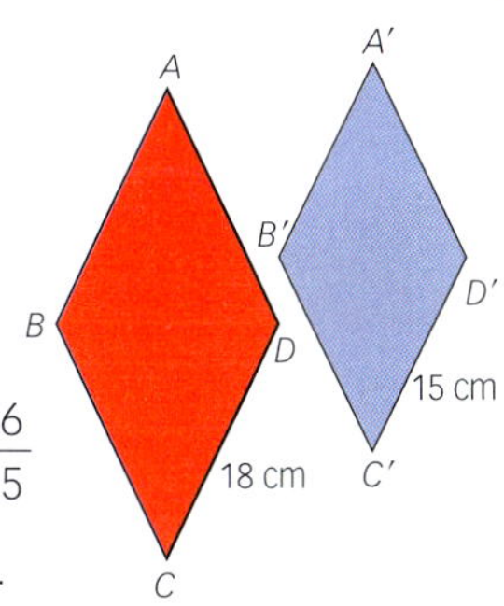

ACTIVITATS

24 PRACTICA. Dibuixa el rectangle de vèrtexs $O(0, 0)$, $A(4, 0)$, $B(4, 2)$ i $C(0, 2)$ i aplica-hi:

a) Una homotècia de centre l'origen i raó 2

b) Una homotècia de centre $(-2, 1)$ i raó 3

c) Una homotècia de centre $(0, 4)$ i raó $\frac{1}{2}$

25 APLICA. Troba el centre i calcula la raó d'aquesta homotècia:

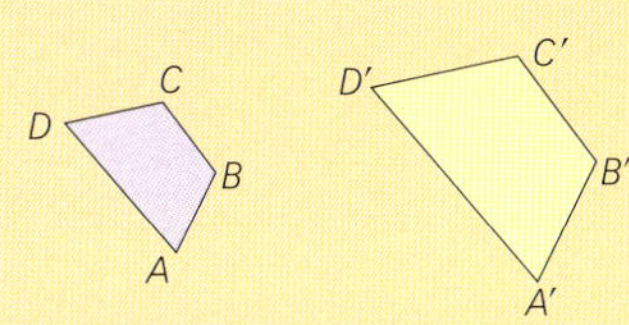

26 REFLEXIONA. Determina els punts i les rectes dobles d'una homotècia.

7 Teorema de Tales

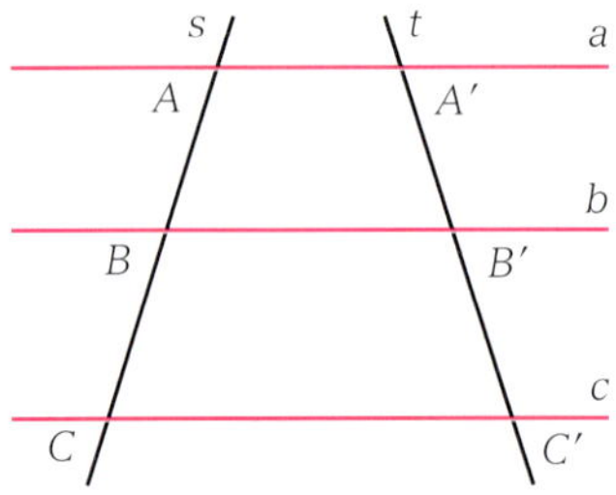

Si tres rectes paral·leles, *a*, *b* i *c*, tallen dues rectes secants, *s* i *t*, els segments que delimiten en una de les rectes són proporcionals als corresponents de l'altra recta.

$$\frac{\overline{AB}}{\overline{A'B'}} = \frac{\overline{BC}}{\overline{B'C'}} = \frac{\overline{AC}}{\overline{A'C'}}$$

Aquesta igualtat es coneix com a **teorema de Tales**.

EXEMPLE

12. Calcula la longitud del segment AC' si sabem que $\overline{AC} = 9$ cm, $\overline{AB} = 6$ cm i $\overline{AB'} = 7$ cm.

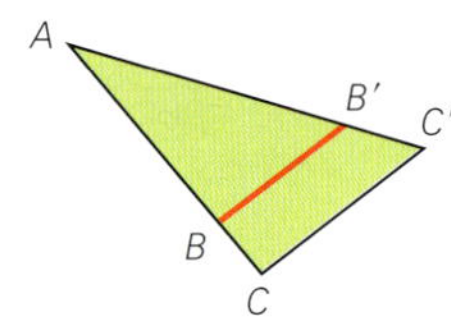

Com que BB' i CC' són paral·lels i tallen AC i AC', apliquem el teorema de Tales:

$$\frac{\overline{AB}}{\overline{AB'}} = \frac{\overline{AC}}{\overline{AC'}} \rightarrow \frac{6}{7} = \frac{9}{\overline{AC'}} \rightarrow \overline{AC'} = \frac{7 \cdot 9}{6} = 10{,}5 \text{ cm}$$

La longitud del segment AC' és 10,5 cm.

Si els costats de dos triangles compleixen el teorema de Tales, els seus angles són iguals i el quocient dels seus costats és constant, és a dir, són semblants.

7.1. Triangles semblants

Dos **triangles** són **semblants** si els costats corresponents compleixen el teorema de Tales.

Si dos triangles són semblants, es poden posar en posició de Tales.

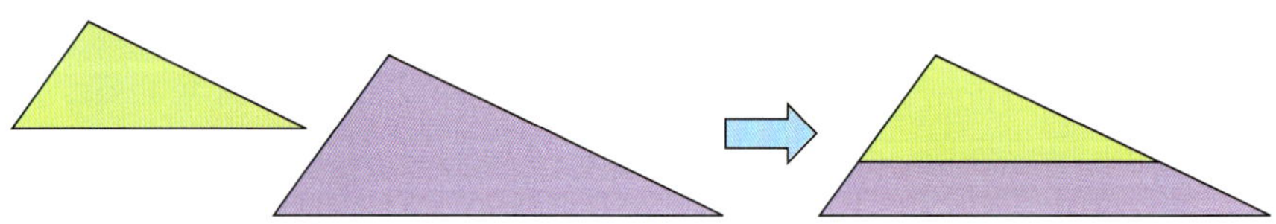

ACTIVITATS

27 **PRACTICA.** Si sabem que $\overline{AB} = 4$ cm, $\overline{AB'} = 6$ cm i $\overline{AC} = 5$ cm, calcula la longitud del segment $\overline{AC'}$.

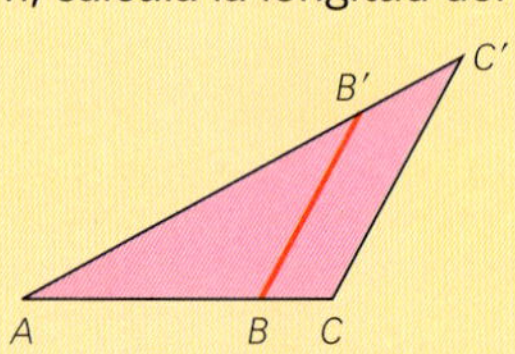

28 **APLICA.** Considera un triangle rectangle de catets 6 cm i 8 cm. Calcula la mida dels catets d'un altre triangle semblant de 9 cm d'hipotenusa.

29 **REFLEXIONA.** Identifica els triangles semblants.

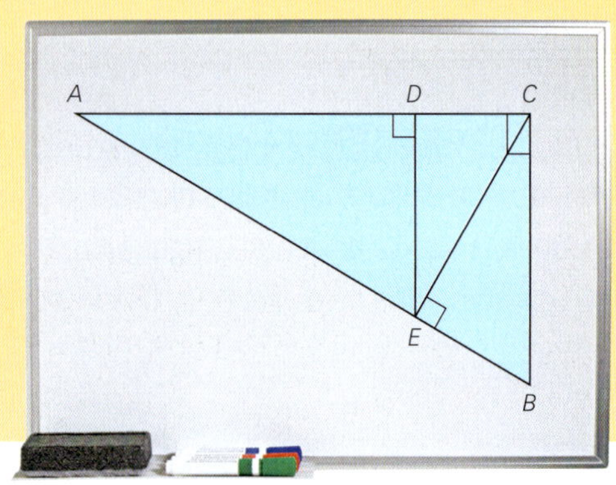

SABER FER

> La mida *d* pot ser qualsevol mida.

Dividir un segment en parts iguals o proporcionals

Per mitjà del teorema de Tales, divideix el segment *AB* en:

a) Quatre parts iguals **b) Parts proporcionals a 1, 2 i 3**

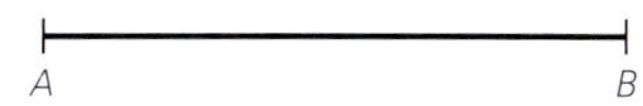

Passos que cal seguir

1. Tracem una semirecta amb origen en *A*, prenem una mida qualsevol *d* i hi dibuixem, a partir de *A*, tants segments iguals o proporcionals com parts hem de dividir el segment.

a)

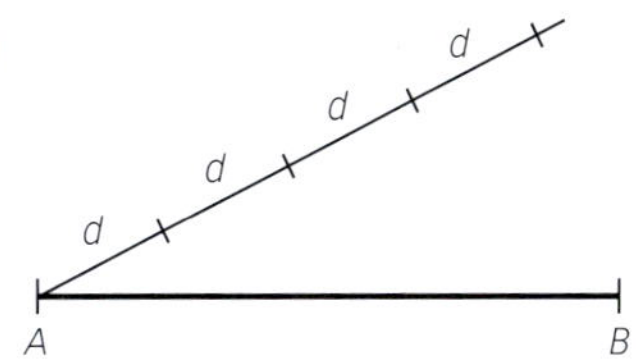

b)

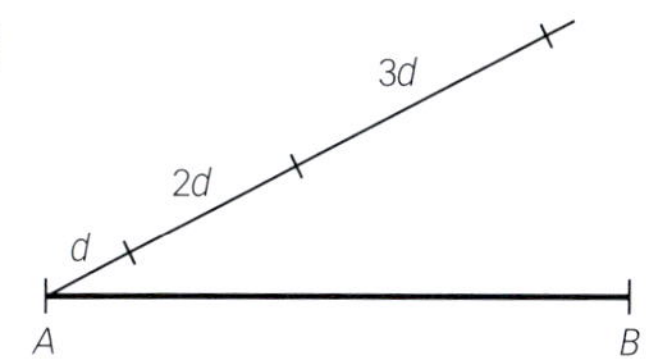

2. Unim l'extrem de l'últim segment amb el punt *B* i tracem rectes paral·leles a aquesta recta per les altres divisions.

Els punts de tall d'aquestes paral·leles amb *AB* són les divisions que busquem.

a)

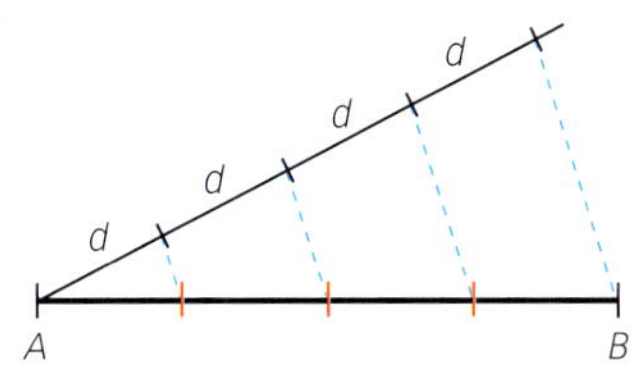

b)

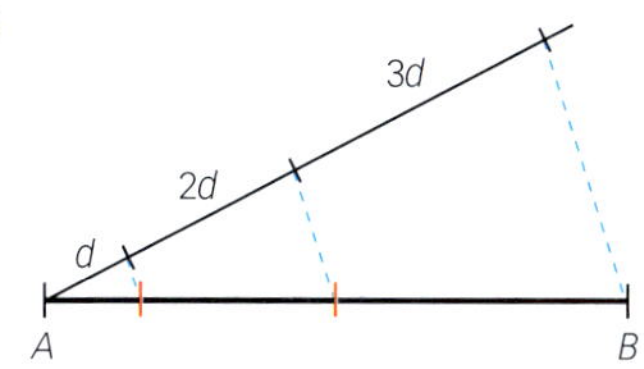

ACTIVITATS

30 Copia aquest segment a la llibreta i divideix-lo en cinc parts iguals mitjançant el teorema de Tales:

31 Copia els segments següents a la llibreta i divideix-los en vuit parts iguals aplicant el teorema de Tales:

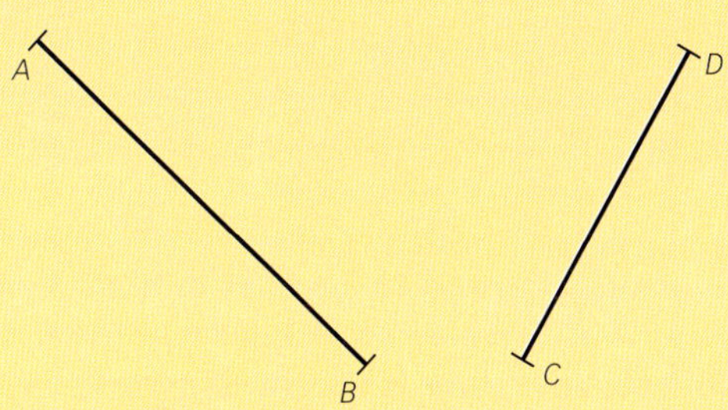

32 Dibuixa sobre uns eixos de coordenades el segment d'extrems *A*(2, −1) i *B*(6, 3), i divideix-lo en sis parts iguals mitjançant el teorema de Tales.

33 Dibuixa sobre uns eixos de coordenades el segment d'extrems *A*(−2, 0) i *B*(4, 0), i divideix-lo en tres parts proporcionals a 2, 5 i 8 per mitjà del teorema de Tales.

34 Copia aquests segments *AB* a la llibreta. Divideix-los en parts proporcionals als segments *x*, *y* i *z* aplicant el teorema de Tales.

a)

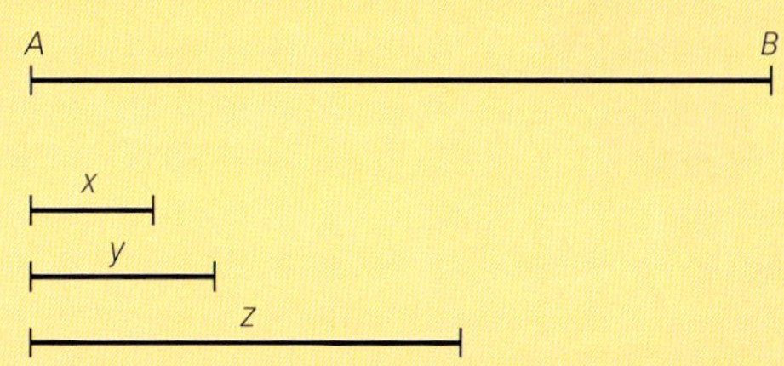

b)

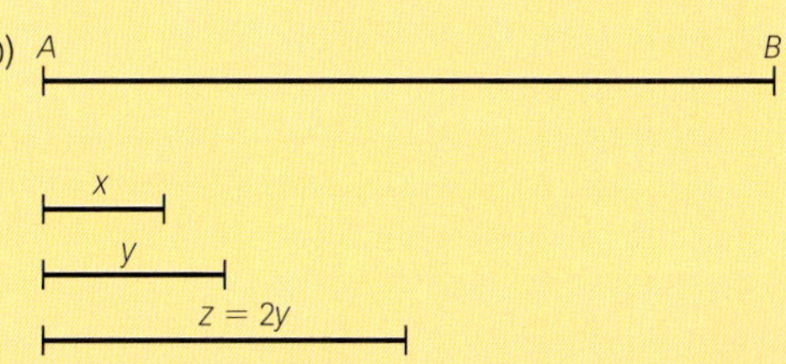

c)

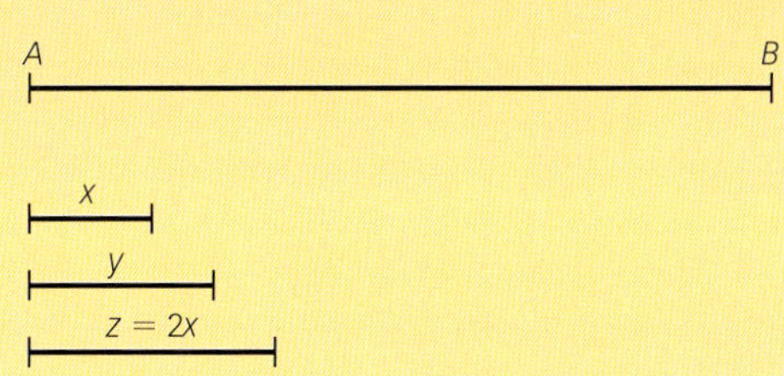

8 Escales i mapes

T'HI ATREVEIXES?

La torre Eiffel té 320 m d'alçada i pesa 7.000 tones. Si construïm un model a escala, amb el mateix material i la meitat d'alçada, quant pesaria?

Les semblances es fan servir per elaborar plànols, mapes, maquetes, fotocòpies..., en els quals reduïm, de manera proporcional, les dimensions que tenen els objectes en la realitat, i obtenim una representació que té la mateixa forma però la mida és diferent.

S'anomena **escala** la raó de la semblança entre la figura original i la seva representació.

$$\text{Escala} = \frac{\text{Distància en la representació}}{\text{Distància real}}$$

A l'escala, la longitud real i la seva representació han d'estar expressades en les mateixes unitats.

1:300

1 cm en el pla són 300 cm a la realitat.

EXEMPLES

13. Calcula les dimensions d'aquest pis si l'escala del plànol és 1 : 300.

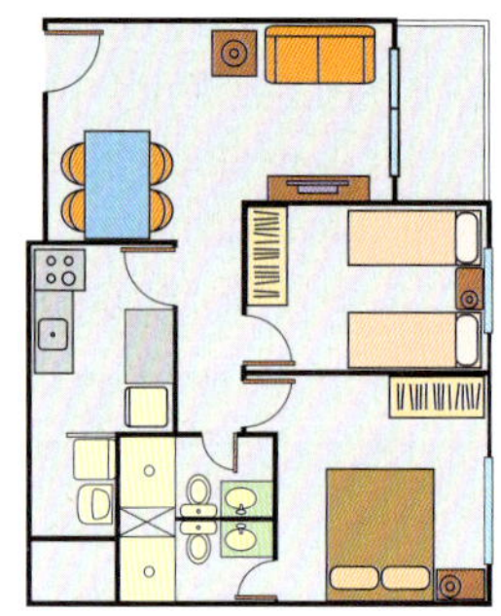

L'escala 1 : 300 significa que 1 cm del plànol equival a 300 cm = 3 m de la realitat.

La llargada del pis en el plànol és 4 cm; en la realitat són: $4 \cdot 300 = 1.200$ cm = 12 m.

L'amplada del pis en el plànol és 3,2 cm; en la realitat són: $3{,}2 \cdot 300 = 960$ cm = 9,6 m.

14. Calcula la distància entre les ciutats *A* i *B*.

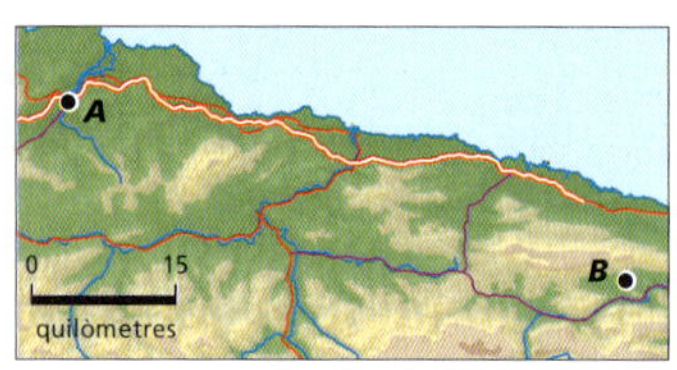

L'escala també es pot indicar de manera gràfica. En aquest cas, 1 cm (la distància entre 0 i 15) equival a 15 km, és a dir, tenim una escala: 1:1.500.000 (15 km = 1.500.000 cm).

La distància entre les ciutats *A* i *B* és de 4 cm:

$4 \cdot 1.500.000 = 6.000.000$ cm = 60 km en la realitat.

ACTIVITATS

35 APLICA. Fixa't en aquesta foto a escala 1: 5.500:

a) Quina distància real hi ha entre *A* i *B*?

b) Si dos punts de la ciutat disten 12 km, quina distància hi haurà entre ells en un mapa amb aquesta escala?

36 APLICA. L'Agustí vol fer un dibuix del seu hort. Es tracta d'un tros de terreny rectangular de 75 m de llargada i 34 m d'amplada. Vol utilitzar una escala 1:150. Li cabrà el dibuix en un paper de mida DIN A4?

37 REFLEXIONA. En Crispí ha fet servir una escala 12:5 per fer un esbós de les seves escultures.

a) Què serà més gran, l'esbós o les escultures?

b) Si una de les escultures fa 12 cm, quina altura tindrà l'esbós?

SABER FER

Resoldre problemes amb escales

Aquest plànol representa la zona d'un poliesportiu en la qual volen construir una piscina, amb almenys 3 m de gespa a cada costat. Quines seran les dimensions de la piscina com a màxim? Quina àrea tindrà?

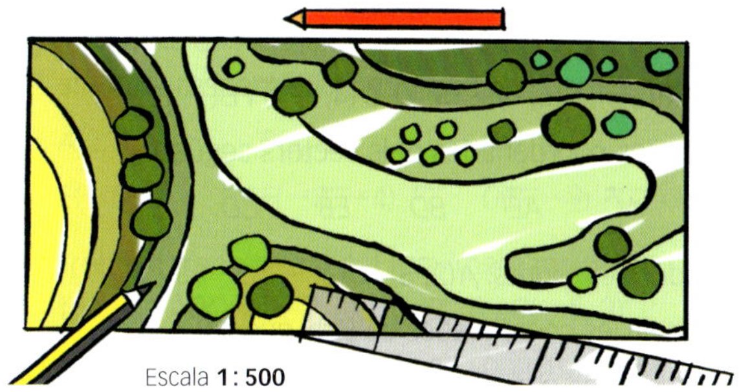

Escala **1 : 500**

Passos que cal seguir

1. Determinem el significat de l'escala.

Escala: 1:500

És a dir: 1 cm en el plànol = 500 cm reals = 5 m reals

2. Per mitjà d'un regle, mesurem sobre el plànol les longituds que necessitem.

El plànol fa:

Llargada: 7 cm

Amplada: 3 cm

3. Transformem les mides que hem pres sobre el plànol en mides reals mitjançant l'escala.

Longituds en la realitat:

Llargada real: $7 \cdot 5 = 35$ m

Amplada real: $3 \cdot 5 = 15$ m

Com que s'han de deixar 3 m per cada costat:

Llargada de la piscina: $35 - 3 \cdot 2 = 29$ m

Amplada real: $15 - 3 \cdot 2 = 9$ m

Les dimensions màximes de la piscina poden ser 29 m de llargada i 9 m d'amplada.

L'àrea serà: Àrea $= 29 \cdot 9 = 261$ m^2

La superfície màxima de la piscina pot ser de 261 m^2.

Per calcular l'àrea d'una figura en un plànol podem trobar l'àrea amb les mides del plànol i, després, multiplicar pel quadrat de l'escala.

En aquest cas, la superfície de la zona de gespa seria:

$7 \cdot 3 \cdot 500^2 =$
$= 5.250.000$ cm^2 $= 525$ m^2

ACTIVITATS

38 Aquest és el plànol d'un terreny en el qual construiran una casa. Si volen deixar un pati de 150 m^2, quines dimensions com a màxim tindrà la casa? Quina superfície màxima pot ocupar?

Escala **1:350**

39 Considera aquest quadrat:

a) Determina'n les mides si el representem a una escala 1:5.

b) Calcula'n les mides i l'àrea si el representem a una escala 5:12.

40 Aquest és el plànol de l'habitació d'en Tomeu:

Escala **1:80**

a) Determina si hi cap un armari que fa 4,5 m de llargada i 1 m de profunditat.

b) Quina superfície queda a l'habitació si hi posa un llit de 150 × 200 cm?

c) Hi caben l'armari i el llit a l'habitació?

41 Indica a quina escala està dibuixat un hexàgon regular en el qual el costat fa 3 cm si la mida real és 60 cm. Calcula la relació entre les àrees.

ACTIVITATS FINALS

SABER FER

Calcular els eixos i el centre de simetria d'una figura

69 Determina els eixos i el centre de simetria d'un pentàgon regular i un octàgon regular.

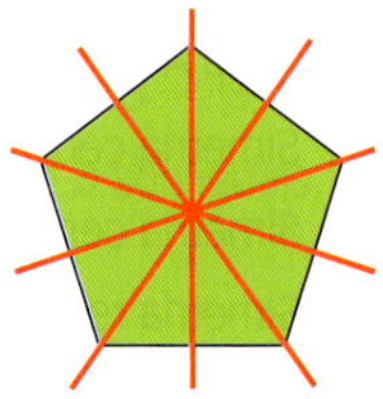

PRIMER. Si el nombre de vèrtexs és imparell, comprovem si són eixos de simetria les rectes que passen per cada vèrtex i pel punt mitjà del costat oposat.

El pentàgon regular té 5 eixos de simetria.

Els polígons regulars amb un nombre imparell de costats no tenen centre de simetria.

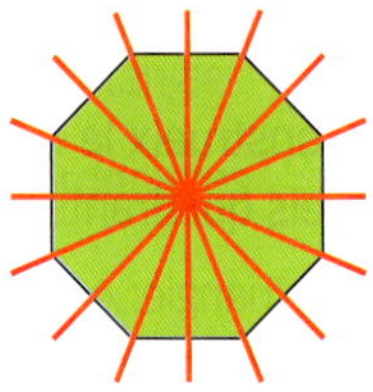

SEGON. Si el nombre de vèrtexs és parell, comprovem si són eixos de simetria les rectes que uneixen dos vèrtexs oposats i les rectes que passen pels punts mitjans de dos costats oposats.

L'octàgon regular té 8 eixos de simetria.

En els polígons regulars amb un nombre parell de costats, el centre de simetria és la intersecció dels eixos.

70 Dibuixa els eixos de simetria i el centre d'aquestes figures:

a) Un quadrat
b) Un rombe
c) Un rectangle
d) Un trapezi isòsceles
e) Un triangle isòsceles
f) Un hexàgon regular

Frisos i mosaics

71 Construeix un fris en cada cas a partir de la figura donada i seguint les instruccions.

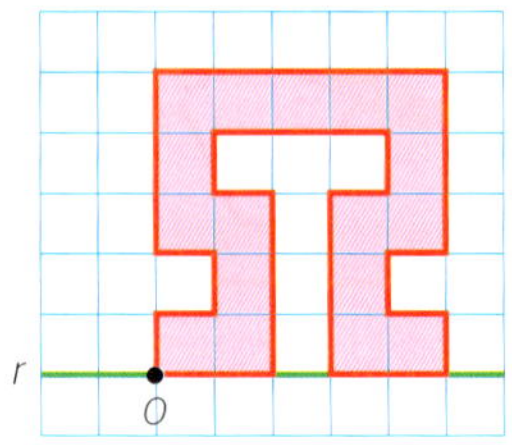

a) Utilitza una translació de vector $\vec{v} = (5, 0)$.

b) Efectua un gir de 90° amb centre en O i una translació de vector $\vec{u} = (7, 0)$.

c) Aplica una simetria axial respecte de la recta r i una translació de vector $\vec{w} = (8, 0)$.

72 Dibuixa el fris que obtenim a partir d'un triangle rectangle si hi apliquem l'una darrere l'altra simetries axials respecte d'una recta vertical situada una unitat cap a la seva dreta.

73 Dibuixa el fris que obtenim a partir d'un triangle isòsceles si hi apliquem l'un darrere l'altre girs d'angle $-180°$ amb centre en el punt mitjà d'un dels costats de la mateixa mida.

74 Completa a la llibreta el mosaic format per hexàgons que hi ha a la dreta.

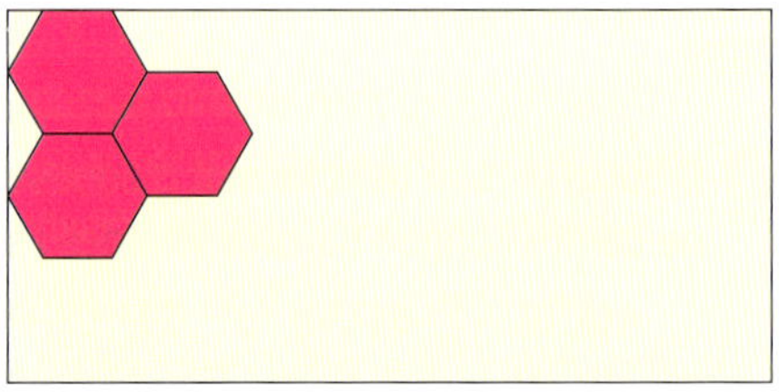

75 Identifica quins moviments intervenen en el mosaic següent:

Homotècia i semblança

76 Considera el triangle de costats 3 cm, 6 cm i 8 cm, i determina:

a) La longitud dels costats d'un triangle semblant a aquest amb raó de semblança $k = 2$.

b) La longitud dels costats d'un triangle semblant a aquest amb raó de semblança $k = \frac{1}{2}$.

c) Quina és la raó de semblança que hi ha entre els dos triangles transformats?

77 Dibuixa els polígons següents i els que s'obtenen aplicant-hi una homotècia de centre $O(0, 0)$ i raó $k = 2$:

a) Triangle ABC: $A(1, 4)$, $B(2, 1)$ i $C(3, 2)$.

b) Quadrilàter $ABCD$: $A(3, 0)$, $B(6, 3)$, $C(2, 4)$ i $D(3, 7)$.

78 Justifica si és cert o fals.

a) Tots els triangles rectangles són semblants.

b) Si la raó de semblança de dues figures és r, aleshores una figura és la transformada de l'altra en una homotècia de raó r.

c) Si els costats de dos hexàgons regulars són proporcionals, aleshores són semblants.

d) Si la raó de semblança entre dos quadrats és m, la raó entre els seus perímetres és $4m$, i entre les àrees, m^2.

SABER FER

Dibuixar una figura semblant a una altra

79 Construeix dues figures semblants a aquesta amb raons de semblança 2 i 1/3.

PRIMER. Prenem com a punt O un dels vèrtexs de la figura. Tracem rectes que passin per cada vèrtex.

SEGON. En aquestes rectes marquem els punts A'', B'' i C'' de manera que:

$OA' = 2 \cdot OA \qquad OB' = 2 \cdot OB \qquad OC' = 2 \cdot OC$

I els punts A'', B'' i C'' de manera que:

$OA'' = \frac{1}{3} \cdot OA \qquad OB'' = \frac{1}{3} \cdot OB \qquad OC'' = \frac{1}{3} \cdot OC$

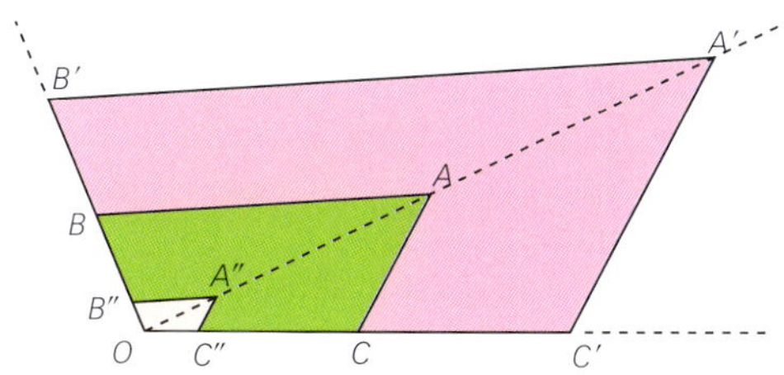

Unim A', B' i C' i obtenim la primera figura.
Unim A'', B'' i C'' i obtenim la segona figura.

80 Construeix dues figures semblants a aquestes amb raons de semblança 3 i $\frac{1}{2}$.

a) 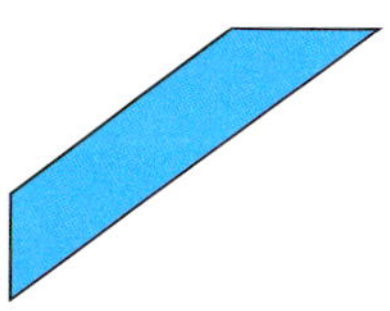

b) 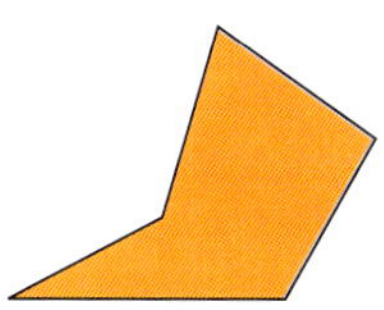

81 $A(1, 3)$, $B(4, 1)$ i $C(3, 4)$ són els vèrtexs d'un triangle. Construeix els transformats següents:

a) Translació de vector $\vec{v} = (5, 0)$ seguida d'una altra Translació de vector $\vec{v} = (2, -3)$

b) Homotècia de centre $O(0, 0)$ i raó $k = 4$ seguida d'un gir de centre A' i angle de 90°

c) Simetria amb l'eix de coordenades com a eix i una homotècia de centre $O(-3, 0)$ i raó $k = 3$

d) Gir de centre $O(-1, 5)$ i angle de $-120°$ i una simetria d'eix la bisectriu dels quadrants 2n i 4t

82 Els costats d'un rectangle fan 4 cm i 7 cm, i és semblant a un altre de perímetre 132 cm.

a) Calcula les dimensions del segon rectangle.

b) Determina la raó de semblança entre els dos rectangles.

Teorema de Tales. Aplicacions

83 Calcula les mides desconegudes.

a) 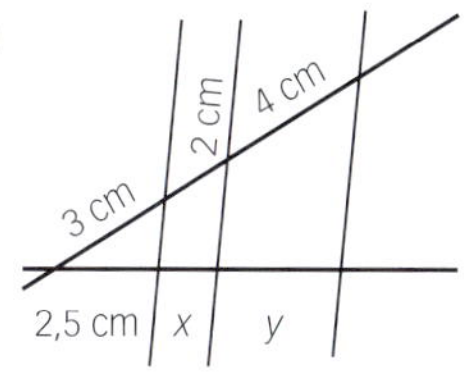

b) 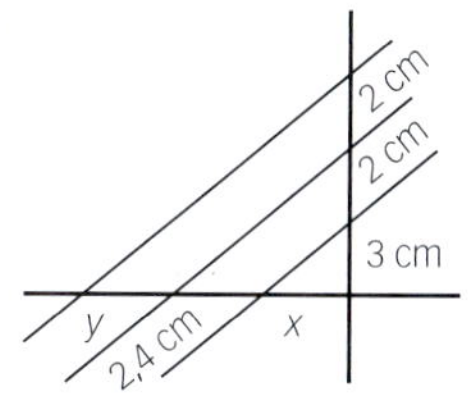

84 El costat desigual d'un triangle isòsceles fa 3 cm i els costats iguals són de 8 cm. Calcula la mida del costat desigual d'un triangle isòsceles semblant a aquest que té els costats iguals de 14 cm.

85 Determina si aquests triangles són semblants:

a) 4 cm; 7 cm i 9 cm
b) 3 cm; 4 cm i 6 cm
c) 6,75; 9 cm i 13 cm
d) 6 cm; 10,5 i 13,5 cm

86 Calcula la mida dels catets i de la hipotenusa d'un triangle rectangle de 37,17 cm de perímetre semblant a un altre de catets 5 cm i 2 cm.

87 Divideix aquests segments gràficament:

a) Segment de 16 cm de longitud en 5 parts iguals

b) Segment de 13 cm de longitud en 7 parts iguals

c) Segment de 20 cm de longitud en 15 parts iguals

88 Divideix un segment de 12 cm:

a) En parts proporcionals a 1 i 2

b) En parts proporcionals a 2, 3 i 4

c) En parts proporcionals a 1, 2, 3 i 5

Escales i mapes

89 L'escala d'un mapa és 1 : 400.000. Calcula:

a) La distància real que separa dues ciutats si en el mapa és d'11 cm.

b) La distància en el mapa de dues poblacions que en la realitat disten 236 km.

90 En el plànol d'una casa cada metre està representat per 0,5 cm. Calcula:

a) L'escala a la qual s'ha dibuixat el plànol.

b) Les dimensions reals d'una habitació que en el plànol fa 1,75 cm d'amplada i 2,5 cm de llargada.

c) Les dimensions en el plànol de la terrassa quadrada de la casa que ocupa una superfície de 16 m^2.

91 La carretera que va des de Socaquè fins a Quinasoca és de 45 km. Calcula aquesta longitud en un plànol a escala:

a) 1 : 25.000
b) 1 : 50.000
c) 1 : 350.000

92 Indica a quina escala està dibuixat un mapa en el qual la distància entre dues poblacions és de 6,2 cm i la distància real és de 372 km.

93 En un mapa hi ha aquesta escala gràfica:

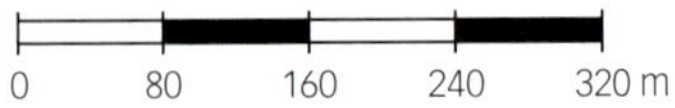

a) Quina és l'escala numèrica?

b) Quina distància real separa dos punts que en el mapa disten 8 cm?

94 Construeix l'escala gràfica que correspon a les escales numèriques següents:

a) 1 : 250 b) 1 : 8.000

Problemes amb moviments i semblances

95 Determina la mida de cada parcel·la del costat que dóna al carrer de les Roses.

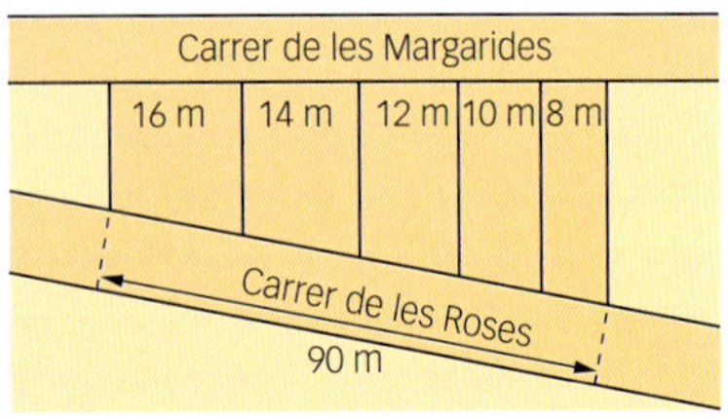

96 Per moblar la seva caseta de nines, la Laura demana un armari i una calaixera rèpliques dels que té a l'habitació. Calcula les dimensions que han de tenir les rèpliques a una escala 1 : 12 si les mides reals de l'armari són 180 × 110 × 60 cm i les de la calaixera són 120 × 80 × 45 cm.

97 Considera un full mida DIN A4 (297 × 210 mm). Indica si és semblant a aquests altres:

a) La meitat d'aquest full, dividit per la meitat pel costat llarg.

b) La meitat d'aquest full, dividit per la meitat pel costat curt.

c) El doble d'aquest full, units els fulls pel costat llarg.

d) El doble d'aquest full, units els fulls pel costat curt.

98 Considera un mapa a escala 1 : 250.000 i dos indrets que es troben a 50 km l'un de l'altre. Calcula.

a) Quina distància separa aquests indrets en el mapa?

b) Quant disten en una fotocòpia reduïda el 20 %?

c) Quant disten en una fotocòpia ampliada el 20 %?

d) Calcula aquestes escales en els nous mapes.

99 Determina quants augments té un microscopi electrònic que permet veure una cèl·lula de 3,5 micròmetres amb un diàmetre d'1,75 cm.

SABER FER

Determinar distàncies mitjançant triangles en posició de Tales

100 Calcula l'alçada d'aquesta torre de comunicacions:

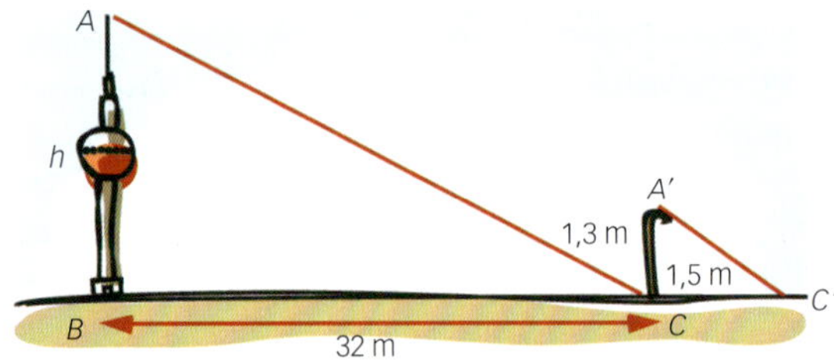

PRIMER. Determinem si els triangles de la figura són semblants.

Els triangles $\widehat{ABC}$ i $\widehat{A'CC'}$ es poden col·locar en posició de Tales, perquè són triangles rectangles i tenen el mateix angle: $\widehat{C}$ i $\widehat{C'}$ (angle de costats paral·lels).

SEGON. Plantegem la relació de semblança, que té h d'incògnita, i resolem l'equació.

$$\frac{\overline{AB}}{\overline{A'C}} = \frac{\overline{BC}}{\overline{CC'}} \rightarrow \frac{h}{1,3} = \frac{32}{1,5} \rightarrow h = 27,73 \text{ m}$$

101 A les 6 de la tarda l'ombra d'en Llorenç fa 2,3 m. Si fa una alçada d'1,8 m, calcula:

a) L'alçada d'un arbre que en aquell instant projecta una ombra de 4 m.

b) L'alçada d'una casa que fa una ombra de 6,75 m.

102 L'ombra d'un edifici, a una hora determinada del dia, feia 15 m. En aquell mateix moment, l'ombra d'un fanal de 5 m d'alçada era de 3 m. Quina és l'alçada de l'edifici?

103 Quina alçada té el far?

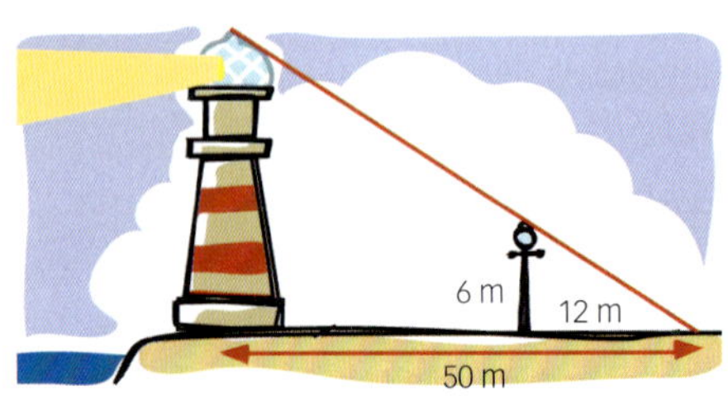

104 A les 3 de la tarda l'ombra de la Maria fa 0,8 m. Si fa una alçada d'1,6 m, calcula:

a) L'alçada d'un fanal que en aquell instant projecta una ombra de 3 m.

b) L'alçada d'una casa que fa una ombra de 25 m.

105 ●●● Es vol fer una desviació en una carretera de manera que el traçat sigui una línia recta respecte de dues poblacions, *A* i *B*. Calcula en quin punt de la carretera cal fer la desviació perquè el trajecte cap a les dues poblacions sigui el mínim.

106 ●●● Un ocell es posa sobre la branca d'un arbre (punt *A*), situat a la vora d'un riu, i vol passar a un altre arbre de la vora del davant (punt *B*), i aprofitar per beure aigua sense aturar el vol. Fins a quin punt del riu ha de volar per fer el recorregut més curt?

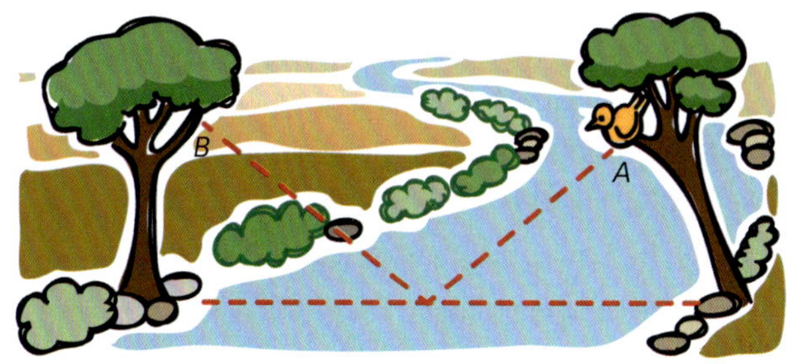

HAS DE SABER FER

Vectors

1 Determina les coordenades i els mòduls dels vectors $\overrightarrow{AB}$, $\overrightarrow{BC}$ i $\overrightarrow{CA}$ d'aquest triangle:

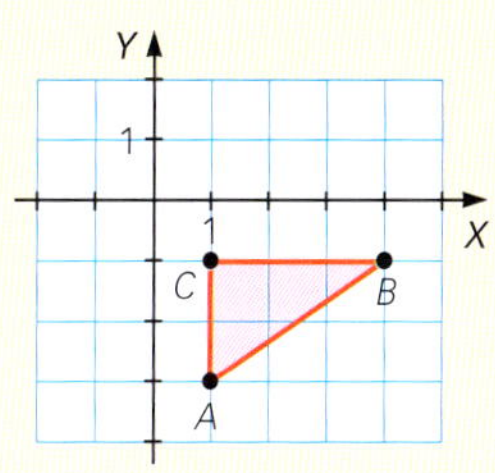

Translacions, girs i simetries

2 Si apliquem a *A*(5, 1) una translació, obtenim *B*(3, –2). Quin és el vector de translació $\vec{v}$? Si apliquem a *B* una translació de vector $\vec{u} = (-4, 6)$ obtenim *C*. Quines són les coordenades de *C*? Quin vector de translació transforma *A* en *C*?

3 Gira la figura d'aquesta imatge:

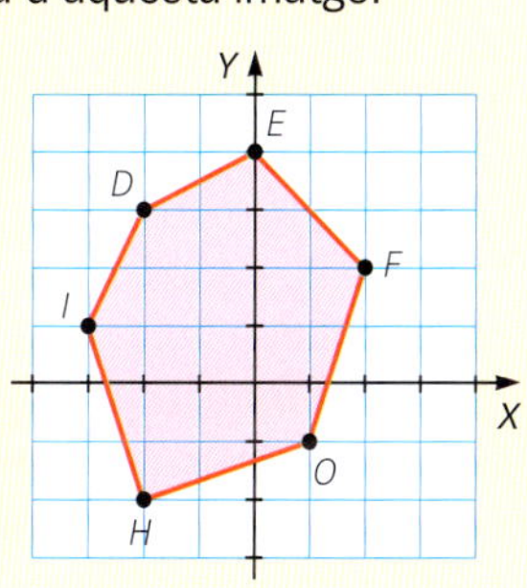

a) Mitjançant un gir de centre l'origen de coordenades i angle de 80°

b) Mitjançant un gir de centre el punt *C*(3, 0) i angle de −100°

4 Troba les coordenades del transformat del segment d'extrems *A*(4, −3) i *B*(0, 2):

a) Per una simetria de centre el punt *C*(0, −3).

b) Per una simetria d'eix la recta vertical que passa per *B*.

c) Per una simetria d'eix l'eix d'abscisses.

Semblança. Teorema de Tales

5 Les figures *T* i *T'* són semblants. Troba'n el centre i la raó de l'homotècia.

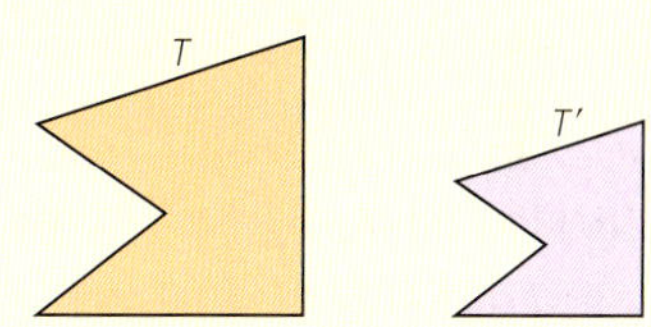

6 En aquesta figura es compleix que la raó $\frac{\overline{OB}}{\overline{OB'}} = 0{,}8$. Calcula $\overline{OA'}$, $\overline{A'B'}$ i $\overline{CC'}$.

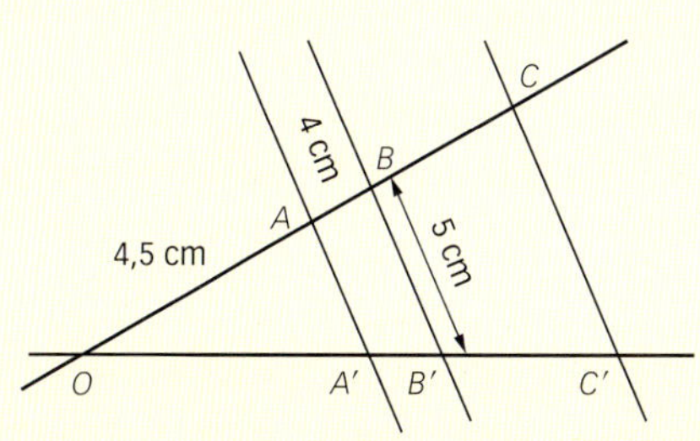

Escales

7 L'alçada d'un arbre en la realitat és 4,05 m. Quina alçada tindrà en un dibuix fet a escala 1 : 45? Si en el mateix dibuix hi ha un fanal de 5,6 cm d'alçada, quina alçada real té aquest fanal?

+ COMPETÈNCIA MATEMÀTICA

En la vida quotidiana

107 Actualment les brúixoles han estat substituïdes pel sistema GPS o sistema de posicionament global. L'ús d'aquest sistema ha crescut gràcies a les nombroses aplicacions que tenen.

Per exemple, permet controlar la posició dels trens d'alta velocitat per evitar que es produeixi un xoc de trens, així com en els autobusos o taxis, permet localitzar el vehicle i calcular el temps d'arribada a un punt.

En l'aviació, permet controlar la posició i ajuda els pilots a navegar en condicions atmosfèriques de baixa visibilitat.

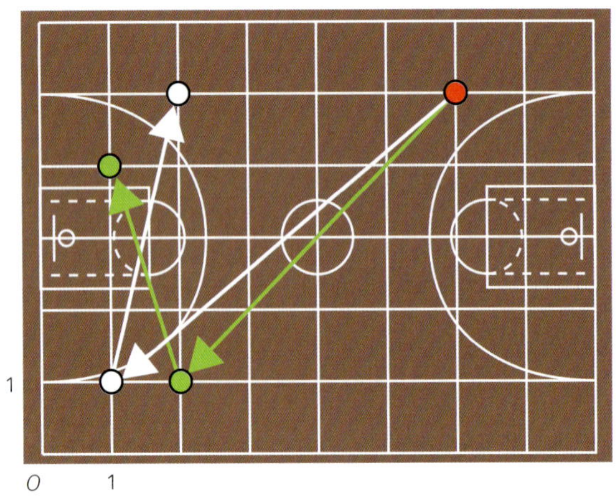

En l'àmbit esportiu col·locant un GPS a cada jugador en podem saber tots els posicionaments durant el partit i analitzar-los amb posterioritat.

Un entrenador de bàsquet analitza els moviments dels seus jugadors mitjançant un GPS.

En la imatge de l'esquerra es poden veure els moviments d'un jugador; el punt vermell n'és la posició inicial i els punts blancs són els moviments durant la jugada.

L'entrenador proposa un nou moviment, indicat amb les fletxes verdes. Utilitzant el sistema de coordenades que s'ha sobreposat al dibuix, calcula les coordenades dels vectors que mostren els moviments del jugador.

Formes de pensar. Raonament matemàtic

108 Si P' és el transformat de P per un gir de centre O i angle α, amb quina transformació podem obtenir P des de P'?

109 Determina el moviment que equival a fer a la mateixa figura diversos girs de diferents amplituds amb el mateix centre.

110 Dibuixa la figura de vèrtexs $A(2, 1)$, $B(6, 1)$, $C(5, 6)$ i $D(0, 4)$, i aplica-hi una simetria de centre l'origen de coordenades. Comprova que aquest moviment equival a un gir que té de centre el centre de simetria i angle de 180°. Això passa sempre?

111 A partir de la imatge següent, troba l'amplada del riu.

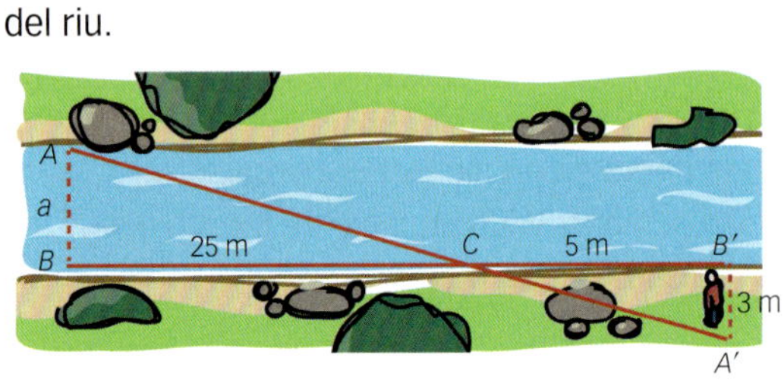

112 Comprova que resulta el mateix en aquestes dues transformacions:

- Aplicar consecutivament a una figura dues simetries axials d'eixos paral·lels, e_1 i e_2.
- Aplicar una translació de vector perpendicular als eixos e_1 i e_2, i que té per mòdul el doble de la distància entre ells.

113 Escriu el perímetre, p, l'altura, h, i l'àrea, a, dels triangles petits considerant el perímetre, P, l'altura, H, i l'àrea, A, del triangle gran.

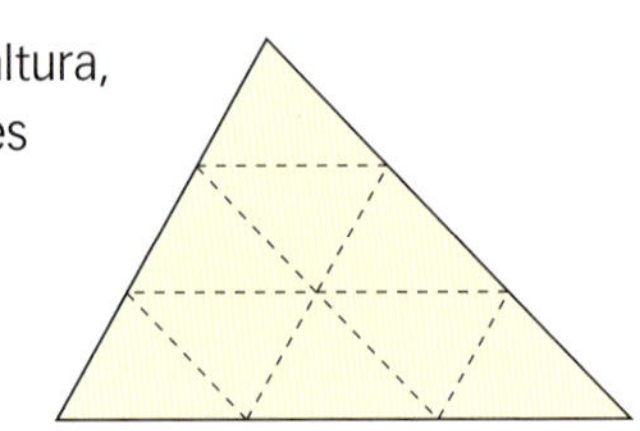

114 Per mitjà d'uns quants exemples, comprova que si apliques consecutivament a una figura dues simetries centrals amb diferents centres, $C1$ i $C2$, resulta el mateix que si apliques una translació de vector igual al doble del vector definit pels dos centres de simetria.

PROJECTE FINAL. **Aprenentatge cooperatiu**

OBJECTIU: Organitzar un viatge de fi de curs

Un cop formats els grups, seguiu el procés següent:

1a Fase

- Busqueu informació, a Internet i en agències de viatges, sobre possibles destinacions.
- Establiu el tipus de viatge: cultural, d'oci, d'aventura...
- Valoreu la millor època de l'any per fer el viatge.

2a Fase

- Establiu el cost de totes les despeses que tindreu durant el viatge: transport, àpats, allotjament, visites culturals... i establiu l'itinerari marcant-lo sobre un mapa.
- Avalueu la possibilitat d'organitzar algun esdeveniment per aconseguir diners.

3a Fase

- Poseu en comú tota la informació recollida i decidiu quin tipus de viatge voleu fer i com el subvencionareu.
- Elaboreu un informe i especifiqueu la quota que hauria d'aportar cada alumne.

Proves PISA

Taca de petroli

115 ••• Un petrolier va xocar contra una roca al mar; el cop va fer un forat als dipòsits on s'emmagatzemava el petroli. El petrolier es trobava a uns 65 km de terra ferma. Després d'uns quants dies, el petroli s'havia estès, tal com mostra el mapa de la dreta.

Utilitzant l'escala del mapa, fes una estimació de la superfície (l'àrea) de la taca de petroli en quilòmetres quadrats (km^2).

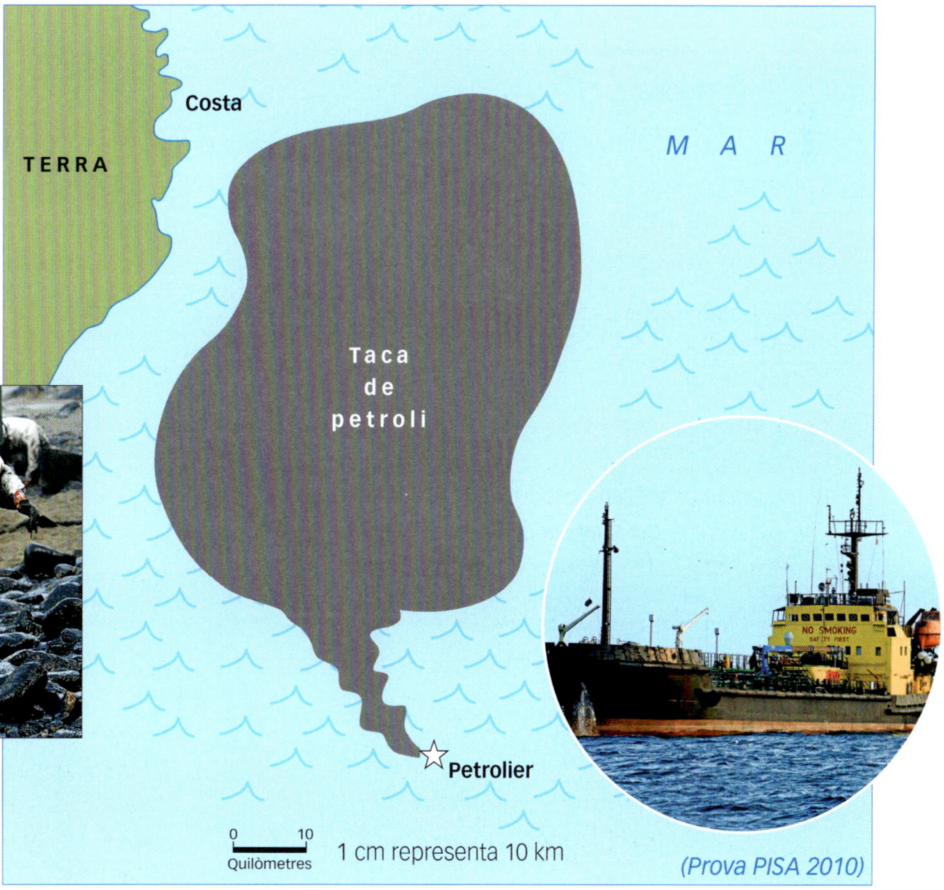

(Prova PISA 2010)

CLAUS PER COMENÇAR

Elements d'un polígon

- **Costats**: segments que delimiten el polígon.
- **Vèrtexs**: punts on s'uneixen dos costats.
- **Diagonals**: segments que uneixen dos vèrtexs no consecutius.
- **Angle interior**: angle format pels costats del polígon.

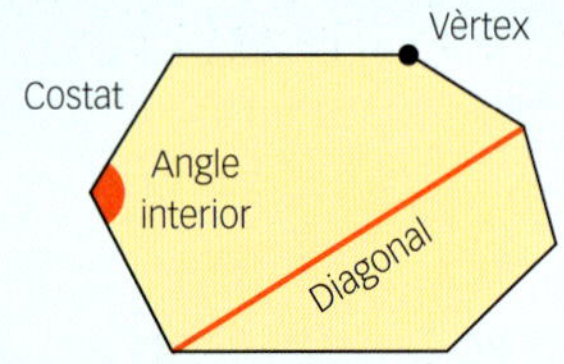

Si, a més, el polígon és regular:

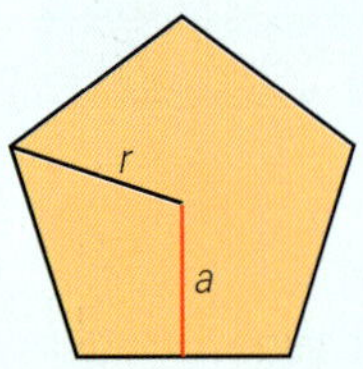

- L'**apotema**, *a*, és el segment perpendicular al costat traçat des del punt mitjà d'aquest costat fins al centre del polígon regular.
- El **radi**, *r*, és el segment que uneix el centre del polígon regular amb un vèrtex qualsevol.

ACTIVITATS

1 Contesta si és cert o fals.

a) Un polígon pot tenir més costats que vèrtexs.

b) Un polígon pot tenir més angles que vèrtexs.

c) Un polígon pot tenir més diagonals que vèrtexs.

d) Un polígon pot tenir més costats que angles.

e) Un polígon pot tenir més costats que diagonals.

Càlcul de l'àrea d'una figura plana

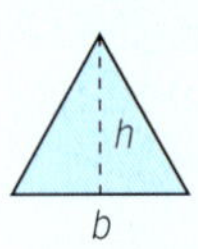

TRIANGLE

$$A = \frac{b \cdot h}{2}$$

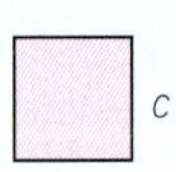

QUADRAT

$$A = c^2$$

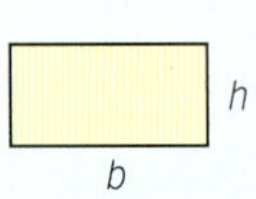

RECTANGLE

$$A = b \cdot h$$

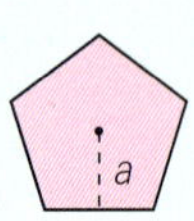

POLÍGON REGULAR

$$A = \frac{\text{perímetre} \cdot a}{2}$$

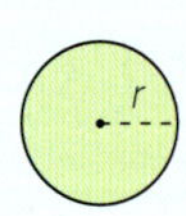

CERCLE

$$A = \pi r^2$$

EXEMPLE

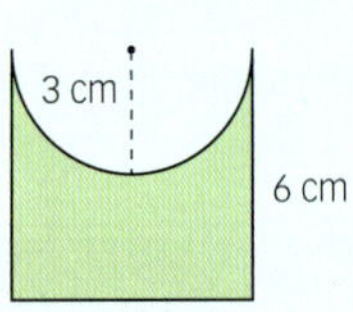

L'àrea de la figura de l'esquerra és igual a l'àrea del quadrat de 6 cm de costat menys la meitat de l'àrea del cercle de 3 cm de radi:

$$6^2 - \frac{1}{2}\pi \cdot 3^2 = 36 - 14{,}14 = 21{,}86 \text{ cm}^2$$

ACTIVITATS

2 Calcula l'àrea pintada.

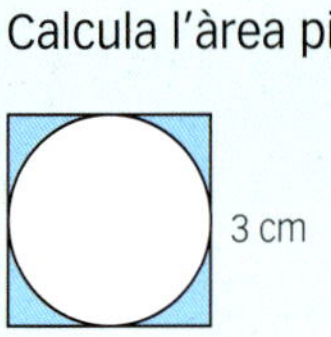

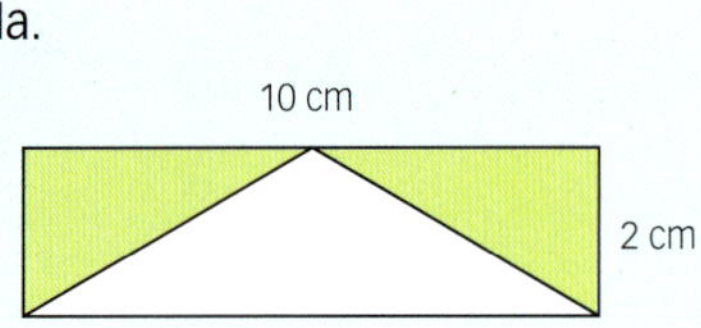

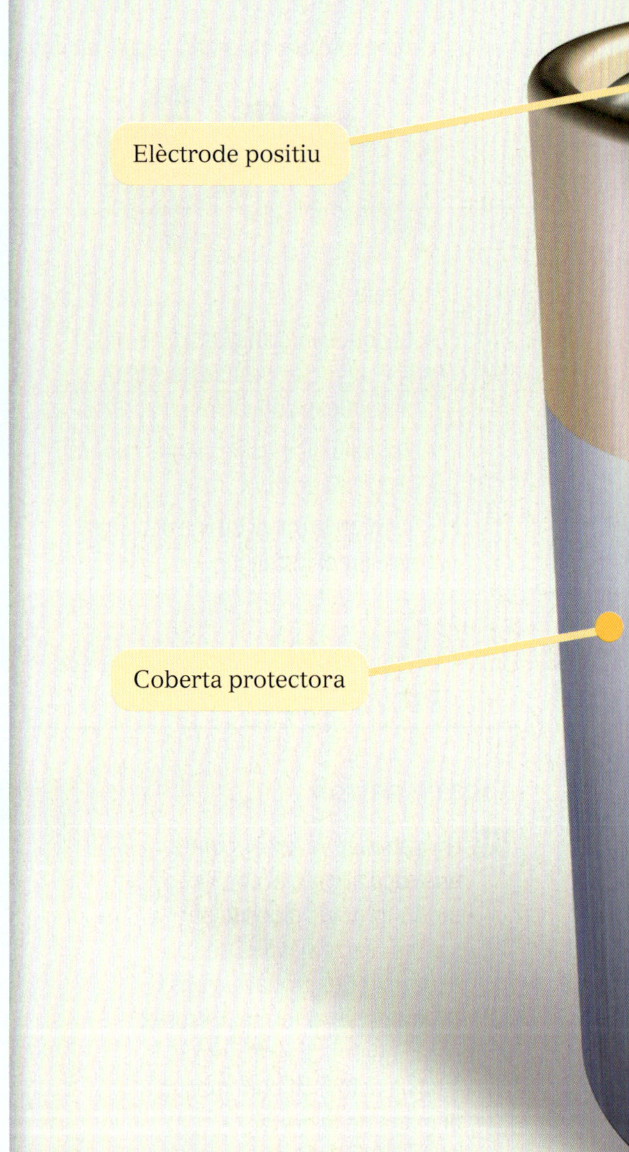

1800
Alessandro Volta construeix el primer aparell que genera corrent continu.

1813
Sir Humphrey Davy presenta una bateria gegant a la Royal Society britànica.

Cossos geomètrics

10

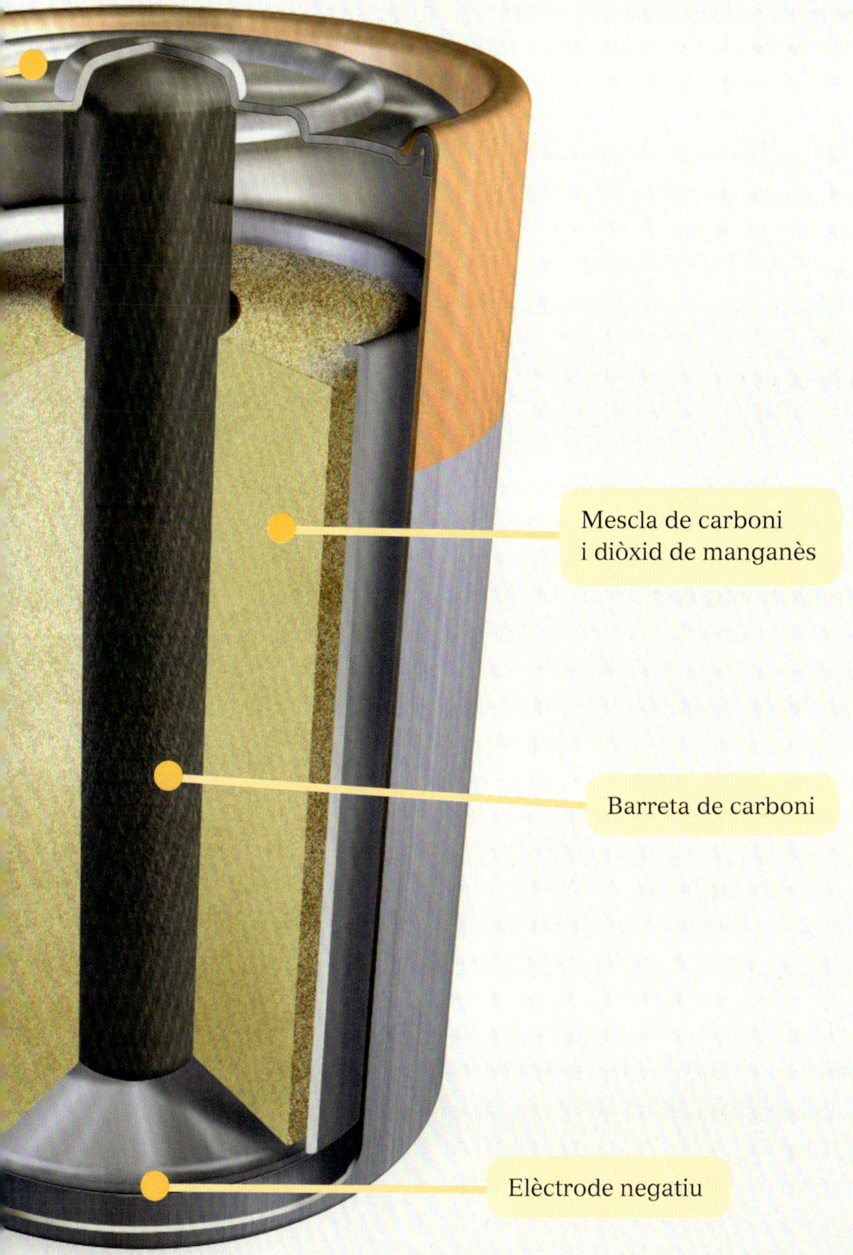

SABER

- Àrea de prismes i piràmides
- Simetria de poliedres
- Àrea de cossos de revolució
- Volum de cossos geomètrics
- L'esfera terrestre

SABER FER

- Calcular l'àrea d'un poliedre
- Calcular l'àrea d'un cos de revolució
- Calcular el volum d'un cos geomètric
- Resoldre problemes de diferències horàries

? INTERPRETA LA IMATGE

La pila

Les piles són necessàries perquè funcionin molts dels aparells electrònics.

El problema comença quan ja no són útils i les hem d'eliminar. Has de saber que una sola pila de mercuri pot contaminar fins a 600.000 ℓ d'aigua si allibera els seus components.

Un altre problema de les piles és la forma. La superfície corba que presenten les fa inestables i per això són difícils d'emmagatzemar.

- Com calcularies el volum de la pila de la fotografia?

1831
Michael Faraday crea la *dinamo*. Aquest aparell té una magneto que genera electricitat quan es mou.

1860
Georges Leclanché desenvolupa la primera pila elèctrica que es va fabricar en sèrie.

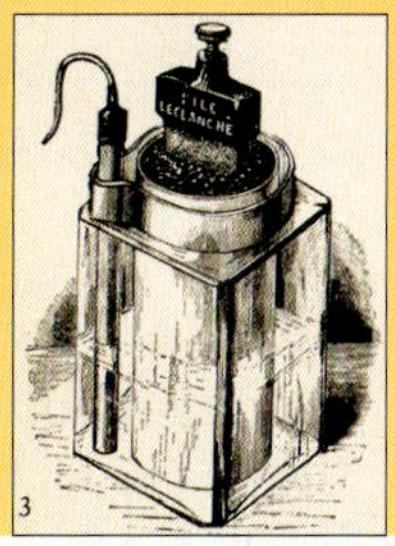

1887
Carl Gassner patenta la pila seca. Fa servir clorur de zinc per prolongar-ne la vida útil.

1955
Apareixen les primeres piles alcalines, que augmenten considerablement la vida útil de la pila.

1 Poliedres

RECORDA

Polígon convex: cap cara, quan la prolonguem, talla el poliedre.

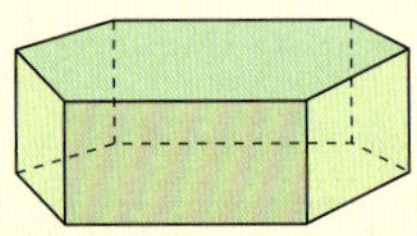

Polígon còncau: alguna cara, quan la prolonguem, talla el poliedre.

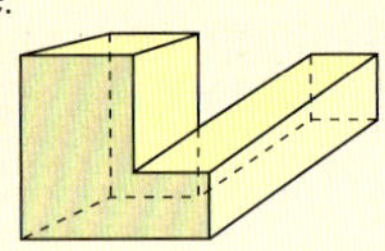

Els **poliedres** són cossos geomètrics tancats limitats per polígons. Poden ser **còncaus** o **convexos**.

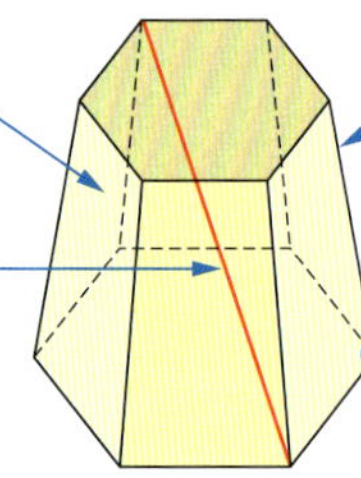

Els poliedres convexos verifiquen la **fórmula d'Euler**: $C + V = A + 2$, en què C = nre. de cares, V = nre. de vèrtexs i A = nre. d'arestes.

1.1. Poliedres regulars

En un **poliedre regular**, les cares són polígons regulars iguals i en cada vèrtex s'uneix la mateixa quantitat de cares.

Només hi ha cinc poliedres regulars:

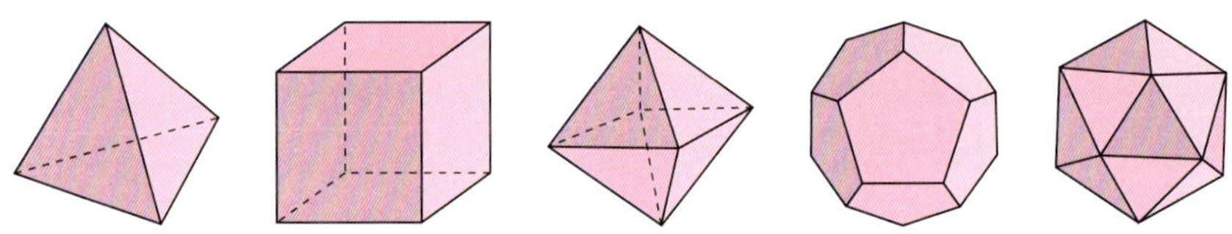

Tetraedre | Cub | Octaedre | Dodecaedre | Icosaedre

EXEMPLE

1. Comprova que els poliedres regulars verifiquen la fórmula d'Euler.

	Tetraedre	Cub	Octaedre	Dodecaedre	Icosaedre
Cares	4	6	8	12	20
Vèrtexs	4	8	6	20	12
Arestes	6	12	12	30	30
$C + V =$ $= A + 2$	$4 + 4 =$ $= 6 + 2$	$6 + 8 =$ $= 12 + 2$	$8 + 6 =$ $= 12 + 2$	$12 + 20 =$ $= 30 + 2$	$20 + 12 =$ $= 30 + 2$

ACTIVITATS

1. PRACTICA. Com són les arestes d'un poliedre regular?
2. APLICA. Justifica si és cert o fals que el nombre més petit de cares d'un poliedre és 4.
3. REFLEXIONA. El poliedre de la dreta, és regular? Per què? Verifica la fórmula d'Euler?

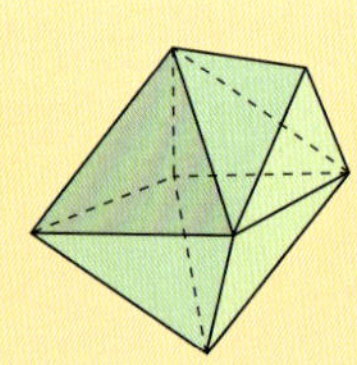

2 Prismes. Àrea

Un **prisma** és un poliedre que té dues cares que són polígons iguals i paral·lels entre ells (**bases**), i la resta de cares (**cares laterals**) són paral·lelograms. L'**altura** del prisma és la distància entre les bases.

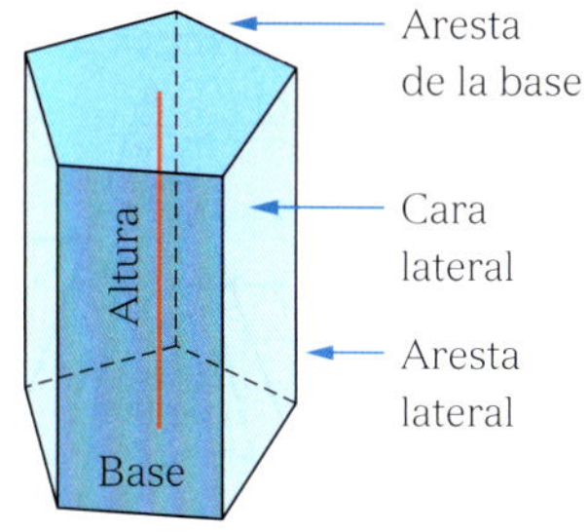

Prisma pentagonal recte

Segons la forma de les bases, els prismes poden ser triangulars, quadrangulars, pentagonals...

Diem que un **prisma** és **recte** quan totes les cares laterals són rectangles, és a dir, són perpendiculars a les bases. Si això no es compleix, s'anomena **prisma oblic**.

Un **prisma** és **regular** si és recte i les bases són polígons regulars.

Els **paral·lelepípedes** són prismes amb un paral·lelogram com a base, i si són rectes i la base és un rectangle s'anomenen **ortoedres**.

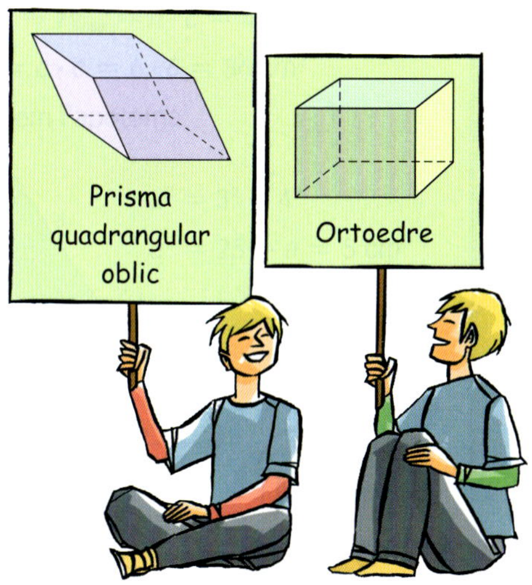

2.1. Àrea d'un prisma recte

L'àrea d'un prisma recte és la suma de l'àrea lateral (l'àrea de les cares laterals) i l'àrea de les bases.

L'àrea lateral és l'àrea d'un rectangle que té d'amplada el perímetre de la base i l'altura és la del prisma.

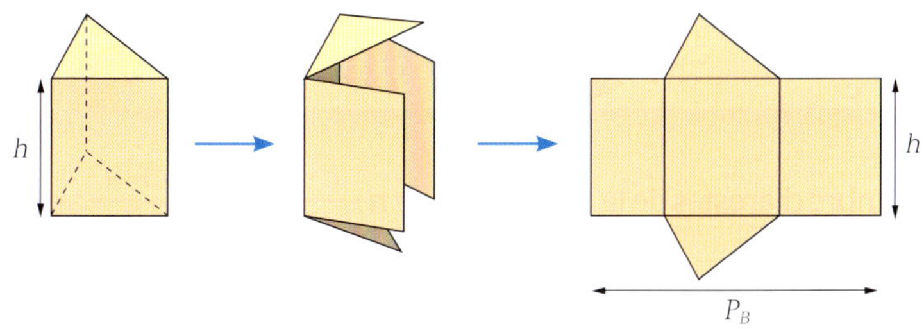

$$A = A_{\text{Lateral}} + 2A_{\text{Base}} = P_{\text{Base}} \cdot h + 2A_{\text{Base}}$$

EXEMPLE

2. Calcula l'àrea de l'ortoedre següent:

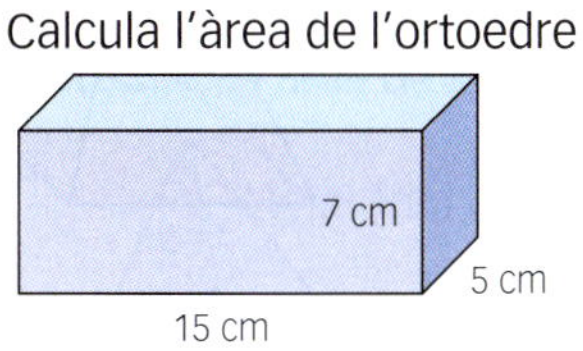

$A = P_{\text{Base}} \cdot h + 2A_{\text{Base}} =$

$= 2 \cdot (15 + 5) \cdot 7 + 2 \cdot 15 \cdot 5 =$

$= 280 + 150 = 430 \text{ cm}^2$

T'HI ATREVEIXES?

Com formaries amb 12 llumins, 6 quadrats iguals?

ACTIVITATS

4 PRACTICA. Determina quantes cares, vèrtexs i arestes té un prisma pentagonal.

5 APLICA. Troba l'àrea d'un prisma hexagonal regular amb l'aresta de la base de 5 cm, i l'altura, de 9 cm.

6 REFLEXIONA. Calcula l'altura d'un prisma octogonal regular si sabem que l'àrea total és de 83,28 cm² i, a la base, l'apotema fa 2,41 cm, i les arestes, 2 cm.

4 Simetries en els poliedres

4.1. Plans de simetria

Un **pla de simetria d'un poliedre** és un pla que divideix el poliedre en dues parts iguals.

EXEMPLE

4. Determina tots els plans de simetria d'un cub.

En un cub hi ha dos tipus de plans de simetria:

- Plans que passen pel punt mitjà de les arestes i en paral·lel a dues cares oposades.
- Plans que passen per les diagonals de cada cara.

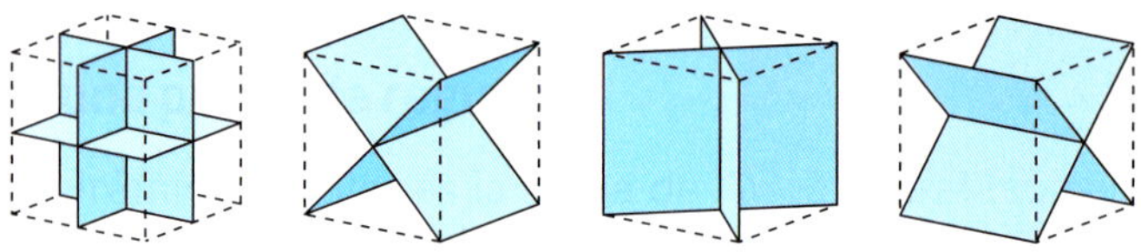

Un cub té 9 plans de simetria.

Els eixos de simetria també s'anomenen **eixos de rotació**.

4.2. Eixos de simetria

Un **eix de simetria d'un poliedre** és una línia recta tal que, si el poliedre gira un angle determinat al seu voltant, el resultat és el mateix poliedre.

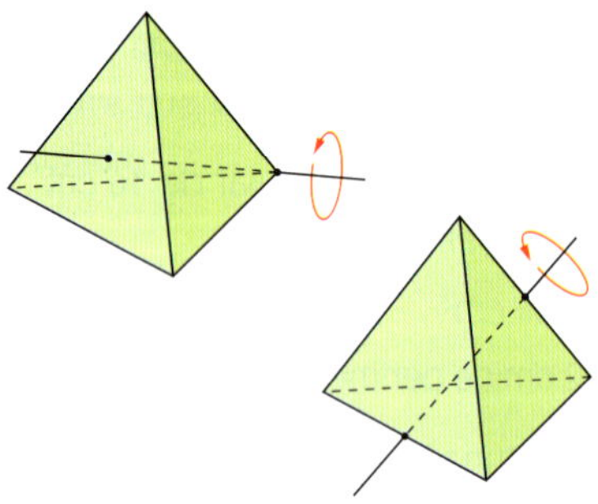

EXEMPLE

5. Determina tots els eixos de simetria d'un tetraedre.

En un tetraedre hi ha dos tipus d'eixos de simetria:

- Rectes que passen per un vèrtex i el punt mitjà de la cara oposada.
- Rectes que passen pels punts mitjans de dues arestes oposades.

Un tetraedre té 7 eixos de simetria.

ACTIVITATS

17 PRACTICA. Dibuixa a la llibreta 3 plans de simetria i 3 eixos de simetria d'aquestes figures:

a) b)

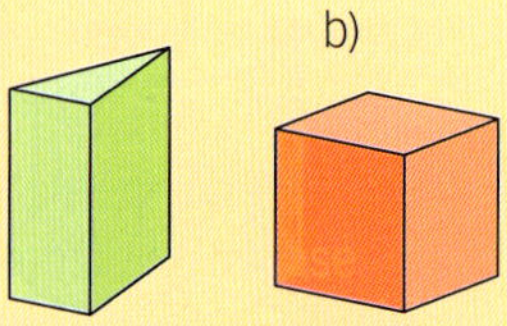

18 APLICA. Determina tots els plans i els eixos de simetria d'un octaedre.

19 REFLEXIONA. En un poliedre, indica si tots els plans de simetria contenen un dels eixos de simetria.

5 Cossos de revolució. Àrea

Els **cossos de revolució** són cossos geomètrics que s'obtenen quan una figura plana gira al voltant d'una recta, l'**eix de gir**.

Podem girar qualsevol figura plana al voltant d'un dels seus costats i obtenir un cos de revolució.

5.1. Cilindre

S'obté quan un rectangle gira al voltant d'un dels seus costats. El desenvolupament pla consta d'un rectangle i dos cercles (bases).

L'àrea és la suma de l'àrea lateral més l'àrea de les dues bases.

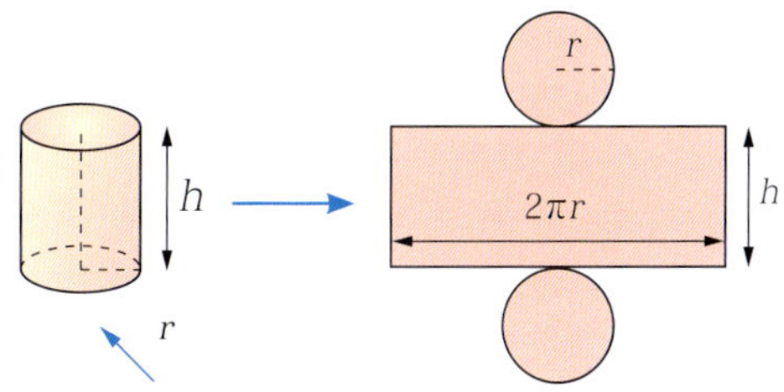

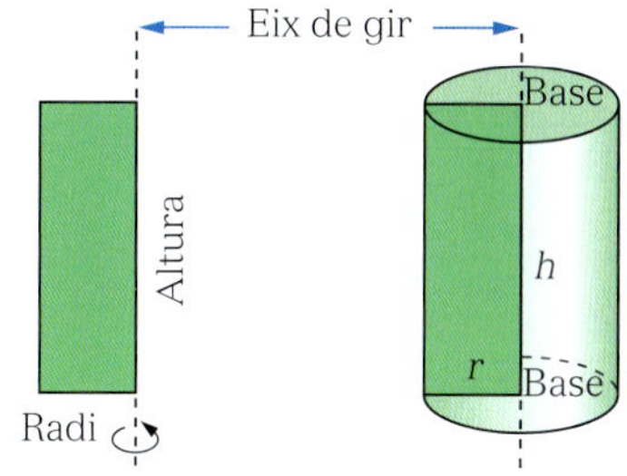

$$A = A_{\text{Lateral}} + 2A_{\text{Base}} = 2\pi rh + 2\pi r^2 = 2\pi r(h + r)$$

5.2. Con

S'obté quan un triangle rectangle gira al voltant d'un dels seus catets. El desenvolupament pla consta d'un cercle (base) i un sector circular.

L'àrea és la suma de l'àrea lateral més l'àrea de la base.

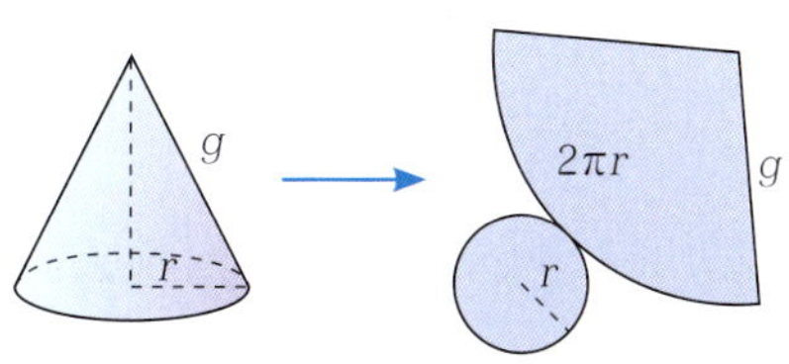

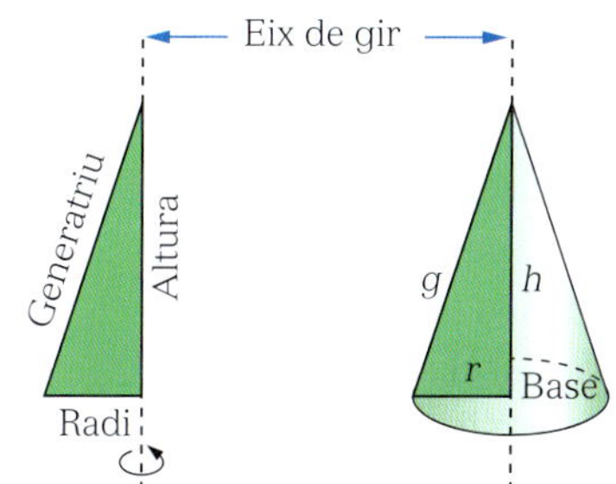

$$A = A_{\text{Lateral}} + A_{\text{Base}} = \pi g^2 \cdot \frac{\cancel{2\pi} r}{\cancel{2\pi} g} + \pi r^2 = \pi rg + \pi r^2 = \pi r(g + r)$$

ACTIVITATS

20 PRACTICA. Calcula l'àrea d'aquestes figures:

a)

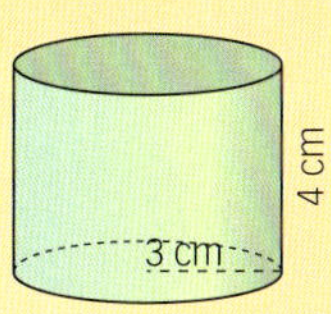

b)

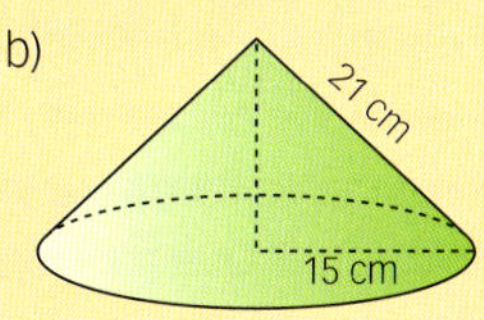

21 APLICA. Determina l'àrea del con que obtenim quan girem un triangle rectangle de catets 24 cm i 32 cm al voltant del catet petit.

22 REFLEXIONA. Un con té la mateixa base que un cilindre i l'àrea és la meitat. Quin tindrà més altura?

L'àrea d'una esfera és igual a l'àrea lateral del cilindre que la conté i que s'ajusta completament a l'esfera.

5.3. Esfera

S'obté quan un semicercle gira al voltant del seu diàmetre. L'esfera no té desenvolupament pla.

L'àrea de l'esfera es calcula amb la fórmula:

$$A = 4\pi r^2$$

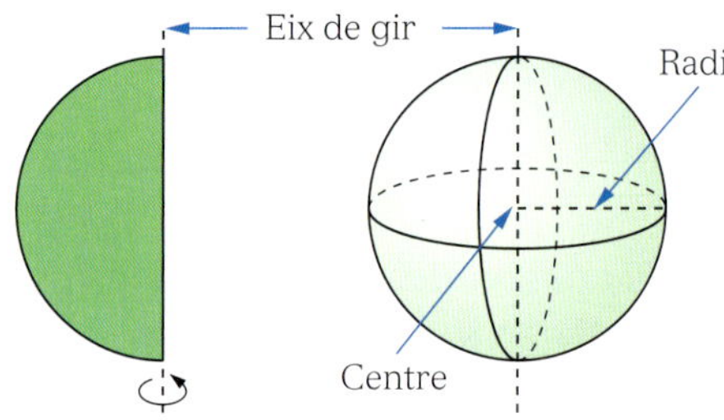

5.4. Figures esfèriques

S'obtenen quan la superfície esfèrica es talla amb un o més plans.

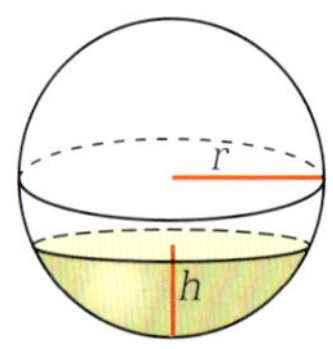

- **Casquet esfèric:** cadascuna de les parts que es formen a la superfície esfèrica quan queda tallada per un pla. La seva àrea és:

$$A_{\text{Casquet}} = 2\pi rh$$

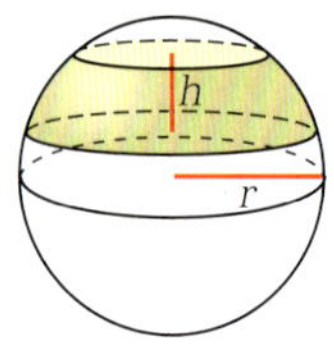

- **Zona esfèrica:** part de la superfície esfèrica inclosa entre dos plans paral·lels. L'àrea es calcula amb aquesta fórmula:

$$A_{\text{Zona}} = 2\pi rh$$

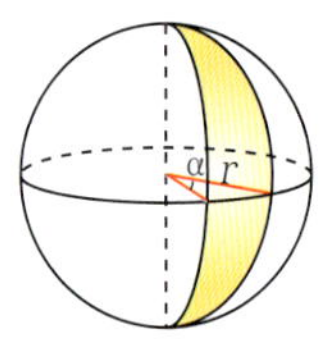

- **Fus esfèric:** part de la superfície esfèrica compresa entre dos plans secants que passen pel centre de l'esfera. L'àrea és:

$$A_{\text{Fus}} = \frac{4\pi r^2 \alpha}{360}$$

T'HI ATREVEIXES?

El radi de la Terra és 6.371 km. Si tinguéssim una cinta de longitud l'Equador més un metre i la separem uniformement de la superfície, podria passar una llebre pel forat?

EXEMPLE

6. Volem pintar 4 fusos esfèrics de 60° en una pilota de bàsquet que té un diàmetre de 24 cm. Quina superfície de la pilota quedarà pintada?

$r = \dfrac{24}{2} = 12$ cm $\qquad \pi \approx 3{,}1416$

$A_{\text{Fus}} = \dfrac{4\pi r^2 \alpha}{360} = \dfrac{4\pi \cdot 12^2 \cdot 60}{360} = 301{,}59$ cm^2

Total $= 4 \cdot 301{,}59 = 1.206{,}36$ cm^2

ACTIVITATS

23 PRACTICA. Calcula l'àrea d'aquestes superfícies esfèriques:

a) b) c)

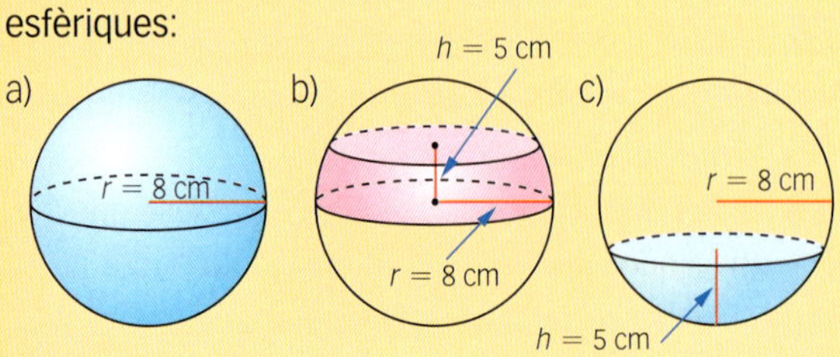

24 APLICA. Volem recobrir una esfera de 12 cm de diàmetre amb una placa de metall. Quina superfície de placa necessitem?

25 REFLEXIONA. En l'esfera següent, quina és l'àrea del casquet esfèric? Què passa si l'altura és igual al radi?

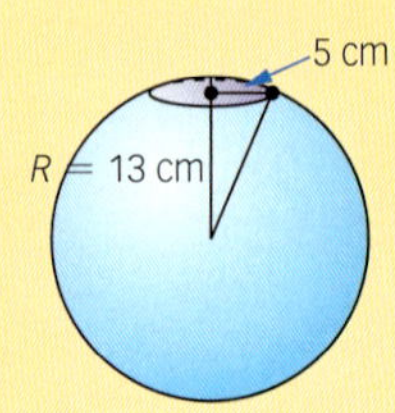

SABER FER

Recorda que de vegades, per calcular les dades que necessitem per trobar l'àrea d'una figura geomètrica hem d'utilitzar el teorema de Pitàgores.

Calcular l'àrea d'un cos de revolució

Determina l'àrea d'aquests cossos de revolució:

a)

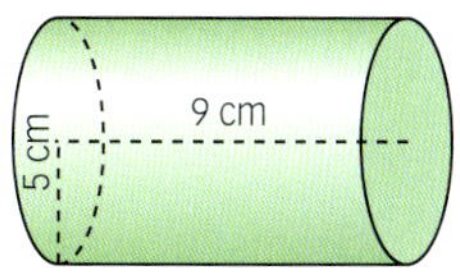

b)

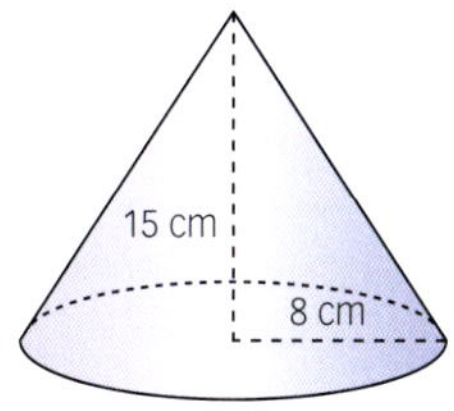

c)

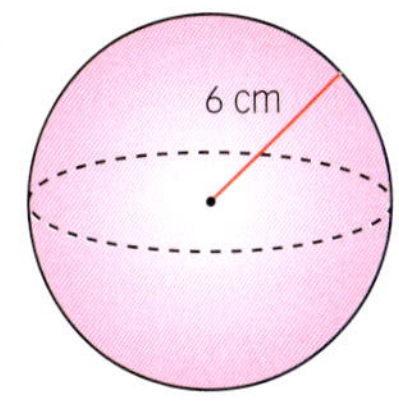

Passos que cal seguir

1. Determinem el tipus de poliedre i les dades que necessitem per calcular-ne l'àrea.

a) Cilindre

$A = 2\pi r(h + r)$

$r = 5$ cm

$h = 9$ cm

b) Con

$A = \pi r(g + r)$

$r = 8$ cm

Calculem la generatriu:

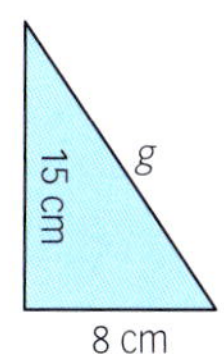

$g^2 = 8^2 + 15^2 = 289$

$g = \sqrt{289} = 17$ cm

c) Esfera

$A = 4\pi r^2$

$r = 6$ cm

2. Apliquem la fórmula per calcular l'àrea del poliedre.

a) $A = 2\pi r(h + r)$

$A = 2\pi \cdot 5 \cdot (9 + 5) =$
$= 439{,}82\ \text{cm}^2$

b) $A = \pi r(g + r)$

$A = \pi \cdot 8 \cdot (17 + 8) =$
$= 628{,}32\ \text{cm}^2$

c) $A = 4\pi r^2$

$A = 4\pi \cdot 6^2 =$
$= 452{,}39\ \text{cm}^2$

ACTIVITATS

26 Calcula l'àrea d'aquests cossos de revolució:

a)

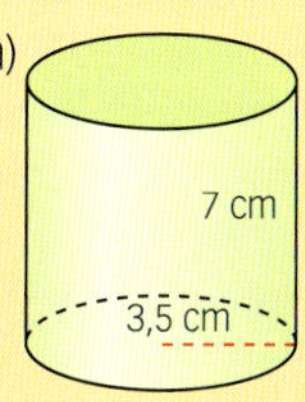

c)

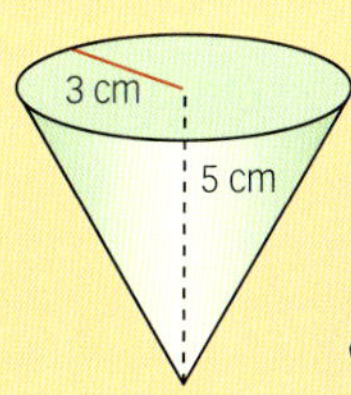

e)

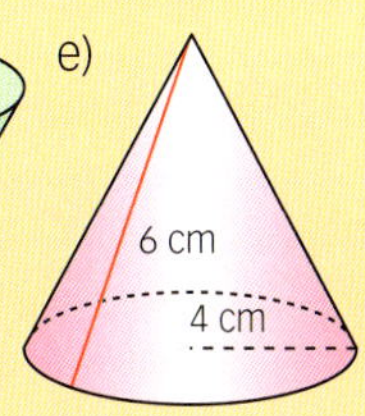

b)

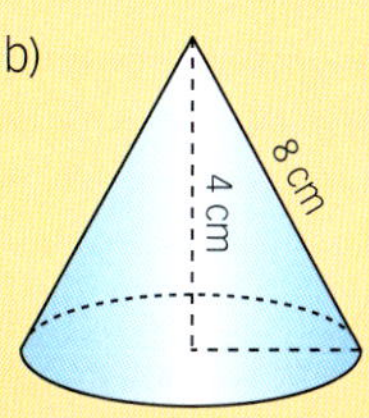

d)

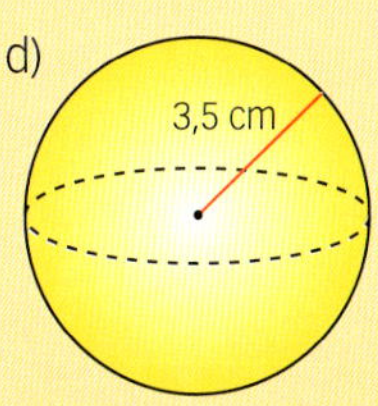

f)

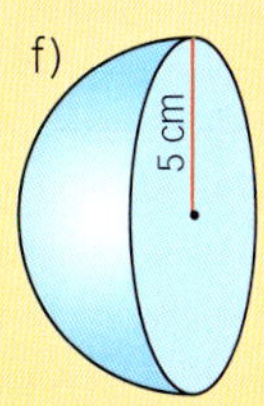

27 Calcula el radi d'un cilindre de 10 cm d'altura si sabem que té una àrea total de 747,7 cm^2.

28 Determina la generatriu d'un con de 12 cm d'altura i de 19,63 cm^2 d'àrea de la base.

29 Troba l'altura d'un con si sabem que l'àrea de la base és 18,1 cm^2 i l'àrea lateral és 45,24 cm^2.

30 Considera un rectangle de 4 cm d'ample i 12 cm de llarg. Troba l'àrea del cilindre que es genera quan el rectangle gira al voltant d'aquests elements:

a) La seva amplada

b) La seva llargada

31 Troba l'àrea dels cons que s'obtenen quan aquests triangles rectangles giren al voltant de r:

a)

b)

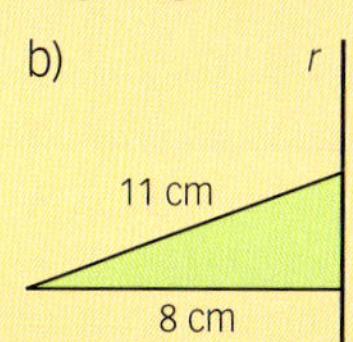

c)

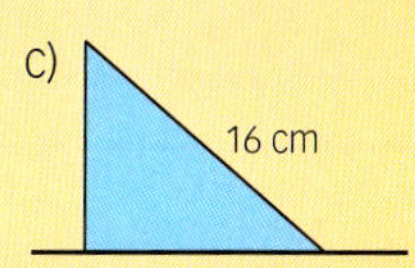

32 Determina l'àrea de l'esfera que obtenim si fem girar aquests semicercles:

a) 16 cm de diàmetre

b) $\sqrt{7}$ cm de radi

c) 5,09 cm^2 d'àrea

6 Volum de cossos geomètrics

El **volum d'un cos** és la quantitat d'espai tancat que hi ha dins de la seva superfície.

Per calcular volums utilitzem el **principi de Cavalieri**: si dos cossos tenen la mateixa altura i les seccions que es produeixen quan els tallen plans paral·lels a la base presenten la mateixa àrea, aleshores els dos cossos tenen el mateix volum.

6.1. Volum de prismes i cilindres

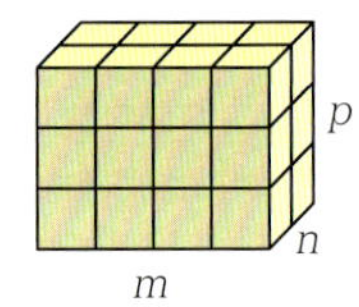

Sabem que el volum d'un ortoedre és el producte de les seves dimensions.

$$V = m \cdot n \cdot p = (m \cdot n) \cdot p$$

Si apliquem el principi de Cavalieri podem calcular el volum de qualsevol prisma o cilindre. El volum d'aquests cossos coincideix amb el d'un ortoedre de la mateixa altura i la base igual a la del cos.

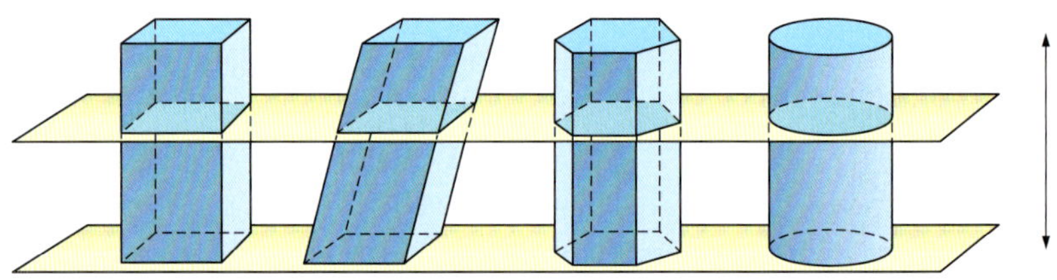

$$V_{\text{Prisma}} = A_{\text{Base}} \cdot \text{altura} = A_{\text{Base}} \cdot h \qquad V_{\text{Cilindre}} = A_{\text{Base}} \cdot \text{altura} = \pi r^2 h$$

! NO TE N'OBLIDIS

Per calcular el volum d'un prisma n'hem de conèixer l'àrea de la base i l'altura.

Per a un cilindre, el radi i l'altura.

Si dos cossos geomètrics són semblants, amb raó de semblança r, els volums són proporcionals i la raó de semblança és r^3.

EXEMPLE

7. Calcula el volum dels cossos geomètrics següents:

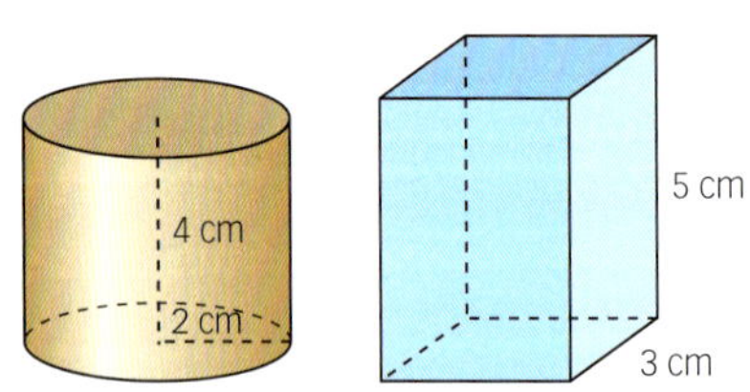

$V_{\text{Cilindre}} = \pi r^2 h$

$\downarrow r = 2, h = 4$

$V_{\text{Cilindre}} = \pi \cdot 2^2 \cdot 4 = 50{,}27 \text{ cm}^3$

$V_{\text{Prisma}} = A_{\text{Base}} \cdot h$

$\downarrow A_{\text{Base}} = 3^2, h = 5$

$V_{\text{Prisma}} = 3^2 \cdot 5 = 45 \text{ cm}^3$

ACTIVITATS

33 PRACTICA. Determina el volum dels cossos.

a)

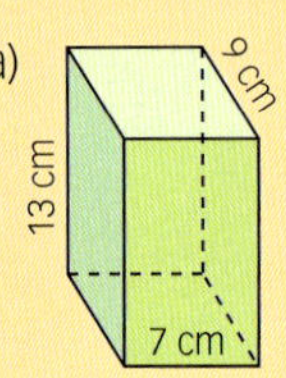

b)

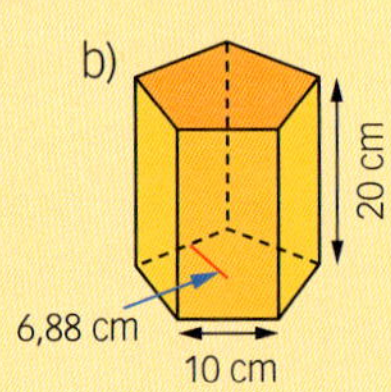

c)

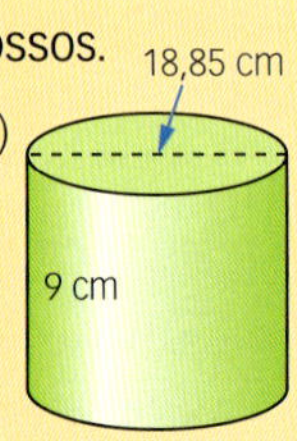

34 APLICA. Calcula el volum del cilindre que hi ha dins del prisma.

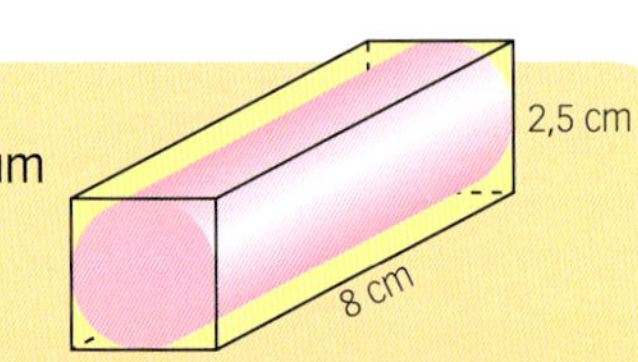

35 REFLEXIONA. Calcula el volum d'un cub de 2 cm d'aresta i explica com podries saber el volum d'un cub de 6 cm d'aresta, sense fer servir la fórmula.

6.2. Volum de piràmides i cons

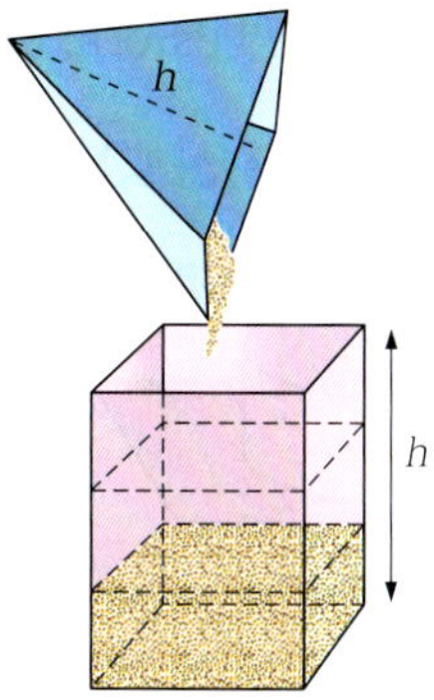

De manera experimental podem comprovar que el volum d'una piràmide és la tercera part del volum d'un prisma amb la mateixa àrea de la base i idèntica altura.

$$V_{\text{Piràmide}} = \frac{1}{3} V_{\text{Prisma}}$$

$$\mathbf{V_{\text{Piràmide}} = \frac{1}{3}(A_{\text{Base}} \cdot h)}$$

De la mateixa manera, podem calcular el volum d'un con relacionant-lo amb el volum d'un cilindre amb la base i l'altura iguals.

$$V_{\text{Con}} = \frac{1}{3} V_{\text{Cilindre}} \rightarrow \mathbf{V_{\text{Con}} = \frac{1}{3}(\pi r^2 h)}$$

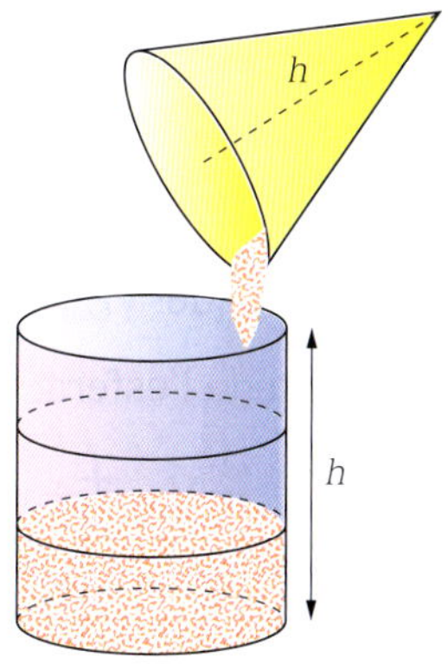

Per calcular el volum d'una piràmide n'hem de conèixer l'àrea de la base i l'altura.

Per a un con, el radi i l'altura.

EXEMPLE

8. Calcula el volum dels cossos geomètrics següents:

a) 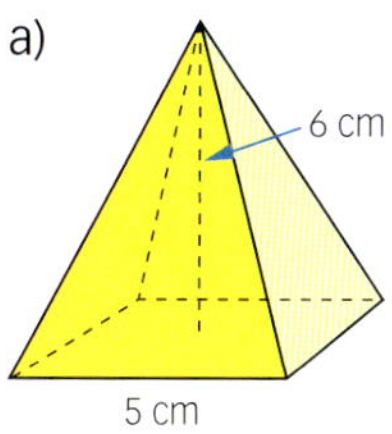

b) 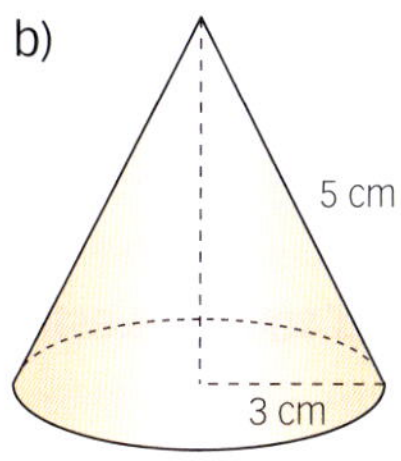

a) És una piràmide de base quadrada: $A_{\text{Base}} = 5 \cdot 5 = 5^2$

$$V_{\text{Piràmide}} = \frac{1}{3}(A_{\text{Base}} \cdot h) \xrightarrow{l = 5,\, h = 6} V_{\text{Piràmide}} = \frac{1}{3}(5^2 \cdot 6) = 50 \text{ cm}^3$$

b) És un con. Primer en calculem l'altura per mitjà del teorema de Pitàgores.

$5^2 = 3^2 + h^2 \rightarrow h^2 = 5^2 - 3^2 = 16 \rightarrow$

$\rightarrow h = \sqrt{16} = 4$ cm

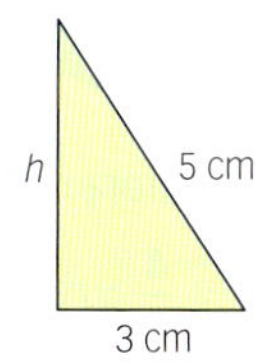

$$V_{\text{Con}} = \frac{1}{3}(\pi r^2 h) \xrightarrow{r = 3,\, h = 4} V_{\text{Con}} = \frac{1}{3}(\pi \cdot 3^2 \cdot 4) = 37{,}7 \text{ cm}^3$$

T'HI ATREVEIXES?

Una bóta de forma cilíndrica pesa 35 kg quan està plena. Si l'omplim fins a la meitat del mateix líquid, pesa 19 kg. Quant pesa la bóta buida?

ACTIVITATS

36 **PRACTICA.** Determina el volum d'aquests cossos:

a) 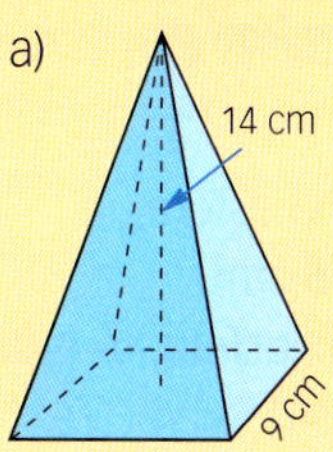

b) 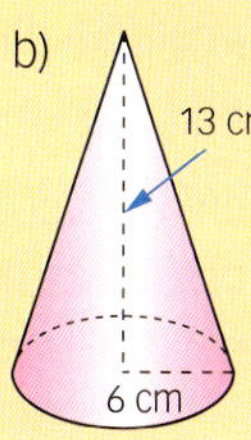

c) 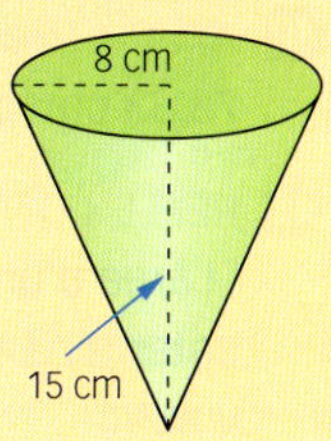

37 **APLICA.** Calcula el volum inclòs entre el cub i el con de la figura.

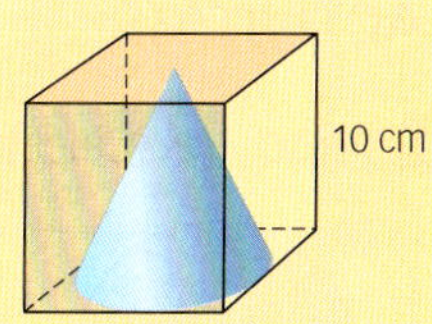

38 **REFLEXIONA.** Donat un con de radi r i altura h, com augmenta més de volum: allargant 1 cm el radi o incrementant 1 cm l'altura?

7 L'esfera terrestre

Podem considerar la Terra com una esfera, que presenta els elements següents:

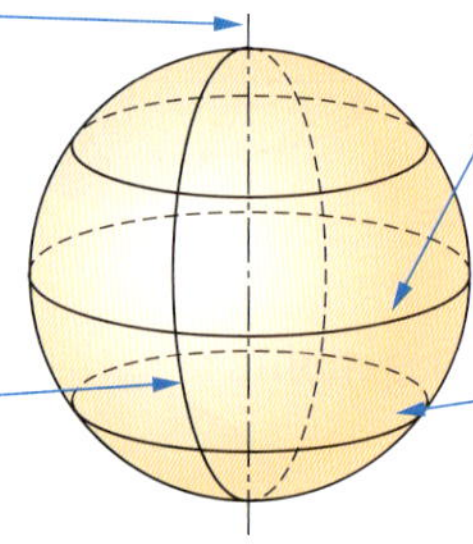

7.1. Coordenades geogràfiques

La localització dels punts sobre l'esfera terrestre es fa respecte del meridià zero i de l'equador. Així, tenim que:

- La **latitud** és la mesura en graus de l'arc de meridià inclòs entre l'equador i el punt. Pot fer de 0° a 90° i és de nord o sud, segons la posició del punt respecte de l'equador.
- La **longitud** és la mesura en graus de l'arc entre el meridià zero i el meridià que passa pel punt. Pot fer de 0° a 180° i és d'est o oest, segons la posició respecte del meridià zero.

EXEMPLE

10. Digues quines són les coordenades geogràfiques, latitud i longitud, dels punts següents representats en l'esfera terrestre:

a)

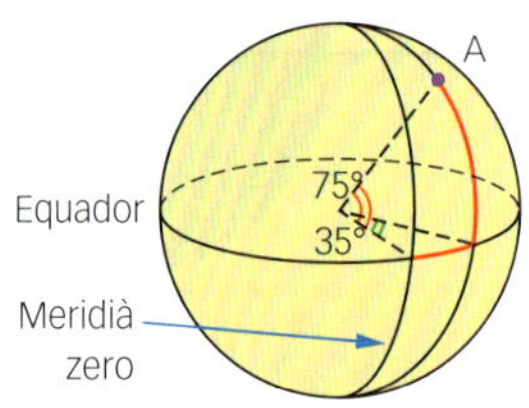

b)

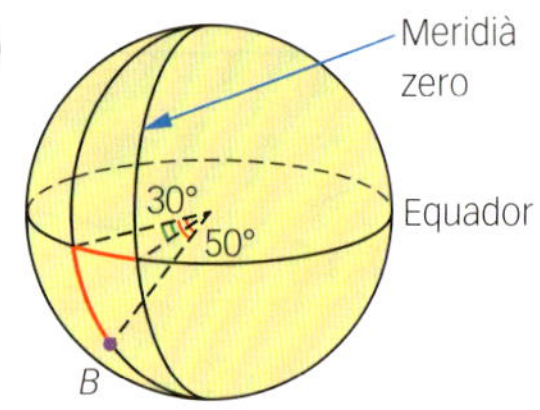

a) Latitud: 75° N
Longitud: 35° E

b) Latitud: 50° S
Longitud: 30° O

La Terra fa una volta sobre si mateixa en 24 hores, és a dir, gira 360° en 24 hores. Així, en una hora gira: $360° : 24 = 15°$. A partir del meridià zero, cada franja de 15° en què es divideix l'esfera terrestre rep el nom de **fus horari**.

ACTIVITATS

49 PRACTICA. Determina la latitud i la longitud d'aquestes ciutats:

a) Johannesburg
b) Tòquio
c) Londres
d) Nova York
e) Buenos Aires
f) Quito

50 APLICA. Quina longitud i latitud separen aquests punts situats sobre l'esfera terrestre?

A(34° E, 25° N) *B*(50° O, 46° S) *C*(167° E, 72° S)

51 REFLEXIONA. Quina diferència horària hi ha entre dos punts si la diferència entre les seves longituds és 90°?

SABER FER

Resoldre problemes de diferències horàries

Quina diferència horària hi ha entre Palma, de coordenades geogràfiques 39° 34′ N, 2° 39′ E, i la Corunya, de coordenades 43° 22′ N 8° 24′ O?

La diferència horària es calcula tenint en compte només la longitud dels punts, no pas la latitud.

Passos que cal seguir

1. Escrivim les mesures de longitud en graus (forma incomplexa).

Palma: longitud $= 2° \, 39' \text{ E} = 2 + \frac{39}{60} = 2{,}65° \text{ E}$

La Corunya: longitud $= 8° \, 24' \text{ O} = 8 + \frac{24}{60} = 8{,}4° \text{ O}$

2. Calculem la diferència entre les longituds considerant com a positives les longituds est i negatives les longituds oest.

Diferència: $2{,}65° - (-8{,}4°) = 11{,}05°$

3. Establim una regla de tres tenint en compte que un fus horari abasta 15°.

$$\left.\begin{array}{l} \text{Si cada } 15° \xrightarrow{\text{Equivalen a}} 1 \text{ hora} \\ 11{,}05° \xrightarrow{\text{Equivalen a}} x \text{ hores} \end{array}\right\} \rightarrow x = \frac{11{,}05 \cdot 1}{15} = 0{,}74 \text{ h}$$

4. Expressem el resultat en forma complexa.

$0{,}74 \text{ h} = 0{,}74 \cdot 60 = 44{,}4 \text{ min}$ $\quad 0{,}4 \text{ min} = 0{,}4 \cdot 60 = 24 \text{ s}$

La diferència horària entre Palma i la Corunya és de 44 min i 24 s.

ACTIVITATS

52 Calcula la diferència horària que correspon a aquestes quantitats que indiquen la diferència en graus entre les longituds de dos punts de l'esfera terrestre:

a) 5,8° c) 38,52° e) 123,2°
b) 12,4° d) 55,752° f) 164°

53 Les coordenades de la ciutat A són 40° E 30° N, i les de la ciutat *B*, 60° O 25° S. Quina és la diferència horària que hi ha entre aquestes dues ciutats?

54 Quina diferència horària hi ha entre Tarragona, de coordenades geogràfiques 1° 15′ E 41° 7′ N, i Càceres, de coordenades 6° 23′ O 39° 28′ N?

55 Si sabem que Fornells, a Menorca, té una longitud de 4° 7′ E, quina diferència horària té amb Liverpool, de longitud 2° 59′ O?

56 Si la longitud de Barcelona és de 2° 10′ E:

a) Quina diferència horària té amb Liverpool?
b) I amb Torí, de longitud 7° 42′ E?
c) Amb quines ciutats Barcelona no té diferència horària?

57 Indica en un mapa un punt *P* de latitud 36° N.

a) Troba un punt *Q* d'igual latitud i una diferència horària d'1 hora i 40 minuts respecte de *P*.
b) Marca sobre el mapa un punt *R* amb la mateixa latitud però sud i amb una diferència horària de 3 hores i quart respecte de *P*.
c) Determina un punt *S* amb una altra latitud però sense diferència horària respecte de *P*.
d) Indica un punt *T* amb una altra latitud i amb diferència horària de 5 hores respecte de *P*.

ACTIVITATS FINALS

Poliedres

58 Contesta aquestes preguntes:

a) ¿Quina és la quantitat d'arestes d'un pentaedre que té 6 vèrtexs?

b) Quina és la quantitat de vèrtexs d'un pentaedre si té 8 arestes?

c) Quin és el nombre d'arestes d'un heptaedre que té 7 vèrtexs?

d) Quin és el nombre de vèrtexs d'un heptaedre si té 15 arestes?

59 Completa aquesta taula de poliedres convexos.

Cares	Arestes	Vèrtexs
6		8
6		6
8		14
	18	10

60 Justifica si els poliedres següents són regulars:

a) 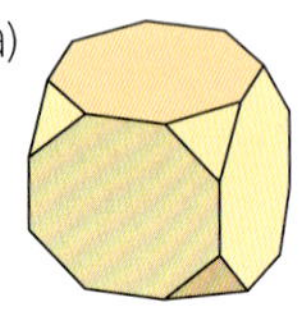

b) 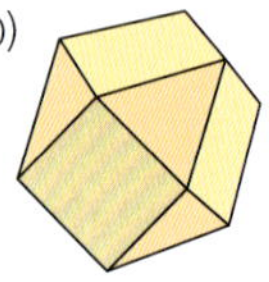

c) 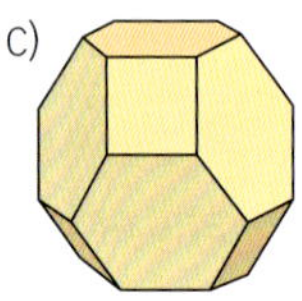

61 Comprova si aquests poliedres compleixen la fórmula d'Euler:

a) 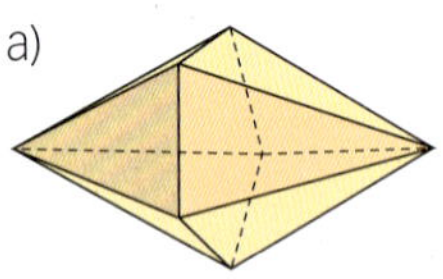

b) 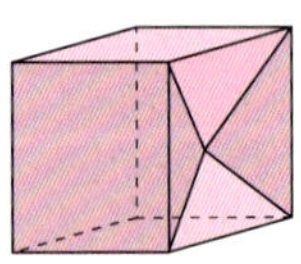

c) 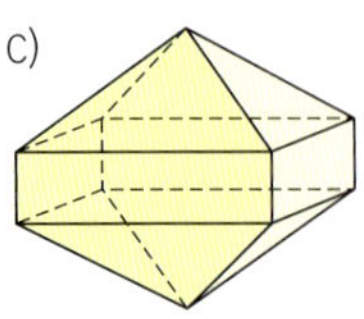

d) 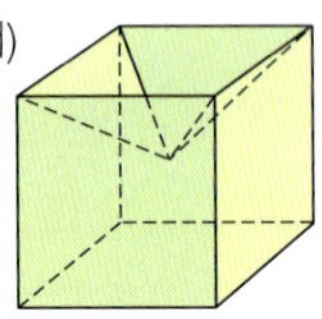

e) 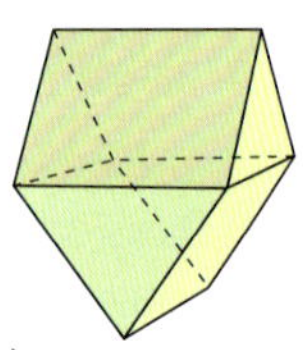

f) 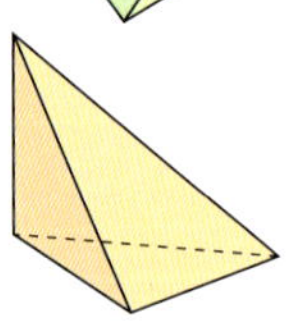

g) 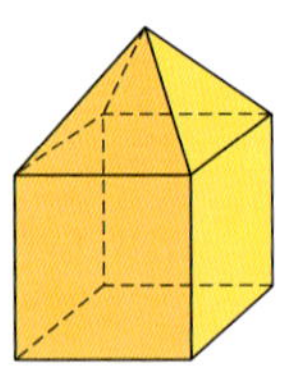

h) 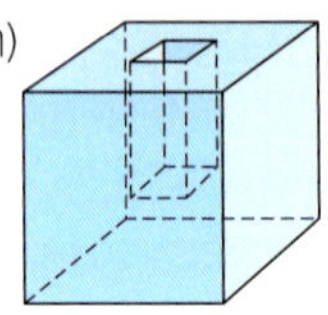

62 Digues quina és la base d'aquests prismes que tenen la quantitat d'elements indicada:

a) 9 cares
b) 18 arestes
c) 20 vèrtexs
d) 10 vèrtexs
e) 21 arestes
f) 18 cares

63 Quin polígon és la base d'aquestes piràmides?

a) 7 vèrtexs
b) 20 arestes
c) 8 cares
d) 9 vèrtexs
e) 18 arestes
f) 10 cares

SABER FER

Aplicar el teorema de Pitàgores en un cos geomètric

64 Calcula la dada desconeguda dels cossos geomètrics següents:

a) 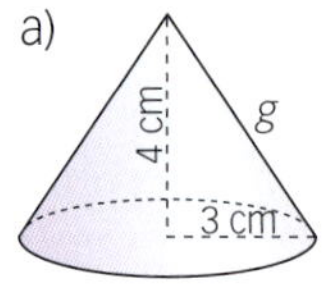

b) 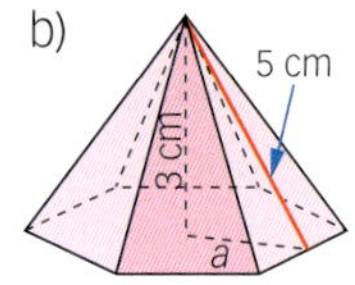

c) 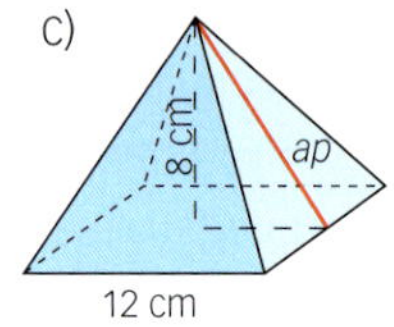

PRIMER. Determinem el triangle rectangle que relaciona les dades conegudes i la dada desconeguda, i apliquem el teorema de Pitàgores.

a) 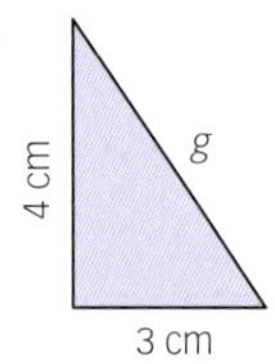

$g^2 = 3^2 + 4^2$

b) 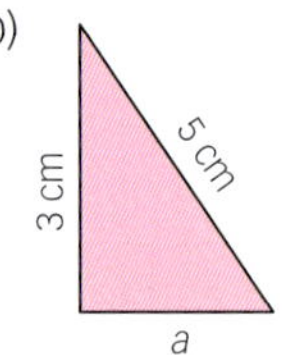

$5^2 = a^2 + 3^2$

c) 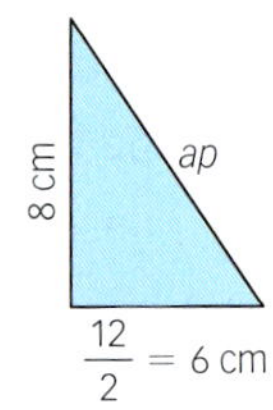

$ap^2 = 6^2 + 8^2$

SEGON. Resolem l'equació que en resulta.

a) $g^2 = 3^2 + 4^2 \rightarrow g = \sqrt{3^2 + 4^2} = 5$ cm

b) $5^2 = a^2 + 3^2 \rightarrow a^2 = 5^2 - 3^2 \rightarrow$
$\rightarrow a = \sqrt{5^2 - 3^2} = 4$ cm

c) $ap^2 = 6^2 + 8^2 \rightarrow ap = \sqrt{6^2 + 8^2} = 10$ cm

65 Calcula l'apotema d'una piràmide regular de base quadrada d'altura 7 cm i aresta de la base 9 cm.

66 Troba l'altura d'aquestes piràmides regulars:

a) Piràmide hexagonal de 10 cm d'apotema i 10 cm d'aresta de la base

b) Piràmide pentagonal de 9 cm d'apotema i 4,13 cm d'apotema de la base

67 Calcula la diagonal d'un ortoedre de dimensions:

a) $8 \times 5 \times 4$ cm
b) $10 \times 7 \times 3$ cm

68 La diagonal d'un cub és $\sqrt{27}$ cm. Determina la mida de l'aresta i de la diagonal d'una de les cares.

69 Troba la diagonal d'un prisma quadrangular regular de 9 cm d'aresta de la base i 12 cm d'altura.

70 Calcula la mida dels segments marcats.

a)
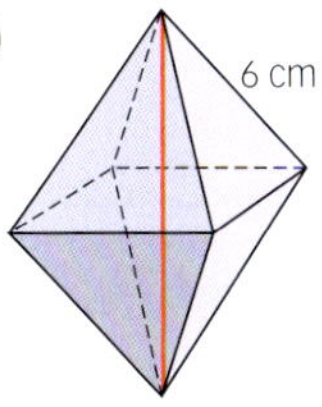

d)
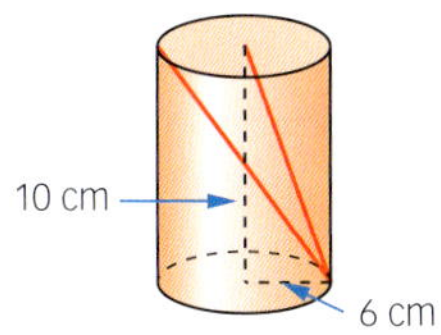

b)
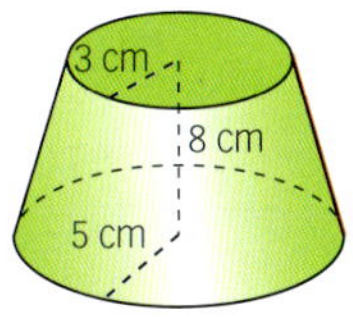

e)
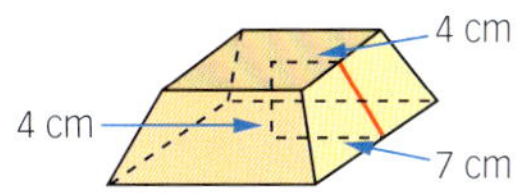

c)
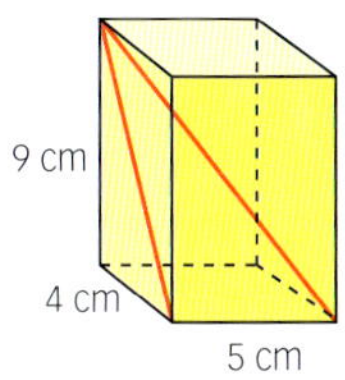

f)
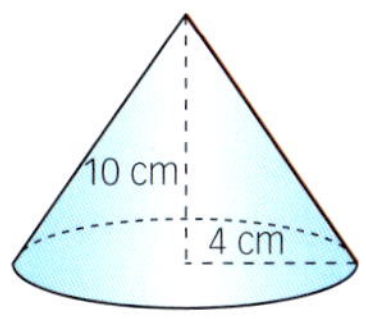

Àrees de cossos geomètrics

71 Calcula l'àrea d'aquests poliedres regulars:

a) Tetraedre de 12 cm d'aresta

b) Octaedre de 10 cm d'aresta

c) Icosaedre de 8 cm d'aresta

d) Cub de 7 cm d'aresta

e) Dodecaedre de 6 cm d'aresta i de 4,13 cm d'apotema de cada pentàgon

72 Calcula l'àrea total d'un prisma triangular regular de 4 cm d'altura i 2 cm d'aresta de la base.

73 Determina l'àrea total d'un prisma recte de 12 cm d'altura amb aquestes bases:

a) Trapezis isòsceles de 6 cm i 10 cm de bases, i 3 cm de costat oblic

b) Trapezis rectangles de 21,39 cm de base major, 9 cm d'altura i 15 cm de diagonal menor

74 Calcula l'àrea total d'aquests poliedres:

a) Un ortoedre de 3,4 cm i 5 cm d'arestes

b) Un prisma hexagonal regular de 8 cm d'altura i 5 cm d'aresta de la base

75 Determina l'aresta dels cossos següents:

a) Un tetraedre de $16\sqrt{3}$ cm^2 d'àrea total

b) Un icosaedre de cares $\sqrt{3}$ cm^2

c) Un octaedre de $18\sqrt{3}$ cm^2 d'àrea total

76 Calcula la mida de l'aresta d'un cub si sabem que té una àrea total de 486 cm^2.

77 Determina l'aresta d'un tetraedre regular si sabem que l'àrea total és de 80,09 cm^2.

78 Calcula l'àrea total d'aquestes piràmides regulars:

Base	Aresta lateral	Apotema	Aresta de la base	Apotema de la base
Pentàgon	17 cm		10 cm	6,88 cm
Pentàgon		23,32 cm	18 cm	12,39 cm
Hexàgon	4,24 cm		3 cm	
Hexàgon		15 cm	5 cm	
Triangle	6 cm		4 cm	
Triangle		6,54 cm	5 cm	

79 Si l'àrea lateral d'una piràmide recta de base quadrada és 80 cm^2 i el perímetre de la base és 32 cm, quina mida té l'apotema de la piràmide?

80 Calcula l'àrea total dels cilindres següents:

a) Radi de la base: 8 cm; altura: 14 cm.

b) Longitud de la circumferència que limita les bases: 37,7 cm; altura: 9 cm.

c) Altura: 12 cm; àrea d'una base: 78,54 cm^2.

81 Calcula l'àrea total dels cons següents:

a) Generatriu: 5 cm; radi de la base: 4 cm.

b) Altura: 12 cm; radi de la base: 9 cm.

c) Longitud de la circumferència que limita la base: 44 cm; generatriu: 10 cm.

82 Considera un cilindre de 20 cm d'altura i 4 cm de radi de la base. Quina altura té un con amb la mateixa àrea que el cilindre en cadascun d'aquests supòsits?

a) Con amb la mateixa base que el cilindre

b) Con amb una base de 8 cm de radi

c) Con amb una base igual al doble de la base del cilindre

83 Calcula l'àrea total dels cossos de revolució que obtenim quan les figures planes següents giren al voltant de l'eix que està indicat:

a)
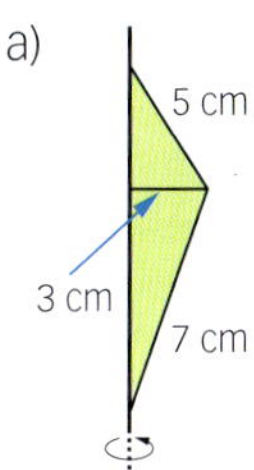

b)
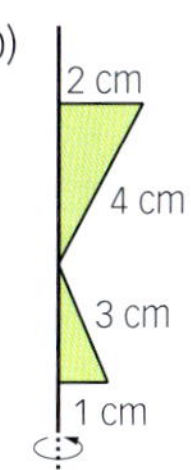

c)
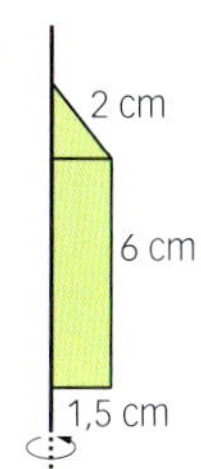

84 Determina l'àrea d'aquests cossos geomètrics:

a) Una esfera de 15 cm de diàmetre

b) Una esfera de 7,8 cm de radi

SABER FER

Calcular l'altura d'un tronc de con

85 Quan es talla un con per un pla paral·lel a la base, s'obtenen un altre con i un cos geomètric nou anomenat *tronc de con*. Calcula l'altura del tronc de con.

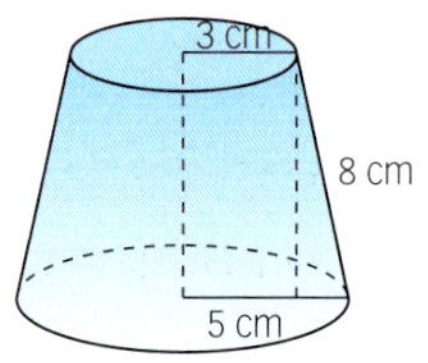

PRIMER. Definim el triangle *ABC*.

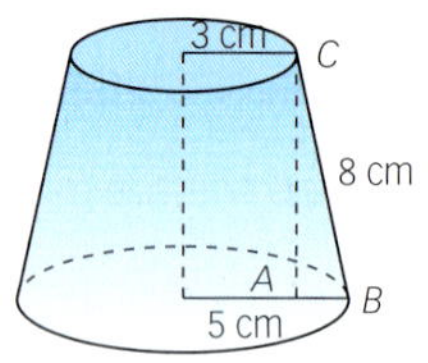

$\overline{AB} = 5 - 3 = 2$ cm

$\overline{BC} = 8$ cm

El costat desconegut $\overline{AC}$ és l'altura del con.

SEGON. Apliquem el teorema de Pitàgores.

$$(\overline{BC})^2 = (\overline{AB})^2 + (\overline{AC})^2$$

$$8^2 = 2^2 + (\overline{AC})^2 \rightarrow \overline{AC} = \sqrt{64 - 4} = 7{,}75 \text{ cm}$$

86 Calcula l'altura del tronc de con d'aquesta figura:

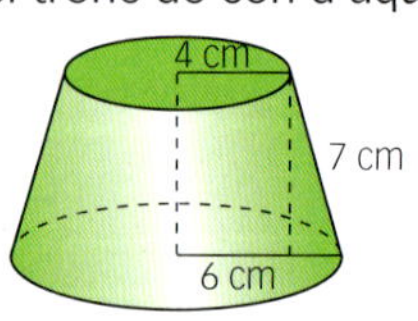

87 Determina l'altura del tronc de piràmide hexagonal regular que ha dibuixat la Carme a la llibreta.

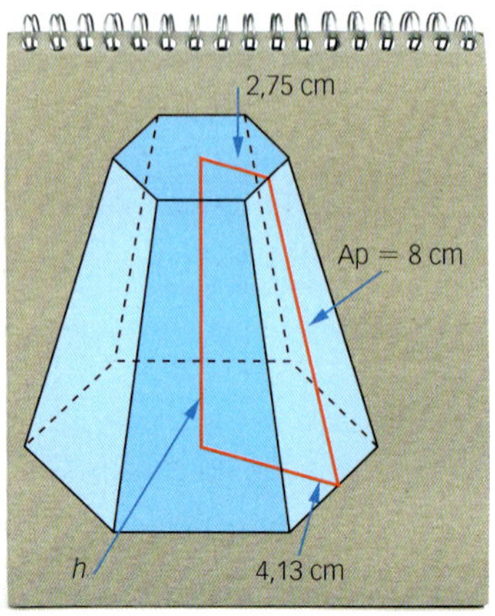

88 Calcula l'altura d'un tronc de piràmide quadrangular de 5 cm i 3 cm d'arestes de la base, 2,9 cm d'apotema del tronc, amb un tronc de con de 5 cm, 3 cm de radis i 2,9 cm de generatriu.

SABER FER

Calcular l'àrea d'un tronc de piràmide

89 Determina l'àrea total d'aquest tronc de piràmide pentagonal regular:

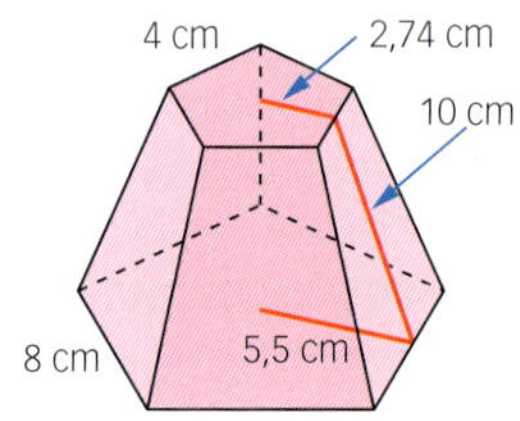

PRIMER. Estudiem el desenvolupament pla de la figura.

En aquest cas, com que les bases són pentàgons regulars, les cares laterals són trapezis isòsceles i l'altura és l'apotema del tronc de piràmide.

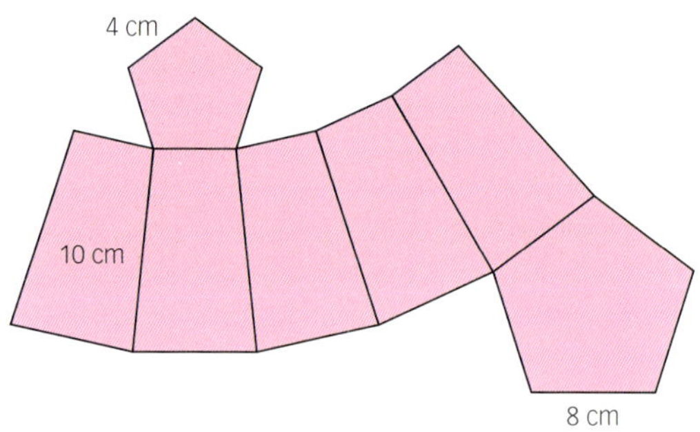

SEGON. Calculem l'àrea lateral.

$$A_L = 5 \cdot A_{\text{Trapezi}} = 5 \cdot \left(\frac{8+4}{2} 10\right) = 5 \cdot 60 = 300 \text{ cm}^2$$

TERCER. Calculem l'àrea de les bases.

$$A_{\text{Base major}} = \frac{P_{\text{Base major}} \cdot a}{2} = \frac{5 \cdot 8 \cdot 5{,}5}{2} = 110 \text{ cm}^2$$

$$A_{\text{Base menor}} = \frac{P_{\text{Base menor}} \cdot a}{2} = \frac{5 \cdot 4 \cdot 2{,}74}{2} = 27{,}4 \text{ cm}^2$$

QUART. Calculem l'àrea total.

$$A_T = A_L + A_{\text{Base major}} + A_{\text{Base menor}}$$
$$= 300 + 110 + 27{,}4 = 437{,}4 \text{ cm}^2$$

90 Determina l'àrea total d'aquestes figures:

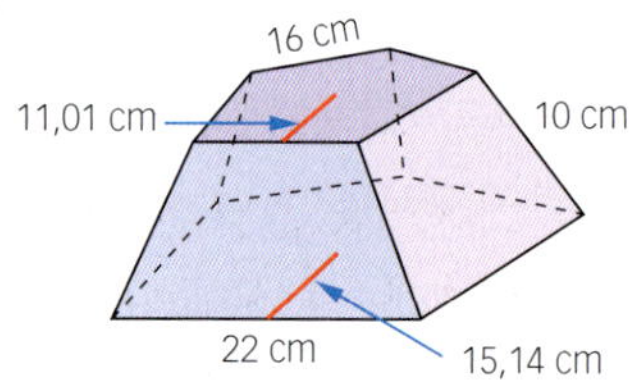

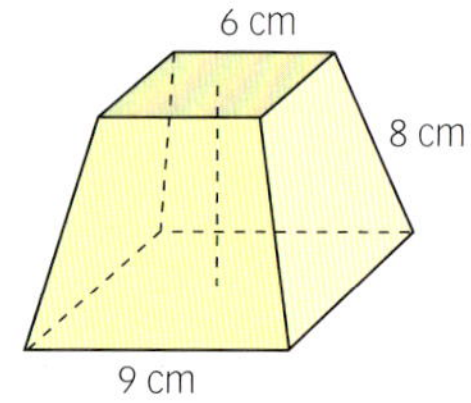

91 Calcula l'àrea total de les figures següents:

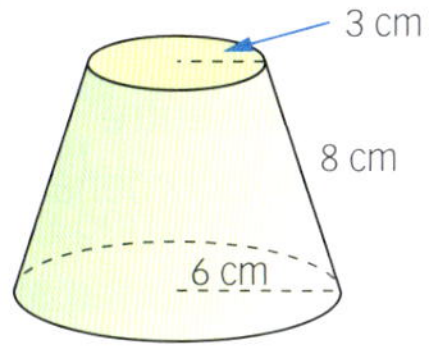

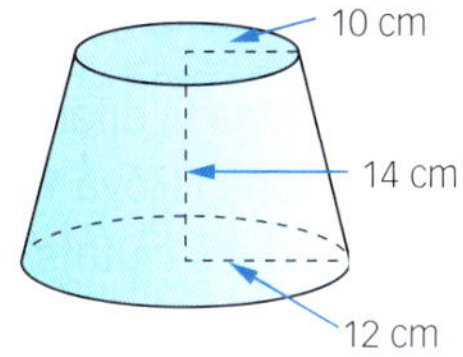

92 Si sabem que el cercle màxim d'una esfera té una àrea de 201,06 cm^2, calcula'n:

a) El radi

b) L'àrea total

c) L'àrea d'un fus esfèric de 40°

d) L'àrea d'un casquet esfèric de 3 cm d'altura

93 Determina l'àrea total dels cossos geomètrics següents:

a)

d)
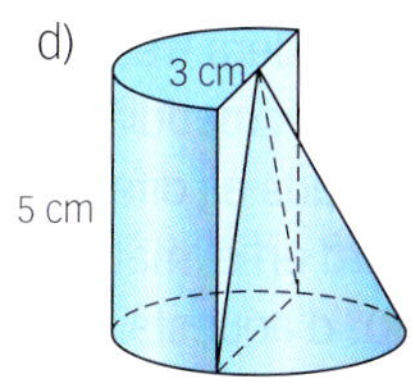

b)
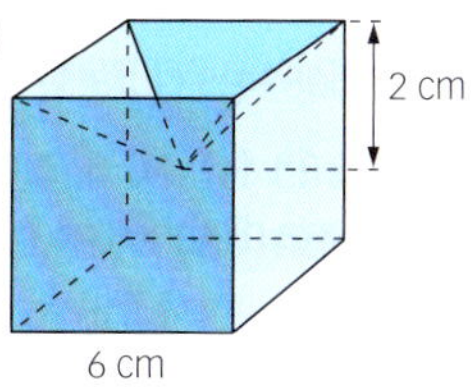

e)
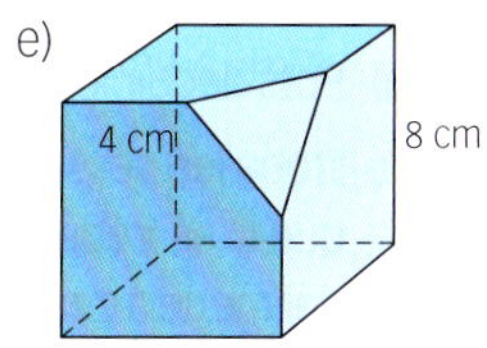

c)
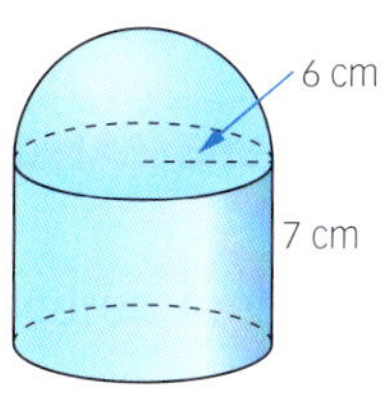

f)
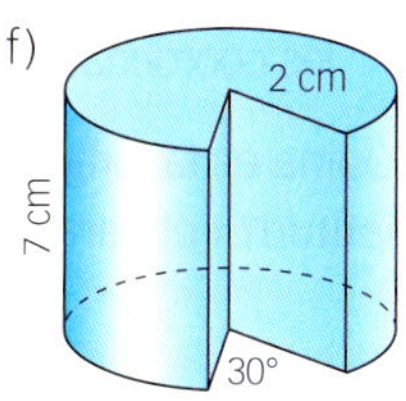

Volums de cossos geomètrics

94 Calcula el volum d'un prisma triangular regular de 7 cm d'altura i 3 cm d'aresta de la base.

95 Determina el volum d'un ortoedre de 4 cm, 6 cm i 12 cm d'arestes.

96 Calcula el volum d'un prisma hexagonal regular de 8 cm d'altura i 4 cm d'aresta de la base.

97 Calcula el volum d'aquestes piràmides regulars de base triangular:

a) Aresta lateral: 8 cm; aresta de la base: 7 cm

b) Apotema de la piràmide: 6,54 cm; aresta de la base: 5 cm

98 Un tetraedre regular és una piràmide de base triangular en què totes les cares són iguals. Calcula el volum d'aquesta piràmide si té una superfície total de 40 m^3.

99 Determina el volum d'aquestes piràmides hexagonals regulars:

a) Apotema: 8 cm; aresta de la base: 5 cm

b) Aresta lateral: 6 cm; aresta de la base: 3 cm

100 Calcula el volum dels cilindres següents:

a) Radi de la base: 4 cm; altura: 10 cm

b) Longitud de la circumferència que limita les bases: 37,7 cm; altura: 12 cm

101 Determina el volum dels cons següents:

a) Generatriu: 8 cm; radi de la base: 5 cm

b) Altura: 18 cm; radi de la base: 8 cm

c) Longitud de circumferència que limita la base: 44 cm; generatriu: 11 cm

102 Calcula el volum d'un cub si sabem que:

a) La diagonal d'una de les cares fa 9,9 cm.

b) La diagonal del cub fa 8,66 cm.

103 Calcula el volum d'un tetraedre segons aquestes característiques:

a) Té 8 cm d'aresta.

b) Té 8 cm d'apotema.

104 Troba el volum de les esferes següents:

a) Esfera de radi 6 cm.

b) Esfera de diàmetre 20 cm.

c) Esfera de cercle màxim que conté una àrea de 78,54 cm^2.

105 L'àrea d'una esfera és 452,39 cm^2. Calcula el volum d'aquests cossos i indica quin és el més gran:

a) El cilindre en el qual estaria continguda ajustada completament.

b) El cub que la circumscriu.

106 Si sabem que un cub i una esfera tenen la mateixa àrea, 96 cm^2, quin dels dos té més volum?

107 A l'interior d'un cub de 12 cm d'aresta construïm una piràmide que té com a base una cara del cub i el vèrtex és el centre de la cara oposada. Calcula l'àrea i el volum d'aquesta piràmide.

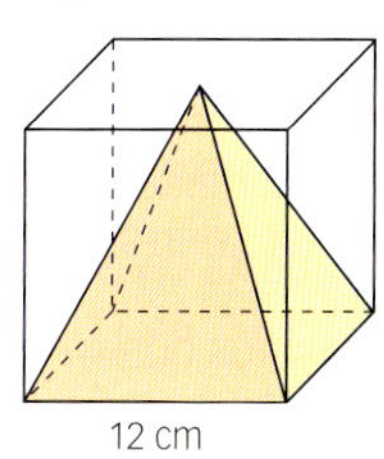

COMPETÈNCIA MATEMÀTICA

En la vida quotidiana

127 La majoria dels fotògrafs porten piles a la bossa perquè funcionin els seus flaixos, fins i tot piles especials per a alguna càmera antiga, d'aquelles que encara no anaven amb bateries recarregables.

Un dels problemes que se'ls presenta és que, amb la forma cilíndrica que tenen les piles, no són fàcils d'emmagatzemar en bosses.

Amb aquesta finalitat han aparegut uns estoigs en forma de petites capses de plàstic per poder-les portar amb comoditat.

- Una pàgina web dedicada a la venda de material fotogràfic anuncia aquest producte:

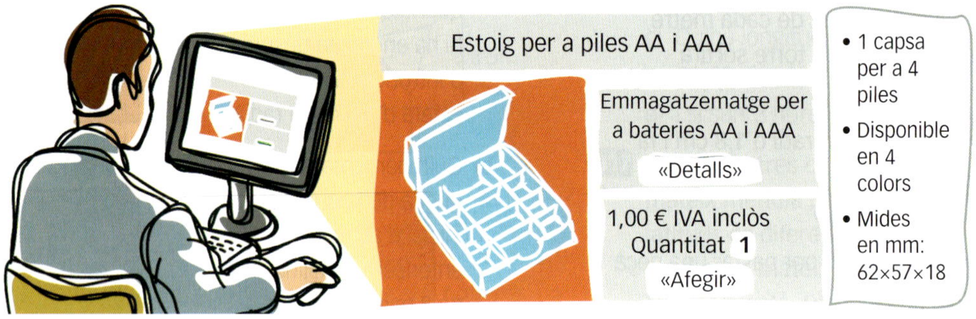

Aquestes són les dimensions d'una pila de tipus AAA. Quants centímetres cúbics queden sense ocupar per les quatre piles a la capsa de l'anunci?

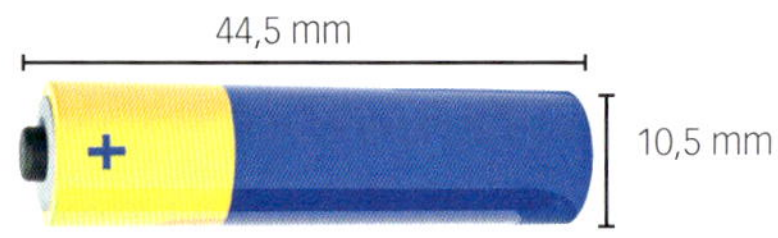

Formes de pensar. Raonament matemàtic

128 Una formiga es troba en un vèrtex d'un octaedre i decideix recórrer totes les arestes de la figura sense passar dues vegades per la mateixa. Indica un camí possible.

Curiosament, la formiga no podria fer el mateix en un cub. Comprova-ho.

129 Considera x la mida de l'aresta d'un cub. Demostra que la diagonal del cub s'obté amb la fórmula $d = \sqrt{3}x$.

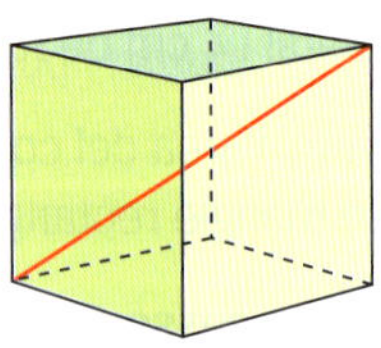

Calcula-hi la diagonal dels cubs següents:

a) Cub de 6 cm d'aresta

b) Cub de 4,5 cm d'aresta

130 Troba l'expressió que dóna l'altura d'un tetraedre en funció de la seva aresta.

131 Calcula les diagonals traçades des d'un vèrtex en un prisma hexagonal regular amb les arestes de la base i les arestes laterals de 12 cm.

132 Considera x, y, z les dimensions d'un ortoedre. Demostra que la diagonal d s'obté amb la fórmula: $d^2 = x^2 + y^2 + z^2$.

133 L'any 1638 el matemàtic Galileu va proposar el problema següent: «Si enrotllem un full de paper en els dos sentits possibles, obtenim dos cilindres diferents.»

«Aquests cilindres, tenen el mateix volum?»

134 En un llibre de Matemàtiques hem trobat aquest problema sobre volums:

«Si el costat d'un octaedre és c, el seu volum és: $V = c^3 \cdot 0{,}4714$».

Investiga com s'obté aquesta fórmula.

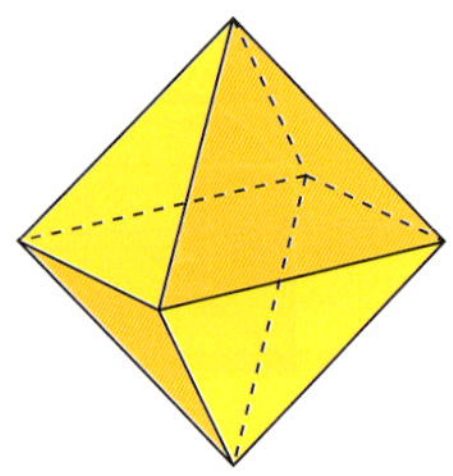

135 El radi de la base d'un cilindre i d'un con fa 10 cm. Si l'altura del cilindre és de 10 cm, determina quina ha de ser la generatriu del con perquè tots dos tinguin:

a) La mateixa àrea lateral

b) La mateixa àrea total

PROJECTE FINAL. **Aprenentatge cooperatiu**

OBJECTIU: Escollir una impressora per a l'aula

Un cop formats els grups, seguiu el procés següent:

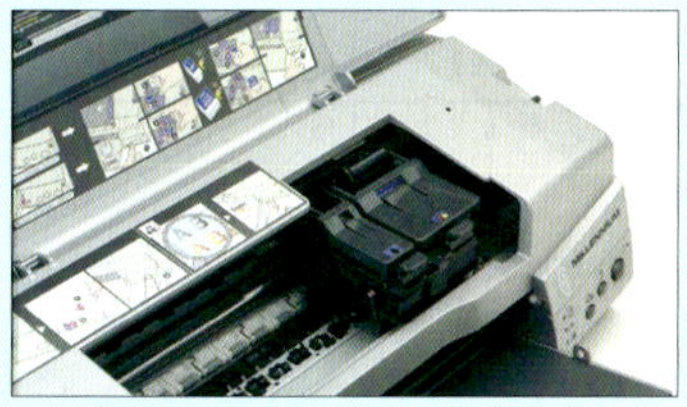

1a fase

- Determineu les dimensions (alçada, amplada i profunditat) que hauria de tenir la impressora tenint en compte on estarà situada.
- Discutiu sobre les característiques mínimes que ha de tenir i determineu el pressupost de què podríeu disposar per comprar-la.

2a fase

- Trieu les possibles impressores que s'adaptarien a les necessitats que heu establert.
- Determineu les despeses associades a una impressora: paper, tinta, consum d'energia...

3 fase

- Poseu en comú tota la informació i acordeu el tipus d'impressora que necessiteu.
- Elaboreu un informe que reculli les conclusions a què heu arribat.

Proves PISA

Daus

136 A la dreta hi ha un dibuix de dos daus. Els daus són cubs amb un sistema especial de numeració en els quals s'aplica la regla següent:

«La suma total de punts en dues cares oposades és sempre set.»

Pots construir un dau senzill tallant, doblegant i enganxant cartró. Aquests daus es poden fer de moltes maneres. Al dibuix següent pots veure quatre retalls que es poden utilitzar per fer daus, amb punts a les cares. Quina de les figures següents es pot doblegar per formar un cub que segueixi la regla que la suma de cares oposades sigui 7?

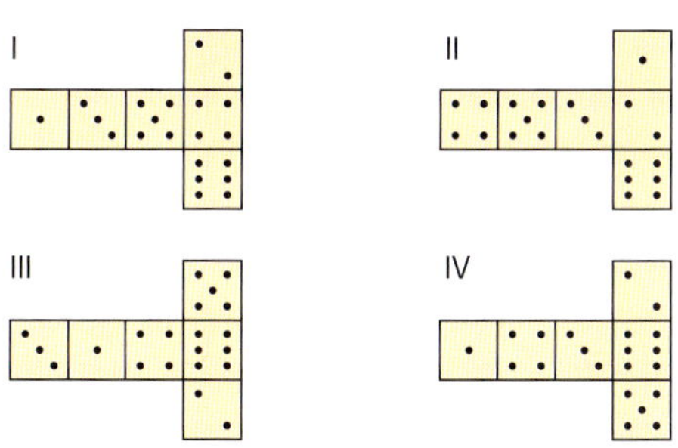

(Prova PISA 2006)

Les granges

137 A la dreta tenim la il·lustració d'una casa de camp amb la teulada en forma de piràmide.

A sota hi ha un model matemàtic de la **teulada** de la casa amb les mesures corresponents.

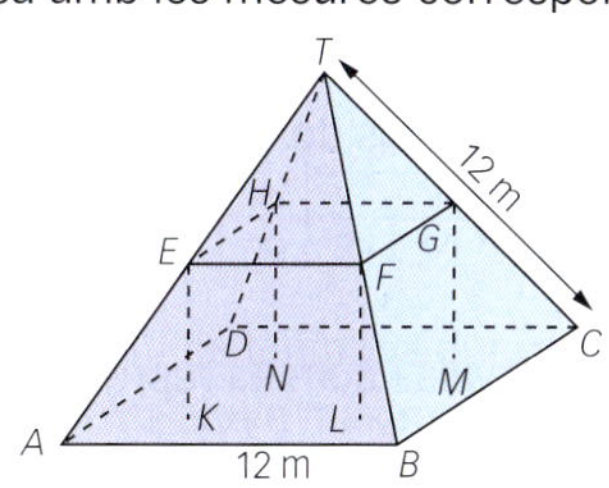

En el model, a la planta de l'àtic, *ABCD*, és un quadrat. Les bigues que suporten la teulada són les arestes d'un bloc (prisma rectangular) *EFGHKLMN*. *E* és el punt mitjà de $\overline{AT}$, *F* és el punt mitjà de $\overline{BT}$, *G* és el punt mitjà de $\overline{CT}$ i *H* és el punt mitjà de $\overline{DT}$. Totes les arestes de la piràmide tenen 12 m de longitud.

a) Calcula l'àrea total de la planta de l'àtic, *ABCD*.

b) Calcula la longitud de $\overline{EF}$, una de les arestes horitzontals del bloc.

(Prova PISA 2006)

1 Concepte de funció

Una **funció** és una relació entre dues magnituds o variables numèriques, *x* i *y*, de manera que a cada valor de *x* correspon un únic valor de *y*.

La variable *x* s'anomena **variable independent**, i la variable *y*, **variable dependent**.

La relació en la qual a cada nombre fem correspondre la seva arrel quadrada no és una funció.

$$\sqrt{4} = \pm 2$$

Al nombre 4 correspondria +2 i −2, és a dir, dos valors diferents.

EXEMPLES

1. Una llibreta costa 6 €. La relació entre la quantitat de llibretes que comprem i el preu, és una funció?

   La magnitud *quantitat de llibretes* l'anomenem *x*, i adopta els valors 1, 2, 3... És la variable independent.

   La magnitud *preu*, que anomenem *y*, adopta valors segons la quantitat de llibretes que comprem:

   Si comprem una llibreta $\xrightarrow{\text{Costa}}$ $6 \cdot 1 = 6$ €
   Si comprem dues llibretes $\xrightarrow{\text{Costen}}$ $6 \cdot 2 = 12$ €
   Si comprem tres llibretes $\xrightarrow{\text{Costen}}$ $6 \cdot 3 = 18$ €...

   El *preu* és la variable dependent.

   A cada valor de *x* correspon un únic valor de *y*. Per tant, la relació és una funció.

2. Digues si la relació entre el pes i l'altura de les persones és una funció.

   Considerem com a variable *x* el *pes* i com a variable *y*, l'*altura*.

   Hi pot haver persones que tinguin el mateix pes però que tinguin diferent altura. És a dir, a un valor de la variable *x* (*pes*) poden correspondre diferents valors de la variable *y* (*altura*).

   Aquesta relació no és una funció.

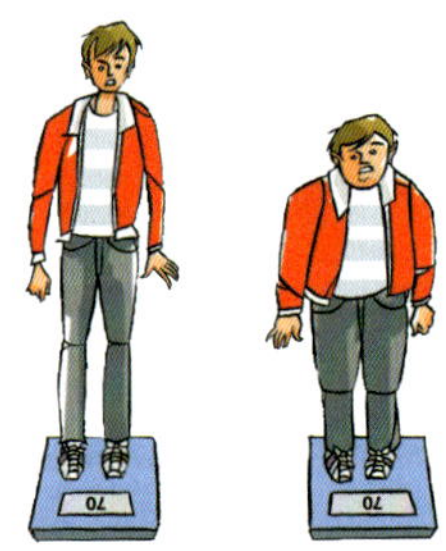

ACTIVITATS

1 PRACTICA. Digues si aquestes relacions són funcions:

a) Quantitat de sabons comprats i el preu que en paguem.

b) El número de DNI i la suma dels dos últims dígits.

c) Mida de l'amplada d'un rectangle i el perímetre del rectangle.

d) Nombre de monedes de 2 € i quantitat de diners que representen.

2 APLICA. Per als nombres 1, 2, 3, 4 i 5, calcula el nombre o nombres que els corresponen amb aquestes relacions i indica quines són funcions:

a) A cada nombre, el seu oposat.

b) A cada nombre, el seu doble més 5.

c) A cada nombre, la quantitat de divisors que té.

3 REFLEXIONA. Escriu una relació que sigui funció i una altra que no ho sigui.

2 Maneres d'expressar una funció

2.1. Funció definida per un enunciat

La relació entre les variables d'una funció la podem expressar mitjançant un **enunciat**.

EXEMPLE

3. Llegeix l'enunciat següent i determina si la relació entre les entrades venudes i la recaptació és una funció:

«En un teatre, cada entrada costa 18 €.»

Variable independent (x) → *Quantitat d'entrades venudes*

Variable dependent (y) → *Recaptació del teatre*

A cada nombre d'entrades venudes correspon una única recaptació. És a dir, a cada valor de x correspon un únic valor de y.

La relació és una funció.

Cada valor de la variable independent x, substituït en l'equació de la funció, permet calcular el valor de la variable dependent y.

2.2. Funció definida per una equació

De vegades, les funcions estan determinades per una expressió algebraica. L'expressió $y = f(x)$ fa referència a l'**equació d'una funció**.

EXEMPLE

4. En un museu, cada minut entren 24 persones. Determina si la relació entre el temps transcorregut i la quantitat de persones que entren al museu al llarg del dia és una funció i troba'n l'equació.

Variable independent (x) → *Quantitat de minuts transcorreguts*

Variable dependent (y) → *Quantitat de persones que hi han entrat*

A cada quantitat de minuts correspon una única quantitat de persones; per tant, la relació és una funció.

1 min → 24 persones   2 min → $24 \cdot 2 = 48$ persones

3 min → $24 \cdot 3 = 72$ persones…

Així, l'expressió algebraica que relaciona el temps transcorregut i la quantitat de persones que han entrat al museu és: $y = 24x$.

HO ESCRIVIM AIXÍ

L'expressió algebraica de la funció que associa a cada nombre el seu triple menys 7 la podem escriure:

$y = 3x - 7$ o $f(x) = 3x - 7$

I el valor d'aquesta funció en $x = 4$ es representa:

$f(4) = 3 \cdot 4 - 7$

O així:

$y = f(4) = 3 \cdot 4 - 7$

ACTIVITATS

4 PRACTICA. Expressa les funcions següents mitjançant un enunciat:

a) $y = 2x - 1$ b) $y = -x + 3$

5 PRACTICA. Troba l'expressió algebraica de la funció que associa a cada nombre:

a) El seu triple b) El seu quadrat c) El seu doble més 5

6 APLICA. Determina l'equació de la funció que associa a cada nombre el seu doble menys 3 unitats. Calcula $f(8)$, $f(-4)$ i $f(10)$.

7 REFLEXIONA. Troba l'expressió algebraica de la funció que passa d'una mesura expressada en metres a la mateixa mesura expressada en centímetres.

T'HI ATREVEIXES?

Pensa i completa la taula.

X	Y
1	1
2	2
3	2
4	3
5	2
6	4
7	2
8	4
9	?

2.3. Funció definida per una taula de valors

Les variables x i y d'una funció també es poden escriure com a parells de valors (x, y) que obtenim d'una **taula de valors**.

EXEMPLE

5. En aquesta taula veiem el nombre de persones que han visitat una exposició durant els primers set dies:

Dia	1	2	3	4	5	6	7
Nre. de visitants	1.234	985	1.123	1.087	965	1.345	1.276

Determina si la relació entre les dues magnituds és una funció.

Aquesta relació l'escrivim amb parells de valors: (1, 1.234), (2, 985), (3, 1.123)..., en què el primer nombre és el valor que adopta la variable x i el segon valor és el de la variable y.

Variable independent (x) → *Dies després de la inauguració*

Variable dependent (y) → *Nombre de visitants que hi ha hagut aquest dia*

A cada dia (x) correspon un únic nombre de visitants (y).
La relació és una funció.

2.4. Expressió d'una funció mitjançant una gràfica

Els parells d'una funció, (x, y), indiquen punts del pla en un sistema de coordenades cartesianes. La representació d'aquests punts és la **gràfica**.

La variable independent, x, es representa en l'eix d'abscisses i la variable dependent, y, en l'eix de coordenades.

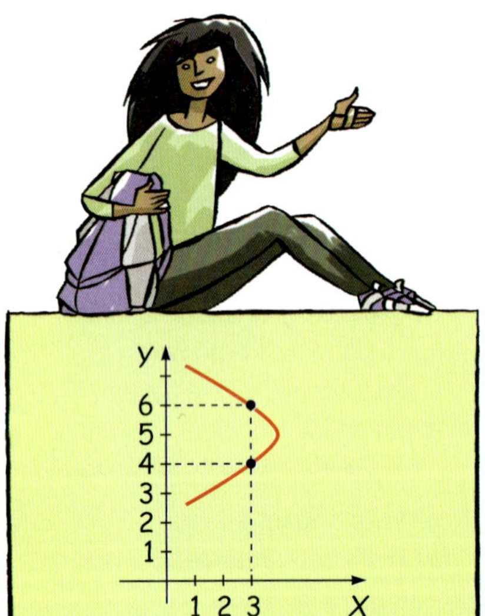

Quan x val 3, y pot valer 4 o 6. Aquesta gràfica no correspon a una funció.

EXEMPLE

6. Aquesta gràfica mostra la quantitat de víctimes d'accidents de trànsit durant els últims anys:

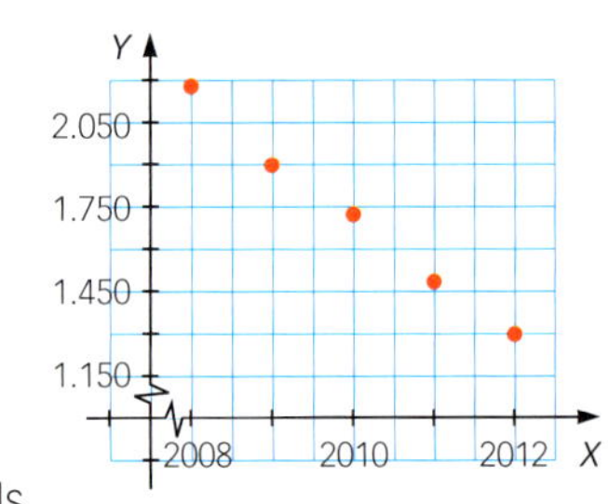

Digues si la relació entre l'any i la quantitat de víctimes és una funció.

Aquesta relació es pot escriure amb parells de valors: (2008, 2.180), (2009, 1.903), (2010, 1.729)..., en què el primer nombre és el valor que adopta la variable x (any), i el segon nombre, el valor de la variable y (nre. de víctimes).

Cada any té una única quantitat de víctimes. La relació és una funció.

ACTIVITATS

8 PRACTICA. Construeix una taula de valors per a la funció que relaciona cada nombre amb:

a) El seu triple menys 2 unitats

b) La suma del seu quadrat més 2 unitats

c) El seu nombre oposat més 3 unitats

9 APLICA. Dibuixa les gràfiques que determinen les funcions de l'activitat anterior.

10 REFLEXIONA. El preu d'una entrada és de 15,75 €. Expressa aquesta funció mitjançant una equació i una taula.

SABER FER

Representar gràficament una funció

Un cotxe circula per una carretera a 90 km/h. Representa gràficament la funció que relaciona el temps que fa que circula el cotxe amb la distància que recorre.

Passos que cal seguir

1. Identifiquem les dues variables que representarem.

La distància que recorre depèn del temps que fa que circula. Així:

Variable independent (x) → *Temps*

Variable dependent (y) → *Distància recorreguda*

2. Calculem l'equació de la funció, si és possible.

$x = 1$ h → $y = 90 \cdot 1 = 90$ km recorreguts

$x = 2$ h → $y = 90 \cdot 2 = 180$ km recorreguts

$x = 3$ h → $y = 90 \cdot 3 = 270$ km recorreguts…

Per tant, podem expressar la funció així: $y = 90x$

3. Construïm una taula de valors amb les dades.

Temps (h)	1	2	3	4	…
Distància (km)	$90 \cdot 1 = 90$	$90 \cdot 2 = 180$	$90 \cdot 3 = 270$	$90 \cdot 4 = 360$	…

4. Representem els punts que hem obtingut situant la variable independent en l'eix X i la variable dependent en l'eix Y.

Analitzem si té sentit unir els punts.

Hem de representar els punts: (1, 90), (2, 180), (3, 270), (4, 360)

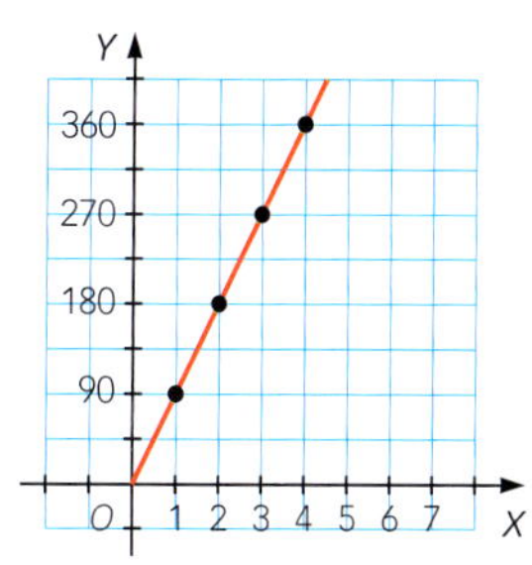

Té sentit parlar de 3,1 h, 4,09 h…, igual que 97,4 km, 192,32 km… Unim els punts per mitjà d'una línia perquè les dues variables poden adoptar qualsevol valor.

Abans d'unir els punts hem de reflexionar si té sentit fer-ho o no.

Això dependrà dels valors que puguin adoptar les variables.

ACTIVITATS

11 Representa la funció que relaciona una mesura en decàmetres amb la seva equivalència:

a) En metres b) En centímetres

12 Una família consumeix cada setmana 10 barres de pa, 3 kg de carn, 16 ℓ de llet i 6 kg de fruites i verdures. En uns eixos de coordenades i amb colors diferents, fes la representació gràfica d'aquest consum al llarg de sis setmanes.

13 Una aixeta, de la qual brollen 4 ℓ d'aigua per minut, es manté oberta fins que s'omple un dipòsit de 200 ℓ. Representa la gràfica de la funció que relaciona els minuts durant els quals està oberta l'aixeta amb:

a) La quantitat d'aigua que en brolla.

b) La quantitat d'aigua que falta per omplir el dipòsit.

14 Representa gràficament la funció que relaciona la longitud x amb el perímetre de la figura en aquests casos:

a) 

b) 

3 Característiques d'una funció

3.1. Domini i recorregut

- El **domini** d'una funció $f(x)$ és el conjunt de tots els valors que adopta la variable independent.
- El **recorregut** d'una funció $f(x)$ és el conjunt de tots els valors que adopta la variable dependent.

HO ESCRIVIM AIXÍ

Domini d'una funció $f(x)$:

Dom f

Recorregut d'una funció $f(x)$:

Im f

EXEMPLES

7. Determina el domini i el recorregut de la funció que relaciona la quantitat d'entrades de cinema que han venut i el preu, si sabem que una entrada costa 6 €.

El preu de les entrades que comprem depèn de la quantitat d'entrades.

La variable independent, *quantitat d'entrades*, pot adoptar valors: 1, 2, 3... És a dir, qualsevol nombre natural. Ho escrivim així:

$$\text{Dom } f = \{1, 2, 3\ldots\} = \mathbb{N}$$

La variable dependent, *preu de les entrades*, pot adoptar valors: 6, 12, 18... És a dir, tots els múltiples de 6. Ho escrivim així:

$$\text{Im } f = \{6, 12, 18\ldots\} = \dot{6}$$

8. Determina el domini de les funcions següents:

a) $y = 2x + 1$

Aquesta funció associa a cada nombre el seu doble més 1. La variable independent, x, pot adoptar qualsevol valor (podem calcular el doble de qualsevol nombre real). Ho escrivim així: Dom $f = \mathbb{R}$

b) $y = \dfrac{1}{x}$

Aquesta funció associa a cada nombre el seu invers. La variable independent, x, pot adoptar qualsevol valor tret del 0 (un nombre no es pot dividir entre 0). Ho escrivim així: Dom $f = \mathbb{R} - \{0\}$

T'HI ATREVEIXES?

Un cargol puja una paret de 10 m d'alçada. Puja 4 m durant el dia i rellisca 2 m durant la nit.

Quant temps trigarà a arribar a dalt de tot?

ACTIVITATS

15 PRACTICA. Donada la funció que associa a cada nombre real el seu triple menys 6, determina'n l'expressió algebraica, el domini, el recorregut i la gràfica.

16 PRACTICA. Considerem la funció que associa a cada nombre real el seu invers més 3.

a) Escriu-ne l'expressió algebraica.

b) Determina'n el domini i el recorregut.

c) Quin és el valor de la funció si $x = 2$?

17 APLICA. Indica el domini i el recorregut de les funcions següents:

a) $f(x) = x^2 - 7$

b) $f(x) = \dfrac{3}{4x}$

18 REFLEXIONA. Determina el domini i el recorregut d'aquestes funcions:

a) $f(x) = \dfrac{x-1}{2}$

b) $f(x) = |x|$

c) $f(x) = -2$

d) $f(x) = +\sqrt{x}$

SABER FER

Calcular el domini d'una funció

Calcula el domini i el recorregut d'aquesta funció:

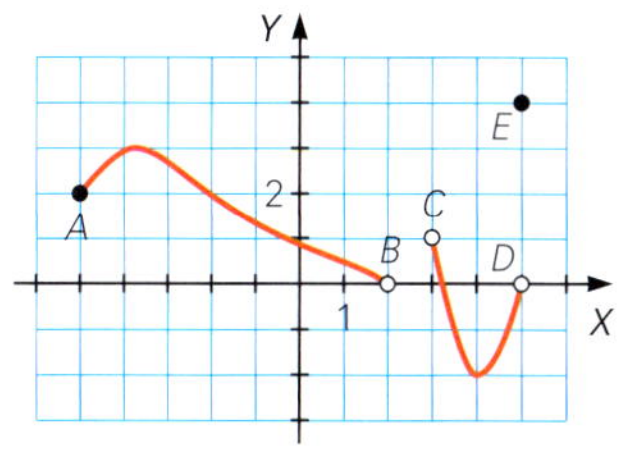

El domini es defineix en l'eix *X*, i el recorregut, en l'eix *Y*.

Si el punt (*a*, *b*) pertany a la gràfica de la funció, aleshores:

a pertany a Dom *f*.

b pertany a Im *f*.

Passos que cal seguir

1. Determinem els valors que pot adoptar la variable *x*; per fer-ho, ens fixem en l'eix *X*.

La funció adopta valors per a *x* des de -5 fins a 2, sense incloure el 2, i des de 3 fins a 5, sense incloure el 3.

2. Escrivim el domini.

Per escriure el domini de la funció fem servir intervals.

$\text{Dom } f = [-5, 2) \cup (3, 5]$

3. Determinem els valors que pot adoptar la variable *y*; per fer-ho, ens fixem en l'eix *Y*.

La funció adopta valors per a *y* des de -2 fins a 3 i, a més, el punt 4.

4. Escrivim el recorregut fent servir intervals.

Per escriure el recorregut de la funció utilitzem intervals.

$\text{Im } f = [-2, 3] \cup \{4\}$

ACTIVITATS

19 Determina el domini i el recorregut de les funcions següents:

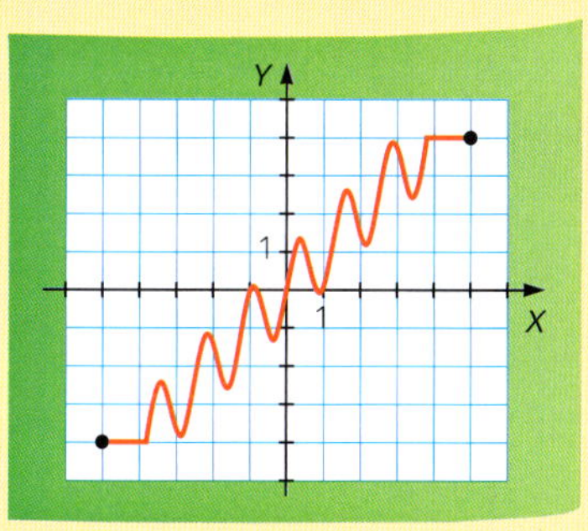

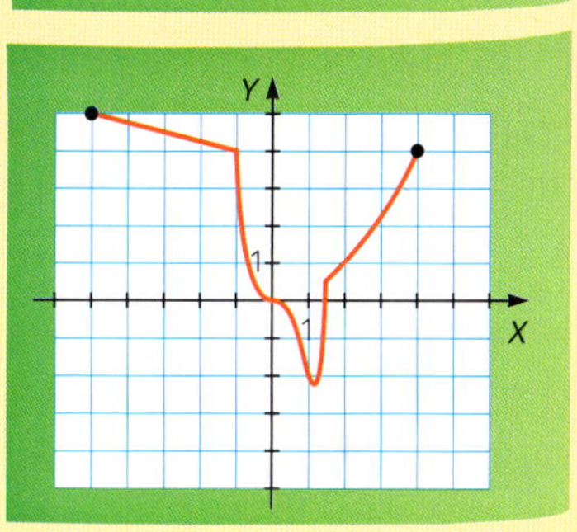

20 Indica el domini i el recorregut d'aquestes funcions:

a)

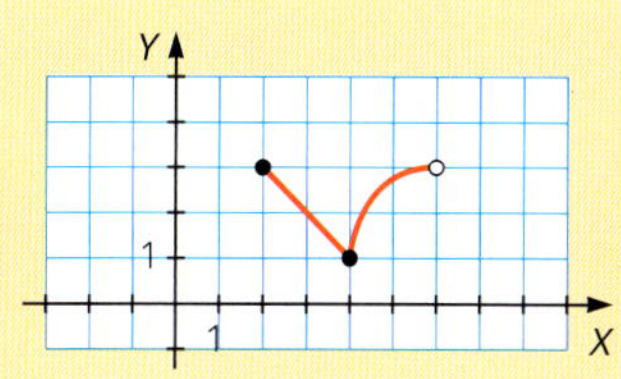

b)

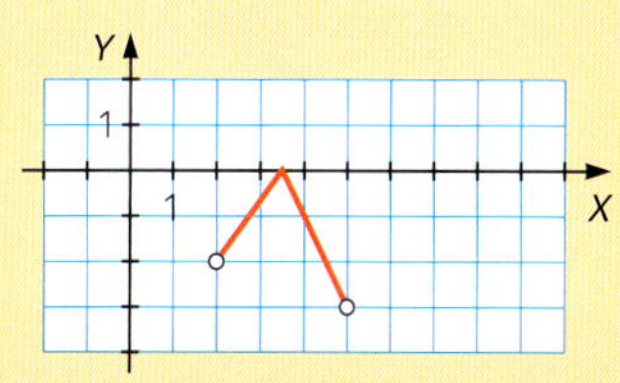

21 Aquesta és la gràfica de la temperatura d'una ciutat durant tot el dia. Indica'n el domini i el recorregut.

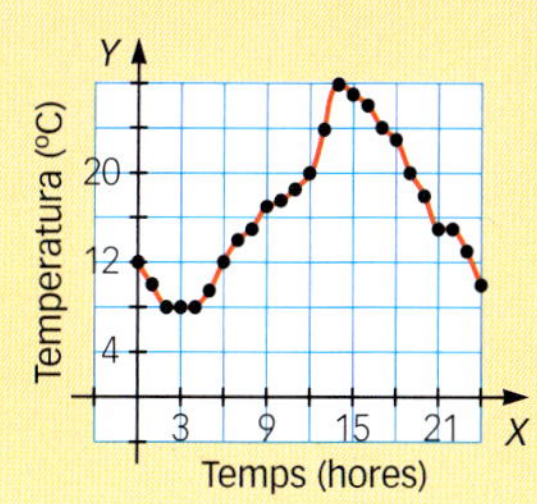

3.2. Continuïtat

Una funció és **contínua** en els punts d'un interval si en podem dibuixar la gràfica amb un sol traç.

Si quan dibuixem la gràfica d'una funció hi ha algun punt en el qual s'interromp, aquest és un **punt de discontinuïtat** de la funció.

EXEMPLE

9. Determina si les funcions següents són contínues. Si no ho són, indica els punts de discontinuïtat que presenten:

a)

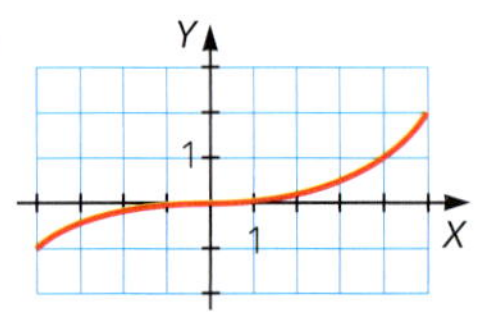

b)

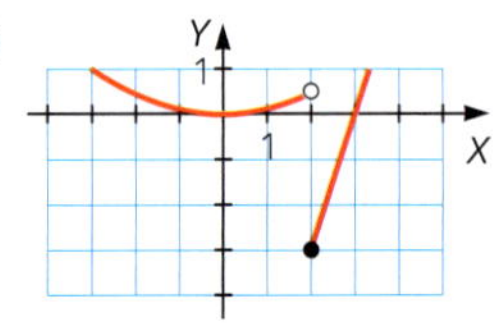

a) Podem fer la gràfica amb un sol traç. És una funció contínua.

b) La gràfica presenta un salt en $x = 2$, per tant, la funció no és contínua. En el punt $x = 2$ presenta un punt de discontinuïtat.

3.3. Punts de tall amb els eixos

Els **punts de tall** amb els eixos d'una funció són els punts d'intersecció de la gràfica amb els dos eixos de coordenades.

- Els punts de tall amb l'eix X són de la forma $(a, 0)$ i el valor de a el calculem resolent l'equació $f(x) = 0$.
- Els punts de tall amb l'eix Y són de la forma $(0, b)$ i el valor de b el calculem resolent l'equació $f(0)$.

T'HI ATREVEIXES?

Si una funció contínua talla l'eix Y en $y = 3$ i no talla l'eix X, què en podem dir del seu recorregut?

EXEMPLE

10. Indica quins són els punts de tall d'aquesta funció:
    - Punts de tall amb l'eix X: (3, 0) i (5, 0)
    - Punt de tall amb l'eix Y: (0, 4)

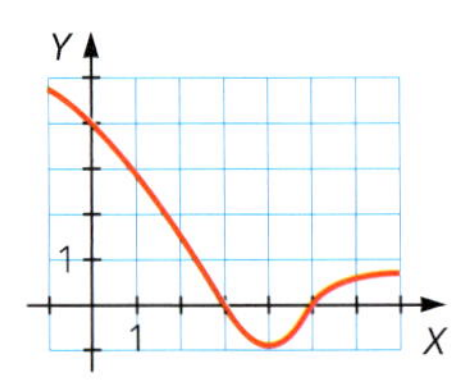

ACTIVITATS

22 **PRACTICA.** Fixa't en la gràfica d'aquesta funció i determina'n els punts de discontinuïtat i els punts de tall amb els eixos:

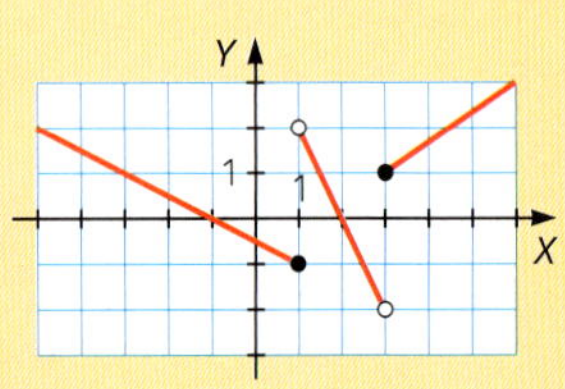

23 **APLICA.** Dibuixa una funció contínua per a tots els valors de x excepte en $x = -2$ i $x = 4$, i que talli els eixos en (0, 4), (2, 0) i (6, 0).

24 **REFLEXIONA.** Indica els punts de tall amb els eixos de $f(x) = ax + b$, en què a i b són nombres, si sabem que passa pels punts (1, 1) i (2, −1).

SABER FER

Una funció pot tenir més d'un punt de tall amb l'eix X i només un amb l'eix Y.

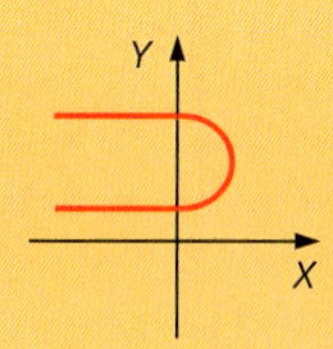

Si té més d'un punt de tall amb l'eix Y, no és una funció.

Calcular els punts de tall d'una funció

Calcula els punts de tall amb els eixos d'aquestes funcions:

a) $y = 3x + 1$ **b)** $y = x^2 - x - 6$

Passos que cal seguir

1. Resolem l'equació $f(x) = 0$ per calcular els punts de tall amb l'eix X.

a) $f(x) = 3x + 1$

$3x + 1 = 0 \rightarrow x = -\frac{1}{3}$

b) $f(x) = x^2 - x - 6$

$x^2 - x - 6 = 0$

$x = \frac{1 \pm \sqrt{(-1)^2 - 4 \cdot 1 \cdot (-6)}}{2} = \begin{cases} x = 3 \\ x = -2 \end{cases}$

2. Escrivim els punts que tenen de primera coordenada la x que hem calculat, i de segona coordenada 0.

a) Punt de tall amb l'eix X: $\left(-\frac{1}{3}, 0\right)$

b) Punts de tall amb l'eix X: $(3, 0)$ i $(-2, 0)$

3. Calculem $f(0)$ per trobar el punt de tall amb l'eix Y.

a) $f(x) = 3x + 1$

$x = 0 \rightarrow f(0) = 3 \cdot 0 + 1 = 1$

b) $f(x) = x^2 - x - 6$

$x = 0 \rightarrow f(0) = 0^2 - 0 - 6 = -6$

4. Escrivim el punt que té de primera coordenada 0, i de segona coordenada, el valor que hem calculat.

a) Punt de tall amb l'eix Y: $(0, 1)$

b) Punt de tall amb l'eix Y: $(0, -6)$

ACTIVITATS

25 Indica els punts de tall amb l'eix d'abscisses de les funcions següents:

a) $y = 4x - 1$

b) $y = 2x^2 + 4$

c) $y = \frac{x^2 - 5}{2}$

d) $y = \frac{3x + 2}{5}$

e) $y = (x - 1)^2$

f) $y = 3(x + 1)$

26 Determina els punts de tall amb l'eix d'ordenades d'aquestes funcions:

a) $y = 3 - x$

b) $y = 2 + \frac{x}{3}$

c) $y = x^2 - x + 2$

d) $y = \frac{x - 3}{5} + 1$

e) $y = (x - 2)^2$

f) $y = \frac{x - 8}{3}$

g) $y = -4x - 4$

h) $y = \frac{x^2 - 9}{10}$

27 Relaciona cada funció amb els seus punts de tall.

a) $f(x) = \frac{x^2 - 1}{4}$

b) $g(x) = 3x^2$

c) $h(x) = 4(2 - x)$

d) $i(x) = \frac{x + 1}{2}$

I) $(0, 0)$

II) $(0, 8), (2, 0)$

III) $(0, -\frac{1}{4}), (1, 0), (-1, 0)$

IV) $(0, \frac{1}{2}), (-1, 0)$

28 Algunes d'aquestes funcions tenen el mateix punt de tall amb l'eix Y. Quines són?

a) $f(x) = 2x + 3$

b) $g(x) = -x + 4$

c) $h(x) = 3(x + 1)$

d) $i(x) = \frac{x}{2} + 3$

e) $j(x) = 3$

29 Digues si dues funcions diferents poden tenir els mateixos punts de tall amb els eixos. Dibuixa la gràfica de dues funcions que compleixin aquesta condició.

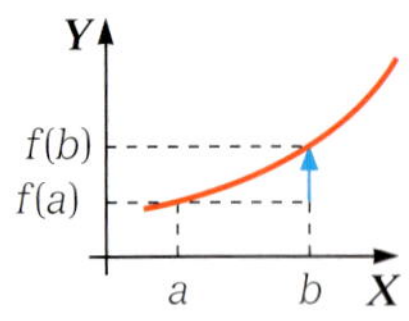

Creixent

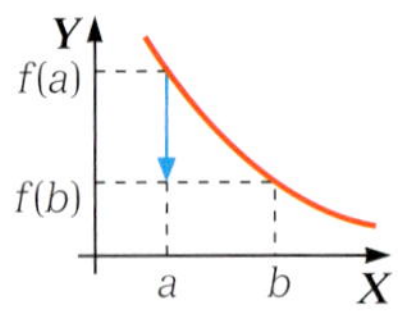

Decreixent

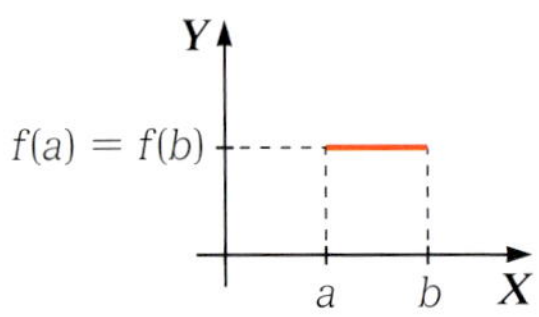

Constant

3.4. Creixement i decreixement

Donada una funció $f(x)$ i els valors $x = a$ i $x = b$, en què $a < b$:

- Si $f(b) > f(a)$, la **funció** és **creixent** entre a i b.
- Si $f(b) < f(a)$, la **funció** és **decreixent** entre a i b.
- Si $f(b) = f(a)$, la **funció** és **constant** entre a i b.

Per estudiar aquestes propietats de creixement i decreixement en l'interval (a, b), els valors de a i b no poden ser nombres qualssevol, sinó que han d'estar suficientment a prop.

EXEMPLE

11. Com són les funcions en l'interval (3, 5), creixents o decreixents?

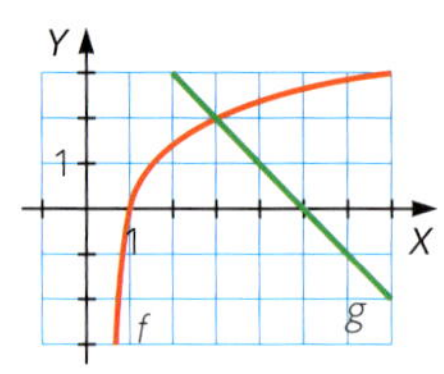

$f(5) > f(3) \rightarrow f(x)$ és creixent entre 3 i 5.

$g(5) < g(3) \rightarrow g(x)$ és decreixent entre 3 i 5.

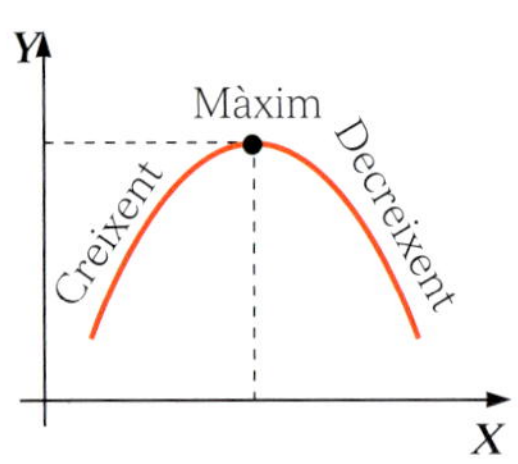

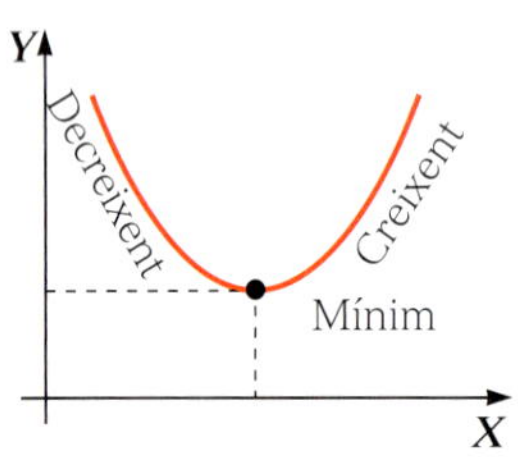

3.5. Màxims i mínims

- Una funció contínua té un **màxim** en el punt $x = a$ quan passa de ser creixent a ser decreixent en aquest punt.
- Una funció contínua té un **mínim** en el punt $x = a$ quan passa de ser decreixent a ser creixent en aquest punt.

EXEMPLE

12. Indica si aquestes funcions tenen un màxim o un mínim en $x = 3$.

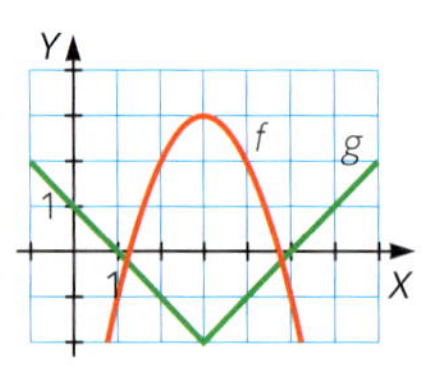

En $x = 3$, $f(x)$ passa de ser creixent a ser decreixent $\rightarrow f(x)$ té un màxim.

En $x = 3$, $g(x)$ passa de ser decreixent a ser creixent $\rightarrow g(x)$ té un mínim.

ACTIVITATS

30 PRACTICA. Determina el creixement, el decreixement, els màxims i els mínims d'aquesta funció:

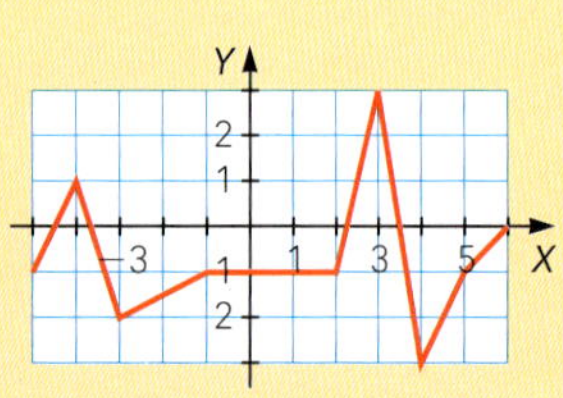

31 APLICA. Dibuixa la gràfica d'una funció que sigui creixent en els intervals $(-4, 0)$ i $(6, 9)$, i decreixent en la resta.

32 REFLEXIONA. Analitza el creixement i el decreixement de la funció $y = |x - 3|$.

SABER FER

Interpretar el creixement i el decreixement d'una funció

Aquesta gràfica representa la quantitat de persones que entren en un centre mèdic al llarg d'un dia.

Estudia com creix i decreix l'assistència de pacients al centre mèdic. A quina hora hi arriben més quantitat de pacients? Quan n'hi ha menys?

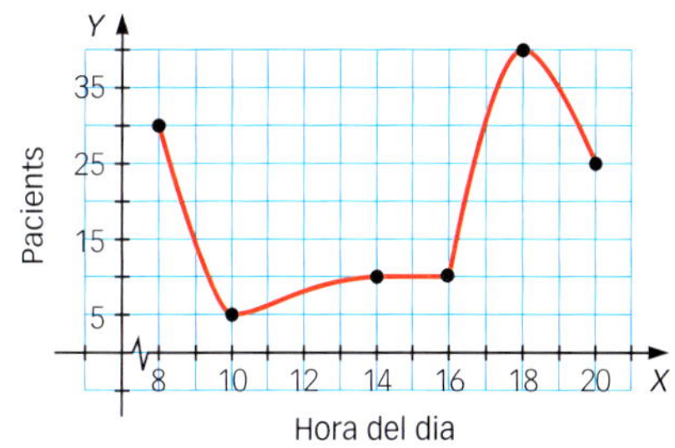

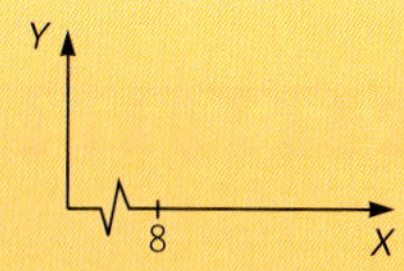

La línia trencada significa que en l'eix X, a l'esquerra del 8, hi ha un tros de l'eix del qual hem prescindit perquè no té gràfica.

Passos que cal seguir

1. Determinem els intervals de creixement i decreixement, i si hi ha algun tram constant.

- La funció decreix en els intervals: (8, 10) i (18, 20).
- La funció creix en els intervals: (10, 14) i (16, 18).
- La funció és constant en l'interval: (14, 16).

2. Interpretem els resultats que hem obtingut.

Decreixement: La quantitat de pacients que van al centre mèdic disminueix al matí, des de les 8.00 h fins a les 10.00 h passen de 30 a 5, i a la tarda, de 18.00 h a 20.00 h passen de 40 a 25.

Creixement: L'arribada de pacients augmenta al matí, entre les 10.00 h i les 14.00 h passen de 5 a 10, i a la tarda, de 16.00 h a 18.00 h passen de 10 a 40.

Funció constant: A primera hora de la tarda, de 14.00 h a 16.00 h, la quantitat de persones que van al centre mèdic és la mateixa: 10 persones.

3. Estudiem si hi ha algun màxim o mínim.

- Hi ha un màxim en $x = 18$.
- Hi ha un mínim en $x = 10$.

4. Interpretem els resultats que hem obtingut.

A les 18.00 h la quantitat de pacients que van al centre mèdic és la més gran de tot el dia, 40; la quantitat més baixa de pacients és a les 10.00 h del matí, 5.

ACTIVITATS

33 Aquesta gràfica representa la quantitat de persones, en milers, que van a un centre comercial al llarg del dia:

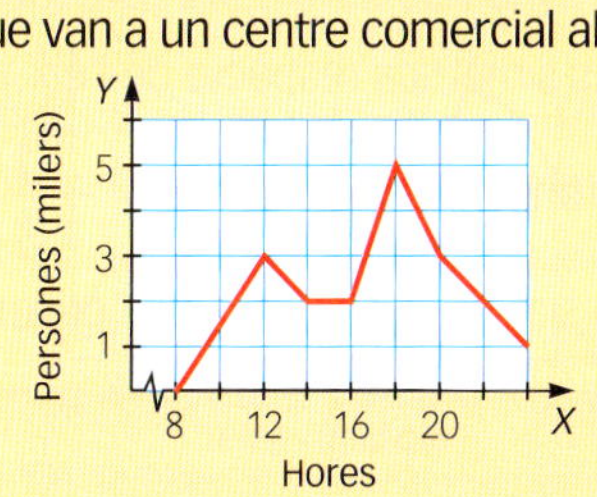

a) Quins són els intervals de temps en què augmenta l'afluència de clients al centre comercial? I els intervals en què disminueix?

b) A quina hora del dia arriben més clients?

c) I l'hora en què l'afluència de clients és més baixa?

34 La gràfica següent mostra l'evolució de la temperatura d'un pacient al llarg de 10 hores:

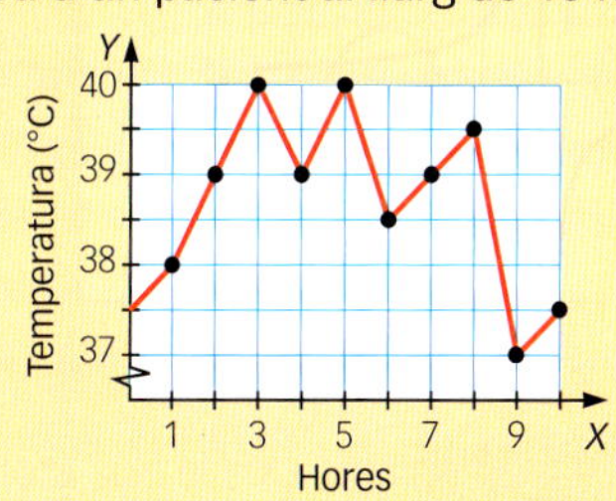

a) Quins són els períodes de temps en què li puja la temperatura? I els períodes en què li baixa?

b) En quin moment la temperatura del pacient ha estat màxima?

c) A quina hora s'ha produït la temperatura mínima?

ACTIVITATS FINALS

Concepte de funció

41 Indica quines relacions són funcions.

a) Un nombre i la seva meitat

b) Un nombre i el seu valor absolut

c) Un nombre i la seva arrel quadrada

d) Un nombre i la seva arrel cúbica

42 Assenyala quines de les relacions geomètriques següents són funcions:

a) El radi d'un cercle i la seva àrea

b) El perímetre d'un rectangle i l'àrea del rectangle

c) La base d'un rectangle i el seu perímetre

SABER FER

Identificar la gràfica d'una funció

43 Indica si aquestes gràfiques són d'una funció:

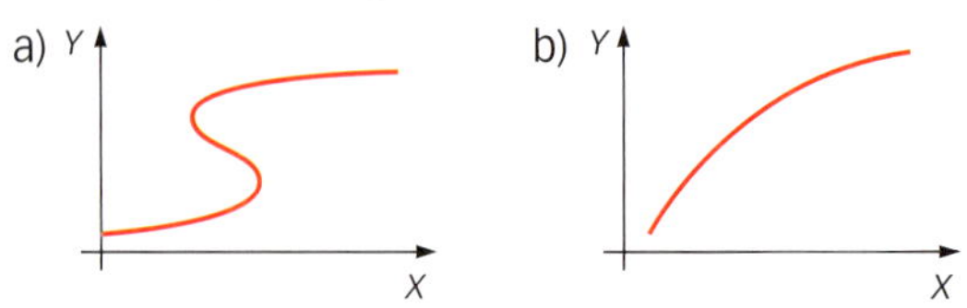

PRIMER. Determinem si a algun valor de x correspon més d'un valor de y.

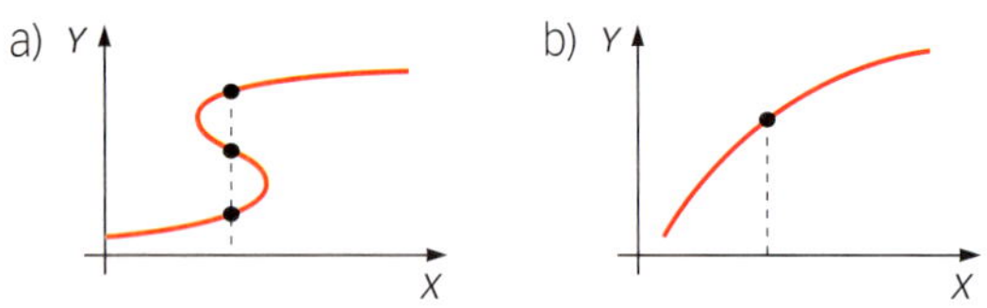

SEGON. Si és així, la gràfica no correspon a una funció; és el cas de la gràfica a). En cas contrari, sí que és una funció; és el cas de la gràfica b).

44 Indica quines són funcions i quines no ho són.

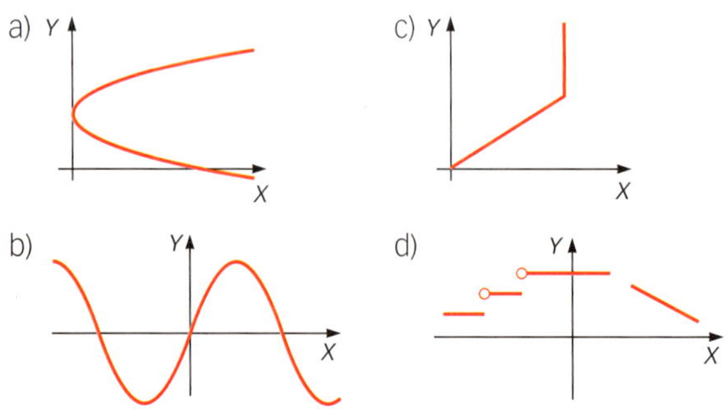

45 Fes una representació gràfica que mostri la mida de l'ombra d'un fanal al llarg d'un dia assolellat.

a) Justifica si es tracta d'una funció.

b) Si féssim aquesta gràfica cada dia, seria la mateixa?

Expressió d'una funció

46 Determina l'expressió algebraica de la relació segons la qual a cada nombre correspon:

a) La seva tercera part més 2

b) La meitat del seu triple

c) L'arrel quadrada del seu cub

47 Escriu la relació entre les magnituds següents amb una expressió algebraica:

a) L'àrea d'un quadrat i el seu costat

b) L'apotema d'un hexàgon regular i el costat de l'hexàgon

c) El volum d'una esfera i el radi de l'esfera

48 Per a la funció $y = 4x - 3$, calcula el valor de l'abscissa o de l'ordenada en cada cas:

a) $x = 3$ b) $y = -1$ c) $x = -2$ d) $y = 5$

49 Calcula el valor de les funcions següents per $x = -1$, $x = 2$ i $x = 3$:

a) $f(x) = x^2 - 4$

b) $f(x) = \dfrac{2x - 1}{3}$

c) $f(x) = 3x - 6$

d) $f(x) = (x + 2)^2$

50 Elabora una taula de valors per a cadascuna d'aquestes funcions i fes-ne la gràfica:

a) $f(x) = x - 3$

b) $f(x) = \dfrac{1 - x}{2}$

c) $f(x) = 5x - 1$

d) $f(x) = \dfrac{x}{2} + 4$

e) $f(x) = -x + 6$

f) $f(x) = -2 + \dfrac{3x}{4}$

SABER FER

Construir una taula de valors a partir de la gràfica d'una funció

51 Construeix una taula de valors per a la representació d'aquesta funció:

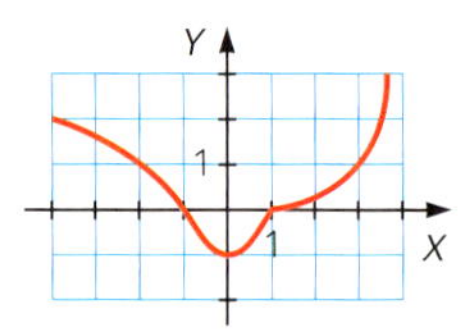

PRIMER. Escollim i senyalem els punts de la gràfica que tenen coordenades enteres, si és que n'hi ha.

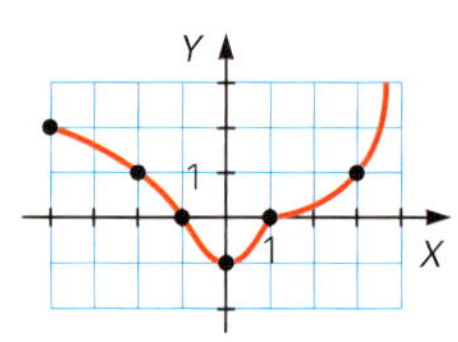

SEGON. Identifiquem l'abscissa i l'ordenada d'aquests punts i construïm la taula de valors.

x	-4	-2	-1	0	1	3
y	2	1	0	-1	0	1

52 Fes una taula de valors per a cada gràfica.

a) 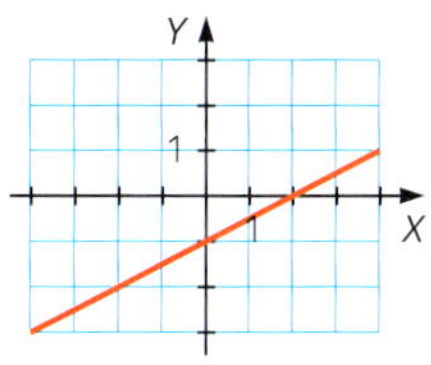

b) 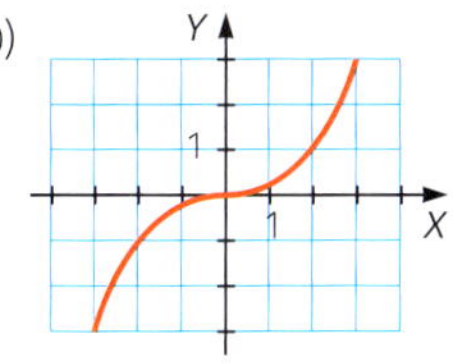

53 Elabora una taula de valors que s'ajusti a la representació gràfica següent:

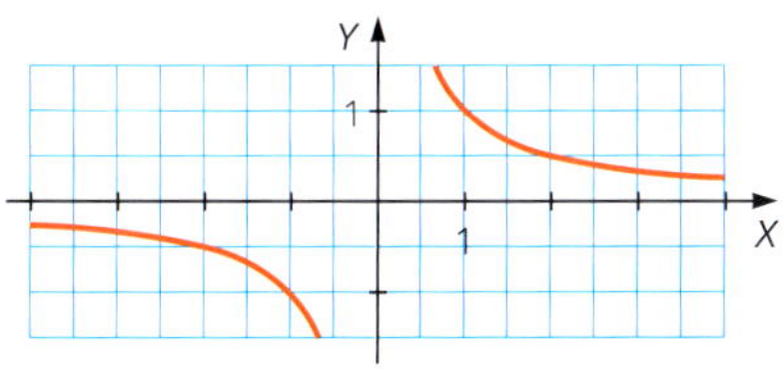

54 Determina l'expressió algebraica que relaciona la base i l'altura dels rectangles de 48 m^2 d'àrea. Elabora una taula amb alguns valors enters.

55 Considera la funció $f(x) = 2x^2 + 1$. Justifica si és cert o fals:

a) El valor que correspon a $x = 2$ és $f(2) = 9$.

b) Per a $x = 1$ i $x = -1$ tenim $f(1) = f(-1)$.

c) La funció no adopta mai el valor 0.

d) La funció adopta valors negatius per a les abscisses negatives.

Característiques d'una funció

56 Indica el domini i el recorregut d'aquestes funcions:

a) $y = 3x - 4$ c) $y = x^2 + 2$ e) $y = (x - 3)^2$

b) $y = \dfrac{4x}{3}$ d) $y = \dfrac{x}{2} + 6$ f) $y = \dfrac{2x + 4}{5}$

57 Calcula el domini de les funcions següents:

a) $y = \sqrt{x + 2}$ b) $y = \dfrac{4}{x - 2}$ c) $y = \dfrac{4}{x} - 2$

58 Indica el domini i el recorregut de les funcions representades. Són contínues?

a) 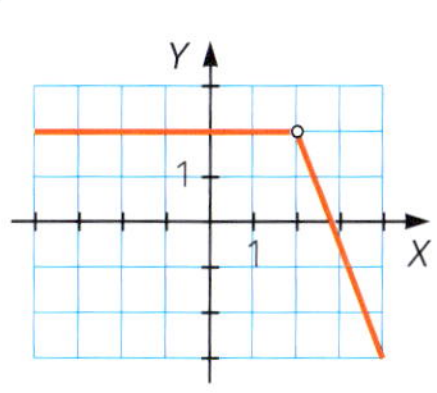

b) 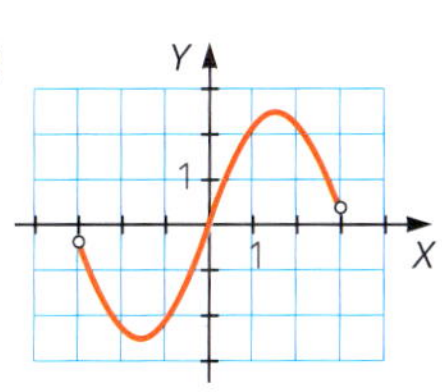

59 Determina els punts de tall amb els eixos de les funcions següents:

a) $y = 3x - 2$ d) $y = x^2 - 2$

b) $y = -2$ e) $y = 5$

c) $y = 4x + 1$ f) $y = (x - 1)^2$

60 Elabora una taula de valors per a cadascuna d'aquestes funcions, fes-ne la representació gràfica i analitza'n la continuïtat:

a) $y = \dfrac{2}{x} - 1$ c) $y = \dfrac{3}{2x}$ e) $y = \dfrac{x - 4}{x}$

b) $y = \sqrt{x + 1}$ d) $y = \sqrt{3x}$ f) $y = \sqrt{4 - 2x}$

61 Fixa't en els preus, en euros, del quilo de patates en el període 2010-2014.

Representa aquestes dades en una gràfica i analitza'n el creixement i el decreixement.

Any	2010	2011	2012	2013	2014
Preu (€)	0,51	0,65	0,57	0,49	0,64

62 Indica el domini, el recorregut, la continuïtat, el creixement i els màxims i els mínims, si existeixen:

a) 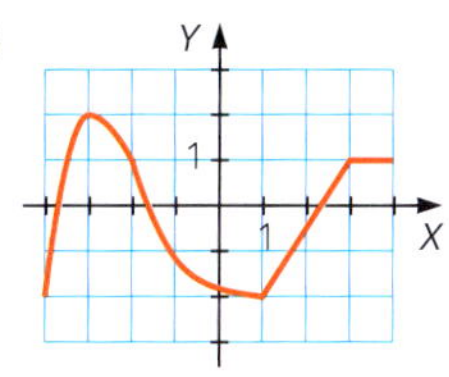

b) 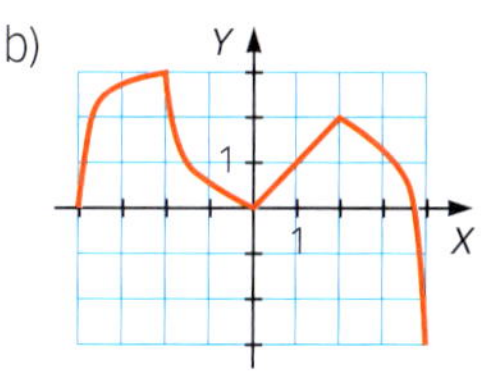

63 Assenyala les funcions periòdiques i escriu-ne el període.

a) 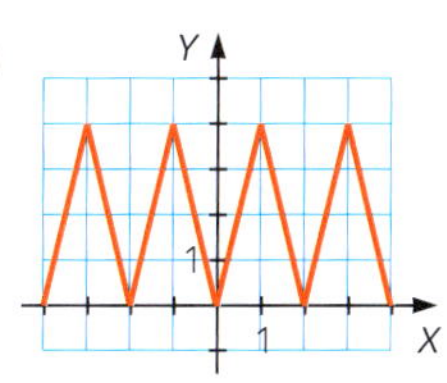

c) 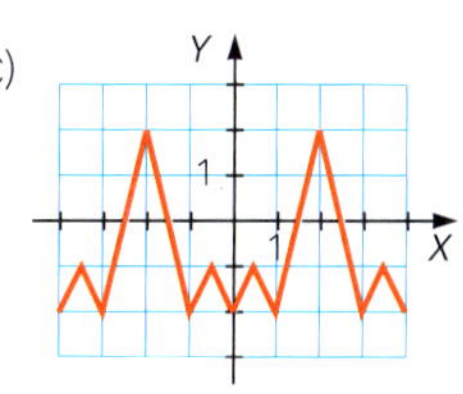

b) 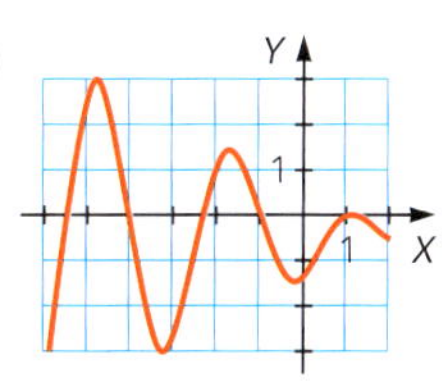

d) 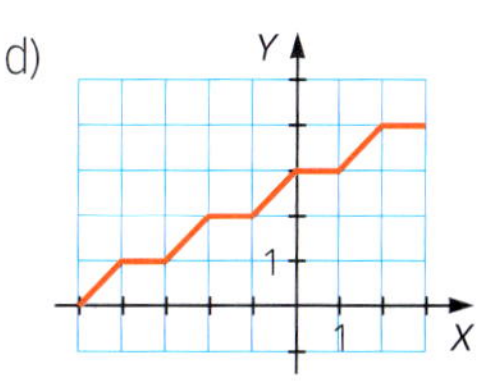

64 Completa a la llibreta les gràfiques perquè les funcions siguin simètriques respecte de l'eix Y.

a) 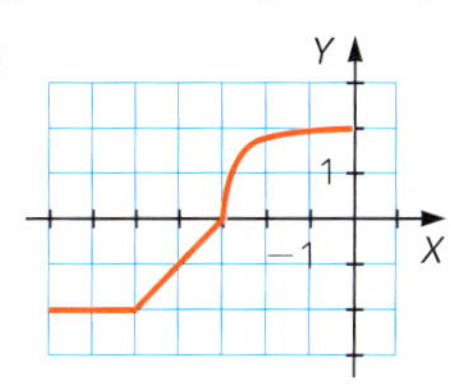

c) 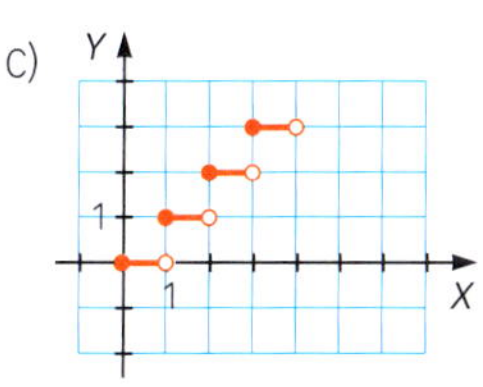

b) 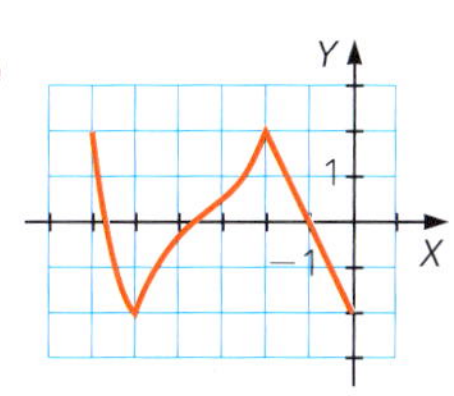

d) 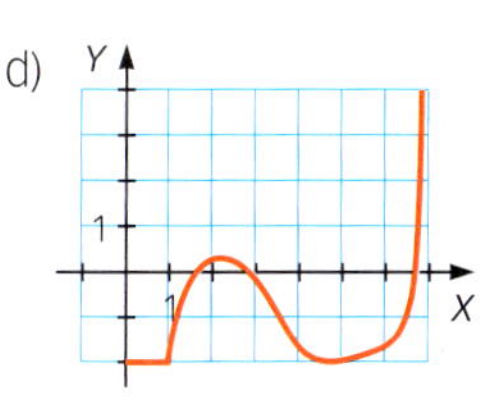

ACTIVITATS FINALS

65 ●●● Completa a la llibreta les gràfiques perquè les funcions siguin simètriques respecte de l'origen.

a)
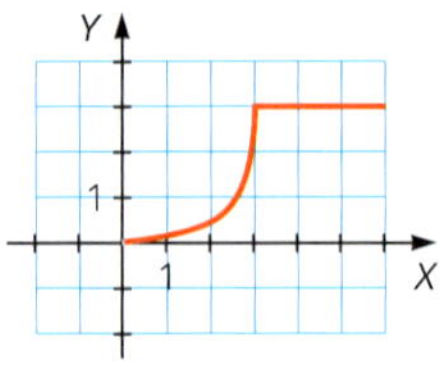

b)
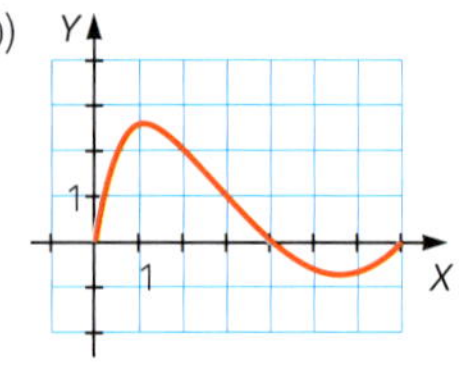

66 ●●● Comprova si les funcions següents són simètriques i, si ho són, digues de quin tipus:

a) $y = x^2 + x$ c) $y = (x - 2)^2$ e) $y = x^3$

b) $y = \frac{x}{2}$ d) $y = x^2 - 2x^3$ f) $y = \frac{3}{x}$

SABER FER

Representar una funció conegudes algunes característiques

67 Representa una funció que compleix que:

- Dom $f = \mathbb{R}$
- $f(-1) = 2$
- Talla els eixos en els punts (0, 1) i (3, 0)
- Decreix en $(-\infty, 0) \cup (2, +\infty)$
- Creix en (0, 2) i té un màxim en (2, 4).

PRIMER. Representem els punts pels quals passa.

SEGON. Dibuixem les fletxes en les corbes que descriuen el creixement i el decreixement.

TERCER. Representem la funció seguint les fletxes i passant pels punts assenyalats.

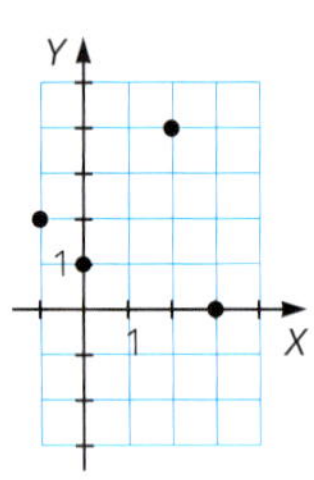

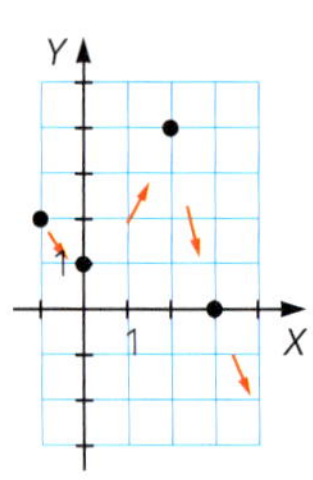

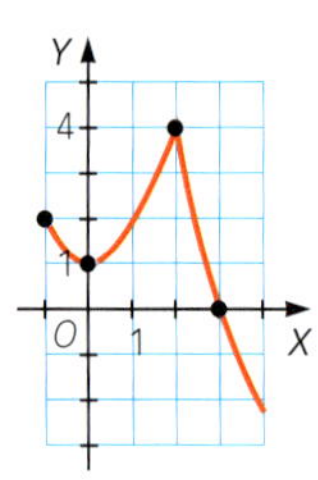

68 ●●● Dibuixa una funció amb aquestes característiques:

- Domini: $[-3, 9]$
- Recorregut: $[0, 6]$
- L'ordenada en l'origen és 5.
- $f(-3) = 1$, $f(-2) = 0$, $f(4) = 6$ i $f(9) = 2$

69 ●●● Dibuixa una funció amb $\mathbb{R}$, de domini i de recorregut, creixent fins a $x = 3$ i decreixent en la resta, i amb un màxim d'ordenada de 8.

70 ●●● Estudia les característiques d'aquestes funcions:

a) $y = 5x - 3$ b) $y = \frac{x + 3}{2}$ c) $y = x^2 + 2x - 3$

71 ●●● Analitza si existeixen les funcions següents i, en cas afirmatiu, justifica la resposta:

a) Funció sempre creixent i simètrica respecte de l'origen

b) Funció periòdica i sempre creixent

c) Funció periòdica simètrica respecte de l'eix X

SABER FER

Relacionar una gràfica amb l'enunciat

72 Quina gràfica correspon a l'enunciat?

«El domini és $(-5, 5)$, el recorregut és $(-6, 4)$, creix en $(0, 5)$ i decreix en $(-5, 0)$, presenta un mínim en $(0, -6)$ i dos punts de tall amb l'eix X: $(-2, 0)$ i $(4, 0)$.»

a)
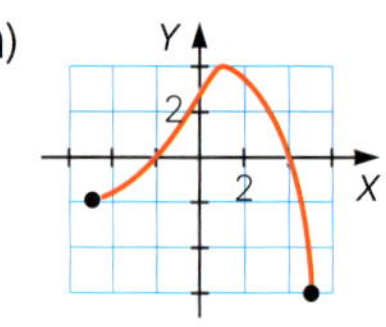

c)
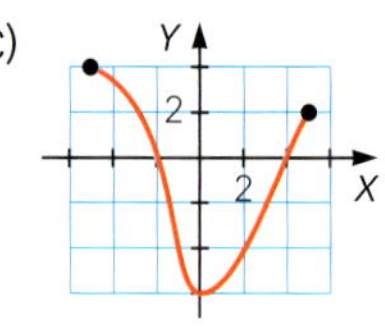

b)
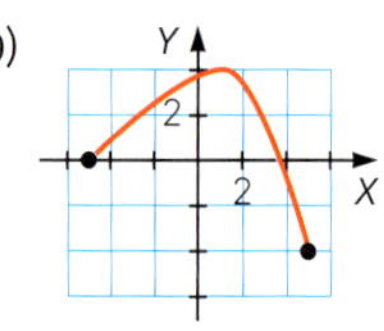

d)
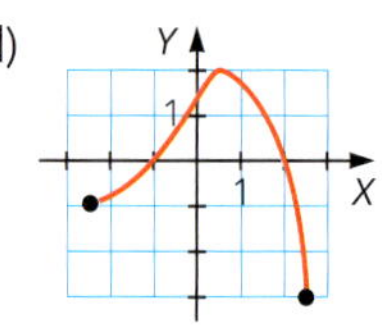

PRIMER. Comprovem el domini i el recorregut.

La gràfica d) no compleix ni el domini ni el recorregut, i la gràfica b) no compleix el recorregut. Per tant, les descartem.

SEGON. Comprovem els punts de tall, el creixement i el màxim.

La gràfica a) no compleix les condicions de creixement. La descartem.

La gràfica c) compleix tots els requisits.

73 ●●● Identifica la gràfica que compleix aquests requisits:

- Passa per $(-1, -3)$ i $(2, 1)$.
- Creix fins a $x = -3$ i des de $x = 0$.
- Decreix entre $x = -3$ i $x = 0$.

a)
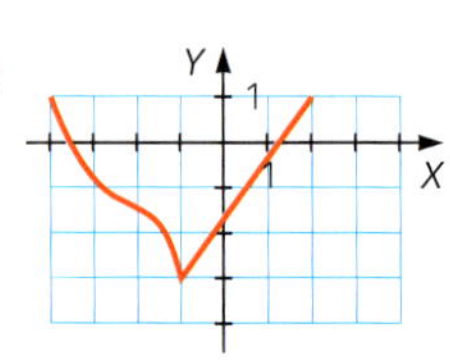

c)
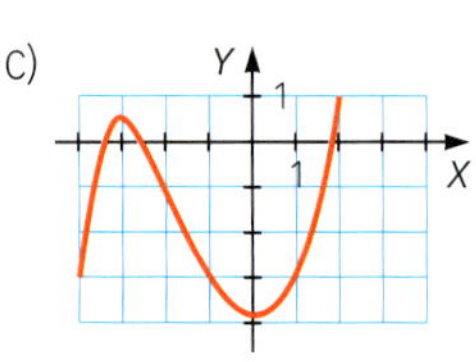

b)
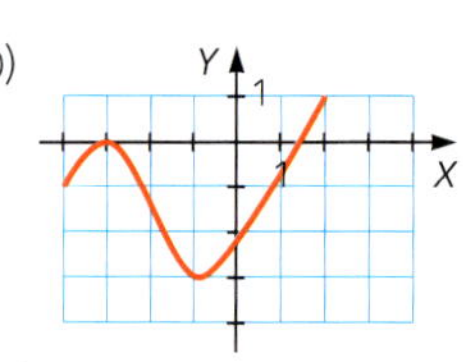

d)
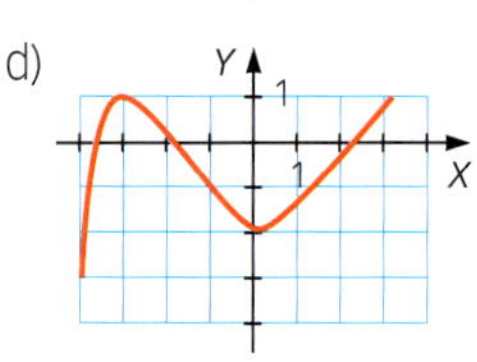

Problemes

74 La gràfica mostra la quantitat de passatgers d'un autobús urbà al llarg del temps que dura un viatge.

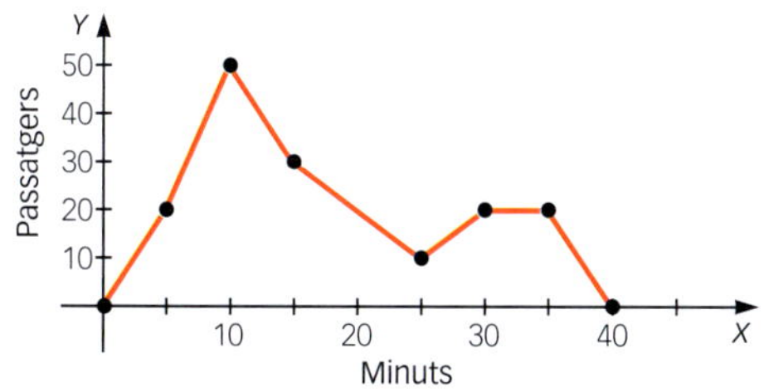

a) Quants passatgers van a l'autobús quan fa deu minuts que circula?

b) En quin moment hi ha menys passatgers?

c) Quant triga a fer un viatge complet?

75 Un artesà fabrica rellotges que ven a 600 € cada un. Si triga una setmana per fabricar un rellotge, representa la funció *temps/guany* i determina'n els punts de discontinuïtat.

76 La gràfica següent mostra la quantitat de visitants d'un museu al llarg d'un dia:

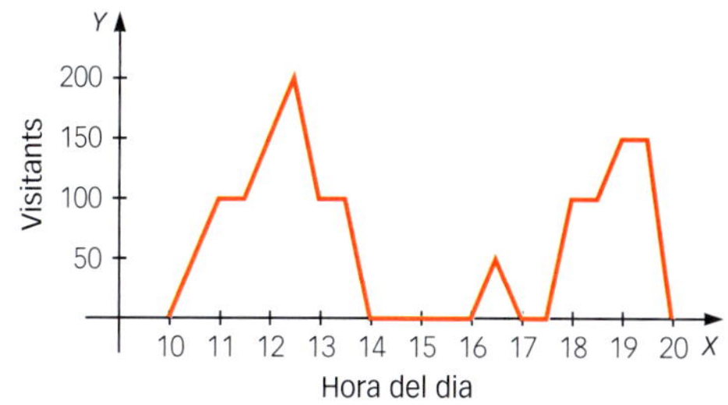

a) Quin és l'horari del museu?

b) En quin moment hi ha més visitants?

c) Quina és la quantitat màxima de visitants?

d) Indica els períodes de creixement i decreixement de la quantitat de visitants.

e) En quins períodes hi havia més de 100 persones en el museu?

f) Mentre el museu estava obert, en algun moment ha quedat buit?

HAS DE SABER FER

Funcions

1 Considera la relació segons la qual a cada nombre natural imparell més petit de 50 s'assigna el seu doble més 2. Contesta de manera justificada:

a) Aquesta relació és una funció?

b) Escriu-ne l'expressió algebraica.

c) Construeix una taula de 10 valors.

2 Completa a la llibreta aquestes taules de valors i fes-ne la representació gràfica:

x	1	2	3	4	5
$f(x) = (x-3)^2$					

x	-2	-1	0	1	2
$h(x) = 5x - 2$					

3 Un venedor de mobles té un sou fix de 480 € i, per cada moble que ven, cobra 10 € de comissió. Dibuixa la gràfica que expressa el guany d'acord amb la quantitat de mobles que ven.

Estudi de funcions

4 Troba els punts de tall d'aquestes funcions:

a) $f(x) = -x^2 + 6$ b) $g(x) = \dfrac{4-5x}{2}$

5 Fixa't en aquesta gràfica, que correspon a una funció:

a) Indica'n el domini i el recorregut.

b) És una funció contínua?

c) Estudia'n el creixement i el decreixement.

d) Assenyala'n els màxims i els mínims, si en té.

6 Indica si alguna de les gràfiques següents correspon a una funció periòdica:

a)

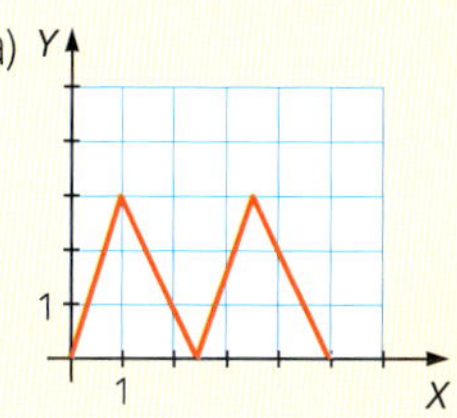

b)

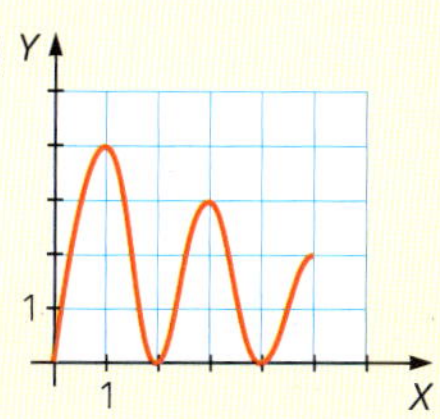

7 Representa una funció amb aquestes característiques:

- Dom $f = \mathbb{R}$.
- Passa pels punts $(-3, 0)$ i $(0, 2)$.
- És creixent fins a $x = -2$, constant en l'interval $(-2, 4)$ i decreixent a partir de $x = 4$.

En la vida quotidiana

77 ●●● Un avió comercial acostuma a volar a una altura que es troba entre els 30.000 i els 40.000 peus; si tenim en compte que un peu són aproximadament 0,3 m, això seria entre uns 9.000 m i 12.000 m. L'altura màxima que pot aconseguir un avió es coneix com a *sostre de vol*.

De totes maneres, l'altura a la qual volen els avions depèn de molts factors, com ara les limitacions de la ruta per qüestions de trànsit aeri, el pes de l'avió, el vent...

Un avió necessita de 15 a 20 minuts per assolir l'altura adequada, i per al descens calen cap a uns 20 minuts més.

- Dibuixa una gràfica que relacioni el temps del viatge, en minuts, i l'altura del vol, en metres, dels vols següents:
  a) Viatge Barcelona/Ginebra. Altura màxima, 30.000 peus; durada del vol, 1 hora i 15 minuts.
  b) Viatge Barcelona/Viena. Altura màxima, 37.000 peus; durada del vol, 2 hores i 5 minuts.
  c) Viatge Lleida/Palma. Altura màxima, 20.000 peus; durada del vol, 50 minuts.

Formes de pensar. Raonament matemàtic

78 ●●● Considera el rectangle d'amplada x i de llargada $x + 4$.

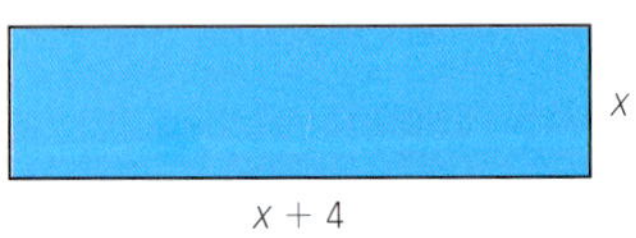

Determina quina de les gràfiques és la que correspon a la funció que assigna a cada valor de x l'àrea del rectangle.

a) b) c) d)

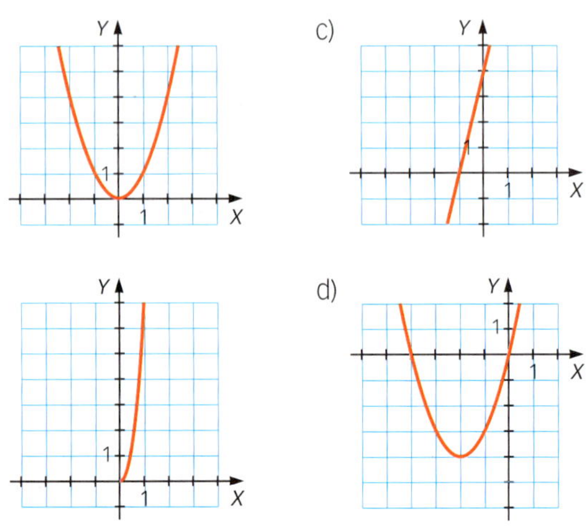

79 ●●● Dibuixa la gràfica de la funció que mesura l'angle que formen les busques del rellotge des de les 0.00 hores fins a les 2.00 hores. Quins són els màxims i els mínims?

80 ●●● Quants punts de tall pot tenir una funció amb l'eix Y? I amb l'eix X?

81 Una funció pot ser simètrica respecte de l'eix X? Justifica la resposta.

82 ●●● Quina gràfica correspon a l'acció d'omplir els recipients?

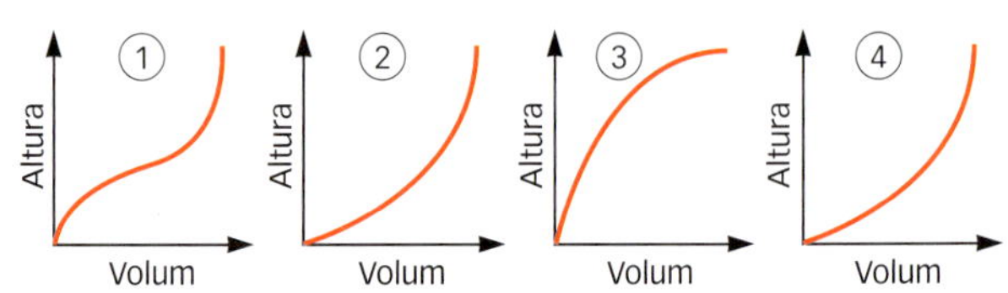

PROJECTE FINAL. **Aprenentatge cooperatiu**

OBJECTIU: Dissenyar una campanya de reciclatge per al centre educatiu

Un cop formats els grups, seguiu el procés següent:

1a Fase

- Busqueu informació sobre quin tipus de productes es poden reciclar.
- Pregunteu, per exemple, a l'ajuntament, quin tipus d'empreses i instal·lacions teniu a prop on pugueu portar els productes que voleu reciclar.
- Estudieu quina infraestructura necessiteu al vostre centre per fer el reciclatge: contenidors, mitjans de transport, permisos, etc.

2a Fase

- Determineu el punt on es localitzarà la zona de reciclatge del centre.
- Dissenyeu una campanya d'informació (cartells, gràfics d'aprofitament de residus, exposicions a classe...) per demanar la participació de tots els estudiants.

3a Fase

- Poseu en comú tota la informació recollida i dissenyeu la campanya que s'adapta millor a les possibilitats del centre.
- Elaboreu un informe amb totes les conclusions a què hàgiu arribat.

Proves PISA

El far

83 ●●● Els fars són torres amb un focus lluminós a la part superior. Ajuden els vaixells a seguir el rumb durant la nit quan naveguen a prop de la costa. Un far emet raigs de llum segons una seqüència regular fixa. Cada far té la seva pròpia seqüència.

En el diagrama següent podem veure la seqüència d'un far. Els raigs de llum s'alternen amb períodes de foscor.

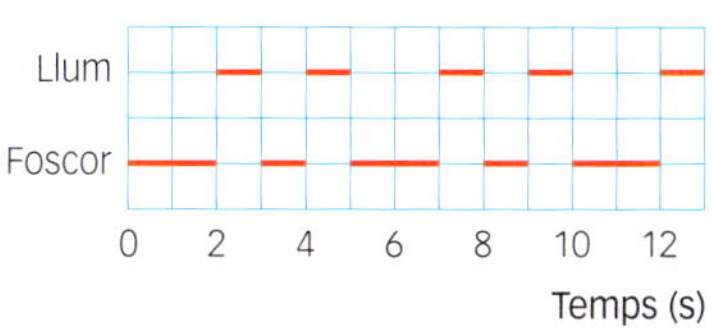

És una seqüència regular. Després d'un temps, la seqüència es repeteix. El temps que dura un cicle complet, abans que comenci a repetir-se, es diu *període*. Quan es descobreix el període d'una seqüència és fàcil ampliar el diagrama als propers segons, minuts o, fins i tot, hores.

a) Quant dura el període de la seqüència d'aquest far?

b) Durant quants segons emet raigs de llum el far al llarg d'1 minut?

c) Copia a la llibreta la quadrícula següent i dibuixa el gràfic d'una possible seqüència de raigs de llum d'un far que emeti raigs de llum durant 30 segons cada minut. El període de la seqüència ha de ser de sis segons.

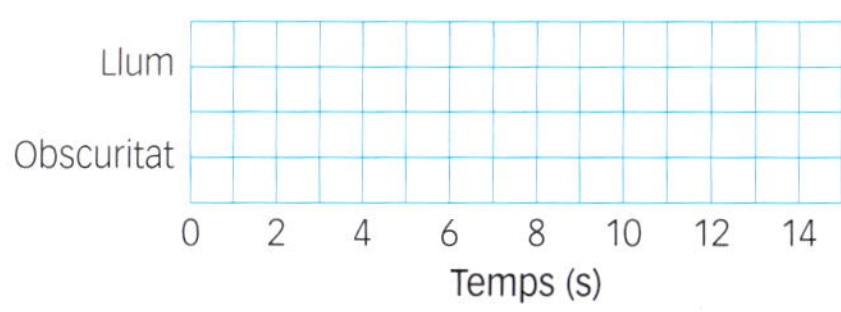

(Prova PISA 2003)

1 Funcions de primer grau

1.1. Funcions afins

Una **funció afí** és una funció amb una equació de la forma $y = mx + n$, en què m i n són nombres.

- Té com a gràfica una línia recta.
- La recta talla l'eix Y en el punt $(0, n)$.

El nombre m s'anomena **pendent**, i n, **ordenada en l'origen**.

Aquestes funcions estan definides per a qualsevol valor, és a dir, són contínues en tot $\mathbb{R}$, i a més:

- Si $m > 0$, són sempre creixents.
- Si $m < 0$, són sempre decreixents.

RECORDA

Per representar gràficament les funcions afins:

1r Determinem dos dels punts pels quals passa la funció i els representem.

2n Tracem la recta que passa pels dos punts.

EXEMPLE

1. Construeix una taula de valors i representa aquestes funcions. Digues si són creixents o decreixents. Quin punt de tall tenen amb l'eix Y?

a) $y = 3x - 1$

x	y
0	−1
1	2
2	5

Pendent $m = 3$

$m > 0 \rightarrow$ La funció és creixent

Ordenada en l'origen $n = -1$

La gràfica talla l'eix Y en $(0, -1)$.

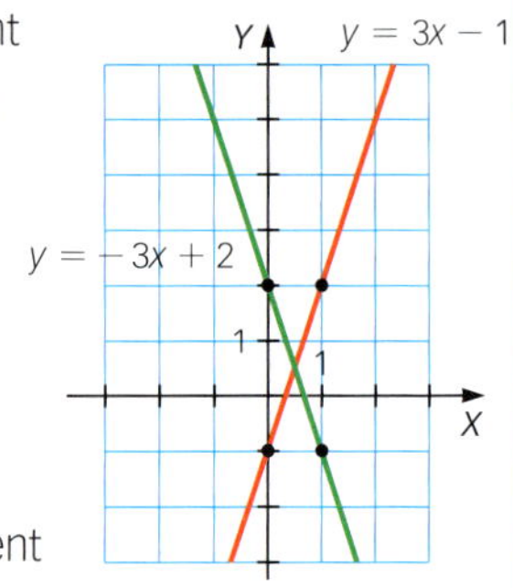

b) $y = -3x + 2$

x	y
−1	5
0	2
1	−1

Pendent $m = -3$

$m < 0 \rightarrow$ La funció és decreixent

Ordenada en l'origen $n = 2$

La gràfica talla l'eix Y en $(0, 2)$.

ACTIVITATS

1 PRACTICA. Identifica les funcions afins i calcula'n el pendent, l'ordenada en l'origen i el punt de tall amb l'eix Y.

a) $y = x - 2$

b) $y = \dfrac{-x + 7}{x}$

c) $y = -2x + 5$

d) $y = 4x - 1$

e) $y = \dfrac{6}{x}$

f) $y = 4 - x$

2 APLICA. Determina si és creixent o decreixent una funció afí que passa per $(1, -2)$ i l'ordenada en l'origen és -4.

3 PRACTICA. Representa la funció afí $y = 2x + n$ per a $n = 1$, $n = 2$, $n = -1$ i $n = 0$. Com són les rectes que has dibuixat?

4 REFLEXIONA. Contesta a les preguntes següents:

a) Quantes funcions afins tenen pendent 2?

b) Quantes funcions afins de pendent 2 tallen l'eix Y en el punt $(0, 5)$?

c) Hi ha cap funció afí de pendent 2 que talli l'eix X en el punt $(1, 0)$?

1.2. Funcions lineals

Una **funció lineal** o de **proporcionalitat directa** és una funció amb una equació de la forma $y = mx$, en què m és un nombre.

- Té com a gràfica una línia recta.
- La recta passa per l'origen (0, 0).

El nombre m és el **pendent**.

Aquestes funcions són contínues en tot $\mathbb{R}$, i a més:

- Si $m > 0$, són sempre creixents.
- Si $m < 0$, són sempre decreixents.

EXEMPLE

2. Construeix una taula de valors i representa aquestes funcions. Indica si són creixents o decreixents.

a) $y = 3x$

x	-1	0	1	2
y	-3	0	3	6

Pendent $m = 3$

Com que $m > 0$ → La funció és creixent.

La recta passa pel punt (0, 0).

b) $y = -3x$

x	-1	0	1	2
y	3	0	-3	-6

Pendent $m = -3$

Com que $m < 0$ → La funció és decreixent.

La recta passa pel punt (0, 0).

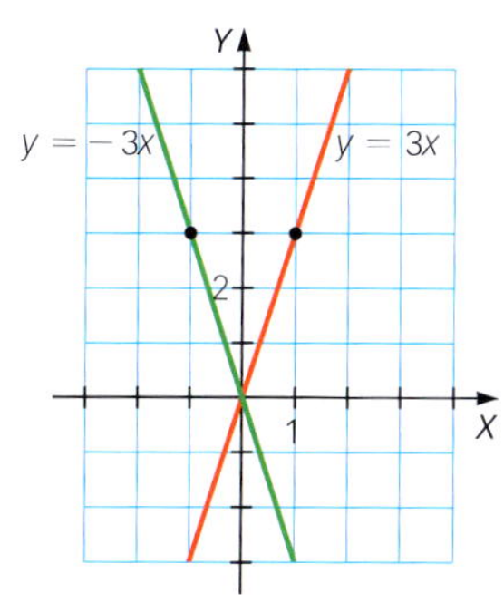

NO TE N'OBLIDIS

Les funcions de proporcionalitat directa relacionen magnituds directament proporcionals.

ACTIVITATS

5 PRACTICA. Representa gràficament aquestes funcions de proporcionalitat directa i indica el pendent de cadascuna.

a) $y = 2x$

b) $y = \frac{x}{3}$

c) $y = -x$

d) $y = \frac{4x}{5}$

e) $y = -\frac{1}{7}x$

f) $y = 10x$

6 PRACTICA. Posa dos exemples de funció lineal creixent i dos més de decreixent.

7 APLICA. Quins dels punts següents pertanyen a la funció de proporcionalitat directa que té de pendent $\frac{5}{2}$?

a) (0, 5) b) (2, 0) c) (2, 5)

8 APLICA. Indica l'expressió algebraica d'una funció de proporcionalitat directa que passi per (2, −4).

9 REFLEXIONA. Si la representació gràfica d'una funció és una línia recta que passa per tres dels quatre quadrants del sistema de coordenades, és una funció de proporcionalitat directa?

Una funció constant és una funció afí en què $m = 0$.

1.3. Funcions constants

Una **funció constant** és una funció que té una equació de la forma $y = n$, en què n és un nombre.

- El valor de la variable y és el mateix, n, per a qualsevol valor de la variable x.
- Té com a gràfica una recta paral·lela a l'eix X.
- La recta talla l'eix Y en el punt $(0, n)$.

El nombre n és l'**ordenada en l'origen** i el **pendent** és $m = 0$.

Aquestes funcions són contínues en $\mathbb{R}$ i no són creixents ni decreixents.

T'HI ATREVEIXES?

Saps escriure les equacions dels eixos de coordenades?

Quines equacions són funcions?

EXEMPLE

3. Construeix una taula de valors i representa aquestes funcions:

a) $y = 3$

x	-1	0	1	2
y	3	3	3	3

Pendent $m = 0 \rightarrow$ Funció constant

Ordenada en l'origen $n = 3$

La gràfica talla l'eix Y en $(0, 3)$.

b) $y = -3$

x	-1	0	1	2
y	-3	-3	-3	-3

Pendent $m = 0 \rightarrow$ Funció constant

Ordenada en l'origen $n = -3$

La gràfica talla l'eix Y en $(0, -3)$.

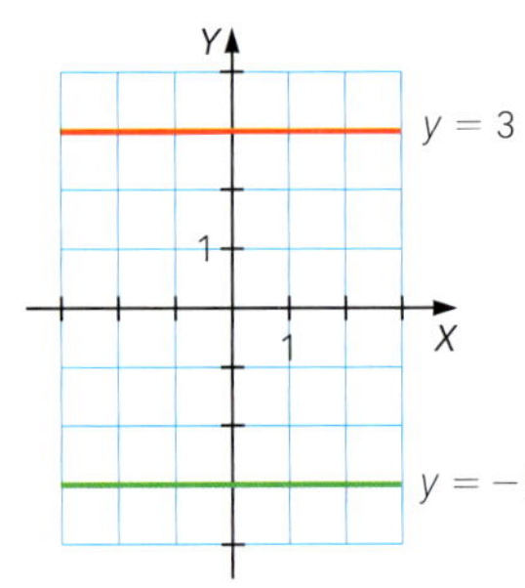

NO TE N'OBLIDIS

Les rectes verticals no són gràfiques de funcions.

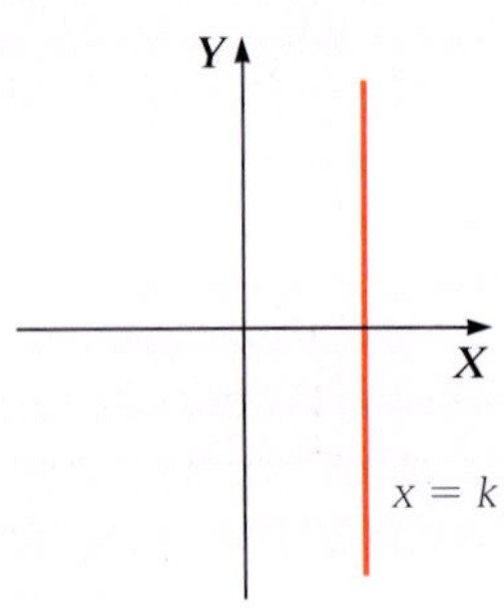

Hi ha rectes que, encara que es poden expressar amb una equació, no són funcions.

Les **rectes verticals** paral·leles a l'eix Y tenen com a equació $x = k$, en què k és un nombre. No són funcions, perquè associen a un valor de x múltiples valors de y.

ACTIVITATS

10 PRACTICA. Representa les rectes següents:

a) $y = -7$
b) $y = 0$
c) $y = 1$
d) $y = 2$
e) $y = -2$
f) $y = -3$

11 PRACTICA. Escriu l'equació de la funció constant que passa pels punts següents:

a) $(0, 6)$ b) $(1, -3)$ c) $(-2, 5)$ d) $(4, 0)$

12 APLICA. Determina quines rectes són funcions i calcula les coordenades dels punts de tall entre aquestes rectes.

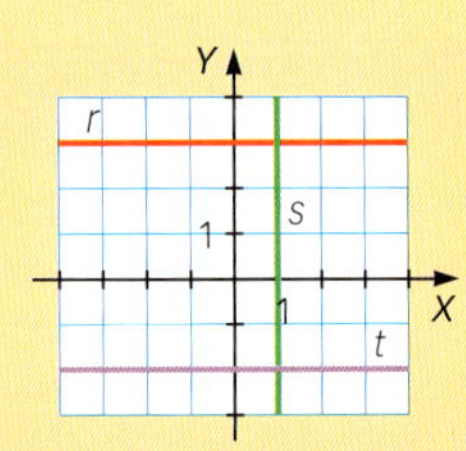

13 REFLEXIONA. Troba l'equació de la recta paral·lela a l'eix Y que passa pel punt $(2, -9)$.

SABER FER

Determinar l'equació d'una recta representada gràficament

Troba l'equació de les rectes representades per aquestes gràfiques:

a)

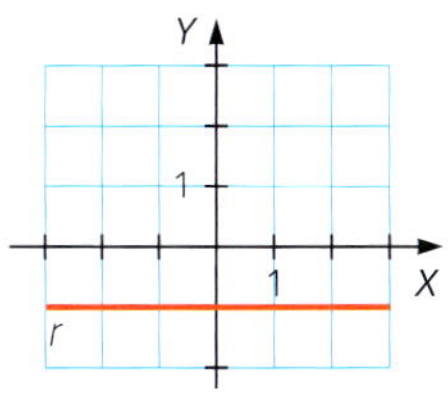

b)

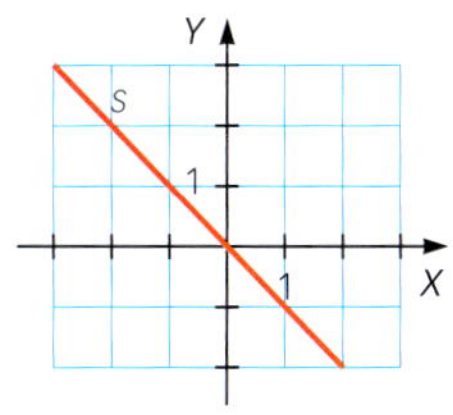

c)

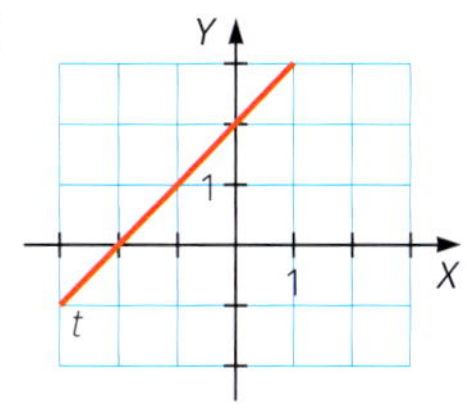

L'equació d'una recta és l'equació de la funció afí que la representa.

Passos que cal seguir

1. Si la recta és horitzontal, la funció és de la forma $y = n$, en què n és l'ordenada en l'origen.

a) La recta és horitzontal.

Punt de tall amb l'eix Y: $(0, -1) \rightarrow n = -1$

- L'equació de la recta és: $y = n \xrightarrow{n=-1} y = -1$

2. Si la gràfica és una recta que passa per l'origen de coordenades, és una funció lineal de la forma $y = mx$, on:

- El pendent m, és l'ordenada de $x = 1$.

b) Passa per l'origen, és a dir, passa pel punt $(0, 0) \rightarrow y = mx$

Passa pel punt $(1, -1) \rightarrow m = -1$

- L'equació de la funció és $y = -x$.

- Les **funcions lineals** passen pels punts (0, 0) i (1, m).
- Les **funcions afins** passen pels punts (0, n) i (1, $m + n$).

3. Si la gràfica és una recta que no passa per l'origen, és una funció afí de la forma $y = mx + n$, on:

- n, és l'ordenada de $x = 0$.
- El pendent m, és l'ordenada de $x = 1$ menys n.

c) No passa pel punt $(0, 0) \rightarrow y = mx + n$

Passa pel punt $(0, 2) \rightarrow n = 2$

Passa pel punt $(1, 3) \rightarrow m = 3 - 2 = 1$

- L'equació de la funció és $y = x + 2$.

ACTIVITATS

14 Determina l'equació d'aquestes funcions:

a)

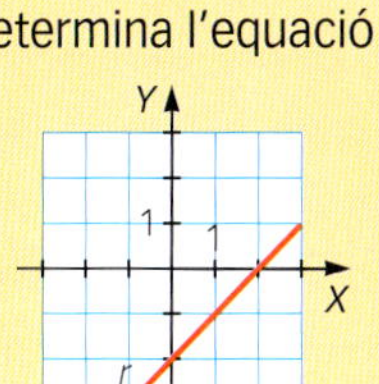

b)

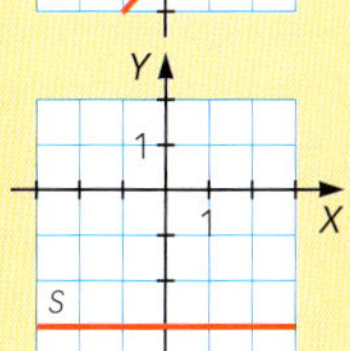

c)

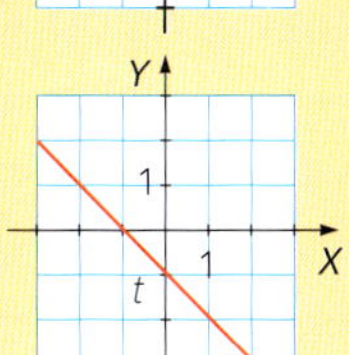

d)

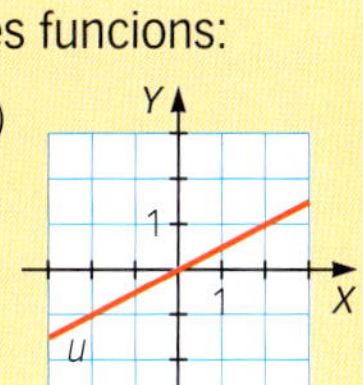

e)

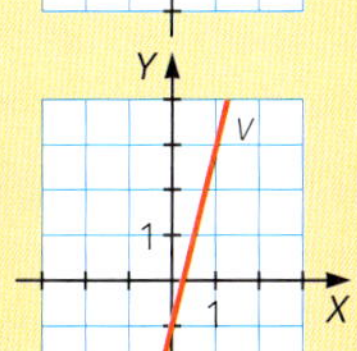

f)

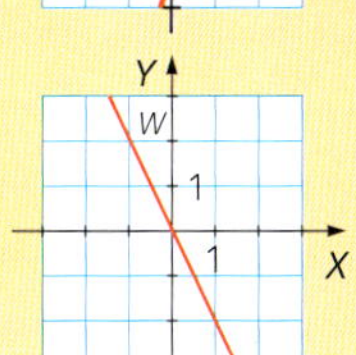

15 Donats els punts $A(3, 1)$ i $B(-1, -2)$, traça en un sistema de coordenades les rectes r, s i t i contesta.

$r \rightarrow$ Recta que passa per A i l'origen de coordenades.

$s \rightarrow$ Recta que passa per B i l'origen de coordenades.

$t \rightarrow$ Recta que passa per A i B.

a) Determina l'equació de les rectes r, s i t.

b) Determina l'equació de la línia recta que és paral·lela a l'eix X i passa per A.

c) Determina l'equació de la línia recta que és paral·lela a l'eix Y i passa per B.

16 Troba l'equació de la funció afí de pendent 5 i ordenada en l'origen -3.

17 Troba l'equació de la funció que passa per l'origen de coordenades i pel punt $(-2, 6)$.

2 Equació punt-pendent d'una recta

S'anomena **equació punt-pendent** d'una recta una equació del tipus:

$$y = b + m(x - a)$$

En què m és el pendent de la recta que passa pel punt (a, b).

- Si operem en l'equació $y = 3 + 2(x + 1)$, obtenim: $y = 3 + 2x + 2 = 2x + 5$
- Representem gràficament $y = 2x + 5$ i obtenim la representació gràfica de la recta de pendent 2 i que passa pel punt (-1, 3).

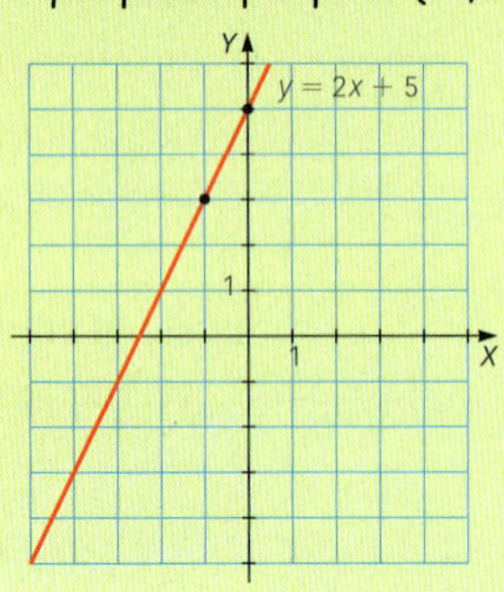

EXEMPLE

4. Determina la recta que té com a pendent 2 i passa pel punt $(-1, 3)$.

   Pendent $= 2 \rightarrow m = 2$ Passa per $(-1, 3) \rightarrow a = -1, b = 3$

   $y = b + m(x - a) \rightarrow y = 3 + 2[x - (-1)] = 3 + 2(x + 1)$

   L'equació punt-pendent és $y = 3 + 2(x + 1)$.

2.1. Equació de la recta que passa per dos punts

El pendent, m, de la recta que passa pels punts (a_1, b_1) i (a_2, b_2) és: $m = \dfrac{b_2 - b_1}{a_2 - a_1}$.

Així, l'equació punt-pendent de la recta que passa pels punts (a_1, b_1) i (a_2, b_2) és: $y = b_1 + m(x - a_1)$.

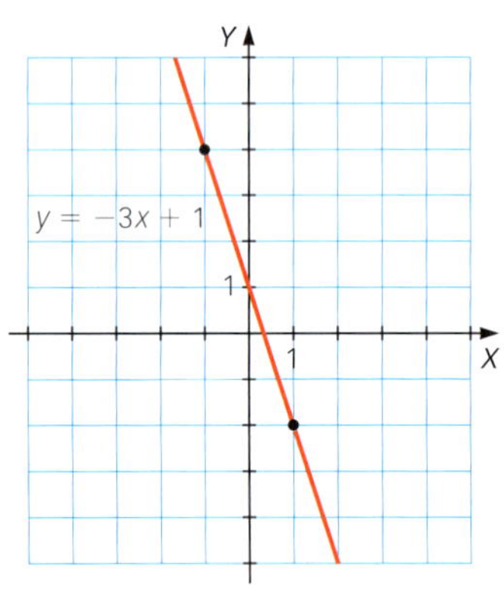

EXEMPLE

5. Calcula l'equació de la recta que passa pels punts $(1, -2)$ i $(-1, 4)$.

   $(1, -2) \rightarrow a_1 = 1, b_1 = -2$ $(-1, 4) \rightarrow a_2 = -1, b_2 = 4$

   $$m = \frac{b_2 - b_1}{a_2 - a_1} \rightarrow m = \frac{4 - (-2)}{-1 - 1} = \frac{6}{-2} = -3$$

   $y = b_1 + m(x - a_1) \rightarrow y = -2 + (-3)(x - 1) = -3x + 1$

   Pots veure la representació gràfica de la recta $y = -3x + 1$ al marge esquerre.

ACTIVITATS

18 **PRACTICA.** Determina l'equació d'aquestes rectes:

a) El pendent és -3 i passa pel punt $(1, -2)$.

b) Passa pels punts $(-1, -3)$ i $(4, -2)$.

19 **APLICA.** Calcula l'equació punt-pendent de la recta de pendent -1 i que passa pel punt $(0, -4)$. Representa-la en un sistema d'eixos de coordenades.

20 **REFLEXIONA.** Determina l'equació punt-pendent de les rectes següents:

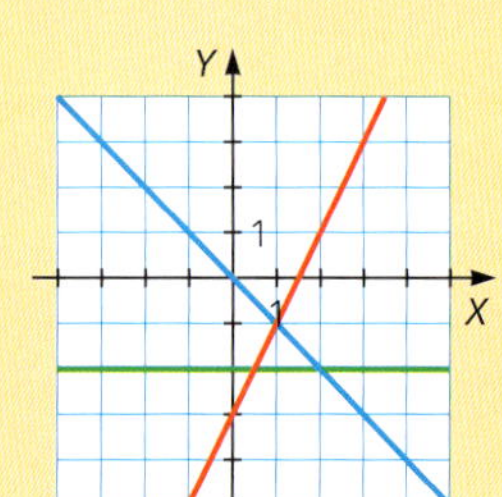

3 Equació general d'una recta

S'anomena **equació general d'una recta** una equació del tipus:

$$ax + by + c = 0$$

En què a, b i c són nombres reals, i s'obté, a partir de les equacions que hem vist, agrupant tots els termes en un membre.

T'HI ATREVEIXES?

Col·loca 10 monedes de tal manera que formin 5 files amb 4 monedes a cada fila.

Una recta, $ax + by + c = 0$, correspon a una funció afí quan $b \neq 0$.

EXEMPLES

6. Determina l'equació general de les rectes següents:

a) $y = 2x - 1$

$y = 2x - 1 \rightarrow 0 = 2x - 1 - y$ Equació general: $2x - y - 1 = 0$
$a = 2, b = -1, c = -1$

b) $y = -2x \rightarrow 0 = -2x - y$ Equació general: $-2x - y = 0$
$a = -2, b = -1, c = 0$

c) $y = -2 \rightarrow y + 2 = 0$ Equació general: $y + 2 = 0$
$a = 0, b = 1, c = 2$

7. Calcula el pendent i dos punts pels quals passa aquesta recta:

a) $2x - y + 1 = 0$

Aïllem y en l'equació: $2x - y + 1 = 0 \rightarrow y = 2x + 1 \rightarrow m = 2$

Per calcular dos punts donem valors a x i calculem y:

Per a $x = 0 \rightarrow y = 2 \cdot 0 + 1 \rightarrow y = 1 \rightarrow$ Passa pel punt (0, 1).

Per a $x = 1 \rightarrow y = 2 \cdot 1 + 1 \rightarrow y = 3 \rightarrow$ Passa pel punt (1, 3).

La recta $2x - y + 1 = 0$ té pendent $m = 2$ i passa pels punts (0, 1) i (1, 3).

8. Representa gràficament la recta $x + 2y + 4 = 0$.

Aïllem y: $2y = -x - 4 \rightarrow y = -\frac{1}{2}x - 2$

Tenim una funció afí de pendent $-\frac{1}{2}$ i que talla l'eix Y en $(0, -2)$.

Calculem un altre punt pel qual passa la recta.

Per a $x = 2 \rightarrow y = -\frac{1}{2} \cdot 2 - 2 \rightarrow y = -3$

La recta passa pel punt $(2, -3)$.

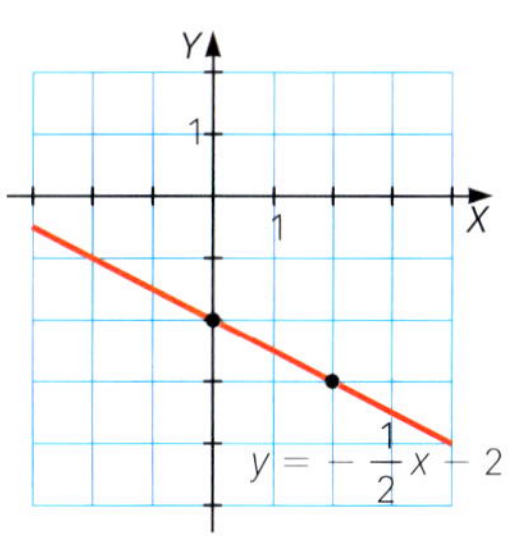

RECORDA

En una funció lineal $y = mx + n$

- m és el pendent de la recta.
- La recta passa pel punt $(0, n)$.

ACTIVITATS

21 PRACTICA. Calcula l'equació general d'aquestes rectes:

a) $y = x + 2$

b) $y = -x$

c) $y = 1$

d) Recta amb pendent 3 i que passa pel punt $(-2, -2)$.

e) Recta que passa pels punts $(2, 3)$ i $(-4, -1)$.

22 APLICA. Representa aquestes rectes gràficament:

a) $2x + y - 2 = 0$ b) $-x + 2y = 0$

23 REFLEXIONA. Com expressaries la recta r, $x = 2$, paral·lela a l'eix Y, en la forma general? Què passa quan en l'equació general d'una recta $b = 0$?

ACTIVITATS FINALS

Equacions punt-pendent i general d'una recta

56 Calcula l'equació de la recta de pendent igual a -2 i que passa pel punt $P(4, -1)$.

57 Troba l'equació de la recta que passa pel punt $A(-1, 5)$ l'ordenada a l'origen de la qual és -4.

58 Determina l'equació de la recta que passa pels punts $(1, 5)$ i $(-3, -15)$.

59 Considera els punts $A(0, 4)$, $B(5, 7)$ i $C(3, 2)$. Determina l'equació punt-pendent de cadascuna d'aquestes rectes:

a) Recta que passa per *A* i *B*.

b) Recta que passa per l'origen i per *B*.

c) Recta que passa per *B* i *C*.

d) Recta que passa per l'origen i per *A*.

e) Recta que passa per *A* i *C*.

f) Recta que passa per l'origen i per *C*.

60 Determina les equacions punt-pendent i general de les rectes següents:

a) $y = 3x - 4$

b) $y = -2x$

c) $y = -x + 5$

d) $y = \dfrac{x}{3} - 4$

e) $y = 3x$

f) $y = -4 - \dfrac{x}{4}$

61 Troba l'expressió algebraica que té com a representació gràfica una recta:

a) Que passa per $A(-1, 0)$ i és paral·lela a l'eix *Y*.

b) Que passa per $B(0, 5)$ i és paral·lela a l'eix *X*.

c) Que passa per $C(2, 6)$ i és paral·lela a l'eix *X*.

d) Que passa per $D(-4, 1)$ i és paral·lela a l'eix *Y*.

62 Considera la funció $f(x) = mx + n$. En cada cas, calcula *m* i *n* si sabem que:

a) $f(1) = -1$ i $f(-1) = 7$

b) $f(0) = -\dfrac{2}{3}$ i $f(-1) = -1$

c) $f(1) = 1$ i $f(2) = 6$

d) $f(2) = \dfrac{5}{2}$ i $f(5) = \dfrac{2}{5}$

63 Donada la recta de l'equació següent:
$2(x - 5) = 5(y - 3)$

a) Calcula'n el pendent.

b) Determina si passa pel punt $A(2, 7)$.

64 Determina l'expressió algebraica de la funció afí amb la gràfica:

a) Que és paral·lela a la de $y = -x + 6$ i passa per l'origen.

b) Que passa pel punt $P(1, 2)$ i és paral·lela a la gràfica de la funció afí que passa pels punts $A(1, 1)$ i $B(-2, -1)$.

c) Que tingui pendent $m = -3$ i l'ordenada a l'origen sigui $-1{,}5$.

d) Que passi per $A(2, 4)$ i tingui el mateix pendent que $y = -3x - 5$.

e) Que tingui el mateix pendent que $3x + 2y = 6$ i passi per $B(-2, 3)$.

SABER FER

Comprovar si tres punts estan alineats

65 Comprova si els punts $A(-1, 2)$, $B(1, 4)$ i $C(3, 6)$ estan alineats.

Tres punts estan alineats si són a la mateixa recta.

PRIMER. Trobem la recta que passa per dos punts.
Triem dos punts: $A(-1, 2)$ i $B(1, 4)$

$$m = \frac{b_2 - b_1}{a_2 - a_1} = \frac{4 - 2}{1 - (-1)} = 1$$

$$y = 1 \cdot x + n \xrightarrow{A(-1,2)} 2 = -1 + n \rightarrow n = 3$$

La recta que passa per *A* i *B* és $y = x + 3$

SEGON. Comprovem si el tercer punt pertany a la recta.

$$y = x + 3 \xrightarrow{C(3,6)} 6 = 3 + 3$$

Veiem que *C* pertany a la recta que passa per *A* i *B*. Per tant, els tres punts estan alineats.

66 Esbrina si els punts $A\left(1, -\dfrac{1}{12}\right)$, $B\left(-\dfrac{3}{4}, -\dfrac{5}{4}\right)$ i $C\left(4, \dfrac{23}{12}\right)$ estan alineats.

67 Donats els punts $A(2, -1)$, $B\left(-3, -\dfrac{2}{3}\right)$ i $C(6, k)$, calcula *k* perquè estiguin alineats.

68 A partir dels punts $A(2, 3)$ i $B(1, -3)$:

a) Troba el valor de la recta que passa per *A* i per *B*.

b) Troba el valor de *p* perquè el punt $C(p, -5)$ pertanyi a la recta.

69 Donats els punts següents:

$A(2, 3)$ $B(3, 4)$ $C(5, 7)$

Determina, sense representar-los, si pertanyen a la mateixa recta. Explica com ho has fet.

Funcions de proporcionalitat inversa

70 Fes una taula de valors per a la funció $y = \frac{-4}{x}$.

a) Estudia'n les característiques.

b) Representa-la en uns eixos de coordenades.

71 La taula següent correspon a una funció de proporcionalitat inversa:

x	−6	−3	−1	6	12	24
y			−24			

a) Completa la taula.

b) Escriu l'expressió algebraica de $f(x)$.

c) Representa la funció.

72 Donades aquestes funcions:

$y = 3x$ $\qquad y = \frac{3}{x}$

calcula gràficament i analíticament els punts de tall.

73 A partir de les funcions següents:

$y = -7x$ $\qquad y = \frac{-7}{x}$

Calcula gràficament i analíticament els punts de tall.

Problemes amb funcions

74 Analitza les situacions següents i determina quines es corresponen amb situacions de proporcionalitat i quines no. Escriu en cada cas la funció amb la qual s'expressa i fes-ne la representació gràfica.

a) Espai que recorre un automòbil que circula a una velocitat constant de 105 km/h.

b) Omplir un dipòsit de combustible, en el qual encara hi ha 10 ℓ, a raó de 8 ℓ/min.

c) Diners que hem de pagar per comprar taronges a un preu d'1,40 €/kg.

d) Sou final d'un comercial que cobra 600 € fixos més el 15 % de les vendes que fa.

e) Buidar una piscina de 200 m^3 a raó de 12 m^3 cada 50 minuts.

f) Factura d'un taller en la qual s'inclou l'IVA del 21 % aplicat al cost de la reparació.

75 L´Aina vol comprar patates fregides a granel per al seu aniversari. Una bossa de 200 grams li costa 2 €.

a) Estudia i representa gràficament la funció que relaciona els grams comprats i el preu.

b) Quant costarà comprar-ne mig quilo?

76 Els taxis d'una població cobren 2,50 € per la baixada de bandera i 0,98 € per cada quilòmetre recorregut.

a) Estudia i representa la relació *Preu - Distància recorreguda*.

b) Quants quilòmetres hem fet si el viatge ens ha costat 6,95 €?

77 Un pintor cobra 100 € de tarifa pel desplaçament fins a la casa que ha de pintar i 22 € per metre quadrat que pinta.

a) Estudia i representa la relació *Superfície pintada - Preu*.

b) Si la factura de l'última feina puja a 2.080 €, quants metres quadrats ha pintat?

78 El preu de l'entrada per a una obra de teatre és de 35 € i el cost de cada representació és de 5.000 €. Si suposem que no hi ha entrades amb descompte:

a) Escriu la funció que relaciona els diners que recapten en cada representació amb el nombre d'entrades que han venut.

b) Quantes entrades com a mínim han de vendre perquè la representació no tingui pèrdues?

c) Quin és el benefici màxim per representació si el teatre té 180 butaques?

79 En Pau vol construir un dipòsit prismàtic d'altura 2 m i de volum 500 dm^3.

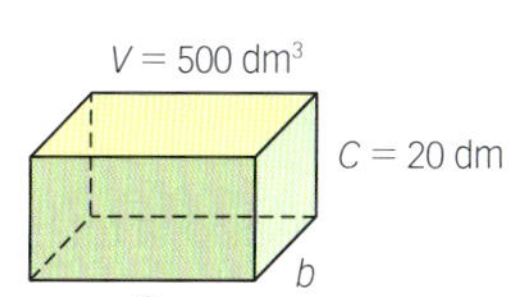

a) Construeix una taula amb diferents valors de les dimensions de la base.

b) Escriu la funció corresponent i representa-la.

En la vida quotidiana

90 La Patrícia vol canviar la tarifa del mòbil i ha trobat les ofertes següents:

- Quina tarifa li surt més barata? Quant ha de parlar per telèfon perquè la tarifa *A* li resulti més barata que la tarifa *B*?
- Després de consultar una altra companyia la Patrícia ha descobert una altra tarifa.

- A partir de quants minuts li surt més barata la tarifa *C*?
- Si en el rebut d'aquest mes figura que les seves trucades han durat 2 hores i 36 minuts, quina de les tres tarifes li hauria convingut més?

Formes de pensar. Raonament matemàtic

91 Troba almenys una recta que, representada gràficament, compleixi les característiques següents:

a) És paral·lela a l'eix *X* i tots els punts tenen ordenada positiva.

b) És paral·lela a l'eix *Y* i talla l'eix *X* en un punt d'abscissa negativa.

c) És paral·lela a la bisectriu dels quadrants primer i tercer, però no té cap punt en el segon quadrant.

92 Determina si es poden representar una funció afí i una de proporcionalitat directa que compleixin les característiques següents:

a) Es tallen en l'origen.

b) Es tallen en el primer quadrant.

c) No es tallen.

d) Es tallen en un dels punts de tall amb els eixos de la funció afí.

e) Els pendents són nombres l'un oposat de l'altre.

f) Les ordenades en l'origen són iguals.

93 Una empresa de televisió per cable, que té 20.000 abonats i cobra 22 € mensuals de quota, ha fet estudis de mercat per avaluar la repercussió que tindria en el nombre de clients augmentar la quota mensual.
Els resultats d'aquest estudi indiquen que l'empresa perdria 400 abonats per cada euro que augmentés la quota mensual.

a) Escriu l'equació que determina el nombre d'abonats en relació amb la quantitat d'euros que augmenten la quota mensual.

b) Amb quants clients es quedaria l'empresa si decidís augmentar 5 € la seva quota?

c) Escriu la funció que determina la facturació mensual de l'empresa segons la quantitat d'euros que afegeixen a la quota mensual.

d) Quants euros han d'apujar la quota mensual per aconseguir una facturació de 518.400 €?

PROJECTE FINAL. **Aprenentatge cooperatiu**

OBJECTIU: Seleccionar una tarifa d'Internet

Un cop formats els grups, seguiu el procés següent:

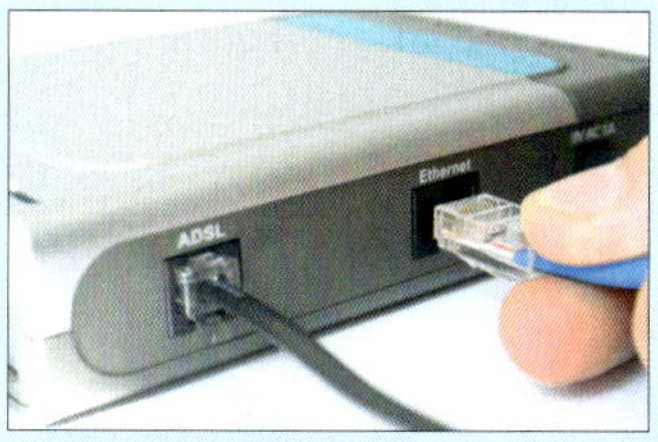

1a Fase

- Busqueu informació sobre les diferents formes d'accés a Internet (ADSL, fibra òptica, satèl·lit, etc.).
- Feu un estudi dels diferents dispositius a través dels quals es pot accedir a la xarxa.
- Valoreu quins dispositius utilitzeu per accedir a Internet, per a què la feu servir i durant quant de temps.

2a Fase

- Informeu-vos de quin tipus de tarifes existeixen, a quin preu i si estan associades a altres productes (compra de telèfon mòbil, pla de televisió, pla de permanència, etc.). Representeu en un gràfic les diferents despeses.
- Decidiu quant esteu disposats a pagar mensualment per un servei d'aquest tipus.

3a Fase

- Poseu en comú tota la informació recollida, valorant tots els punts que heu estudiat.
- Decidiu quina tarifa és la més apropiada a les vostres necessitats i pressupost.
- Elaboreu un informe que reflecteixi les conclusions a què heu arribat.

Proves PISA

Batecs del cor

94 Per raons de salut, les persones haurien de limitar els seus esforços, quan fan esport per exemple, per no superar una freqüència cardíaca determinada.

Durant anys la relació entre la freqüència cardíaca màxima recomanada per a una persona i la seva edat s'ha descrit mitjançant la fórmula següent:

Freqüència cardíaca màxima recomanada $= 220 - \text{edat}$

Investigacions recents han demostrat que aquesta fórmula hauria de modificar-se lleugerament. La nova fórmula és la següent:

Freqüència cardíaca màxima recomanada $= 208 - (0,7 \times \text{edat})$

a) Un article del diari afirma:

«El resultat d'usar la nova fórmula en comptes de l'antiga és que el nombre màxim recomanat de batecs cardíacs per minut disminueix lleugerament per als joves i augmenta lleugerament per als més grans.»

A partir de quina edat augmenta la freqüència cardíaca màxima recomanada com a resultat d'introduir la nova fórmula? Mostra tots els càlculs.

b) La fórmula per a la freqüència cardíaca màxima recomanada $= 208 - (0,7 \times \textit{edat})$ es fa servir també per determinar quan és més eficaç l'exercici físic. Les investigacions han demostrat que l'exercici físic és més eficaç quan els batecs cardíacs arriben al 80% de la freqüència cardíaca màxima recomanada.

Escriu una fórmula que calculi la freqüència cardíaca recomanada perquè l'exercici físic sigui al més efectiu possible, expressada en termes d'edat.

(Prova PISA pilot)

CLAUS PER COMENÇAR

Càlcul del punt mitjà d'un interval

Un **interval** d'extrems *a* i *b* està format per tots els nombres inclosos entre *a* i *b*.

Els extrems poden estar compresos en l'interval o no.

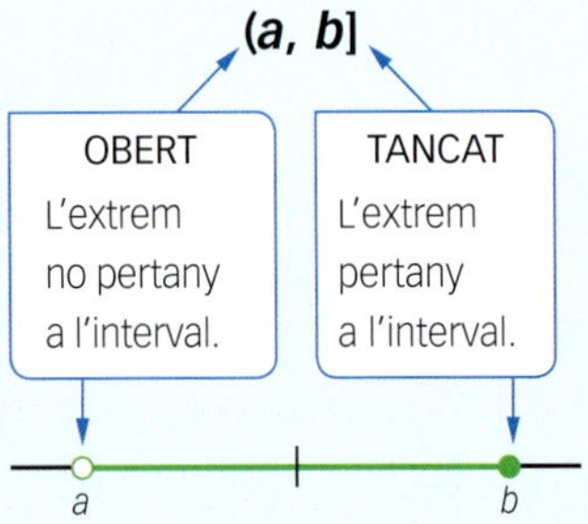

El **punt mitjà** d'un interval és el punt que es troba a la mateixa distància dels dos extrems de l'interval. Es calcula sumant els extrems de l'interval i dividint entre 2.

EXEMPLES

Els punts 1,011; 2; 3,56... pertanyen a l'interval (1, 4).

El punt mitjà de l'interval (1, 4) és: $\frac{1+4}{2} = 2{,}5$

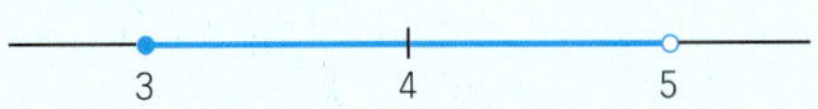

Els punts 3; 3,01; 4; 4,6... pertanyen a l'interval [3, 5).

El punt mitjà de l'interval [3, 5) és: $\frac{3+5}{2} = 4$

ACTIVITATS

1 Calcula els punts mitjans d'aquests intervals i indica tres punts que pertanyin a cadascun:

a) [0, 4) b) (4, 6] c) (1, 2) d) [4, 5]

Càlcul del percentatge d'una quantitat

Per calcular el tant per cent d'una quantitat, multipliquem aquesta quantitat pel tant per cent dividit entre 100.

EXEMPLE

15% de $200 = \frac{15}{100} \cdot 200 = 0{,}15 \cdot 200 = 30$

El 15 % de 200 és 30.

ACTIVITATS

2 Calcula els percentatges següents:

a) 20 % de 30 b) 40 % de 120 c) 12 % de 50

Abans del segle XVIII
Anteriorment a la rentadora, el procés de rentatge era manual: es mullava la roba, s'hi posava sabó i llavors es fregava o es colpejava la roba per intentar que la brutícia se separés del teixit. Això va portar invents com ara la post de rentar o batedors de fusta per colpejar la roba.

Estadística

13

SABER

- Variable estadística
- Freqüències. Taules de freqüències
- Gràfics estadístics
- Mesures estadístiques

SABER FER

- Construir taules de freqüències per a dades agrupades
- Calcular i interpretar les mesures estadístiques per a dades agrupades

INTERPRETA LA IMATGE

La rentadora

La rentadora ens ha facilitat fer les tasques domèstiques. Però el repartiment d'aquestes tasques no és equitatiu.

Segons la darrera enquesta de l'*ús del temps* realitzada per l'Idescat, les dones dediquen dues hores i tres quarts més que els homes durant el dia a tasques de la llar i la família.

- Aquesta taula mostra les hores setmanals que dediquen 6 homes i 6 dones a aquestes tasques:

Homes	2,3	1,5	4	0,5	1,2	2,3
Dones	2,5	3,5	3	5	3,5	3,1

Contrasta si contradiu les dades de l'enquesta anterior.

1782
Henry Sidgier obté una patent britànica per a una rentadora amb tambor giratori.

1862
Richard Landsdale exhibeix la seva *rentadora giratòria* compacta patentada a l'Exposició Universal de Londres.

Aquestes primeres rentadores facilitaven la feina, però encara eren manuals.

1904
Les primeres rentadores automàtiques daten del principi del segle XX. L'any 1951 es va fabricar la primera rentadora a Europa.

A poc a poc s'hi van introduir innovacions, com ara el centrifugat o temporitzadors.

Actualment
Algunes rentadores es poden controlar des de qualsevol lloc via *smartphone* o tauleta gràcies a aplicacions desenvolupades per a aquestes tasques.

1 Variables estadístiques

Un **estudi estadístic** recull i ordena dades sobre una característica determinada d'una població i, després, les analitza i les interpreta.

- En un estudi estadístic, s'anomena **població** el conjunt format per tots els elements de l'estudi.
- La **mostra** és la part de la població que escollim per fer l'estudi.
- Cada element de la població o de la mostra s'anomena **individu**. El nombre d'individus que configuren una mostra és la **grandària de la mostra**.

És convenient escollir bé la mostra perquè la informació que obtinguem serveixi per deduir característiques de tota la població. Quan passa això, diem que la mostra és **representativa**.

EXEMPLE

1. Una ciutat té 675.485 habitants i per fer un estudi pregunten a 1.450 persones de diferents barris. Indica'n la població i la mostra.
   - Població: 675.485 habitants
   - Mostra: 1.450 persones

Una **variable estadística** és qualsevol característica que estudiem en els individus d'una mostra o de la població.

Segons siguin els valors, les variables estadístiques poden ser:

- **Qualitatives:** si els valors que adopta la variable no són nombres.
- **Quantitatives:** si els valors que adopta són nombres.
  - **Discretes:** quan, en cada tram, la variable només pot adoptar un nombre determinat de valors.
  - **Contínues:** quan, en cada tram, pot adoptar infinits valors.

EXEMPLE

2. Indica de quin tipus són aquestes variables i posa exemples de valors que poden adoptar.
   a) Esport que es practica → variable qualitativa
   Valors: {futbol, tennis, atletisme...}.
   b) Nombre de germans → variable quantitativa discreta
   Valors: {0, 1, 2, 3...}

ACTIVITATS

1 PRACTICA. De les 700 bombetes que produeixen cada dia en una fàbrica, n'escullen 50 per examinar si funcionen bé. Identifica la població, la mostra, l'individu i la grandària de la mostra.

2 APLICA. De quin tipus són les variables estadístiques: nivell d'estudis, superfície d'una casa i edat?

3 REFLEXIONA. Escull una mostra representativa per estudiar l'alçada dels alumnes de l'institut.

2 Recompte de dades

En un estudi estadístic, les dades s'han de comptar i agrupar.

- Si la variable és quantitativa, hem d'ordenar els valors en ordre creixent i apuntar el nombre de vegades que apareix cada un.
- Si és qualitativa, hem d'escriure cada valor i apuntar el nombre de vegades que apareix cada un.

2.1. Recompte de dades agrupades

Si la variable és quantitativa discreta i adopta molts valors diferents, o bé és contínua, quan fem el recompte hem d'agrupar les dades en intervals.

- Els intervals, anomenats **classes**, acostumen a tenir la mateixa amplitud.
- Per facilitar els càlculs adoptem com a valor el punt mitjà de l'interval, que s'anomena **marca de classe**.

EXEMPLE

3. Volen elaborar un estudi sobre les edats de les persones que viuen en un edifici d'habitatges. Per fer-lo, han preguntat a tots els veïns. Els resultats són aquests:

24 28 32 39 35 27 23 21 33 34
36 27 31 38 22 29 34 26 31 36

Fes-ne el recompte i agrupa les dades en quatre classes.

Com que la dada més petita és 21 i la més gran, 39, i hem de fer quatre classes, dividim l'interval en quatre parts iguals: $\frac{39-21}{4} = 4{,}5$

Amb aquesta referència, hi donem una amplitud 5 i les classes poden ser:

[20, 25) [25, 30) [30, 35) [35, 40)

Així, podem construir la taula següent:

Edat	Marca de classe	Recompte
[20, 25)	22,5	4
[25, 30)	27,5	5
[30, 35)	32,5	6
[35, 40)	37,5	5

Les classes acostumen a ser intervals tancats per l'esquerra i oberts per la dreta.
En una classe [30, 35), l'extrem 30 hi està inclòs i l'extrem 35 no ho està.

ACTIVITATS

4 PRACTICA. Efectua el recompte d'aquestes dades:

a) {1, 1, 2, 1, 3, 2, 1, 3, 4, 5, 2, 5, 1, 1, 2}

b) {*Vermell, Blau, Verd, Verd, Verd, Blau, Blau, Verd*}

5 APLICA. Agrupa les dades següents en cinc classes i fes-ne el recompte:

6 3 8 9 12 11 27 10 30 26 18 25 23 19 22

6 REFLEXIONA. Les dades de l'activitat anterior:

a) Agrupa-les en sis classes.

b) Agrupa-les en classes d'amplitud 4.

c) Analitza'n els canvis si hi afegim la dada 40.

7 REFLEXIONA. Explica per què els intervals de les taules són tancats d'una banda i oberts de l'altra.

4 Gràfics estadístics

T'HI ATREVEIXES?

He fet molts viatges. Tots han estat a París, menys dos. També he anat a Itàlia, excepte en dues ocasions. I a Berlín, menys en dos dels meus viatges.

Quants viatges he fet?

Les dades estadístiques s'acostumen a expressar de manera gràfica, així de seguida ens podem fer una idea de com estan distribuïdes.

D'acord amb el tipus de variable, fem servir un tipus de gràfic o un altre.

4.1. Diagrama de barres. Polígon de freqüències

S'utilitzen per representar variables qualitatives o quantitatives discretes.

En un **diagrama de barres** representem:

- En l'eix horitzontal, els valors de la variable.
- En l'eix vertical, les freqüències de cada valor de la variable.

Sobre cada dada aixequem barres verticals l'altura de les quals és la freqüència que representem.

Si unim amb una línia poligonal els extrems superiors de les barres, obtenim el **polígon de freqüències** corresponent.

Si la variable és qualitativa, podem col·locar els valors de la variable en l'ordre que vulguem, per això no tindria sentit el polígon de freqüències.

EXEMPLE

5. En aquesta taula hi ha reflectit el nombre de germans que tenen els alumnes d'una classe de 3r d'ESO. Representa aquestes dades en un diagrama de barres i traça'n el polígon de freqüències.

Nombre de germans	Alumnes f_i	F_i
0	4	4
1	12	16
2	8	24
3	3	27
4	1	28
	28	

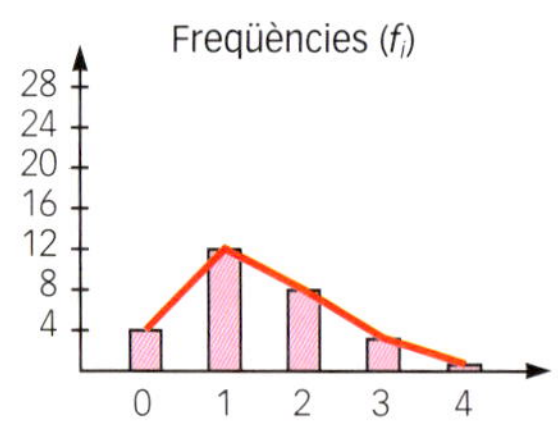

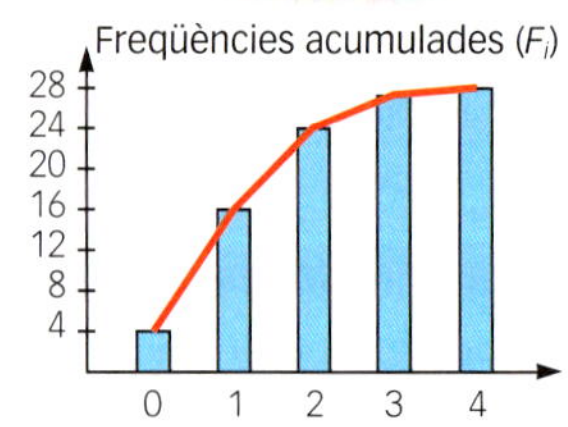

Com que la variable és quantitativa, podem traçar el polígon de freqüències.

ACTIVITATS

15 PRACTICA. Representa un diagrama de barres per a cadascun d'aquests conjunts de dades i traça'n el polígon de freqüències, si és possible:

a) {1, 4, 6, 8, 3, 3, 2, 5, 4, 4, 6, 2, 4, 6, 7, 2, 2, 4, 5, 2, 8}

b) {10, 20, 10, 10, 30, 40, 50, 40, 40, 30, 20, 10}

c) {5, 10, 25, 35, 25, 15, 5, 10, 35, 20, 25, 20}

16 APLICA. Dibuixa el diagrama de barres d'un conjunt de dades amb aquestes freqüències absolutes:

$f_1 = f_3 = f_4 = 6 \qquad f_2 = 3f_1 = 2f_7 \qquad f_5 = 2f_6 = 8$

17 REFLEXIONA. Explica com construiries un diagrama de barres si només coneixes les freqüències absolutes acumulades dels valors de la variable.

4.2. Diagrama de sectors

Serveix per representar les dades de qualsevol tipus de variable.

- Un **diagrama de sectors** consisteix en un cercle dividit en sectors circulars que representen els valors de la variable.
- L'amplitud de cada sector circular, l'angle, és proporcional a la freqüència de la dada que representa:

$$\text{Angle del sector circular} = \frac{f_i}{N} \cdot 360° = h_i \cdot 360°$$

Cada sector del diagrama representa un valor de la variable.

EXEMPLES

6. Pregunten a 20 alumnes sobre el nombre de llibres que han llegit l'últim mes. La taula en mostra les dades. Representa-les en un diagrama de sectors.

Nombre de llibres llegits x_i	0	1	2	3	4
Alumnes f_i	3	3	4	6	4

Calculem l'amplitud de cada sector i en representem les dades.

x_i	f_i	h_i	Amplitud
0	3	0,15	0,15 · 360° = 54°
1	3	0,15	0,15 · 360° = 54°
2	4	0,2	0,2 · 360° = 72°
3	6	0,3	0,3 · 360° = 108°
4	4	0,2	0,2 · 360° = 72°

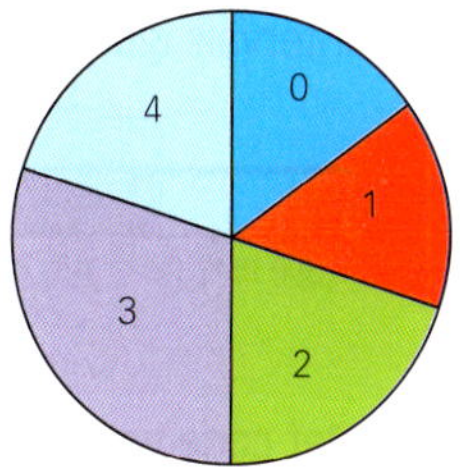

7. A la taula de la dreta es mostren els gols dels jugadors d'handbol d'un equip aquesta temporada. Fes-ne un diagrama de sectors.

Gols	[0, 5)	[5, 10)	[10, 15)	[15, 20)	[20, 25)
Jugadors	4	6	5	3	2

Classes	f_i	h_i	Amplitud
[0, 5)	4	0,2	0,2 · 360° = 72°
[5, 10)	6	0,3	0,3 · 360° = 108°
[10, 15)	5	0,25	0,25 · 360° = 90°
[15, 20)	3	0,15	0,15 · 360° = 54°
[20, 25)	2	0,1	0,1 · 360° = 36°

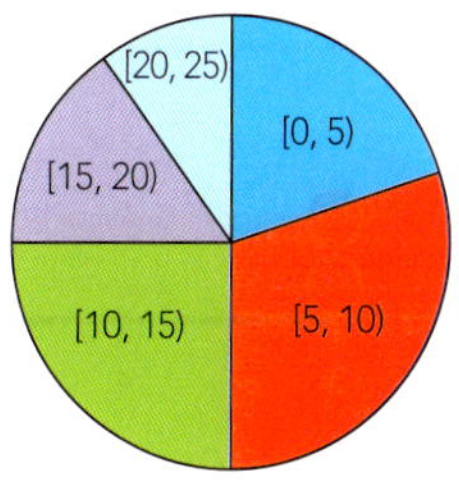

ACTIVITATS

18 PRACTICA. En un pàrquing hi ha 28 cotxes negres, 12 de vermells, 20 de blancs, 16 de grisos, 4 de grocs i 10 de blaus. Fes un diagrama de sectors amb aquestes dades.

19 APLICA. Representa en un diagrama de sectors.

En un edifici de 40 habitatges, el 25 % estan buits. 15 habitatges pertanyen a famílies amb més d'un fill, 8 habitatges estan ocupats per una sola persona i a la resta hi viuen parelles amb un sol fill.

20 REFLEXIONA. Dibuixa el diagrama de sectors que equival a aquest diagrama de barres:

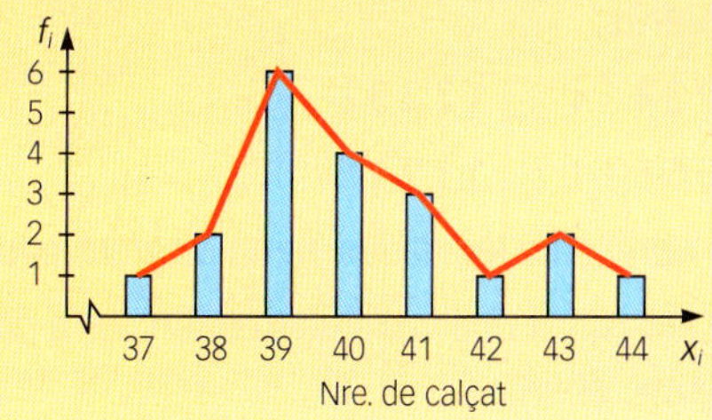

5 Mesures estadístiques

5.1. Mesures de centralització

Les **mesures de centralització** resumeixen la informació de la mostra.

- **Mitjana aritmètica**, $\overline{x}$: és el quocient de la suma de totes les dades per la seva freqüència, entre la suma de totes les freqüències.

$$\overline{x} = \frac{f_1 \cdot x_1 + f_2 \cdot x_2 + \ldots + f_n \cdot x_n}{N} = \frac{\sum f_i \cdot x_i}{N}$$

En dades agrupades, x_i és la marca de classe de l'interval.

- **Moda**, *Mo*: és la dada o la marca de classe que té la freqüència més gran. Pot no ser única.
- **Mediana**, *Me*: és el valor que ocupa la posició central de les dades després d'ordenar-les, o la mitjana de dos valors centrals en el cas que el nombre de dades sigui parell.

Per escriure la suma de diversos nombres utilitzem el símbol $\sum$, que s'anomena signe sumatori.

Així, per exemple:

$$f_1 + f_2 + \ldots + f_n = \sum f_i$$

EXEMPLE

10. Calcula les mesures de centralització per al nombre de telèfons mòbils que tenen les famílies de 20 persones i interpreta-les.

Telèfons x_i	1	2	3	4	5
Famílies f_i	1	3	8	7	1

- Mitjana: $\overline{x} = \frac{1 \cdot 1 + 2 \cdot 3 + 3 \cdot 8 + 4 \cdot 7 + 5 \cdot 1}{20} = \frac{64}{20} = 3{,}2$

  És a dir, com a terme mitjà cada família té entre 3 i 4 telèfons.
- Moda: $Mo = 3 \rightarrow$ El més freqüent és que tinguin 3 telèfons.
- Per calcular la mediana, primer ordenem les dades:

  1 2 2 2 3 3 3 3 3 [3] [3] 3 4 4 4 4 4 4 4 5

  (9 elements) ... (9 elements)

$$Me = \frac{3 + 3}{2} = 3$$

La mediana indica que hi ha tantes famílies amb 3 telèfons o menys com famílies amb 3 telèfons o més.

T'HI ATREVEIXES?

Caminem en fila índia.

En Lluc, que va just davant de la Paula, es troba exactament al centre de la fila.

Si davant de la Paula hi ha el doble de gent que darrere seu, quants són en total?

ACTIVITATS

27 PRACTICA. Calcula'n les mesures de centralització:

a)

x_i	4	5	7	9	10
f_i	2	6	3	4	2

b)

Classes	[3, 4)	[4, 5)	[5, 6)	[6, 7)	[7, 8)
f_i	4	6	3	5	2

28 APLICA. Calcula el valor de la mediana per a:

a) {5, 6, 6, 4, 9, 6, 8, 7, 6, 5, 9, 4, 8, 7, 7}

b) {1, 5, 2, 5, 4, 4, 3, 5, 4, 3, 1, 1, 1, 2, 1, 1, 4, 1}

29 REFLEXIONA. Considera les dades: 2, 3, 5, 2, 6, 7, 3, 7, 9.

a) Afegeix una dada que no faci variar la mediana.

b) Afegeix dues dades perquè $Me = 4$ i $Mo = 3$.

5.2. Mesures de posició

Les **mesures de posició** són valors de la variable que informen del lloc que ocupa una dada dins del conjunt ordenat de les dades.

Els **quartils** són tres valors de la variable que separen les dades en quatre parts iguals.

- **Primer quartil**, Q_1: deixa a l'esquerra el 25 % de les dades.
- **Segon quartil**, Q_2: deixa a l'esquerra el 50 % de les dades. Coincideix amb la mediana.
- **Tercer quartil**, Q_3: deixa a l'esquerra el 75% de les dades.

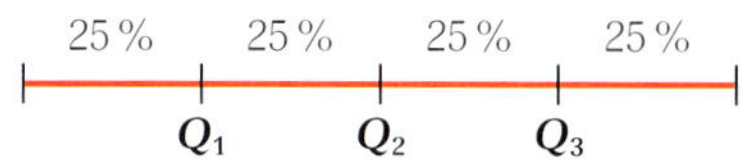

El **diagrama de caixa** és un gràfic que consisteix en un rectangle (caixa) situat sobre els quartils primer i tercer, i un segment d'extrems amb els valors mínim i màxim de les dades.

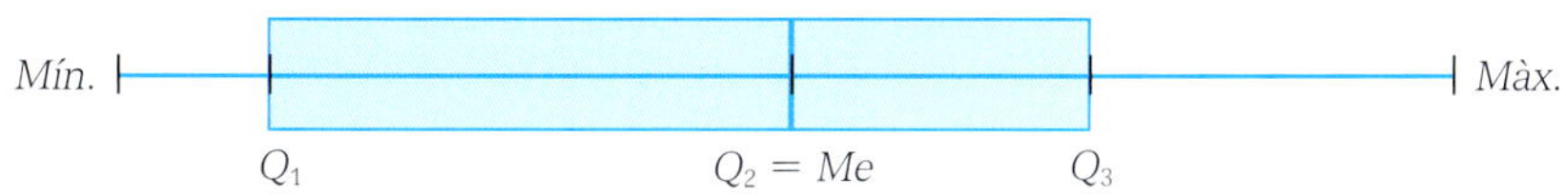

EXEMPLE

11. Determina les mesures de posició i dibuixa el diagrama de caixa de les hores que han practicat esport 20 persones.

Hores x_i	0	1	2	3	4	5	6
Persones f_i	1	3	2	2	8	3	1
F_i	1	4	6	8	16	19	20

- Primer quartil, Q_1. Calculem el 25% del nombre de dades: $0{,}25 \cdot 20 = 5$. Q_1 té 5 dades per sota. En les freqüències acumulades, el primer valor més gran o igual que 5 és 6, que correspon a 2. Així, $Q_1 = 2$. És a dir, el 25% han practicat esport 2 hores o menys.
- Segon quartil, Q_2. Calculem el 50% de 20: $0{,}5 \cdot 20 = 10$. El primer valor de F_i més gran o igual que 10 és 16, que correspon a 4. Així, $Q_2 = 4$. El 50% han fet esport durant 4 hores o menys.
- Tercer quartil, Q_3. Calculem el 75% de 20: $0{,}75 \cdot 20 = 15$. El primer valor de F_i més gran o igual que 15 també és 16. Així, $Q_3 = 4$, i el 75% han fet esport durant 4 hores o menys.

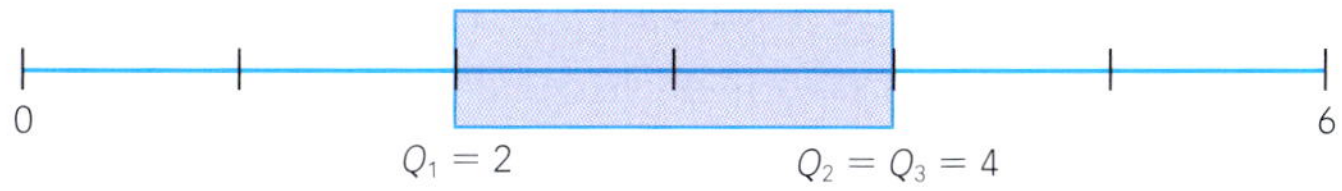

El **diagrama de caixa** proporciona una visió de com estan distribuïdes les dades.

Si la mediana ocupa el centre del rectangle, significa que les dades estan distribuïdes de manera uniforme entre els diferents valors de la variable.

Si la mediana és a prop d'un costat del rectangle, hi ha més concentració de dades en aquests valors de la variable.

ACTIVITATS

30 PRACTICA. Calcula les mesures de posició d'aquestes dades: {1, 5, 2, 5, 4, 4, 3, 5, 4, 3, 1, 1, 1, 2, 1, 1, 4, 1}.

31 APLICA. Interpreta les mesures que has obtingut en l'activitat anterior.

32 REFLEXIONA. A un examen d'oposició per assignar 50 places es presenten 200 persones. Si considerem les dades com les notes dels exàmens, què indica Q_3?

5.3. Mesures de dispersió

Les **mesures de dispersió** permeten conèixer el grau d'agrupament de les dades al voltant de la mitjana.

Mesura	Càlcul	Definició
Rang o recorregut	$R = Màx. - Mín.$	És la diferència entre el valor més gran i el més petit de la variable.
Desviació mitjana	$DM = \frac{\sum f_i \cdot \lvert x_i - \overline{x} \rvert}{N}$	És la mitjana aritmètica dels valors absoluts de les desviacions de cada dada.
Variància	$\sigma^2 = \frac{\sum f_i \cdot (x_i - \overline{x})^2}{N}$	És la mitjana dels quadrats de les desviacions.
Desviació típica	$\sigma = \sqrt{\frac{\sum f_i \cdot (x_i - \overline{x})^2}{N}}$	És l'arrel quadrada positiva de la variància.
Coeficient de variació	$CV = \frac{\sigma}{\overline{x}}$	És el quocient entre la desviació típica i la mitjana.

Com més petites són les mesures de dispersió, més concentrades estan les dades al voltant de la mitjana.

EXEMPLE

12. Aquesta taula mostra els telèfons mòbils que tenen les famílies de 20 persones. (La mitjana és $\overline{x} = 3{,}2$).

Calcula'n les mesures de dispersió i interpreta-les.

x_i	f_i	$\lvert x_i - \overline{x} \rvert$	$(x_i - \overline{x})^2$
1	1	$\lvert 1 - 3{,}2 \rvert = 2{,}2$	$2{,}2^2 = 4{,}84$
2	3	$\lvert 2 - 3{,}2 \rvert = 1{,}2$	$1{,}2^2 = 1{,}44$
3	8	$\lvert 3 - 3{,}2 \rvert = 0{,}2$	$0{,}2^2 = 0{,}04$
4	7	$\lvert 4 - 3{,}2 \rvert = 0{,}8$	$0{,}8^2 = 0{,}64$
5	1	$\lvert 5 - 3{,}2 \rvert = 1{,}8$	$1{,}8^2 = 3{,}24$

- Rang: $R = 5 - 1 = 4$

  La màxima diferència de telèfons entre les famílies és 4 telèfons.

- $DM = \frac{1 \cdot 2{,}2 + 3 \cdot 1{,}2 + 8 \cdot 0{,}2 + 7 \cdot 0{,}8 + 1 \cdot 1{,}8}{20} = 0{,}74$

- $\sigma^2 = \frac{1 \cdot 4{,}84 + 3 \cdot 1{,}44 + 8 \cdot 0{,}04 + 7 \cdot 0{,}64 + 1 \cdot 3{,}24}{20} = 0{,}86$

- $\sigma = \sqrt{0{,}86} = 0{,}927$ • $CV = \frac{0{,}927}{3{,}2} = 0{,}29$

  El coeficient de variació ens diu que la desviació típica sobre la mitjana és del 29 %. Això significa que les dades estan força agrupades al voltant de la mitjana.

  Si ens fixem en la taula, 15 de les 20 famílies enquestades tenen 3 o 4 telèfons, és a dir, estan al voltant de la mitjana $\overline{x} = 3{,}2$.

ACTIVITATS

33 PRACTICA. Calcula les mesures de dispersió per a aquestes dades: {1, 1, 2, 1, 3, 2, 1, 3, 4, 5, 2, 5, 1, 1, 2}.

34 APLICA. Les notes d'en Marc són: 3, 8, 7, 5 i 4, i les d'en Lluís: 9, 2, 5, 7 i 4. Qui ha estat més inconstant?

35 REFLEXIONA. Calcula les mesures de dispersió de les dades en dos conjunts de dades, *A* i *B*, si:

Grup A: $\overline{x}_A = 0{,}5$ i $\sigma_A = 0{,}2$

Grup B: $\overline{x}_B = 12$ i $\sigma_B = 2$

SABER FER

Calcular i interpretar les mesures estadístiques per a dades agrupades

Aquesta taula mostra la quantitat de punts que han anotat els jugadors d'un equip de bàsquet durant un partit.

Calcula'n les mesures estadístiques i interpreta-les.

Punts	x_i	Jugadors f_i	F_i
[0, 5)	2,5	7	7
[5, 10)	7,5	3	10
[10, 15)	12,5	1	11
[15, 20)	17,5	1	12
	Total	$N = 12$	

Passos que cal seguir

1. Calculem les mesures de centralització tenint en compte que x_i són les marques de classe, ja que es tracta de dades agrupades.

Mitjana: $\bar{x} = \dfrac{2,5 \cdot 7 + 7,5 \cdot 3 + 12,5 \cdot 1 + 17,5 \cdot 1}{12} = \dfrac{70}{12} = 5,83$

Moda: $Mo = 2,5$ (interval [0, 5))

Mediana: El primer valor de F_i més gran o igual que $12 : 2 = 6$ és 7, que correspon a l'interval [0, 5) → $Me = 2,5$

2. Interpretem les mesures de centralització.

Com a terme mitjà, els jugadors han anotat més de 5 punts ($\bar{x} = 5,83$), però la meitat dels jugadors han aconseguit menys de 3 punts ($Me = 2,5$). Així doncs, hi ha jugadors amb molts punts, però la majoria no ($Mo = 2,5$).

3. Completem la taula de freqüències amb les columnes necessàries per calcular més fàcilment les mesures de posició i de dispersió.

Punts	x_i	f_i	F_i	$f_i \cdot \lvert x_i - \bar{x} \rvert$	$f_i \cdot (x_i - \bar{x})^2$
[0, 5)	2,5	7	7	23,31	77,62
[5, 10)	7,5	3	10	5,01	8,37
[10, 15)	12,5	1	11	6,67	44,49
[15, 20)	17,5	1	12	11,67	136,19
		12		46,66	266,67

Hem d'afegir a la taula de freqüències les columnes que ens facilitin els càlculs.

4. Calculem les mesures de posició.

Primer quartil: $0,25 \cdot 12 = 3 \rightarrow F_1 = 7 \rightarrow Q_1 = 2,5$

Segon quartil: $0,5 \cdot 12 = 6 \rightarrow F_1 = 7 \rightarrow Q_2 = 2,5$

Tercer quartil: $0,75 \cdot 12 = 9 \rightarrow F_2 = 10 \rightarrow Q_3 = 7,5$

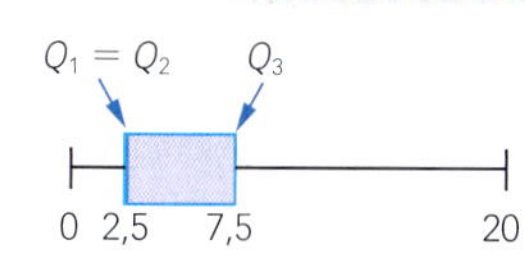

5. Interpretem les mesures de posició.

La mediana és a l'extrem esquerre del rectangle, cosa que significa que la majoria de les dades es concentren en les puntuacions més baixes.

6. Calculem les mesures de dispersió.

$R = 20 - 0 = 20$ $DM = \dfrac{46,66}{12} = 3,89$

$\sigma^2 = \dfrac{266,67}{12} = 22,22$ $\sigma = \sqrt{22,22} = 4,71$ $CV = \dfrac{4,71}{5,83} = 0,81$

7. Interpretem les mesures de dispersió.

La desviació mitjana és gairebé de 4 punts i el coeficient de variació és 81 %. Això indica que les dades no estan concentrades al voltant de la mitjana.

ACTIVITATS

36 Calcula i interpreta les mesures de centralització, de posició i de dispersió per a aquestes dades:

Classes	[3, 4)	[4, 5)	[5, 6)	[6, 7)	[7, 8)
f_i	4	6	3	5	2

37 El preu d'un producte en 16 botigues és:

1,3 1,2 1,25 1,5 1,4 1,2 1,4 1,1
0,9 1,5 1,3 1,1 1,2 1,3 0,8 0,95

Calcula'n totes les mesures estadístiques, agrupant les dades en quatre classes i sense agrupar-les.

Variables. Taules de freqüències

38 Si per aconseguir informació sobre l'alçada dels alumnes de l'institut esculls com a mostra els alumnes de la teva classe, et sembla que aquesta mostra seria representativa?

39 Si volguessis obtenir informació sobre els diners que els alumnes d'un institut reben cada setmana dels seus pares, com podries recollir una mostra que fos representativa de tots els alumnes?

40 Han fet una enquesta per aconseguir informació sobre cadascuna de les característiques següents. Classifica les variables en qualitatives o quantitatives, i, si són quantitatives, en discretes o contínues.

a) Marca de cotxe que voldria tenir.

b) Temps que dedica a veure la televisió.

c) Quantitat de tasques escolars que ha fet.

d) Distància que recorre cada dia per arribar al centre escolar.

e) Nombre de llibres que ha llegit en un any.

f) Quantitat de germans.

g) Menjar preferit.

h) Nombre de dormitoris de la casa on viu.

41 En Manel vol fer un estudi per saber el dia de naixement, el mes, el pes i l'alçada en el moment de néixer dels seus companys. Indica les variables que apareixen en l'estudi i identifica'n el tipus de totes.

42 L'Alexandre ha apuntat en una llibreta les preferències dels alumnes de l'institut pel que fa al tipus de transport que fan servir per anar a classe:

Tipus de transport	Percentatge
Autobús	𝍸 𝍸 𝍸 𝍸 𝍸 𝍸
Metro	𝍸 𝍸 𝍸 𝍸 𝍸 𝍸 ////
Taxi	𝍸 𝍸 //
Bicicleta	𝍸 𝍸 𝍸 𝍸 𝍸 ///
Moto	𝍸 𝍸 𝍸 ///
Caminant	𝍸 𝍸 𝍸 𝍸 𝍸 𝍸 𝍸

a) Completa la taula de freqüències absolutes corresponent.

b) Pots fer-ne la taula de freqüències relatives?

43 Han fet una enquesta a 40 persones en la qual els han preguntat sobre la quantitat de vegades que han anat al cinema el mes passat. Aquests en són els resultats:

3 4 5 4 3   5 0 4 1 2
4 4 1 0 5   2 0 3 1 2
1 1 1 3 4   4 5 6 4 3
2 1 1 0 3   2 1 2 2 1

a) Fes-ne el recompte i organitza les dades en una taula de freqüències.

b) Quin percentatge d'aquestes persones no han anat al cinema l'últim mes?

c) Quin percentatge hi han anat més de dues vegades però menys de cinc?

d) Quin percentatge hi han anat tres vegades o més?

44 En aquesta taula veiem els resultats d'una enquesta feta a diverses famílies sobre la quantitat de televisors que tenen a casa:

Televisors	0	1	2	3	4
Famílies	1	7	6	4	2

Elabora una taula en la qual apareguin les freqüències absolutes, relatives i acumulades per a aquestes dades.

45 Considera la quantitat de diners que han pagat els clients d'un restaurant pel que han dinat. Explica com faries el recompte de dades en cadascun dels casos següents:

a) En el restaurant serveixen tres tipus de menús, *A*, *B* i *C*, que costen 15 €, 12 € i 9 €, respectivament.

b) En el restaurant tenen una carta en la qual el client escull el que menjarà.

46 Completa a la llibreta aquesta taula de freqüències:

Fruita preferida	f_i	h_i	Percentatge
Taronja	15		10 %
Poma			12 %
Síndria		0,4	
Maduixa			
Raïm	6		

47 Aquestes són les alçades, en centímetres, dels membres del club d'escacs de l'institut:

157 164 163 171 152 148 162 150
166 155 149 178 180 163 172 175

a) Construeix una taula de freqüències agrupant les dades en intervals.

b) Quina és la marca de classe de cada interval que has utilitzat?

48 Aquestes dades corresponen a la quantitat de missatges que han enviat, durant una setmana, els nois i noies de 3r d'ESO d'un centre escolar:

34	54	45	56	67	47	23	43	44	54	78	79
56	46	34	24	14	54	39	61	47	86	57	98
67	78	34	55	66	75	58	24	53	15	12	34
59	29	71	35	93	43	5	37	2	6	18	14
29	58	68	45	34	46	72	9	60	45	70	50

Agrupa les dades en deu classes i elabora la taula de freqüències corresponent.

49 Els resultats de l'examen de Matemàtiques que han fet els alumnes de 3r d'ESO han estat els que es mostren a continuació:

3	5	6	5	7	9	4	3	5	6
4	5	5	6	5	7	5	6	7	8
5	8	2	7	8	9	4	9	7	6

a) Elabora'n una taula de freqüències.

b) Quin percentatge d'alumnes han obtingut un 4?

c) Quin percentatge d'alumnes han aconseguit una nota més baixa de 5?

d) Quin percentatge d'alumnes han aconseguit una qualificació de 7 o superior a 7?

Gràfics estadístics

50 Aquesta taula conté els minuts de connexió a Internet en un habitatge al llarg d'una setmana. Elabora un diagrama de barres amb aquestes dades:

Dia	Dl.	Dt.	Dc.	Dj.	Dv.	Ds.	Dg.
Minuts	125	110	148	140	132	156	165

51 Construeix el diagrama de punts per a les dades següents. Després, construeix una taula de freqüències a partir del gràfic.

a) 0, 3, 4, 3, 5, 6, 2, 1, 3, 2, 5, 4, 6, 4, 2, 0, 5, 3, 5

b) 10, 30, 40, 50, 40, 50, 60, 50, 40, 30, 50, 60, 50, 80, 60, 50

52 Construeix un diagrama de sectors per a les dades d'aquesta taula. Construeix també un diagrama de barres. Pots dibuixar el polígon de freqüències?

Esport preferit	f_i
Futbol	45
Natació	15
Bàsquet	32
Fórmula 1	28
Ciclisme	20

53 Si sabem que en un diagrama de sectors un dels sectors té una amplitud de 120° i correspon a una dada amb freqüència absoluta igual a 28, determina quina és l'amplitud per a les dades de freqüència absoluta 6, 15 i 20. Dibuixa el diagrama de sectors.

54 Dels assistents a un sopar, el 50 % van menjar vedella, el 15 % van preferir xai i la resta, 14, van menjar peix.

a) Elabora'n una taula de freqüències i indica'n la variable estadística.

b) Representa les dades en un diagrama de sectors.

55 Les estatures de 36 nois i noies d'una població, mesurades en centímetres, són les següents:

157	148	167	187	154	169	154	147	164
157	148	153	188	167	157	163	158	149
168	155	157	165	164	176	175	174	190
165	194	165	178	156	176	168	155	171

a) Agrupa les dades en cinc classes i dibuixa l'histograma associat.

b) Agrupa les dades en intervals d'amplitud 6 i dibuixa l'histograma associat.

Mesures estadístiques

56 Calcula la mitjana aritmètica, la mediana i la moda per a cada grup de valors.

a) 0, 1, 0, 2, 3, 1, 1, 2, 0, 3, 4, 1, 5, 3, 1, 2

b) 2, 4, 2, 6, 8, 4, 4, 2, 6, 6, 8

c) 10, 15, 10, 10, 15, 20, 25, 10, 20, 25, 10, 15

57 Calcula les mesures de centralització, les de dispersió i el coeficient de variació per a les dades de les taules següents i interpreta'n els resultats:

Hores que escolta música	Persones
3	7
5	3
6	1
8	3
9	6

Vegades que va al cinema	Persones
3	4
5	5
6	5
8	3
9	3

CLAUS PER COMENÇAR

Freqüències absoluta i relativa

- La **freqüència absoluta**, f_i, d'una dada estadística és el nombre de vegades que es repeteix.
- La **freqüència relativa**, h_i, d'una dada estadística és el quocient entre la seva freqüència absoluta i el nombre total de dades.

EXEMPLE

Calcula la freqüència relativa de la dada 2.

x_i	0	1	2	3	4
f_i	3	3	4	6	4

$$x_3 = 2 \rightarrow h_3 = \frac{4}{20} = 0{,}2$$

ACTIVITATS

1 Calcula la freqüència relativa de totes les dades de la taula anterior.

2 Completa a la llibreta la taula següent amb les freqüències relatives corresponents:

x_i	10	20	30	40
f_i	7	2	6	5

Comparació de fraccions

Per comparar fraccions, les reduïm a comú denominador i, després, comparem els numeradors de les fraccions que en resulten; el numerador més petit indica la fracció més petita.

EXEMPLE

Compara aquestes fraccions: $\frac{2}{3}, \frac{3}{10}$ i $\frac{1}{4}$.

m.c.m. (3, 10, 4) = 60

$$\frac{2}{3} = \frac{40}{60} \qquad \frac{3}{10} = \frac{18}{60} \qquad \frac{1}{4} = \frac{15}{60}$$

Tenim que $\frac{15}{60} < \frac{18}{60} < \frac{40}{60}$.

Per tant: $\frac{1}{4} < \frac{3}{10} < \frac{2}{3}$

ACTIVITATS

3 Compara les fraccions següents:

a) $\frac{2}{5}$ i $\frac{3}{4}$ c) $\frac{3}{7}$ i $\frac{2}{5}$

b) $\frac{2}{3}$ i $\frac{4}{7}$ d) $\frac{3}{8}$ i $\frac{2}{5}$

1925.
Tocadiscos de discos de vinil
Mitjançant el fregament d'una agulla sobre un disc de vinil, el tocadiscos reprodueix la música que està enregistrada en el disc de manera analògica.

Probabilitat

14

SABER

- Experiments aleatoris. Esdeveniments
- Operacions amb esdeveniments
- Probabilitat d'un esdeveniment. Regla de Laplace
- Propietats de la probabilitat

SABER FER

- Determinar l'espai mostral mitjançant un diagrama d'arbre
- Efectuar operacions amb esdeveniments
- Calcular probabilitats per mitjà de la regla de Laplace, utilitzant un diagrama d'arbre i mitjançant les propietats de la probabilitat

? INTERPRETA LA IMATGE

Reproductors MP3

L'oïda humana no sent totes les freqüències d'àudio que reprodueix un equip musical. Els fitxers MP3 eliminen aquestes petites porcions que les persones amb prou feines podem sentir i amb això redueixen la mida dels fitxers.

- L'MP3 de la Núria té 120 cançons, de les quals n'hi ha 20 que li agraden molt. Si reprodueix una cançó a l'atzar, quina és la probabilitat que sigui una de les seves preferides?

1979. *Walkman*

El reproductor de casset sorgeix el 1963; en aquest cas, el so està enregistrat en una cinta magnètica.

El 1979 apareix el reproductor de casset mòbil, el casset de butxaca o Walkman.

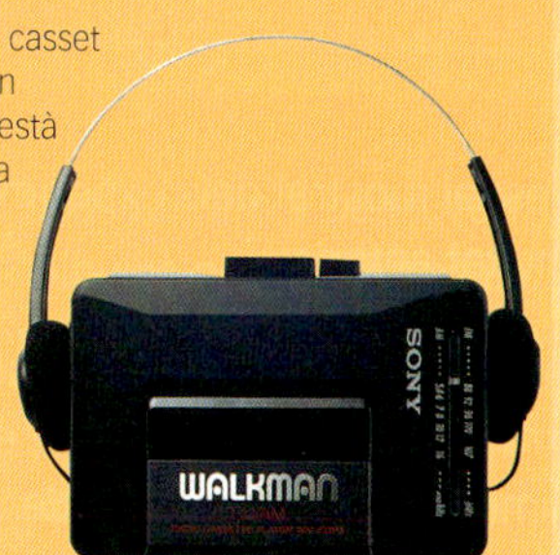

1982. Reproductor de discos compactes (CD)

Per reproduir el so, els reproductors de CD utilitzen la lectura òptica mitjançant un làser que incideix sobre una capa d'alumini.

El 1984 apareix el primer reproductor de CD portàtil.

1995. Reproductor d'MP3

En la dècada de 1990 apareixen diferents formats de compressió digital amb molt poca pèrdua de qualitat en el so; el més conegut va ser l'MP3. El gran avantatge que presenta és que pot emmagatzemar una quantitat de cançons molt més alta que altres reproductors.

SABER FER

Abans d'aplicar la regla de Laplace hem de comprovar que els esdeveniments elementals són equiprobables.

Calcular probabilitats mitjançant la regla de Laplace

Un experiment consisteix a tirar un dau i apuntar el resultat que obtenim. Calcula la probabilitat dels esdeveniments següents:

A = «Obtenir un múltiple de 3»

B = «Obtenir un nombre més petit o igual que 5»

Passos que cal seguir

1. Determinem l'espai mostral i els esdeveniments dels quals calcularem la probabilitat.

Espai mostral: $E = \{1, 2, 3, 4, 5, 6\}$

Els esdeveniments que ens demanen són:

A = «Obtenir un múltiple de 3» $= \{3, 6\}$

B = «Obtenir un nombre més petit o igual que 5» $= \{1, 2, 3, 4, 5\}$

2. Comprovem que podem fer servir la regla de Laplace.

Si el dau no està trucat, totes les cares tenen les mateixes possibilitats de sortir.

3. Apliquem la regla de Laplace.

$E = \{1, 2, 3, 4, 5, 6\} \rightarrow$ Nre. de casos possibles $= 6$

$A = \{3, 6\} \rightarrow$ Nre. de casos favorables $= 2$

$$P(A) = \frac{\text{nre. de casos favorables a l'esdeveniment } A}{\text{nre. de casos possibles}} = \frac{2}{6} = 0{,}33$$

$B = \{1, 2, 3, 4, 5\} \rightarrow$ Nre. de casos favorables $= 5$

$$P(B) = \frac{\text{nre. de casos favorables a l'esdeveniment } B}{\text{nre. de casos possibles}} = \frac{5}{6} = 0{,}83$$

ACTIVITATS

16 Quan tirem un dau, determina la probabilitat que a la cara superior:

a) Surti el nombre 3.

b) Surti el nombre 3 o el 6.

c) Surti un nombre més petit que 3.

d) No surti el nombre 4.

e) No surti el nombre 2 ni el 4.

17 En un paquet de caramels n'hi ha 10 amb gust de maduixa i 5 de llimona. Quina probabilitat hi ha que si agafem un caramel a l'atzar sigui de llimona? I que no sigui de llimona?

18 Traiem una bola d'una bossa en la qual n'hi ha 7 de blanques, 10 de negres i 4 de verdes. Calcula la probabilitat de treure:

a) Una bola negra

b) Una bola que no sigui blanca

c) Una bola negra o verda

19 Tirem dues vegades una moneda i ens fixem en la cara superior. Calcula la probabilitat que:

a) Surti cara les dues vegades.

b) Surti cara una vegada i creu l'altra.

c) No surti creu cap vegada.

d) Surti cara almenys una vegada.

20 En una gelateria venen aquests gelats:

Una nena escull un sabor a l'atzar. Calcula la probabilitat que el gelat que ha triat:

a) Sigui d'avellana.

b) No sigui de xocolata.

c) Sigui de pistatxo o de tiramisú.

d) No sigui de pistatxo ni de tiramisú.

SABER FER

Calcular probabilitats amb un diagrama d'arbre

Tirem una moneda a l'aire tres vegades i apuntem el resultat que obtenim. Calcula la probabilitat d'aquests esdeveniments:

A = «Obtenir dues cares»

B = «Obtenir més d'una creu»

Si tirem la mateixa moneda tres vegades, els resultats *CCX* i *CXC* no són els mateixos. Si tirem tres monedes iguals alhora, només podem distingir si hem obtingut una cara, dues cares..., no pas l'ordre. És a dir, *CCX* i *CXC* són el mateix resultat, obtenir dues cares.

Passos que cal seguir

1. Determinem l'espai mostral per mitjà d'un diagrama d'arbre per calcular el nombre de casos possibles.

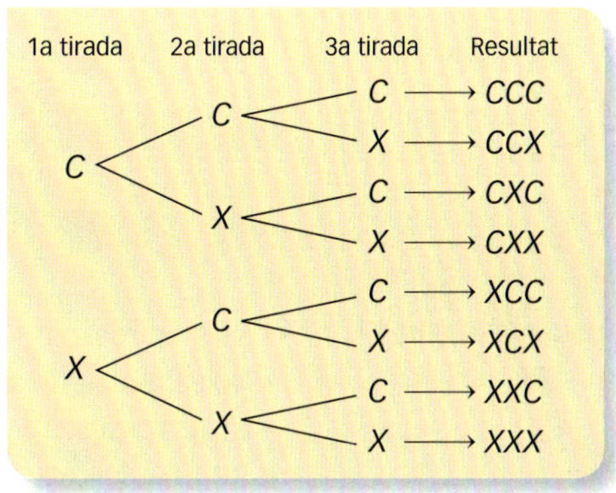

$E = \{CCC, CCX, CXC, CXX, XCC, XCX, XXC, XXX\}$

Nre. de casos possibles = 8

2. Calculem el nombre de casos favorables dels esdeveniments que ens interessen.

$A = \{CCX, CXC, XCC\}$ → Nre. de casos favorables = 3

$B = \{CXX, XCX, XXC, XXX\}$ → Nre. de casos favorables = 4

3. Apliquem la regla de Laplace.

$$P(A) = \frac{\text{nre. de casos favorables a l'esdeveniment } A}{\text{nre. de casos possibles}} = \frac{3}{8} = 0{,}375$$

$$P(B) = \frac{\text{nre. de casos favorables a l'esdeveniment } B}{\text{nre. de casos possibles}} = \frac{4}{8} = 0{,}5$$

ACTIVITATS

21 Tirem una moneda i un dau i n'apuntem els resultats. Calcula la probabilitat d'obtenir:

a) Cara i un nombre parell

b) Creu i un nombre múltiple de 3

22 L'Adela i la Susanna escriuen, cadascuna en un paper, un nombre entre l'1 i el 4, tots dos inclosos. Després, sumen els dos nombres que han escrit.

a) Dibuixa'n el diagrama d'arbre i escriu l'espai mostral.

b) Determina la probabilitat que la suma dels dos nombres sigui 6.

c) Calcula la probabilitat que la suma sigui més gran que 7.

d) Calcula la probabilitat que la suma sigui un nombre parell.

23 Una parella planeja tenir tres fills. En un diagrama d'arbre, indica totes les combinacions possibles del sexe dels fills. Després, calcula la probabilitat que:

a) Siguin dos nens i una nena.

b) Siguin tres nenes.

c) Almenys un dels fills sigui nen.

d) Tots tres siguin del mateix sexe.

24 Escrivim les lletres C, A, S en tres paperets i els posem en una bossa. Calcula la probabilitat que, si traiem els paperets un a un de la bossa, es formi la paraula SAC per ordre de sortida.

SABER FER

Calcular probabilitats utilitzant una taula de contingència

En el grup de 30 alumnes de 3r d'ESO hi ha 17 nois, dels quals 8 són rossos. De les noies, 7 no són rosses.

Si escollim un alumne a l'atzar, quina és la probabilitat que sigui una noia? I de que sigui una noia rossa?

Una altra manera de resoldre els problemes de probabilitat d'esdeveniments és a partir d'una taula de doble entrada anomenada **taula de contingència**.

La taula de contingència conté les dades del problema amb les quals es podran calcular les probabilitats dels diferents esdeveniments.

Passos que cal seguir

1. Representem les dades del problema en una taula de contingència.

	Nois	Noies	Total
Rossos/es	8		
No rossos/es		7	
Total	17		30

2. Calculem les dades que falten i completem la taula.

- Nois no rossos: $17 - 8 = 9$
- Noies: $30 - 17 = 13$
- Noies rosses: $13 - 7 = 6$
- Total rossos/es: $8 + 6 = 14$
- Total no rossos/es: $9 + 7 = 16$

	Nois	Noies	Total
Rossos/es	8	6	14
No rossos/es	9	7	16
Total	17	13	30

3. Extraiem les dades necessàries de la taula de contingència per calcular les probabilitats que ens demana el problema.

$$P(\text{noia}) = \frac{\text{Nre. de noies}}{\text{Nre. total d'alumnes}} = \frac{13}{30}$$

$$P(\text{noia i rossa}) = \frac{\text{Nre. de noies rosses}}{\text{Nre. total d'alumnes}} = \frac{6}{30}$$

ACTIVITATS

25 El resultat d'una enquesta a peu de carrer, durant una hora, ha estat la següent:

	Homes	Dones	Total
Sí			
No	52	48	
Total	120		225

Quina és la probabilitat que si escollim una dona, hagi dit sí?

26 En una escola bressol hi ha 20 nens i 16 nenes. La meitat dels nens i tres quartes parts de les nenes tenen els ulls foscos i la resta els té clars.

a) Quina és la probabilitat que un cop escollit un alumne sigui nen? I que tingui els ulls foscos?

b) I que sigui nena amb els ulls clars?

27 En un dinar hi ha 15 nois i 21 noies. Han menjat macarrons 11 nois i 13 noies, la resta ha menjat verdura. Si escollim una persona a l'atzar, indica la probabilitat d'aquests esdeveniments:

a) Que sigui noi.

b) Que sigui noi i hagi menjat verdura.

c) Que hagi menjat macarrons.

d) Que sigui noia i hagi menjat verdura.

28 Completa aquesta taula de contingència:

	A	$\overline{A}$	Total
B		78	
$\overline{B}$	42		
Total		178	250

4 Freqüència i probabilitat

La **freqüència relativa**, h_i, d'un esdeveniment és el quocient entre les vegades que té lloc i el total de vegades que es fa l'experiment.

Si els dos esdeveniments no són equiprobables, podem calcular probabilitats de manera experimental estudiant-ne les freqüències relatives.

La **llei dels grans nombres** exposa que, a mesura que augmenten les vegades que fem un experiment aleatori, la freqüència relativa d'un esdeveniment s'aproxima a la seva probabilitat.

EXEMPLE

7. Fem l'experiment que consisteix a extreure una mongeta d'un sac amb mongetes blanques i mongetes vermelles, apuntar-ne el color i tornar-la al sac.

Vegades que es fa l'experiment	10	100	1.000	1.500
Nre. de vegades que s'extreu una mongeta blanca	6	67	687	1.048

a) Calcula la freqüència relativa d'extreure una mongeta blanca segons el nombre de vegades que es fa l'experiment.

10 vegades $\rightarrow \frac{6}{10} = 0{,}6$ 1.000 vegades $\rightarrow \frac{687}{1.000} = 0{,}687$

100 vegades $\rightarrow \frac{67}{100} = 0{,}67$ 1.500 vegades $\rightarrow \frac{1.048}{1.500} = 0{,}699$

b) Calcula la probabilitat d'obtenir una mongeta blanca.

No hi podem aplicar la regla de Laplace perquè no sabem les mongetes que hi ha de cada mena. Però quan augmenten les vegades que fem l'experiment, la freqüència relativa d'obtenir una mongeta blanca s'aproxima a 0,7.

P(Obtenir una mongeta blanca) = 0,7

En l'experiment treure una mongeta del sac, els esdeveniments elementals són treure una mongeta blanca o treure una mongeta vermella. Només seran equiprobables si hi ha la mateixa quantitat de mongetes blanques que de vermelles.

ACTIVITATS

29 PRACTICA. Tenim un dau trucat amb el qual hem obtingut aquests resultats:

Tirades	10	20	30	40	50	60
Vegades que surt 4	3	7	10	13	16	19

Quina probabilitat assignaries a l'esdeveniment «Treure 4»?

30 APLICA. En l'experiment de l'activitat anterior, podem assegurar que el dau està trucat? Per què?

31 REFLEXIONA. En una fàbrica, una màquina fabrica xinxetes. Com ho faries per calcular la probabilitat que si escollim una xinxeta a l'atzar, sigui defectuosa?

ACTIVITATS FINALS

Experiments aleatoris. Esdeveniments

37 Classifica els experiments següents en deterministes o aleatoris:

a) Extreure una carta d'una baralla.

b) Mesurar l'altura d'un edifici.

c) Determinar la quantitat de gols d'un partit de futbol.

d) Mesurar un angle.

e) Apuntar el color d'ulls de la primera persona que et trobes pel carrer.

f) Escollir, amb els ulls tapats, una fitxa de dòmino.

g) Obrir un llibre a l'atzar i apuntar el número de la pàgina de l'esquerra.

h) Mesurar la hipotenusa d'un triangle rectangle.

38 Escriu l'espai mostral dels experiments aleatoris següents:

a) Extreure una carta d'una baralla espanyola i apuntar el coll al qual pertany.

b) Tirar dues monedes a l'aire i apuntar el nombre de cares.

c) Apuntar el color d'una bola que extraiem d'una bossa en la qual hi ha 10 boles vermelles, 5 de blaves i 3 de verdes.

d) Tirar un dau dues vegades i sumar les puntuacions que obtenim.

e) Treure una targeta d'una capsa en la qual hi ha targetes numerades de l'1 al 20.

f) Escriure els resultats de tirar una moneda i un dau.

g) Apuntar l'última xifra de la matrícula dels cotxes que en un interval de temps passen per un indret.

h) Extreure una moneda d'un portamonedes en el qual n'hi ha d'1, 2, 5, 10 i 20 cèntims.

39 Mitjançant un diagrama d'arbre, escriu l'espai mostral dels experiments aleatoris següents:

a) Tirem una moneda. Si surt cara, tirem un dau; si surt creu, traiem una targeta d'una capsa amb targetes numerades del 10 al 20.

b) Extraiem una carta d'una baralla. Si surt una figura, tirem una moneda; si la carta no és una figura, tirem un dau.

c) Tirem un dau. Si surt un nombre parell, extraiem una carta d'una baralla espanyola i n'apuntem el coll; si el nombre és imparell, extraiem una bola d'una bossa que conté boles negres i blanques.

40 Explica si hi ha cap diferència entre els espais mostrals dels experiments següents:

a) «Extreure una bola d'una bossa en la qual hi ha 9 boles verdes, 8 de vermelles, 5 de blaves i 3 de blanques» i «Extreure una bola d'una bossa en la qual hi ha 6 boles verdes, 2 de vermelles, 3 de blaves i 8 de blanques».

b) «Tirar dues vegades un dau i apuntar els nombres de la cara superior» i «Tirar dos daus iguals alhora i apuntar els nombres de la cara superior».

Operacions amb esdeveniments

41 Si tirem un dau i considerem aquests esdeveniments:

A = «Sortir nombre parell»

B = «Sortir múltiple de 3»

C = «Sortir nombre més petit que 3»

D = «Sortir nombre imparell»

Calcula:

a) $A \cup B$ b) $A \cup C$ c) $\overline{B}$ d) $\overline{C \cup D}$

42 Considera l'experiment que consisteix a extreure una bola d'un bombo amb boles numerades de l'1 al 20 i els esdeveniments següents:

A = «Sortir un nombre múltiple de 5»

B = «Sortir un nombre més gran que 8»

C = «Sortir un nombre inclòs entre 4 i 14»

Calcula:

a) $\overline{A}$ c) $\overline{A \cup B}$ e) $A \cup B \cup C$

b) $\overline{A} \cup \overline{B}$ d) $A \cap B$ f) $A \cup \overline{B} \cup C$

43 Agafem a l'atzar una fitxa d'un dòmino i considerem aquests esdeveniments:

A = «Obtenir una fitxa amb puntuacions que sumen 6»

B = «Obtenir una fitxa que contingui, almenys, un 6»

C = «Obtenir una fitxa amb puntuacions que, multiplicades, donin 6»

Calcula:

a) $A \cup B$ c) $\overline{A \cap C}$ e) $\overline{A \cup B \cup C}$

b) $A \cup C$ d) $\overline{B} \cap \overline{C}$ f) $\overline{A \cup B} \cap C$

Càlcul de probabilitats

44 Considera l'experiment que consisteix a extreure una targeta d'una capsa que conté targetes numerades de l'1 al 10. Calcula la probabilitat d'aquests esdeveniments:

a) «Que surti una targeta amb un nombre més gran que 8»

b) «Que surti una targeta amb un nombre divisible entre 3»

c) «Que surti una targeta amb el nombre 0»

d) «Que surti una targeta amb un nombre més petit que 11»

45 Considera l'experiment que consisteix a extreure una carta d'una baralla espanyola. Calcula la probabilitat dels esdeveniments següents:

a) «Extreure un as»

b) «Extreure una figura»

c) «Extreure un as o una figura»

d) «Extreure l'as de copes»

e) «Extreure una carta d'oros»

f) «Extreure una carta que no sigui un cavall»

g) «Extreure una carta que no sigui el cavall d'oros»

46 Explica què és més probable, obtenir una carta de bastos quan extraiem una carta d'una baralla espanyola o bé treure una bola vermella d'una bossa que conté 5 boles vermelles i 10 boles blaves.

47 La probabilitat d'un esdeveniment és 0,3. Calcula la probabilitat de l'esdeveniment contrari.

48 En una bossa hi ha boles numerades de l'1 al 5. Extraiem una bola 5.000 vegades, n'apuntem el resultat i la tornem a la bossa. Aquests han estat els resultats:

Bossa	1	2	3	4	5
f_i	1.200	800	700	1.300	1.000

Calcula la probabilitat d'obtenir un múltiple de 2.

Si a la bossa hi ha 100 boles, quantes són de cada classe? Justifica la resposta.

49 En un bombo hi ha 10 boles numerades del 0 al 9. Repetim 100 vegades l'experiment d'extreure una bola i substituir-la. Els resultats són:

Bombo	0	1	2	3	4	5	6	7	8	9
f_i	7	13	11	12	8	10	12	6	10	11

Donats els esdeveniments A = «Múltiple de 3», B = «Nombre imparell» i C = «Divisor de 6», calcula:

a) La freqüència relativa de A, B i C

b) La freqüència relativa de $A \cup B$, $A \cap B$ i $A \cup C$

Quina probabilitat assignaries a cada esdeveniment?

50 En una bossa hi ha boles negres, vermelles i blanques. La probabilitat d'extreure una bola negra és 0,25, i la d'extreure una bola blanca, 0,4. Calcula la probabilitat d'extreure:

a) Una bola que no sigui negra.

b) Una bola que no sigui blanca.

51 En un pot hi ha boles de color vermell, blau, verd i groc, de tal manera que la probabilitat d'obtenir cada color és la següent:

P(Obtenir bola vermella) = 0,3

P(Obtenir bola blava) = 0,15

P(Obtenir bola verda) = 0,25

P(Obtenir bola groga) = 0,3

Si dins del pot hi ha 300 boles:

a) Quantes boles hi ha de color vermell?

b) I de color blau o verd?

c) De quin color hi ha més boles?

SABER FER

Calcular el nombre de casos possibles quan no hi ha substitució

52 Una bossa conté tres targetes amb els nombres 1, 2 i 3, un nombre en cada targeta.

Extraiem una targeta rere l'altra fins que completem un nombre de tres xifres, sense tornar a posar les targetes a la bossa. Calcula la probabilitat que el nombre que surti sigui el 213.

PRIMER. Calculem els casos possibles. Cada vegada que surt un nombre, no pot tornar a sortir el mateix.

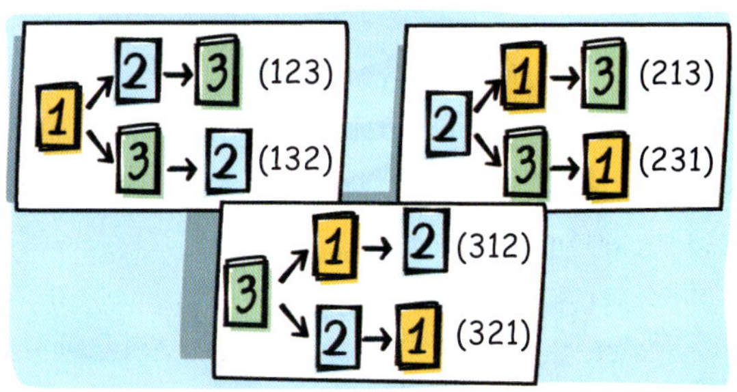

Nombre de casos possibles = 6

SEGON. Calculem els casos favorables.

Només hi ha un cas favorable, el nombre 213.

TERCER. Apliquem la regla de Laplace.

$$P(\text{Treure nombre 213}) = \frac{1}{6} = 0{,}17$$

70 El 30 % dels habitants d'una localitat compren el diari *A*; el 20 % compren el *B*, i el 7 %, tots dos. Calcula la probabilitat que, si ens trobem un veí de la localitat, aquesta persona:

a) No llegeixi el diari *A*.

b) Llegeixi només el diari *A* o el *B*.

c) Llegeixi com a mínim un dels dos diaris.

d) No llegeixi cap dels dos diaris.

71 Aquesta enquesta l'han contestat 50 persones:

Quan escolto la ràdio:

- Escolto música. Sí No
- Escolto programes informatius. Sí No
- No acostumo a escoltar la ràdio. Sí No

Els resultats mostren que 25 persones escolten música; 20 persones, informatius, i 20 més no acostumen a escoltar la ràdio. Calcula la probabilitat que, si escollim una persona a l'atzar, escolti música i informatius.

72 Una porta té dues boques per a targetes magnètiques que s'han d'introduir alhora per poder obrir la porta.

a) Si tenim les dues targetes, quina probabilitat hi ha que en introduir-les a l'atzar la porta s'obri?

b) Si ens en donen tres, les dues correctes i una que no obri res, quina probabilitat hi ha d'obrir la porta al primer intent?

c) Quantes possibilitats hi ha quan el joc de targetes és de quatre, les dues correctes i dues de falses?

73 Nadal és millor que Federer en terra batuda i la probabilitat que té de guanyar-li un set és 3/5. Si el cansament els afecta a tots dos de la mateixa manera, explica per què Nadal prefereix jugar al millor de 5 sets que al millor de 3 sets.

74 En un dinar familiar hi havia 28 homes i 32 dones. De segon plat tenien carn o peix i cada persona ha escollit una de les dues opcions. Han menjat carn 16 homes i peix 12 dones. Si triem una persona a l'atzar entre tots els assistents, calcula aquestes probabilitats:

a) Que sigui home.

b) Que sigui dona.

c) Que hagi menjat carn.

d) Que hagi menjat peix.

e) Si sabem que és dona, que hagi menjat peix.

f) Si sabem que ha menjat peix, que sigui dona

g) Si sabem que ha menjat carn, que sigui home.

h) Si sabem que és home, que hagi menjat carn.

75 A l'institut imparteixen dues assignatures optatives de caràcter cultural, que són Teatre i Taller d'escriptura; 30 estudiants han optat per Teatre, i 20, per Taller d'escriptura. De les 28 noies que hi ha, 18 s'ha apuntat a Teatre.

Si només es pot optar a cursar una de les dues assignatures:

a) Calcula la probabilitat que, escollit un estudiant a l'atzar, sigui un noi que ha optat per Teatre.

b) Quina és la probabilitat que sigui una alumna qui hagi escollit Taller d'escriptura?

c) Calcula la probabilitat que sigui un noi.

d) Determina la probabilitat que el noi hagi escollit Taller d'escriptura.

76 En una bossa hi ha 2 boles blaves, 4 de verdes i la resta són vermelles. Traiem una bola i n'apuntem el color. Justifica, en els casos següents, quantes boles hi ha i de quin color han de ser perquè es compleixi:

a) $P(\text{Bola vermella}) = \frac{4}{7}$

b) $P(\text{Bola blava}) = 0{,}2$

c) $P(\text{Bola verda}) = \frac{4}{15}$

d) $P(\text{Bola vermella}) = 0{,}5$

77 A l'oest americà, tres vaquers han de portar a terme una acció arriscada, i per això tallen tres palets de mida diferent, els tapen de manera que es vegi la mateixa longitud i cada vaquer n'escull un. El que agafa el més curt, perd. Per què no discuteixen mai sobre qui escull primer?

78 Tinc a la butxaca dues monedes de 20 cèntims, dues de 10 cèntims i dues de 5 cèntims. Si trec dues monedes a l'atzar, quina és la probabilitat d'obtenir una quantitat superior o igual a 20 cèntims?

79 Després de revisar les llibretes dels alumnes, el professor les torna de manera que les deixa a les taules corresponents; però n'hi queden tres que no tenen nom. Calcula la probabilitat que, si deixa les llibretes a l'atzar en les tres taules que queden lliures, encerti a donar la seva a cada alumne.

80 En una classe de 23 alumnes, el tutor revisa les fitxes dels estudiants i comprova que n'hi ha dos que fan els anys el mateix dia del mateix mes. Quan ho comenta amb el professor de Matemàtiques, el professor li diu que això és més habitual que el contrari, és a dir, que no hi hagi cap coincidència. Comprova que el professor de Matemàtiques té raó.

81 En Sebastià treballa de venedor de pisos. Té tres claus, dues de les quals obren dues portes d'uns pisos que ha d'ensenyar i la tercera pertany a un pis d'una altra zona. Determina la probabilitat que encerti a la primera a l'hora d'obrir les portes dels pisos que ha d'ensenyar.

82 Un examen tipus test consta de 5 preguntes, cadascuna de les quals té 3 possibles respostes.

a) Calcula la probabilitat d'encertar 3 respostes si contestes a l'atzar.

b) Si per aprovar l'examen cal contestar almenys 3 preguntes correctament, troba les probabilitats d'aprovar i de suspendre.

83 La Paula va dues vegades a la setmana a una botiga en què en Robert treballa 4 dies a la setmana. El divendres és l'únic dia que no hi va cap dels dos. Quina probabilitat hi ha que coincideixin dos dies? (La botiga tanca el diumenge.)

84 Una caixa forta té tres panys diferents que s'han de fer girar al mateix temps per poder-la obrir.

a) Si tenim les tres claus, quina és la probabilitat que quan introduïm les claus a l'atzar la caixa s'obri?

b) Si ens donen cinc claus, les tres correctes i dues que no obren cap pany, quina és la probabilitat d'obrir la caixa al primer intent?

HAS DE SABER FER

Experiments aleatoris. Esdeveniments

1 En una gelateria tenen gelats de cinc gustos: taronja, llimona, maduixa, xocolata i torró. Escriu l'espai mostral per a un cucurutxo que porta dues boles de gelat de gustos diferents.

Operacions amb esdeveniments

2 Una vaca ha donat a llum tres cries. Si considerem que poden ser vedell o vedella, escriu aquests esdeveniments:

A = «Que tots tres siguin vedells»
B = «Que no hi hagi cap vedell»
C = «Que dos siguin vedells i una sigui vedella»

Càlcul de probabilitats

3 En una capsa tenim 8 boles blanques, 2 de vermelles i 10 de blaves.

a) Quina és la probabilitat d'extreure a l'atzar una bola vermella?

b) Quina és la probabilitat que ens surti una bola blanca o una de vermella?

c) I la probabilitat de no treure una bola blava?

4 Si en una sala hi ha 50 persones i 33 són homes, quina probabilitat hi ha que, escollida una persona a l'atzar, sigui dona?

Història i curiositats matemàtiques

La successió de Fibonacci

El 1202, **Leonardo de Pisa**, conegut amb el sobrenom de Fibonacci, va publicar el llibre Liber abaci, on planteja el problema següent:

Un home té una parella de conills junts en un lloc tancat, i desitja saber quantes parelles procreen aquest primer parell en un any, tenint en compte que per la seva natura, en un mes procreen una altra parella i al segon mes, aquesta parella que ha nascut també procrea.

Analitzem-lo!

L'1 de gener tenim 1 parella que a finals de gener en procrea una altra: ja en són 2. Aquesta segona parella no procrearà fins al segon mes però la primera tindrà una altra parella durant el mes de març i, per tant, el 31 de març tindrem 3 parelles.

Durant el mes d'abril, les dues primeres parelles procrearan i serà la parella nascuda al març l'única que encara no ho podrà fer: ja en seran 5...

Fibonacci dóna una explicació semblant per acabar concloent que el nombre de parelles de conills mes a mes és:

1, 1, 2, 3, 5, 8, 13, 21, 34, 55...

Fixem-nos en què el nombre de parelles corresponents a cada mes és igual a la suma dels nombres de parelles dels dos mesos anteriors.

Per tant, podem escriure la successió de Fibonacci obtinguda de la manera següent:

$$a_1 = 1$$
$$a_2 = 1$$
$$a_n = a_{n-1} + a_{n-2} \quad \text{si } n > 2$$

Sabies que els primers nombres de Fibonacci van ser representats al Passeig Joan de Borbó de Barcelona? El monument s'anomena Crescendo appare i va ser creat per Mario Merz l'any 1992.

La successió de Fibonacci va quedar en un calaix i ningú no va mostrar-hi massa interès fins que l'astrònom alemany **Johannes Kepler** (1571–1630) va veure que els successius quocients dels nombres de Fibonacci s'acosten cada cop més al conegut com a *nombre d'or*:

$$\frac{1}{1}, \frac{2}{1}, \frac{3}{2}, \frac{5}{3}, \frac{8}{5}, \frac{13}{8}, \frac{21}{13}, \frac{34}{21} \dots \rightarrow \phi = \frac{1+\sqrt{5}}{2} = 1,61803\dots$$

Tanmateix, el gran moment de la successió de Fibonacci va arribar al segle XIX amb els treballs d'**Edouard Lucas** (1842–1891), qui va treure-li molt de suc assenyalant moltes de les seves propietats.

El 1843, **Jacques-Philippe Binet** va determinar que podia trobar qualsevol nombre de Fibonacci mitjançant la fórmula:

$$F_n = \frac{1}{\sqrt{5}}\left[\left(\frac{1+\sqrt{5}}{2}\right)^n - \left(\frac{1-\sqrt{5}}{2}\right)^n\right]$$

Ja al segle XX, els nombres de Fibonacci van ser trobats a la naturalesa i la seva fama va augmentar.

Les llavors d'un gira-sol formen espirals en dos sentits, el de les agulles del rellotge i el contrari.

Una flor del gira-sol té 55 espirals en un sentit i 89 en l'altre, o bé 89 i 144. Cada parella de nombres són dos termes consecutius de la successió de Fibonacci.

D'altres representacions a la natura de la sèrie les trobem en les florescències del bròquil romanesco o en la conquilla del nautilus pompilius, espècie del nàutil.

Al-Khwarizmí i la resolució de les equacions de segon grau

Si bé conservem resolucions d'equacions de segon grau que daten de la Mesopotàmia de fa uns quatre mil anys, l'origen de la nostra actual fórmula de resolució d'aquestes equacions l'hem de trobar en l'*Àlgebra* i *Muqqabala* del gran mestre àrab Muhàmmad ibn Mussa al-Khwarizmí (s. VIII-IX).

Aquesta obra és considerada com una de les primeres en què l'àlgebra va començar a caminar com a tal i és que Al-Khwarizmí va dedicar-se a resoldre geomètricament les equacions quadràtiques de forma explícita. En aquella època no es consideraven casos generals i el llibre consisteix en les resolucions retòriques (sense cap mena de llenguatge algebraic) de casos concrets d'aquestes equacions.

Per exemple, per resoldre l'equivalent a $x^2 + 10x = 39$:

1 *Al-Khwarizmí considera que ha de començar per la construcció d'un quadrat de costat x desconegut al qual afegeix a cadascun dels seus costats un rectangle d'altura igual a 2,5 unitats.*

En aquestes condicions, el quadrat té àrea x^2 *i cadascun dels rectangles afegits té àrea igual a* $2{,}5x$.

Obtenim una àrea total de $x^2 + 10x$.

2 *A continuació, Al-Khwarizmí afegeix els quatre quadrats de les cantonades, tots ells de costat igual a 2,5 unitats i, per tant, d'àrea igual a* $2{,}5^2 = 6{,}25$ *unitats quadrades. En definitiva, la construcció final té àrea igual a* $x^2 + 10x + 4 \cdot 6{,}25 = x^2 + 10x + 25$.

Tanmateix, l'enunciat de l'equació ens deia que $x^2 + 10x = 39$ *i, per tant, l'àrea del quadrat final és igual a* $x^2 + 10x + 25 = 39 + 25$.

3 *Al-Khwarizmí conclou, doncs, que el costat d'aquest quadrat és de 8 unitats i, fixant-nos en com està construït aquest costat, finalitza resolent*

$$2{,}5 + x + 2{,}5 = 8 \longrightarrow x = 3 \text{ unitats.}$$

En efecte, $3^2 + 10 \cdot 3 = 39$

En ser una construcció geomètrica, Al-Khwarizmí no troba la segona solució de l'equació, que en aquest cas és $x = -13$ però, val a dir, que tampoc li cal perquè encara no coneixia l'existència dels nombres negatius.

D'aquesta manera, considerant els valors $a, b, c > 0$, Al-Khwarizmí també dóna construccions geomètriques pels casos $a, b, c > 0$ i $ax^2 + c = bx$ i $ax^2 = bx + c$, les quals serien àmpliament reproduïdes en els tractats àrabs i també europeus del Renaixement.

El coneixement de la vida del savi Al-Khwarizmí és molt escàs.

Es creu que va néixer al voltant de l'any 780 i que va morir a Bagdad l'any 850, tot i que tampoc aquesta data és segura. El que sí que se sap és que, sota el mandat del califa abbàssida Al-Mamun, va treballar a la Casa de la Saviesa de Bagdad. La majoria de les seves obres van arribar fins a nosaltres de manera indirecta, per traduccions fetes al llatí.

Podem considerar que el seu llegat matemàtic, lluny de ser original, és una recopilació de la cultura matemàtica coneguda fins aleshores i hàbilment barrejada. Va combinar la matemàtica dels grecs, a excepció de la de Diofant, amb els sistemes de numeració que provenien de l'Índia, va fer servir el sistema de numeració decimal, va introduir el zero i va millorar els algoritmes existents per fer operacions amb aquest sistema.

A més de les seves obres matemàtiques, va escriure també tractats d'astronomia i geografia.

La mesura del cel: Eratòstenes, Posidoni i Cristòfor Colom

Actualment, no tenim massa problema en acceptar totes les dades que ens proporcionen els instruments geodèsics i els satèl·lits que tenim girant al nostre voltant per concloure que la Terra té un radi equatorial de gairebé 6.378 km i que el radi polar és d'una mica menys de 6.357 km.

Tot i això, els grecs del segle III aC en algun moment se'n van plantejar la mesura.

Els grecs no coneixien el nombre π i no tenien aparells de mesura massa evolucionats! Així doncs, com s'ho van fer?

Les notícies que ens arriben ens diuen que va ser **Eratòstenes** (275 aC–194 aC) l'autor de la primera mesura de la circumferència terrestre.

Eratòstenes vivia a Alexandria i va observar com un pal d'una unitat de longitud projectava una ombra de 0,12 unitats i escaig al migdia del solstici d'estiu.

D'altra banda, també va poder observar que en el mateix dia, un pal situat a Asuan, uns 800 km al sud-est, no projectava cap ombra.

Eratòstenes va iniciar una sèrie de càlculs i sembla que va donar una mesura final de 252.000 «estadis» per la circumferència terrestre.

És difícil saber si Eratòstenes va encertar la mesura perquè no queda clar quina és l'equivalència de l'estadi en els nostres metres actuals. Tanmateix, acceptant l'ús de l'estadi egipci, va estimar una circumferència terrestre d'uns 39.700 km pels 40.008 km acceptats actualment. Una bona mesura, no?

Gairebé dos segles més tard, **Posidoni d'Apamea** (135 aC – 50 aC) també va decidir mesurar la circumferència de la Terra i ho va fer a partir de les posicions de certes estrelles.

El seu resultat va ser de 240.000 estadis, fent que la Terra disminuís les seves dimensions en un 4 %.

Sobre el paper, la Terra era més petita i, ja al segle XV, Cristòfor Colom va prendre aquesta dada per pensar que era factible arribar a l'Índia per una nova ruta encara no descoberta.

Hauria descobert Amèrica si només hagués considerat la mesura d'Eratòstenes?

No ho sabrem mai, però potser hem d'agrair que Posidoni no l'encertés del tot, no?

La mesura del cel: les primeres dimensions de la Lluna

L'ésser humà no sempre ha disposat de telescopis i satèl·lits per poder observar l'espai i, per tant, ha hagut de conformar-se en fer-se una idea de l'univers segons la seva percepció a ull nu o a través d'instruments astronòmics rudimentaris.

Els **antics egipcis**, van fixar-se en les estrelles d'un cel esfèric del qual la Terra n'era el centre, i van determinar correctament que tant el Sol com la Lluna i els planetes que ells coneixien (Mercuri, Venus, Mart, Júpiter i Saturn) sempre es movien a la nit a través de 36 constel·lacions, conegudes amb el nom d'arcans.

Aquests planetes eren déus i de la seva posició sembla que ja començava a dependre la ventura o desventura dels habitants de la riba del Nil.

A **Babilònia**, d'altra banda, durant el segle VIII aC van començar a anotar les posicions d'aquests planetes en el cel nocturn, també a registrar eclipsis, de manera que quan Alexandre Magne va conquerir Àsia i el nord d'Àfrica, els grecs van adquirir un munt de coneixements astronòmics ja establerts.

La tradició diu que va ser **Tales de Milet** qui va predir un eclipsi de Sol l'any 585 aC donant el tret de sortida als càlculs astronòmics grecs i a l'evolució d'aquesta disciplina.

El segle IV aC, **Aristòtil** va marcar definitivament el camí definint que el nostre univers consistia en una gran esfera centrada en la Terra al voltant de la qual giraven la resta d'astres segons els seus períodes circulars. Aquesta idea va ser l'acceptada durant gairebé 2.000 anys i la Terra no passaria a girar al voltant del Sol fins a les obres de Nicolau Copèrnic al segle XVI.

No obstant això, en aquesta història hi ha un astrònom que va trencar aquesta imatge oficial i va veure clar que havia de ser el Sol el que havia de ser al centre de l'Univers i la Terra, en canvi, girar al seu voltant.

Era **Aristarc de Samos** (s. III aC) i la seva visió no va triomfar però, pel camí va deixar-nos un munt de càlculs geomètrics que li van possibilitar donar, per primera vegada a la història, una estimació de les mides de la Lluna i del Sol, i també de les seves distàncies respectives a la Terra.

A partir de l'observació detallada d'un eclipsi de Sol, Aristarc va determinar que la distància entre la Terra i el Sol havia de ser 19 vegades més gran que la distància que hi ha entre la Terra i la Lluna. Realment és de gairebé 400 vegades!

Al mateix temps, el diàmetre del Sol havia de ser 19 vegades més gran que el de la Lluna. També va establir que el radi de la Terra era entre 6,3 i 7,2 vegades més petit que el radi del Sol.

Dos segles més tard, **Hiparc de Nicea** va seguir els mateixos plantejaments que Aristarc i va ser capaç de determinar que el diàmetre de la Terra és unes 3,7 vegades més gran que el de la Lluna: mesura força exacta! També va aproximar-se força al valor real de la distància que hi ha entre la Lluna i la Terra, uns 384.000 km.

Aquestes mesures d'Hiparc van ser les que, afortunadament per la resta d'astrònoms posteriors, van triomfar entre la comunitat científica i, d'aquesta manera, es van poder seguir efectuant observacions i càlculs astronòmics sabent que les dades que tenien de la Lluna eren ben bé certes.

Direcció d'art: José Crespo

Projecte gràfic: Pep Carrió
Interiors: Manuel García

Il·lustració: Esther Gili, José Zazo, José María Valera i Eduardo Leal
Fotografia de coberta: Leila Méndez

Cap de projecte gràfic: Rosa Marín
Coordinació d'il·lustració: Carlos Aguilera
Cap de desenvolupament de projecte gràfic: Javier Tejeda
Desenvolupament gràfic: Raúl de Andrés i Jorge Gómez

Direcció tècnica: Jorge Mira Fernández
Subdirecció tècnica: José Luis Verdasco Romero

Coordinació tècnica: Jesús Muela i Alejandro Retana
Confecció i muntatge: Luís Prieto, Hilario Simón i Signes, Disseny i Comunicació, SL
Cartografia: Tania López, José Manuel Solano i Adolf Vallejo.
Correcció: Silvana Casal i Josep Llongueres
Documentació i selecció fotogràfica: Nieves Marinas.

Fotografies: A. Brandi; A. Toril; A. Viñas; Alicia García; C. Díez Polanco; C. Pérez; C. Villalba; F. Po; J. C. Martínez; J. Gual; J. Jaime; Krauel; J. M. Escudero; A.G.E FOTOSTOCK/SGM; J. Navarro; J. V. Resino; José Ledo; Michele di Piccione; ORONOZ; P. Esgueva; P. López; Prats i Camps; S. Enríquez/INS Pradolongo, Madrid; S. Padura; S. Yaniz; TERRANOVA INTERPRETACIÓN Y GESTION AMBIENTAL; X. S. Lobato; 123RF; A. G. E. FOTOSTOCK/The Granger Collectio, Science Museum/SSPL, DEA/ Dagli Orti; AGENCIA ZARDOYA; EFE/EPA/Olivier Hoslet, AIRBUS/HANDOUT, RENFE; EFE/ERL/SIPA ICONO, PANA/Hasegawa; EFE/SIPA-PRESS/Frank Zullo; GARCÍA-PELAYO/JUANCHO; GETTY IMAGES SALES SPAIN/Photos.com Plus, Thinkstock; HIGHRES PRESS STOCK/AbleStock.com; I. PREYSLER; ISTOCKPHOTO/Getty Images Sales Spain; MICROS/J. M.ª BLANCO/ J. M. Blanco; PHOTODISC; ROGER-VIOLLET/COLLECTION VIOLLET; SEIS X SEIS; SEIS X SEIS/D. Lezama; BIBLIOTECA NACIONAL DE ESPAÑA/Laboratorio Biblioteca Nacional; BLOM Sistemas Geoespaciales; BNF/Ph. © Bibl. nat. de France/Clam/Christine de Coninck; FEI Europe B.V.; INSTITUTO MUNICIPAL DE HISTORIA, BARCELONA; J. E. Casariego; J. Gómez; MATTON-BILD; MUSEO DEL LOUVRE, PARÍS; MUSEO NAVAL, MADRID; PALACIO DE VERSALLES, FRANCIA; PALAIS DE LA DÉCOUVERTE, PARIS; SERIDEC PHOTOIMAGENES CD; THE BRITISH MUSEUM, LONDON; THE MUSEUM OF MODERN ART, NEW YORK; TOMTOM; USIS; ARCHIVO SANTILLANA.

Frederic Mompou, 11 (Vila Olímpica)
08005 Barcelona
Printed in Spain

ISBN: 978-84-9047-208-8
CP: 509905
Dipòsit legal: M- 10002-2015